国家电网公司 电工制造企业安全性评价 查评依据

国家电网公司 编

中国电力出版社
CHINA ELECTRIC POWER PRESS

内 容 提 要

安全性评价是系统梳理企业安全隐患、有效防范安全风险的重要手段。近年来，国家电网公司系统电工制造企业发展迅速，有近 600 家企业，产品类型极其广泛，生产过程存在大量安全风险，如果没有健全完善的安全管理体系和科学规范的安全监督管理手段，势必会发生人身和生产安全事故，制定全面、统一、规范的安全性评价标准势在必行。为此国家电网公司组织编制了《国家电网公司电工制造企业安全性评价标准》，并同步编制形成了《国家电网公司电工制造企业安全性评价查评依据》。

本查评依据内容按《国家电网公司电工制造企业安全性评价标准》的顺序排序，并给出查评依据的出处和具体条款，以便于企业在开展安全性评价工作时查阅。本书主要内容包括安全生产管理、生产设备设施、作业现场和环境、产品质量安全四个主要方面，总计 28 项评价要素、197 条考评内容，为电工制造企业安全性评价提供了较翔实的依据。

本书可供从事电工制造企业安全性评价与安全管理工作的各级管理人员及一线员工学习和使用。

图书在版编目（CIP）数据

国家电网公司电工制造企业安全性评价查评依据 / 国家电网公司编. —北京：中国电力出版社，2017.8
ISBN 978-7-5198-1071-9

Ⅰ．①国⋯ Ⅱ．①国⋯ Ⅲ．①供电网–电工–安全评价 Ⅳ．①TM727

中国版本图书馆 CIP 数据核字（2017）第 197614 号

出版发行：中国电力出版社
地　　址：北京市东城区北京站西街 19 号（邮政编码 100005）
网　　址：http://www.cepp.sgcc.com.cn
责任编辑：陈　倩（010-63412512）
责任校对：常燕昆
装帧设计：赵姗姗
责任印制：邹树群

印　　刷：三河市百盛印装有限公司
版　　次：2017 年 8 月第一版
印　　次：2017 年 8 月北京第一次印刷
开　　本：787 毫米×1092 毫米　16 开本
印　　张：15.75
字　　数：465 千字
印　　数：0001—3000 册
定　　价：65.00 元

编写人员名单

主　　　编　　张建功

副　主　编　　王传庆　刘宝升　王理金　赵生传　朱德祎

编写组成员　　曹坤茂　冯林杨　张　洋　赵水业　沈茂东

　　　　　　　郝英勤　张同义　康　凯　朱坤双　杨　琳

　　　　　　　贾玉清　裴　健　付新阳　洪　福

前　言

　　安全性评价是全面检验企业安全生产管理水平、有针对性制定改进措施、有效控制事故发生的重要措施，长期以来，在电网、发电、危化品等行业中发挥了重要作用。国家电网公司系统目前有电工制造企业近 600 家，产品类型极其广泛，生产过程涉及金属切削、冲、剪、压、起重、运输、高压试验、酸洗镀锌、射线探伤等各类危险作业，而多数电工制造企业安全生产管理都存在很多问题和较大差距。为规范和加强公司系统电工制造企业安全生产管理，切实提高电工制造企业整体安全生产管理水平，确保人身安全、设备安全和产品质量，避免各类事故的发生，增强对电网的安全保障作用，国家电网公司组织编制了《国家电网公司电工制造企业安全性评价标准》，并同步编制形成了《国家电网公司电工制造企业安全性评价查评依据》。

　　本查评依据的编制借鉴了国家有关法律法规、国家标准、行业和企业有关标准，结合国家电网公司系统电工制造企业的实际情况，充分汲取国家电网公司系统各省电力公司、直属单位的安全管理经验，遵循国家电网公司已有的安全管理要求，使标准具有实用性、统一性、规范性。本查评依据的发布实施对于国家电网公司各电工制造企业进一步深化和拓展安全性评价工作，健全企业安全生产管理体系，持续提升安全管理水平，具有重要的作用和指导意义。

目 录

1 范围（略）

2 规范性引用文件（略）

3 术语和定义（略）

4 一般要求（略）

5 安全生产管理

5.1 安全生产目标和计划

5.1.1 安全生产目标

本条评价项目的查评依据如下：

【依据1】《中华人民共和国安全生产法》（中华人民共和国主席令2014年第13号）

第三条 安全生产工作应当以人为本，坚持安全发展，坚持安全第一、预防为主、综合治理的方针，强化和落实生产经营单位的主体责任，建立生产经营单位负责、职工参与、政府监管、行业自律和社会监督的机制。

第四条 生产经营单位必须遵守本法和其他有关安全生产的法律、法规，加强安全生产管理，建立、健全安全生产责任制和安全生产规章制度，改善安全生产条件，推进安全生产标准化建设，提高安全生产水平，确保安全生产。

第二十条 生产经营单位应当具备的安全生产条件所必需的资金投入，由生产经营单位的决策机构、主要负责人或者个人经营的投资人予以保证，并对由于安全生产所必需的资金投入不足导致的后果承担责任。

有关生产经营单位应当按照规定提取和使用安全生产费用，专门用于改善安全生产条件。安全生产费用在成本中据实列支。安全生产费用提取、使用和监督管理的具体办法由国务院财政部门会同国务院安全生产监督管理部门征求国务院有关部门意见后制定。

第二十五条 生产经营单位应当对从业人员进行安全生产教育和培训，保证从业人员具备必要的安全生产知识，熟悉有关的安全生产规章制度和安全操作规程，掌握本岗位的安全操作技能，了解事故应急处理措施，知悉自身在安全生产方面的权利和义务。未经安全生产教育和培训合格的从业人员，不得上岗作业。

生产经营单位使用被派遣劳动者的，应当将被派遣劳动者纳入本单位从业人员统一管理，对被派遣劳动者进行岗位安全操作规程和安全操作技能的教育和培训。劳务派遣单位应当对被派遣劳动者进行必要的安全生产教育和培训。

生产经营单位接收中等职业学校、高等学校学生实习的，应当对实习学生进行相应的安全生产教育和培训，提供必要的劳动防护用品。学校应当协助生产经营单位对实习学生进行安全生产教育和培训。

生产经营单位应当建立安全生产教育和培训档案，如实记录安全生产教育和培训的时间、内容、参加人员以及考核结果等情况。

第二十六条 生产经营单位采用新工艺、新技术、新材料或者使用新设备，必须了解、掌握其安全技术特性，采取有效的安全防护措施，并对从业人员进行专门的安全生产教育和培训。

第二十八条 生产经营单位新建、改建、扩建工程项目（以下统称建设项目）的安全设施，必须与主体工程同时设计、同时施工、同时投入生产和使用。安全设施投资应当纳入建设项目概算。

第三十条 建设项目安全设施的设计人、设计单位应当对安全设施设计负责。

第三十三条 安全设备的设计、制造、安装、使用、检测、维修、改造和报废，应当符合国家标准或者行业标准。

生产经营单位必须对安全设备进行经常性维护、保养，并定期检测，保证正常运转。维护、保养、检测应当作好记录，并由有关人员签字。

第四十二条　生产经营单位必须为从业人员提供符合国家标准或者行业标准的劳动防护用品，并监督、教育从业人员按照使用规则佩戴、使用。

第四十四条　生产经营单位应当安排用于配备劳动防护用品、进行安全生产培训的经费。

【依据2】《中央企业安全生产监督管理暂行办法》（国务院国有资产监督管理委员会令第21号）

第十二条　中央企业应当制定中长期安全生产发展规划，并将其纳入企业总体发展战略规划，实现安全生产与企业发展的同步规划、同步实施、同步发展。

【依据3】《电力安全事故应急处置和调查处理条例》（中华人民共和国国务院令第599号）

第五条　电力企业、电力用户以及其他有关单位和个人，应当遵守电力安全管理规定，落实事故预防措施，防止和避免事故发生。

第六条　事故发生后，电力企业和其他有关单位应当按照规定及时、准确报告事故情况，开展应急处置工作，防止事故扩大，减轻事故损害。电力企业应当尽快恢复电力生产、电网运行和电力（热力）正常供应。

第十九条　中央企业应当严格按照国家和行业的有关规定，足额提取安全生产费用。国家和行业没有明确规定安全生产费用提取比例的中央企业，应当根据企业实际和可持续发展的需要，提取足够的安全生产费用。安全生产费用应当专户核算并编制使用计划，明确费用投入的项目内容、额度、完成期限、责任部门和责任人等，确保安全生产费用投入的落实，并将落实情况随年度业绩考核总结分析报告同时报送国资委。

【依据4】《机械制造企业安全生产标准化规范》（AQ/T 7009—2013）

4.1.1　目标管理

4.1.1.1　企业应依据法律、法规和其他要求，结合企业发展的实际，制订明确的、公开的、文件化的安全承诺，其内容应包括：

——防止人身伤害与职业病、持续改进职业安全健康管理与绩效的承诺；

——遵守与其职业安全健康危险源有关的适用法律、法规要求及应遵守其他要求的承诺。

并确保安全承诺：

——由企业主要负责人签发，并提供必需的资源；

——传达到所有从业人员，并得到有效的贯彻和实施；

——与企业安全发展规划和年度目标相一致；

——定期进行评审。

4.1.1.2　企业应根据安全承诺，制订职业安全健康的中长期发展规划。

4.1.1.3　企业应针对其内部各有关职能和层次，建立文件化的年度安全生产目标，目标应可测量、可操作，并应考虑：

——与安全承诺、职业安全健康的中长期发展规划一致；

——危险源和风险；

——财务、运行和经营要求，以及相关方（含从业人员）的意见；

——可选择的技术方案。

安全生产目标应逐级分解，落实到企业内基层生产经营单位。

4.1.1.4　企业应依据安全生产目标，制定可行的安全技术措施计划确保目标的完成。并定期对目标和安全技术措施计划的实施情况进行检查、考核或修订。

企业应确保实现安全技术措施计划和具备安全生产条件的资金投入，并列入企业资金使用计划。

4.1.1.5 企业应建立目标，采取多种形式逐步形成全体从业人员所认同、共同遵守、带有本单位特点的企业安全文化。

5.1.2 年度安全工作计划

本条评价项目的查评依据如下：

【依据】《机械制造企业安全生产标准化规范》（AQ/T 7009—2013）

4.1.1.4 企业应依据安全生产目标，制定可行的安全技术措施计划确保目标的完成。并定期对目标和安全技术措施计划的实施情况进行检查、考核或修订。

企业应确保实现安全技术措施计划和具备安全生产条件的资金投入，并列入企业资金使用计划。

5.1.3 监督与考核

本条评价项目的查评依据如下：

【依据1】《严格落实企业安全主体责任的指导意见》（安监总办〔2010〕139号）

（八）安全生产责任考核制度。完善企业绩效工资制度，加大安全生产挂钩比重。建立以岗位安全绩效考核为重点，以落实岗位安全责任为主线，以杜绝岗位安全责任事故为目标的全员安全责任考核办法，加大安全生产责任在员工绩效工资、晋级、评先评优等考核中的权重，重大责任事项实行"一票否决"。

【依据2】《国务院关于进一步加强企业安全生产工作的通知》（国发〔2010〕23号）

九、实行更加严格的考核和责任追究

28. 严格落实安全目标考核。对各地区、各有关部门和企业完成年度生产安全事故控制指标情况进行严格考核，并建立激励约束机制。加大重特大事故的考核权重，发生特别重大生产安全事故的，要根据情节轻重，追究地市级分管领导或主要领导的责任；后果特别严重、影响特别恶劣的，要按规定追究省部级相关领导的责任。加强安全生产基础工作考核，加快推进安全生产长效机制建设，坚决遏制重特大事故的发生。

29. 加大对事故企业负责人的责任追究力度。企业发生重大生产安全责任事故，追究事故企业主要负责人责任；触犯法律的，依法追究事故企业主要负责人或企业实际控制人的法律责任。发生特别重大事故，除追究企业主要负责人和实际控制人责任外，还要追究上级企业主要负责人的责任；触犯法律的，依法追究企业主要负责人、企业实际控制人和上级企业负责人的法律责任。对重大、特别重大生产安全责任事故负有主要责任的企业，其主要负责人终身不得担任本行业企业的矿长（厂长、经理）。对非法违法生产造成人员伤亡的，以及瞒报事故、事故后逃逸等情节特别恶劣的，要依法从重处罚。

30. 加大对事故企业的处罚力度。对于发生重大、特别重大生产安全责任事故或一年内发生2次以上较大生产安全责任事故并负主要责任的企业，以及存在重大隐患整改不力的企业，由省级及以上安全监管监察部门会同有关行业主管部门向社会公告，并向投资、国土资源、建设、银行、证券等主管部门通报，一年内严格限制新增的项目核准、用地审批、证券融资等，并作为银行贷款等的重要参考依据。

【依据3】《企业安全生产标准化基本规范》（AQ/T 9006—2010）

5 核心要求

5.1 目标

企业根据自身安全生产实际，制定总体和年度安全生产目标。

按照所属基层单位和部门在生产经营中的职能，制定安全生产指标和考核办法。

5.2 组织机构和职责

5.2.1 安全生产委员会

本条评价项目的查评依据如下：

【依据1】《中央企业安全生产监督管理暂行办法》（国务院国有资产监督管理委员会令第21号）

第七条　中央企业必须建立健全安全生产的组织机构，包括：

（一）安全生产工作的领导机构——安全生产委员会（以下简称安委会），负责统一领导本企业的安全生产工作，研究决策企业安全生产的重大问题。安委会主任应当由企业安全生产第一责任人担任。安委会应当建立工作制度和例会制度。

【依据2】《严格落实企业安全主体责任的指导意见》（安监总办〔2010〕139号）

三、健全和完善管理体系

（一）加强企业安全生产工作的组织领导。企业及其下属单位应建立安全生产委员会或安全生产领导小组，负责组织、研究、部署本单位安全生产工作，专题研究重大安全生产事项，制订、实施加强和改进本单位安全生产工作的措施。

【依据3】《国家电网公司安全工作规定》（国家电网企管〔2014〕1117号）

第二十四条　公司各级单位应设立安全生产委员会，主任由单位行政正职担任，副主任由党组（委）书记和分管副职担任，成员由各职能部门负责人组成。安全生产委员会办公室设在安全监督管理部门。

第五十三条　安全生产委员会议。省公司级单位至少每半年，地市公司及单位、县公司级单位每季度召开一次安全生产委员会议，研究解决安全重大问题，决策部署重大事项。

按要求成立安全生产委员会的承、发包工程和委托业务项目，安全生产委员会应在项目开工前成立并召开第一次会议，以后至少每季度召开一次会议。

5.2.2　安全生产监督管理机构和人员

5.2.2.1　安监管理机构

本条评价项目的查评依据如下：

【依据1】《中华人民共和国安全生产法》（中华人民共和国主席令2014年第13号）

第二十一条　矿山、金属冶炼、建筑施工、道路运输单位和危险物品的生产、经营、储存单位，应当设置安全生产管理机构或者配备专职安全生产管理人员。

前款规定以外的其他生产经营单位，从业人员超过一百人的，应当设置安全生产管理机构或者配备专职安全生产管理人员；从业人员在一百人以下的，应当配备专职或者兼职的安全生产管理人员。

第二十二条　生产经营单位的安全生产管理机构以及安全生产管理人员履行下列职责：

（一）组织或者参与拟订本单位安全生产规章制度、操作规程和生产安全事故应急救援预案；

（二）组织或者参与本单位安全生产教育和培训，如实记录安全生产教育和培训情况；

（三）督促落实本单位重大危险源的安全管理措施；

（四）组织或者参与本单位应急救援演练；

（五）检查本单位的安全生产状况，及时排查生产安全事故隐患，提出改进安全生产管理的建议；

（六）制止和纠正违章指挥、强令冒险作业、违反操作规程的行为；

（七）督促落实本单位安全生产整改措施。

第二十三条　生产经营单位的安全生产管理机构以及安全生产管理人员应当恪尽职守，依法履行职责。

生产经营单位作出涉及安全生产的经营决策，应当听取安全生产管理机构以及安全生产管理人员的意见。

生产经营单位不得因安全生产管理人员依法履行职责而降低其工资、福利等待遇或者解除与其订立的劳动合同。

危险物品的生产、储存单位以及矿山、金属冶炼单位的安全生产管理人员的任免，应当告知主管的负有安全生产监督管理职责的部门。

第二十四条　生产经营单位的主要负责人和安全生产管理人员必须具备与本单位所从事的生产经营活动相应的安全生产知识和管理能力。

【依据 2】《中央企业安全生产监督管理暂行办法》（国务院国有资产监督管理委员会令第 21 号）

第七条　中央企业必须建立健全安全生产的组织机构，包括：

（二）与企业生产经营相适应的安全生产监督管理机构。

第一类企业应当设置负责安全生产监督管理工作的独立职能部门。

第二类企业应当在有关职能部门中设置负责安全生产监督管理工作的内部专业机构；安全生产任务较重的企业应当设置负责安全生产监督管理工作的独立职能部门。

第三类企业应当明确有关职能部门负责安全生产监督管理工作，配备专职安全生产监督管理人员；安全生产任务较重的企业应当在有关职能部门中设置负责安全生产监督管理工作的内部专业机构。

第九条　中央企业专职安全生产监督管理人员的任职资格和配备数量，应当符合国家和行业的有关规定；国家和行业没有明确规定的，中央企业应当根据本企业的生产经营内容和性质、管理范围、管理跨度等配备专职安全生产监督管理人员。

中央企业应当加强安全队伍建设，提高人员素质，鼓励和支持安全生产监督管理人员取得注册安全工程师资质。安全生产监督管理机构工作人员应当逐步达到以注册安全工程师为主体。

【依据 3】《国家电网公司安全工作规定》（国家电网企管〔2014〕1117 号）

第十七条　安全监督管理机构是本单位安全工作的综合管理部门，对其他职能部门和下级单位的安全工作进行综合协调和监督。

第十八条　公司、省公司级单位和省公司级单位所属的检修、运行、发电、施工、煤矿企业（单位）以及地市供电企业、县供电企业，应设立安全监督管理机构。机构设置及人员配置执行公司"三集五大"体系机构设置和人员配置指导方案。省公司级单位所属的电力科学研究院、经济技术研究院、信息通信（分）公司、物资供应公司、培训中心、综合服务中心等下属单位，地市供电企业、县供电企业两级单位所属的建设部、调控中心、业务支撑和实施机构及其二级机构（工地、分场、工区、室、所、队等，下同）等部门、单位，应设专职或兼职安全员。

地市供电企业、县供电企业两级单位所属业务支撑和实施机构下属二级机构的班组应设专职或兼职安全员。

第十九条　公司和省公司级单位的安全监督管理机构由本单位行政正职或行政正职委托的行政副职主管；地市供电企业、县供电企业安全监督管理机构由行政正职主管。

5.2.2.2　人员管理

本条评价项目的查评依据如下：

【依据 1】《中华人民共和国安全生产法》（中华人民共和国主席令 2014 年第 13 号）

第二十四条　生产经营单位的主要负责人和安全生产管理人员必须具备与本单位所从事的生产经营活动相应的安全生产知识和管理能力。

危险物品的生产、经营、储存单位以及矿山、金属冶炼、建筑施工、道路运输单位的主要负责人和安全生产管理人员，应当由主管的负有安全生产监督管理职责的部门对其安全生产知识和管理能力考核合格。考核不得收费。

危险物品的生产、储存单位以及矿山、金属冶炼单位应当有注册安全工程师从事安全生产管理工作。鼓励其他生产经营单位聘用注册安全工程师从事安全生产管理工作。注册安全工程师按专业分类管理，具体办法由国务院人力资源和社会保障部门、国务院安全生产监督管理部门会同国务院有关部门制定。

第二十五条　生产经营单位应当对从业人员进行安全生产教育和培训，保证从业人员具备必要的安全生产知识，熟悉有关的安全生产规章制度和安全操作规程，掌握本岗位的安全操作技能，了解事故应急处理措施，知悉自身在安全生产方面的权利和义务。未经安全生产教育和培训合格的从业人员，不得上岗作业。

生产经营单位使用被派遣劳动者的，应当将被派遣劳动者纳入本单位从业人员统一管理，对被派遣劳动者进行岗位安全操作规程和安全操作技能的教育和培训。劳务派遣单位应当对被派遣劳动者进行必要的安全生产教育和培训。

生产经营单位接收中等职业学校、高等学校学生实习的，应当对实习学生进行相应的安全生产教育和培训，提供必要的劳动防护用品。学校应当协助生产经营单位对实习学生进行安全生产教育和培训。

生产经营单位应当建立安全生产教育和培训档案，如实记录安全生产教育和培训的时间、内容、参加人员以及考核结果等情况。

第二十六条　生产经营单位采用新工艺、新技术、新材料或者使用新设备，必须了解、掌握其安全技术特性，采取有效的安全防护措施，并对从业人员进行专门的安全生产教育和培训。

第二十七条　生产经营单位的特种作业人员必须按照国家有关规定经专门的安全作业培训，取得相应资格，方可上岗作业。

特种作业人员的范围由国务院安全生产监督管理部门会同国务院有关部门确定。

【依据2】《国务院关于进一步加强企业安全生产工作的通知》（国发〔2010〕23号）

二、严格企业安全管理

6. 强化职工安全培训。企业主要负责人和安全生产管理人员、特殊工种人员一律严格考核，按国家有关规定持职业资格证书上岗；职工必须全部经过培训合格后上岗。企业用工要严格依照劳动合同法与职工签订劳动合同。凡存在不经培训上岗、无证上岗的企业，依法停产整顿。没有对井下作业人员进行安全培训教育，或存在特种作业人员无证上岗的企业，情节严重的要依法予以关闭。

5.2.3　安全生产责任制

5.2.3.1　主要部门的安全职责

5.2.3.1.1　安全生产监督管理部门职责

本条评价项目的查评依据如下：

【依据1】《中华人民共和国安全生产法》（中华人民共和国主席令2014年第13号）

第二十二条　生产经营单位的安全生产管理机构以及安全生产管理人员履行下列职责：

（一）组织或者参与拟订本单位安全生产规章制度、操作规程和生产安全事故应急救援预案；

（二）组织或者参与本单位安全生产教育和培训，如实记录安全生产教育和培训情况；

（三）督促落实本单位重大危险源的安全管理措施；

（四）组织或者参与本单位应急救援演练；

（五）检查本单位的安全生产状况，及时排查生产安全事故隐患，提出改进安全生产管理的建议；

（六）制止和纠正违章指挥、强令冒险作业、违反操作规程的行为；

（七）督促落实本单位安全生产整改措施。

第二十三条　生产经营单位的安全生产管理机构以及安全生产管理人员应当恪尽职守，依法履行职责。

生产经营单位作出涉及安全生产的经营决策，应当听取安全生产管理机构以及安全生产管理人员的意见。

生产经营单位不得因安全生产管理人员依法履行职责而降低其工资、福利等待遇或者解除与其订立的劳动合同。

危险物品的生产、储存单位以及矿山、金属冶炼单位的安全生产管理人员的任免，应当告知主管的负有安全生产监督管理职责的部门。

第二十四条　生产经营单位的主要负责人和安全生产管理人员必须具备与本单位所从事的生产经营活动相应的安全生产知识和管理能力。

危险物品的生产、经营、储存单位以及矿山、金属冶炼、建筑施工、道路运输单位的主要负责人和安全生产管理人员，应当由主管的负有安全生产监督管理职责的部门对其安全生产知识和管理能力考核合格。考核不得收费。

危险物品的生产、储存单位以及矿山、金属冶炼单位应当有注册安全工程师从事安全生产管理工作。鼓励其他生产经营单位聘用注册安全工程师从事安全生产管理工作。注册安全工程师按专业分类管理，具体办法由国务院人力资源和社会保障部门、国务院安全生产监督管理部门会同国务院有关部门制定。

第四十三条　生产经营单位的安全生产管理人员应当根据本单位的生产经营特点，对安全生产状况进行经常性检查；对检查中发现的安全问题，应当立即处理；不能处理的，应当及时报告本单位有关负责人，有关负责人应当及时处理。检查及处理情况应当如实记录在案。

生产经营单位的安全生产管理人员在检查中发现重大事故隐患，依照前款规定向本单位有关负责人报告，有关负责人不及时处理的，安全生产管理人员可以向主管的负有安全生产监督管理职责的部门报告，接到报告的部门应当依法及时处理。

【依据2】《中央企业安全生产监督管理暂行办法》（国务院国有资产监督管理委员会令第21号）

第七条　中央企业必须建立健全安全生产的组织机构，包括：

（二）与企业生产经营相适应的安全生产监督管理机构。

第一类企业应当设置负责安全生产监督管理工作的独立职能部门。

第二类企业应当在有关职能部门中设置负责安全生产监督管理工作的内部专业机构；安全生产任务较重的企业应当设置负责安全生产监督管理工作的独立职能部门。

第三类企业应当明确有关职能部门负责安全生产监督管理工作，配备专职安全生产监督管理人员；安全生产任务较重的企业应当在有关职能部门中设置负责安全生产监督管理工作的内部专业机构。

安全生产监督管理职能部门或者负责安全生产监督管理工作的职能部门是企业安全生产工作的综合管理部门，对其他职能部门的安全生产管理工作进行综合协调和监督。

【依据3】《严格落实企业安全主体责任的指导意见》（安监总办〔2010〕139号）

二、健全和完善责任体系

（二）明确企业各级管理人员的安全生产责任。企业分管安全生产的负责人协助主要负责人履行安全生产管理职责，其他负责人对各自分管业务范围内的安全生产负领导责任。企业安全生产管理机构及其人员对本单位安全生产实施综合管理；企业各级管理人员对分管业务范围的安全生产工作负责。

【依据4】《国家电网公司安全工作规定》（国家电网企管〔2014〕1117号）

第二十一条　安全监督管理机构的职责：

（一）贯彻执行国家和上级单位有关规定及工作部署，组织制定本单位安全监督管理和应急管理方面的规章制度，牵头并督促其他职能部门开展安全性评价、隐患排查治理、安全检查和安全风险管控等工作，积极探索和推广科学、先进的安全管理方式和技术；

（二）监督本单位各级人员安全责任制的落实；监督各项安全规章制度、反事故措施、安全技术劳动保护措施和上级有关安全工作要求的贯彻执行；负责组织基建、生产、发电、供用电、农电、信息等安全的监督、检查和评价；负责组织交通安全、电力设施保护、防汛、消防、防灾减灾的监督检查；

（三）监督涉及电网、设备、信息安全的技术状况，涉及人身安全的防护状况；对监督检查中发现的重大问题和隐患，及时下达安全监督通知书，限期解决，并向主管领导报告；

（四）监督建设项目安全设施"三同时"（与主体工程同时设计、同时施工、同时投入生产和使用）执行情况；组织制定安全工器具、安全防护用品等相关配备标准和管理制度，并监督执行；

（五）参加和协助本单位领导组织安全事故调查，监督"四不放过"（即事故原因未查清不放过、责任人员未处理不放过、整改措施未落实不放过、有关人员未受教育不放过）原则的贯彻落实，完成事故统计、分析、上报工作并提出考核意见；对安全做出贡献者提出给予表扬和奖励的建议或意见；

（六）参与电网规划、工程和技改项目的设计审查、施工队伍资质审查和竣工验收以及安全方面科研成果鉴定等工作；

（七）负责编制安全应急规划并组织实施；负责组织协调公司应急体系建设及公司应急管理日常工作；负责归口管理安全生产事故隐患排查治理工作并进行监督、检查与评价；负责人武、保卫管理；负责指导集体企业安全监察相关管理工作。

【依据5】《国家电网公司安全职责规范》（国家电网安质〔2014〕1528号）

第三十八条　安全监督部门的安全职责

（一）负责对本单位进行全面安全监督。监督各级人员、各部门安全生产责任制的落实；监督各项安全生产规章制度、反事故措施和上级有关安全工作指示的贯彻执行，及时反馈在执行中存在的问题并提出完善修改意见；向上级有关安全监督机构汇报本单位安全生产情况。

（二）组织制定公司长远安全规划、年度安全生产目标及保证措施，并将安全目标层层分解。负责本单位全面质量监督管理和质量监督关键指标的统计、分析和考核。

（三）组织制定安全技术及劳动保护措施计划；监督劳保用品、安全工器具、安全防护用品的购置、发放和使用；监督"两措"计划的执行情况。

（四）负责编制安全应急规划并组织实施；负责组织协调本单位应急体系建设，开展应急管理日常工作；负责组织制定、修订应急规章制度及应急预案；负责突发事件应急管理及组织协调工作；负责应急工作与政府及有关部门的协调沟通及配合。监督应急处理预案及大型反事故演习预案的编制与执行；监督应急器材、车辆等定期维护保养，确保随时可用。

（五）审查本单位各所属单位安监部门的资质和人员资格。督促检查各级各部门安全监督体系人员、装备等状况，确保符合安全管理与监督工作要求。

（六）负责本单位生产、基建、供用电、农电、信息等安全监督、检查和评价。对生产现场（施工工地）经常性开展监督检查，对作业环境、作业流程、安全防护用品使用及执行《电力安全工作规程》等给予检查指导，及时发现问题并提出改进意见。

（七）对人身安全防护状况，电网、设备、设施、信息安全技术状况、环境保护状况的监督检查中发现的重大问题和隐患，报请主管领导，并及时下达安全监督通知书，限期解决。及时通报表扬和奖励在安全生产中做出显著成绩的部门和个人。

（八）根据季节特点，适时组织专项安全检查及隐患排查治理；检查安全性评价工作，对安全性评价查评出的问题督促有关部门整改落实。

（九）组织召开安全生产月度例会、安全监督（安全网）例会等，指导安全网活动，研究分析安全动态，布置安全工作，对每月安全生产情况进行总结和分析；定期参加基层安全例会、安全活动，并提出指导性意见。

（十）参加和协助本单位领导组织安全事故调查，监督"四不放过"原则的贯彻落实，完成事故统计、分析、上报工作并提出考核意见；对安全做出贡献者提出给予表扬和奖励的建议或意见；通过事故快报、安全情况通报等方式，及时发布安全信息。

（十一）组织推广安全管理的先进经验，促进安全生产管理水平的提高。

（十二）参与电网规划、工程和技改项目的设计审查、设备招投标、施工队伍资质审查和竣工验收以及有关生产科研成果鉴定等工作。

（十三）组织开展安全培训、竞赛和调考；组织开展《电力安全工作规程》考试。

（十四）负责本单位人武、保卫管理工作；配合反窃电工作，负责与公安部门的外联工作。

（十五）负责本单位交通安全、电力设施保护、防汛、消防、防灾减灾的监督检查。

（十六）负责指导集体企业安全监督相关管理工作。

5.2.3.1.2 专业职能管理部门安全职责

本条评价项目的查评依据如下：

【依据1】《中华人民共和国安全生产法》（中华人民共和国主席令2014年第13号）

第二十二条　生产经营单位的安全生产管理机构以及安全生产管理人员履行下列职责：

（一）组织或者参与拟订本单位安全生产规章制度、操作规程和生产安全事故应急救援预案；

（二）组织或者参与本单位安全生产教育和培训，如实记录安全生产教育和培训情况；

（三）督促落实本单位重大危险源的安全管理措施；

（四）组织或者参与本单位应急救援演练；

（五）检查本单位的安全生产状况，及时排查生产安全事故隐患，提出改进安全生产管理的建议；

（六）制止和纠正违章指挥、强令冒险作业、违反操作规程的行为；

（七）督促落实本单位安全生产整改措施。

第二十三条　生产经营单位的安全生产管理机构以及安全生产管理人员应当恪尽职守，依法履行职责。

生产经营单位作出涉及安全生产的经营决策，应当听取安全生产管理机构以及安全生产管理人员的意见。

生产经营单位不得因安全生产管理人员依法履行职责而降低其工资、福利等待遇或者解除与其订立的劳动合同。

危险物品的生产、储存单位以及矿山、金属冶炼单位的安全生产管理人员的任免，应当告知主管的负有安全生产监督管理职责的部门。

【依据2】《中央企业安全生产监督管理暂行办法》（国务院国有资产监督管理委员会令第21号）

第八条　中央企业应当明确各职能部门的具体安全生产管理职责；各职能部门应当将安全生产管理职责具体分解到相应岗位。

【依据3】《严格落实企业安全主体责任的指导意见》（安监总办〔2010〕139号）

二、健全和完善责任体系

（二）明确企业各级管理人员的安全生产责任。企业分管安全生产的负责人协助主要负责人履行安全生产管理职责，其他负责人对各自分管业务范围内的安全生产负领导责任。企业安全生产管理机构及其人员对本单位安全生产实施综合管理；企业各级管理人员对分管业务范围的安全生产工作负责。

【依据4】《国家电网公司安全职责规范》（国家电网安质〔2014〕1528号）

第三十二条　各级职能管理部门通用的安全职责

（一）建立健全专业管理工作范围内的安全管理体系。对所承担工作范围内的安全工作负直接管理责任。

（二）负责贯彻专业管理范围内国家及行业内部颁发的有关安全工作法规、条例、规定和指令性文件。制定修订专业管理的技术规程规定和标准，并组织执行。

（三）根据企业年度安全目标计划，组织制定专业范围内实现企业年度安全目标计划的具体措施，层层落实安全责任，确保安全目标的实现。

（四）负责组织专业范围内人员安全规程规定和标准的培训学习工作。建立健全本专业各岗位安全责任制，负责人身、交通、消防、质量、信息安全等管理工作。

（五）负责对特种作业人员、重大危险源、危险物品、特种设备以及外来人员（劳务派遣、厂家技术服务、参观、实习、挂职锻炼等人员）的安全管理。

（六）负责开展本专业事故隐患排查治理工作，并按规定向安监部门备案。

（七）根据职责范围、工作性质以及领导安排，相互协调和配合有关安全的各项工作。负责落实本专业信息安全防护工作。

（八）各职能部门按照"谁主管、谁负责"原则，贯彻落实公司应急领导小组有关决定事项，负责管理范围内的应急体系建设与运维、相关突发事件预警与应对处置的组织指挥、与政府专业部门的沟通协调等工作。负责专业系统各类安全事故应急处置预案的编制与审核；组织或参加反事故演习。

（九）参加有关安全的重要会议、安全例会、安全检查等活动；组织或参加有关事故（事件）调查分析，按职责分工提出处理意见，并负或协助做好事故善后工作。

5.2.3.2 主要人员的安全职责

5.2.3.2.1 主要负责人的安全职责

本条评价项目的查评依据如下：

【依据1】《中华人民共和国安全生产法》（中华人民共和国主席令2014年第13号）

第五条 生产经营单位的主要负责人对本单位的安全生产工作全面负责。

第十八条 生产经营单位的主要负责人对本单位安全生产工作负有下列职责：

（一）建立、健全本单位安全生产责任制。

（二）组织制定本单位安全生产规章制度和操作规程。

（三）组织制定并实施本单位安全生产教育和培训计划。

（四）保证本单位安全生产投入的有效实施。

（五）督促、检查本单位的安全生产工作，及时消除生产安全事故隐患。

（六）组织制定并实施本单位的生产安全事故应急救援预案。

（七）及时、如实报告生产安全事故。

【依据2】《国家电网公司安全职责规范》（国家电网安质〔2014〕1528号）

第七条 行政正职的安全职责

第八条 行政正职的安全职责

（一）是本单位安全第一责任人，负责贯彻执行有关安全生产的法律、法规、规程、规定，把安全生产纳入企业发展战略和整体规划，做到同步规划、同步实施、同步发展。建立健全并落实本单位各级人员、各职能部门的安全责任制。

（二）组织确定本单位年度安全工作目标，实行安全目标分级控制，审定有关安全工作的重大举措。建立安全指标控制和考核体系，形成激励约束机制。

（三）亲自批阅上级有关安全的重要文件并组织落实，解决贯彻落实中出现的问题。协调和处理好领导班子成员及各职能管理部门之间在安全工作上的协作配合关系，建立和完善安全生产保证体系和监督体系，并充分发挥作用。

（四）建立健全并落实各级领导人员、各职能部门、业务支撑机构、基层班组和生产人员的安全生产责任制，将安全工作列入绩效考核，促进安全生产责任制的落实。在干部考核、选拔、任用过程中，把安全生产工作业绩作为考察干部的重要内容。

（五）组织制定本单位安全管理辅助性规章制度和操作规程；组织制定并实施本单位安全生产教

育和培训计划，确保本单位从业人员具备与所从事的生产经营活动相应的安全生产知识和管理能力，做到持证上岗。

（六）省公司级单位行政正职直接领导或委托行政副职领导本单位安监部门，地市公司级单位、县公司级单位行政正职直接领导安监部门，定期听取安监部门的汇报，建立能独立有效行使职能的安监部门，健全安全监督体系，配备足够且合格的安全监督人员和装备。建立安全奖励基金并督促规范使用。

（七）每年主持召开本单位年度安全工作会议，总结交流经验，布置安全工作；定期主持召开安全生产委员会会议和安全生产月度例会，组织研究解决安全工作中出现的重大问题；对涉及人身、电网、设备安全的重大问题，亲自主持专题会议研究分析，提出防范措施，及时解决。督促、检查本单位安全工作，每年亲自参加春（秋）季安全大检查或重要的安全检查，针对发现的安全管理问题和安全事故隐患，及时提出并落实整改措施和治理措施。

（八）确保安全生产所需资金的足额投入，保证反事故措施和安全技术劳动保护措施计划（简称"两措"计划）经费需求。

（九）建立健全本单位应急管理体系。组织制定（或修订）并督促实施突发事件应急预案，根据预案要求担任相应等级的事件应急处置总指挥。

（十）及时、如实报告安全生产事故。按照"四不放过"原则，组织或配合事故调查处理，对性质严重或典型的事故，应及时掌握事故情况，必要时召开专题事故分析会，提出防范措施。

（十一）定期向职工代表大会报告安全生产工作情况，广泛征求安全生产管理意见或建议，积极接受职代会有关安全方面的合理化建议。

（十二）其他有关安全管理规章制度中所明确的职责。

第八条 党组（党委）书记的安全职责

（一）在思想政治、组织宣传工作中，突出安全工作的基础地位，坚持党政工团齐抓共管的原则，充分发挥党、团员模范带头作用，以及党群组织对安全工作的保证和监督作用。

（二）把安全工作列入党委的重要议事日程，参加有关安全工作的重要会议和活动。

（三）在干部考核、选拔、任用及思想政治工作检查评比中，把安全工作业绩作为重要的考核内容。

（四）领导和组织党群部门、党团组织，紧密围绕安全目标开展思想政治工作，增强员工的安全意识，提高员工的思想素质；做好安全生产先进事例的选树工作，及时组织总结宣传典型经验。

（五）做好事故责任人和责任单位的思想政治工作，稳定员工队伍。

（六）加强安全文化建设，紧密围绕安全工作，开展思想政治工作，对职工进行安全思想、敬业精神、遵章守纪等教育，营造良好的安全工作环境和安全文化氛围。

5.2.3.2.2 分管生产领导的安全职责
本条评价项目的查评依据如下：
【依据1】《中央企业安全生产监督管理暂行办法》（国务院国有资产监督管理委员会令第21号）

第六条 中央企业应当按照以下规定建立以企业主要负责人为核心的安全生产领导负责制。

（三）中央企业主管安全生产工作的负责人协助主要负责人落实各项安全生产法律法规、标准，统筹协调和综合管理企业的安全生产工作，对企业安全生产工作负综合管理领导责任。

【依据2】《严格落实企业安全主体责任的指导意见》（安监总办〔2010〕139号）

二、健全和完善责任体系

（二）明确企业各级管理人员的安全生产责任。企业分管安全生产的负责人协助主要负责人履行安全生产管理职责，其他负责人对各自分管业务范围内的安全生产负领导责任。企业安全生产管理机构及其人员对本单位安全生产实施综合管理；企业各级管理人员对分管业务范围的安全生产工作负责。

5.2.3.2.3 技术负责人的安全职责

本条评价项目的查评依据如下：

【依据1】《中华人民共和国安全生产法》（中华人民共和国主席令2014年第13号）

第四十三条 生产经营单位的安全生产管理人员应当根据本单位的生产经营特点，对安全生产状况进行经常性检查；对检查中发现的安全问题，应当立即处理；不能处理的，应当及时报告本单位有关负责人，有关负责人应当及时处理。检查及处理情况应当如实记录在案。

生产经营单位的安全生产管理人员在检查中发现重大事故隐患，依照前款规定向本单位有关负责人报告，有关负责人不及时处理的，安全生产管理人员可以向主管的负有安全生产监督管理职责的部门报告，接到报告的部门应当依法及时处理。

【依据2】《严格落实企业安全主体责任的指导意见》（安监总办〔2010〕139号）

二、健全和完善责任体系

（二）明确企业各级管理人员的安全生产责任。企业分管安全生产的负责人协助主要负责人履行安全生产管理职责，其他负责人对各自分管业务范围内的安全生产负领导责任。企业安全生产管理机构及其人员对本单位安全生产实施综合管理；企业各级管理人员对分管业务范围的安全生产工作负责。

【依据3】《国家电网公司安全职责规范》（国家电网安质〔2014〕1528号）

第十七条 总工程师（分管副职）的安全职责

（一）负责安全生产技术管理工作。完善技术管理制度体系，强化技术监督系统，落实各级技术人员的安全生产责任制，审定重大的安全技术组织措施。

（二）组织编审年度"两措"计划，做到任务、时间、费用、措施、责任人"五落实"，监督检查实施进展情况，并根据需要及时进行完善和调整。

（三）组织审批本单位有关电网规划、建设、运行、检修等规程和技术管理制度，并组织实施。

（四）负责研究和审定电网运行方式，审定电网安全稳定措施，主持电网反事故演习，解决电网建设、运行、检修中的重大安全技术问题。

（五）审定新建、改（扩）建、大修、技改、科研等工程和项目中涉及重大安全问题的安全组织技术措施并督促执行。

（六）组织力量，研究安全生产的重大技术问题，解决重大隐患；推广先进管理方法、施工工艺、技术和设备；审查安全技术项目和成果报告；审批新技术、新工艺、新设备、新材料试验和推广应用的安全措施和方案。

5.2.3.2.4 各级党组书记及行政副职的安全职责

本条评价项目的查评依据如下：

【依据1】《中央企业安全生产监督管理暂行办法》（国务院国有资产监督管理委员会令第21号）

第六条 中央企业应当按照以下规定建立以企业主要负责人为核心的安全生产领导负责制。

（四）中央企业其他负责人应当按照分工抓好主管范围内的安全生产工作，对主管范围内的安全生产工作负领导责任。

【依据2】《国家电网公司安全职责规范》（国家电网安质〔2014〕1528号）

第九条 党组（党委）书记的安全职责

（一）在思想政治、组织宣传工作中，突出安全工作的基础地位，坚持党政工团齐抓共管的原则，充分发挥党、团员模范带头作用，以及党群组织对安全工作的保证和监督作用。

（二）把安全工作列入党委的重要议事日程，参加有关安全工作的重要会议和活动。

（三）在干部考核、选拔、任用及思想政治工作检查评比中，把安全工作业绩作为重要的考核内容。

（四）领导和组织党群部门、党团组织，紧密围绕安全目标开展思想政治工作，增强员工的安全意识，提高员工的思想素质；做好安全生产先进事例的选树工作，及时组织总结宣传典型经验。

（五）做好事故责任人和责任单位的思想政治工作，稳定员工队伍。

（六）加强安全文化建设，紧密围绕安全工作，开展思想政治工作，对职工进行安全思想、敬业精神、遵章守纪等教育，营造良好的安全工作环境和安全文化氛围。

第十条　分管规划工作行政副职的安全职责

（一）组织制定并贯彻执行实现年度安全工作目标的年度项目计划。在前期规划设计、可研审查中组织贯彻落实《电力系统安全稳定导则》等有关安全的规程规定和反事故措施要求。

（二）组织电网规划、设计审查，实行电网统一规划、设计，并坚持科学合理，安全经济，安全优先的原则，防止资源浪费。

（三）对电力生产运行、安全性评价、隐患排查中发现的涉及电网规划设计中的问题和事故隐患，按照安全设施与主体工程同时设计、同时施工、同时投产（简称"三同时"）的要求，负责组织制定并督促落实各项解决措施和方案。

（四）协助落实"两措"计划资金、重大工程项目安全设施及安全技术措施资金、应急体系建设资金；协调解决电力设施保护、消防、应急演练、教育培训、竞赛评比、表彰等各项安全活动所需的费用，并对项目安排和资金使用提出整改建议。

第十一条　分管基建工作行政副职的安全职责

（一）组织制定基建年度安全工作目标计划；主持基建安全工作会议，部署基建安全文明施工工作。

（二）建立健全基建安全保证体系和监督体系，落实安全文明施工责任制，健全安全管理与考核制度，组织贯彻《国家电网公司基建安全管理规定》，推行基建施工现场标准化作业，做好现场安全文明施工管理工作，及时协调解决安全工作中存在的问题。

（三）在新建、改建或扩建工程建设中，认真贯彻落实国家有关环境保护和职业安全卫生设施与主体工程"三同时"的规定。

（四）负责基建"两措"计划项目落实、资金筹措，审定工程建设项目中涉及重大安全问题的安全技术组织措施并督促执行，确保各类事故防范措施落实到位。

（五）组织开展工程安全管理评价，制定并实施基建系统的重大人员伤亡、重大施工机械设备损坏、垮（坍）塌等事故应急处理预案和施工现场应急处置方案，建立有系统、分层次、分工明确、相互协调的事故应急处理体系。

（六）组织开发、推广先进管理方法、施工工艺、技术和设备，审定相关安全技术项目和成果报告，解决基建安全技术上的突出问题，促进安全文明施工水平的提高。

第十二条　分管电网运行工作行政副职的安全职责

（一）组织制定电网运行年度安全工作目标、工作重点和措施，并组织实施。

（二）建立电网运行组织指挥体系，充分发挥保证体系的作用，组织做好电网调度管理规程的宣贯与实施，健全安全管理与考核制度，及时协调解决电网运行管理工作中存在的问题。

（三）组织制定保障电网安全运行的规程规定、技术标准和系统稳定措施；开展电网新技术应用研究和运行分析，批准电网特殊方式、电网黑启动方案以及重大措施方案的实施，审核相关专业安全制度规定，并贯彻落实。

（四）组织开展电网、继电保护和自动化设备以及计算机信息系统、集中监控系统安全运行状况分析，针对薄弱环节和事故隐患，制定相应的反事故技术措施并组织实施。

第十三条　分管检修工作行政副职的安全职责

（一）组织制定检修工作年度安全目标、工作重点和措施，并组织实施。

（二）建立检修工作组织体系，充分发挥保证体系的作用，健全完善各专业安全管理与考核制度，并负责检查落实。

（三）组织制定有关设备检修工作的规程、技术标准，开展新设备、新技术、新工艺应用研究分析，批准设备重大技术改造措施方案的实施，审核相关专业安全制度规定，并贯彻落实。

（四）组织制定反事故措施计划，并督促实施。

（五）组织开展安全性评价、危险点分析和预控、标准化作业，对本单位安全生产状况进行科学分析，找出薄弱环节和事故隐患，及时采取防范措施。

（六）组织制定并实施重大人员伤亡、大面积停电、设备大范围受损、重要变电所和发电厂全停、大坝垮塌等事故应急处理预案，建立有系统、分层次、分工明确、相互协调的事故应急处理体系，组织反事故演习。

第十四条　分管营销工作行政副职的安全职责

（一）组织编制营销规划并明确安全规划目标；组织制定营销系统安全生产工作目标、工作重点，并组织实施。

（二）建立健全经营业绩考核体系和经营结算体系时，将安全生产作为重要的考核指标。

（三）组织对用电安全情况进行检查。存在安全隐患的，应下发整改通知书，并及时报告政府职能部门，督促指导客户及时整改，严防客户事故危及人身、电网、设备安全。

（四）审核重大用电项目电网发展需求方案有关安全管理要求。

（五）负责审核有序用电管理、大用户直接交易、供用电合同、业扩报装、自备电厂等相关安全管理内容符合规定。

（六）审核 35 千伏及以下客户接入、分布式电源及微网管理方案安全措施齐全。

（七）监督高危及重要客户安全管理、用电检查及反窃电管理、供电服务突发事件应急响应、重大活动客户侧电力保障各项措施的严格执行。

5.2.3.2.5　安全生产监督管理人员的安全职责

本条评价项目的查评依据如下：

【依据 1】《中华人民共和国安全生产法》（中华人民共和国主席令〔2014〕第 13 号）

第二十二条　生产经营单位的安全生产管理机构以及安全生产管理人员履行下列职责：

（一）组织或者参与拟订本单位安全生产规章制度、操作规程和生产安全事故应急救援预案；

（二）组织或者参与本单位安全生产教育和培训，如实记录安全生产教育和培训情况；

（三）督促落实本单位重大危险源的安全管理措施；

（四）组织或者参与本单位应急救援演练；

（五）检查本单位的安全生产状况，及时排查生产安全事故隐患，提出改进安全生产管理的建议；

（六）制止和纠正违章指挥、强令冒险作业、违反操作规程的行为；

（七）督促落实本单位安全生产整改措施。

第二十三条　生产经营单位的安全生产管理机构以及安全生产管理人员应当恪尽职守，依法履行职责。

生产经营单位作出涉及安全生产的经营决策，应当听取安全生产管理机构以及安全生产管理人员的意见。

生产经营单位不得因安全生产管理人员依法履行职责而降低其工资、福利等待遇或者解除与其订立的劳动合同。

危险物品的生产、储存单位以及矿山、金属冶炼单位的安全生产管理人员的任免，应当告知主管的负有安全生产监督管理职责的部门。

第二十四条　生产经营单位的主要负责人和安全生产管理人员必须具备与本单位所从事的生产经营活动相应的安全生产知识和管理能力。

第四十三条　生产经营单位的安全生产管理人员应当根据本单位的生产经营特点，对安全生状况进行经常性检查；对检查中发现的安全问题，应当立即处理；不能处理的，应当及时报告本单位有关负责人，有关负责人应当及时处理。检查及处理情况应当如实记录在案。

生产经营单位的安全生产管理人员在检查中发现重大事故隐患，依照前款规定向本单位有关负责人报告，有关负责人不及时处理的，安全生产管理人员可以向主管的负有安全生产监督管理职责的部门报告，接到报告的部门应当依法及时处理。

【依据 2】《严格落实企业安全主体责任的指导意见》（安监总办〔2010〕139 号）

二、健全和完善责任体系

（二）明确企业各级管理人员的安全生产责任。企业分管安全生产的负责人协助主要负责人履行安全生产管理职责，其他负责人对各自分管业务范围内的安全生产负领导责任。企业安全生产管理机构及其人员对本单位安全生产实施综合管理；企业各级管理人员对分管业务范围的安全生产工作负责。

【依据 3】《国家电网公司安全职责规范》（国家电网安质〔2014〕1528 号）

（一）负责对本单位进行全面安全监督。监督各级人员、各部门安全生产责任制的落实；监督各项安全生产规章制度、反事故措施和上级有关安全工作指示的贯彻执行，及时反馈在执行中存在的问题并提出完善修改意见；向上级有关安全监督机构汇报本单位安全生产情况。

（二）组织制定公司长远安全规划、年度安全生产目标及保证措施，并将安全目标层层分解。负责本单位全面质量监督管理和质量监督关键指标的统计、分析和考核。

（三）组织制定安全技术及劳动保护措施计划；监督劳保品、安全工器具、安全防护用品的购置、发放和使用；监督"两措"计划的执行情况。

（四）负责编制安全应急规划并组织实施；负责组织协调本单位应急体系建设，开展应急管理日常工作；负责组织制定、修订应急规章制度及应急预案；负责突发事件应急管理及组织协调工作；负责应急工作与政府及有关部门的协调沟通及配合。监督应急处理预案及大型反事故演习预案的编制与执行；监督应急器材、车辆等定期维护保养，确保随时可用。

（五）审查本单位各所属单位安监部门的资质和人员资格。督促检查各级各部门安全监督体系人员、装备等状况，确保符合安全管理与监督工作要求。

（六）负责本单位生产、基建、供用电、农电、信息等安全监督、检查和评价。对生产现场（施工工地）经常性开展监督检查，对作业环境、作业流程、安全防护用品使用及执行《国家电网公司电力安全工作规程》等给予检查指导，及时发现问题并提出改进意见。

（七）对人身安全防护状况，电网、设备、设施、信息安全技术状况、环境保护状况的监督检查中发现的重大问题和隐患，报请主管领导，并及时下达安全监督通知书，限期解决。及时通报表扬和奖励在安全生产中做出显著成绩的部门和个人。

（八）根据季节特点，适时组织专项安全检查及隐患排查治理；检查安全性评价工作，对安全性评价查评出的问题督促有关部门整改落实。

（九）组织召开安全生产月度例会、安全监督（安全网）例会等，指导安全网活动，研究分析安全动态，布置安全工作，对每月安全生产情况进行总结和分析；定期参加基层安全例会、安全活动，并提出指导性意见。

（十）参加和协助本单位领导组织安全事故调查，监督"四不放过"原则的贯彻落实，完成事故统计、分析、上报工作并提出考核意见；对安全做出贡献者提出给予表扬和奖励的建议或意见；通过事故快报、安全情况通报等方式，及时发布安全信息。

（十一）组织推广安全管理的先进经验，促进安全生产管理水平的提高。

（十二）参与电网规划、工程和技改项目的设计审查、设备招投标、施工队伍资质审查和竣工验收以及有关生产科研成果鉴定等工作。

（十三）组织开展安全培训、竞赛和调考；组织开展《国家电网公司电力安全工作规程》考试。

（十四）负责本单位人武、保卫管理工作；配合反窃电工作，负责与公安部门的外联工作。

（十五）负责本单位交通安全、电力设施保护、防汛、消防、防灾减灾的监督检查。

（十六）负责指导集体企业安全监督相关管理工作。

5.2.3.2.6 安全生产管理人员的安全职责

本条评价项目的查评依据如下：

【依据1】《中华人民共和国安全生产法》（中华人民共和国主席令〔2014〕第13号）

第二十二条　生产经营单位的安全生产管理机构以及安全生产管理人员履行下列职责：

（一）组织或者参与拟订本单位安全生产规章制度、操作规程和生产安全事故应急救援预案；

（二）组织或者参与本单位安全生产教育和培训，如实记录安全生产教育和培训情况；

（三）督促落实本单位重大危险源的安全管理措施；

（四）组织或者参与本单位应急救援演练；

（五）检查本单位的安全生产状况，及时排查生产安全事故隐患，提出改进安全生产管理的建议；

（六）制止和纠正违章指挥、强令冒险作业、违反操作规程的行为；

（七）督促落实本单位安全生产整改措施。

第二十三条　生产经营单位的安全生产管理机构以及安全生产管理人员应当恪尽职守，依法履行职责。

生产经营单位作出涉及安全生产的经营决策，应当听取安全生产管理机构以及安全生产管理人员的意见。

生产经营单位不得因安全生产管理人员依法履行职责而降低其工资、福利等待遇或者解除与其订立的劳动合同。

危险物品的生产、储存单位以及矿山、金属冶炼单位的安全生产管理人员的任免，应当告知主管的负有安全生产监督管理职责的部门。

第二十四条　生产经营单位的主要负责人和安全生产管理人员必须具备与本单位所从事的生产经营活动相应的安全生产知识和管理能力。

第四十三条　生产经营单位的安全生产管理人员应当根据本单位的生产经营特点，对安全生产状况进行经常性检查；对检查中发现的安全问题，应当立即处理；不能处理的，应当及时报告本单位有关负责人，有关负责人应当及时处理。检查及处理情况应当如实记录在案。

生产经营单位的安全生产管理人员在检查中发现重大事故隐患，依照前款规定向本单位有关负责人报告，有关负责人不及时处理的，安全生产管理人员可以向主管的负有安全生产监督管理职责的部门报告，接到报告的部门应当依法及时处理。

【依据2】《严格落实企业安全主体责任的指导意见》（安监总办〔2010〕139号）

二、健全和完善责任体系

（二）明确企业各级管理人员的安全生产责任。企业分管安全生产的负责人协助主要负责人履行安全生产管理职责，其他负责人对各自分管业务范围内的安全生产负领导责任。企业安全生产管理机构及其人员对本单位安全生产实施综合管理；企业各级管理人员对分管业务范围的安全生产工作负责。

【依据3】《国家电网公司安全职责规范》（国家电网安质〔2014〕1528号）

第三十二条　各级职能管理部门通用的安全职责

（一）建立健全专业管理工作范围内的安全管理体系。对所承担工作范围内的安全工作负直接管理责任。

（二）负责贯彻专业管理范围内国家及行业内部颁发的有关安全工作法规、条例、规定和指令性文件。制定修订专业管理的技术规程规定和标准，并组织执行。

（三）根据企业年度安全目标计划，组织制定专业范围内实现企业年度安全目标计划的具体措施，层层落实安全责任，确保安全目标的实现。

（四）负责组织专业范围内人员安全规程规定和标准的培训学习工作。建立健全本专业各岗位安全责任制，负责人身、交通、消防、质量、信息安全等管理工作。

（五）负责对特种作业人员、重大危险源、危险物品、特种设备以及外来人员（劳务派遣、厂家技术服务、参观、实习、挂职锻炼等人员）的安全管理。

（六）负责开展本专业事故隐患排查治理工作，并按规定向安监部门备案。

（七）根据职责范围、工作性质以及领导安排，相互协调和配合有关安全的各项工作。负责落实本专业信息安全防护工作。

（八）各职能部门按照"谁主管、谁负责"原则，贯彻落实公司应急领导小组有关决定事项，负责管理范围内的应急体系建设与运维、相关突发事件预警与应对处置的组织指挥、与政府专业部门的沟通协调等工作。负责专业系统各类安全事故应急处置预案的编制与审核；组织或参加反事故演习。

（九）参加有关安全的重要会议、安全例会、安全检查等活动；组织或参加有关事故（事件）调查分析，按职责分工提出处理意见，并负责或协助做好事故善后工作。

5.2.3.2.7 车间（部门）负责人的安全职责

本条评价项目的查评依据如下：

【依据 1】《中华人民共和国安全生产法》（中华人民共和国主席令〔2014〕第 13 号）

第二十二条 生产经营单位的安全生产管理机构以及安全生产管理人员履行下列职责：

（一）组织或者参与拟订本单位安全生产规章制度、操作规程和生产安全事故应急救援预案；

（二）组织或者参与本单位安全生产教育和培训，如实记录安全生产教育和培训情况；

（三）督促落实本单位重大危险源的安全管理措施；

（四）组织或者参与本单位应急救援演练；

（五）检查本单位的安全生产状况，及时排查生产安全事故隐患，提出改进安全生产管理的建议；

（六）制止和纠正违章指挥、强令冒险作业、违反操作规程的行为；

（七）督促落实本单位安全生产整改措施。

第二十三条 生产经营单位的安全生产管理机构以及安全生产管理人员应当恪尽职守，依法履行职责。

生产经营单位作出涉及安全生产的经营决策，应当听取安全生产管理机构以及安全生产管理人员的意见。

生产经营单位不得因安全生产管理人员依法履行职责而降低其工资、福利等待遇或者解除与其订立的劳动合同。

危险物品的生产、储存单位以及矿山、金属冶炼单位的安全生产管理人员的任免，应当告知主管的负有安全生产监督管理职责的部门。

第二十四条 生产经营单位的主要负责人和安全生产管理人员必须具备与本单位所从事的生产经营活动相应的安全生产知识和管理能力。

第四十三条 生产经营单位的安全生产管理人员应当根据本单位的生产经营特点，对安全生产状况进行经常性检查；对检查中发现的安全问题，应当立即处理；不能处理的，应当及时报告本单位有关负责人，有关负责人应当及时处理。检查及处理情况应当如实记录在案。

生产经营单位的安全生产管理人员在检查中发现重大事故隐患，依照前款规定向本单位有关负责人报告，有关负责人不及时处理的，安全生产管理人员可以向主管的负有安全生产监督管理职责的部门报告，接到报告的部门应当依法及时处理。

【依据2】《严格落实企业安全主体责任的指导意见》（安监总办〔2010〕139号）

二、健全和完善责任体系

（二）明确企业各级管理人员的安全生产责任。企业分管安全生产的负责人协助主要负责人履行安全生产管理职责，其他负责人对各自分管业务范围内的安全生产负领导责任。企业安全生产管理机构及其人员对本单位安全生产实施综合管理；企业各级管理人员对分管业务范围的安全生产工作负责。

【依据3】《国家电网公司安全职责规范》（国家电网安质〔2014〕1528号）

第二十五条　基层单位二级机构（工地、分场、工区、室、所、队等）主要负责人的安全职责

（一）是本单位安全第一责任人。根据企业的年度安全目标计划，组织制定实现年度安全目标计划的具体措施，层层落实安全责任，确保本单位安全目标的实现。

（二）组织实施上级下达的"两措"计划。结合安全性评价结果，组织编制本单位的年度"两措"计划，经审批后组织实施。

（三）组织开展安全性评价，推行危险点分析和预控、标准化作业，切实落实各项现场安全措施。

（四）组织或参加制定重要或大型检修（施工、操作）项目安全组织技术措施，并对措施的正确性、完备性承担相应的责任。

（五）定期召开安全生产月度例会，每月至少参加一次班组的安全日活动，抽查班组安全活动记录，并提出改进要求。

（六）组织本单位安全检查活动，检查指导安全生产工作，严肃查处违章违纪行为。

（七）组织本单位安全规程规定和标准的学习、定期考试及新入职员工的安全教育工作，协调所属各班组、各专业之间的安全协作配合关系。

（八）做好重大危险源、特种设备、危险物品、特种作业人员、临时聘用人员的安全管理工作。

（九）参加有关事故的调查处理工作。对本单位事故统计报告和报表的及时性、准确性、完整性负责。

5.2.3.2.8　班组长的安全职责

本条评价项目的查评依据如下：

【依据1】《中华人民共和国安全生产法》（中华人民共和国主席令〔2014〕第13号）

第二十二条　生产经营单位的安全生产管理机构以及安全生产管理人员履行下列职责：

（一）组织或者参与拟订本单位安全生产规章制度、操作规程和生产安全事故应急救援预案；

（二）组织或者参与本单位安全生产教育和培训，如实记录安全生产教育和培训情况；

（三）督促落实本单位重大危险源的安全管理措施；

（四）组织或者参与本单位应急救援演练；

（五）检查本单位的安全生产状况，及时排查生产安全事故隐患，提出改进安全生产管理的建议；

（六）制止和纠正违章指挥、强令冒险作业、违反操作规程的行为；

（七）督促落实本单位安全生产整改措施。

第二十三条　生产经营单位的安全生产管理机构以及安全生产管理人员应当恪尽职守，依法履行职责。

生产经营单位作出涉及安全生产的经营决策，应当听取安全生产管理机构以及安全生产管理人员的意见。

生产经营单位不得因安全生产管理人员依法履行职责而降低其工资、福利等待遇或者解除与其订立的劳动合同。

危险物品的生产、储存单位以及矿山、金属冶炼单位的安全生产管理人员的任免，应当告知主管的负有安全生产监督管理职责的部门。

第二十四条　生产经营单位的主要负责人和安全生产管理人员必须具备与本单位所从事的生产

经营活动相应的安全生产知识和管理能力。

第四十三条 生产经营单位的安全生产管理人员应当根据本单位的生产经营特点，对安全生产状况进行经常性检查；对检查中发现的安全问题，应当立即处理；不能处理的，应当及时报告本单位有关负责人，有关负责人应当及时处理。检查及处理情况应当如实记录在案。

生产经营单位的安全生产管理人员在检查中发现重大事故隐患，依照前款规定向本单位有关负责人报告，有关负责人不及时处理的，安全生产管理人员可以向主管的负有安全生产监督管理职责的部门报告，接到报告的部门应当依法及时处理。

【依据2】《国家电网公司安全职责规范》（国家电网安质〔2014〕1528号）

第二十九条 班组长的安全职责

（一）是本班组安全第一责任人，对本班组在生产作业过程中的安全和健康负责，把保证人身安全和控制电网、设备、信息事件作为安全目标，组织全班人员开展设备运行安全分析、预测，做到及时发现异常并进行安全控制。

（二）认真执行安全生产规章制度和操作规程，及时对现场规程提出修改建议；做好各项工作任务（倒闸操作、检修、试验、施工、事故应急处理等）的事先"两交底"工作，有序组织各项生产活动；遵守劳动纪律，不违章指挥、不强令作业人员冒险作业。

（三）负责组织落实作业项目的安全技术措施，履行到位监督职责或到现场指挥作业，及时纠正或制止各类违章行为。

（四）及时传达上级有关安全工作的文件、通知、事故通报等，组织开展安全事故警示教育活动，做好安全事故防范措施的落实，防止同类事故重复发生。规范应用风险辨识、承载力分析等风险管控措施，实施标准化作业，对生产现场安全措施的合理性、可靠性、完整性负责。

（五）对班组全体人员进行经常性的安全思想教育；协助做好岗位安全技术培训以及新入职人员、调换岗位人员的安全培训考试；组织全班人员参加紧急救护法的培训，做到全员正确掌握救护方法。

（六）经常检查本班组工作场所的工作环境、安全设施（如消防器材、警示标志、通风装置、氧量检测装置、遮拦等）、设备工器具（如绝缘工器具、施工机具、压力容器等）的安全状况，定期开展检查、试验，对发现的问题做到及时登记上报和处理。对本班组人员正确使用劳动防护用品进行监督检查。

（七）负责主持召开班前、班后会和每周一次（或每个轮值）的班组安全日活动，丰富活动内容，增强活动针对性和时效性，并指导做好安全活动记录。

（八）开展定期安全检查、隐患排查、"安全生产月"和专项安全检查活动，及时汇总反馈检查情况，落实上级下达的各项反事故技术措施。

（九）严格执行电力安全事故（事件）报告制度，及时汇报安全事故（事件），保证汇报内容准确、完整，做好事故现场保护，配合开展事故调查工作。

（十）支持班组安全员履行岗位职责。对本班组发生的事故（事件）、违章等，及时登记上报，并组织开展原因分析，总结教训，落实改进措施。

5.2.3.2.9 岗位作业人员的安全职责

本条评价项目的查评依据如下：

【依据1】《中华人民共和国安全生产法》（中华人民共和国主席令〔2014〕第13号）

第五十条 生产经营单位的从业人员有权了解其作业场所和工作岗位存在的危险因素、防范措施及事故应急措施，有权对本单位的安全生产工作提出建议。

第五十一条 从业人员有权对本单位安全生产工作中存在的问题提出批评、检举、控告；有权拒绝违章指挥和强令冒险作业。

生产经营单位不得因从业人员对本单位安全生产工作提出批评、检举、控告或者拒绝违章指挥、强令冒险作业而降低其工资、福利等待遇或者解除与其订立的劳动合同。

第五十二条　从业人员发现直接危及人身安全的紧急情况时，有权停止作业或者在采取可能的应急措施后撤离作业场所。

生产经营单位不得因从业人员在前款紧急情况下停止作业或者采取紧急撤离措施而降低其工资、福利等待遇或者解除与其订立的劳动合同。

第五十三条　因生产安全事故受到损害的从业人员，除依法享有工伤保险外，依照有关民事法律尚有获得赔偿的权利的，有权向本单位提出赔偿要求。

第五十四条　从业人员在作业过程中，应当严格遵守本单位的安全生产规章制度和操作规程，服从管理，正确佩戴和使用劳动防护用品。

第五十五条　从业人员应当接受安全生产教育和培训，掌握本职工作所需的安全生产知识，提高安全生产技能，增强事故预防和应急处理能力。

第五十六条　从业人员发现事故隐患或者其他不安全因素，应当立即向现场安全生产管理人员或者本单位负责人报告；接到报告的人员应当及时予以处理。

第五十八条　生产经营单位使用被派遣劳动者的，被派遣劳动者享有本法规定的从业人员的权利，并应当履行本法规定的从业人员的义务。

【依据2】《国家电网公司安全职责规范》（国家电网安质〔2014〕1528号）

第三十一条　班组员工的安全职责

（一）对自己的安全负责，认真学习安全生产知识，提高安全生产意识，增强自我保护能力；接受相应的安全生产教育和岗位技能培训，掌握必要的专业安全知识和操作技能；积极开展设备改造和技术创新，不断改善作业环境和劳动条件。

（二）严格遵守安全规章制度、操作规程和劳动纪律，服从管理，坚守岗位，对自己在工作中的行为负责，履行工作安全责任，互相关心工作安全，不违章作业。

（三）接受工作任务，应熟悉工作内容、工作流程、作业环境，掌握安全措施，明确工作中的危险点，并履行安全确认手续；严格执行"两票三制"并规范开展作业活动。

（四）保证工作场所、设备（设施）、工器具的安全整洁，不随意拆除安全防护装置，正确操作机械和设备，正确佩戴和使用劳动防护用品。

（五）有权拒绝违章指挥和强令冒险作业，发现异常情况及时处理和报告。在发现直接危及人身、电网和设备安全的紧急情况时，有权停止作业或在采取可能的紧急措施后撤离作业场所，并立即报告。

（六）积极参加各项安全生产活动，做好安全生产工作。

5.2.3.3　安全责任书、承诺书和安全告知

本条评价项目的查评依据如下：

【依据1】《中华人民共和国安全生产法》（中华人民共和国主席令〔2014〕第13号）

第四十一条　生产经营单位应当教育和督促从业人员严格执行本单位的安全生产规章制度和安全操作规程；并向从业人员如实告知作业场所和工作岗位存在的危险因素、防范措施以及事故应急措施。

第四十九条　生产经营单位与从业人员订立的劳动合同，应当载明有关保障从业人员劳动安全、防止职业危害的事项，以及依法为从业人员办理工伤保险的事项。

生产经营单位不得以任何形式与从业人员订立协议，免除或者减轻其对从业人员因生产安全事故伤亡依法应承担的责任。

【依据2】《国家安监总局关于进一步加强企业安全生产规范化建设严格落实企业安全生产主体责任的指导意见》（安监总办〔2010〕139号）

四、健全和完善基本制度

（十一）安全生产承诺制度。企业就遵守安全生产法律法规、执行安全生产规章制度、保证安全

生产投入、持续具备安全生产条件等签订安全生产承诺书，向企业员工及社会作出公开承诺，自觉接受监督。同时，员工就履行岗位安全责任向企业作出承诺。

【依据3】《企业安全生产标准化基本规范》（AQ/T 9006—2010）

5.10.2　职业危害告知和警示

企业与从业人员订立劳动合同时，应将工作过程中可能产生的职业危害及其后果和防护措施如实告知从业人员，并在劳动合同中写明。

企业应采用有效的方式对从业人员及相关方进行宣传，使其了解生产过程中的职业危害、预防和应急处理措施，降低或消除危害后果。

对存在严重职业危害的作业岗位，应按照GBZ 158要求设置警示标识和警示说明。警示说明应载明职业危害的种类、后果、预防和应急救治措施。

【依据4】《机械制造企业安全生产标准化规范》（AQ/T 7009—2013）

4.1.2.5　企业应定期对危险源辨识与风险评价和确定的控制措施进行评审和更新，保存记录，并建立危险源、重大危险源档案。

企业应将危险源、重大危险源及其控制措施告知相关人员（包括受其影响的相关方）。

4.3.7　群众监督和告知

4.3.7.1　企业应定期向工会通报职业性危害因素控制情况，听取从业人员及其代表的意见，改进企业的职业健康相关工作。

4.3.7.2　企业与从业人员签订（或变更）劳动合同时，应将其工作过程中可能产生的职业性危害因素及其后果、职业危害防护措施和待遇等如实告知从业人员，并在劳动合同中写明，不得隐瞒或欺骗。

4.3.7.3　应根据其职业性危害因素的污染情况，在醒目位置设置公告栏，公布有关职业危害防治的规章制度、操作规程、事故应急处理措施和职业性危害因素监测结果。

对产生严重职业性危害因素的物质，应当具有中文说明书，并在其作业岗位的醒目位置设置警示标识和中文警示说明。

5.3　安全管理例行工作

5.3.1　安全生产例会

本条评价项目的查评依据如下：

【依据1】《国家安监总局关于进一步加强企业安全生产规范化建设严格落实企业安全生产主体责任的指导意见》（安监总办〔2010〕139号）

四、健全和完善基本制度

（一）安全生产例会制度。建立班组班前会、周安全生产活动日，车间周安全生产调度会，企业月安全生产办公会、季安全生产形势分析会、年度安全生产工作会等例会制度，定期研究、分析、布置安全生产工作。

（二）安全生产例检制度。建立班组班前、班中、班后安全生产检查（即"一班三检"）、重点对象和重点部位安全生产检查（即"点检"）、作业区域安全生产巡查（即"巡检"），车间周安全生产检查、月安全生产大检查，企业月安全生产检查、季安全生产大检查、复工复产前安全生产大检查等例检制度，对各类检查的频次、重点、内容提出要求。

【依据2】《国家电网公司安全工作规定》（国家电网企管〔2014〕1117号）

第五十三条　安全生产委员会议。省公司级单位至少每半年，地市公司级单位、县公司级单位每季度召开一次安全生产委员会议，研究解决安全重大问题，决策部署安全重大事项。按要求成立安全生产委员会的承、发包工程和委托业务项目，安全生产委员会应在项目开工前成立并召开第一次会议，以后至少每季度召开一次会议。

第五十四条　安全例会。公司各级单位应定期召开各类安全例会。

（一）年度安全工作会。公司各级单位应在每年初召开一次年度安全工作会，总结本单位上年度安全情况，部署本年度安全工作任务。

（二）月、周、日安全生产例会。省公司级单位、地市公司级单位、县公司级单位应建立安全生产月、周、日例会制度，对安全生产实行"月计划、周安排、日管控"，协调解决安全工作存在的问题，建立安全风险日常管控和协调机制。

（三）安全监督例会。省公司级单位应每半年召开一次安全监督例会，地市公司级单位、县公司级单位应每月召开一次安全网例会。

第五十五条　班前会和班后会。班前会应结合当班运行方式、工作任务，开展安全风险分析，布置风险预控措施，组织交待工作任务、作业风险和安全措施，检查个人安全工器具、个人劳动防护用品和人员精神状况。班后会应总结讲评当班工作和安全情况，表扬遵章守纪，批评忽视安全、违章作业等不良现象，布置下一个工作日任务。班前会和班后会均应做好记录。

5.3.2　安全生产监督检查

本条评价项目的查评依据如下：

【依据1】《中华人民共和国安全生产法》（中华人民共和国主席令〔2014〕第 13 号）

第四十三条　生产经营单位的安全生产管理人员应当根据本单位的生产经营特点，对安全生产状况进行经常性检查；对检查中发现的安全问题，应当立即处理；不能处理的，应当及时报告本单位有关负责人，有关负责人应当及时处理。检查及处理情况应当如实记录在案。

生产经营单位的安全生产管理人员在检查中发现重大事故隐患，依照前款规定向本单位有关负责人报告，有关负责人不及时处理的，安全生产管理人员可以向主管的负有安全生产监督管理职责的部门报告，接到报告的部门应当依法及时处理。

【依据2】《严格落实企业安全主体责任的指导意见》（安监总办〔2010〕139 号）

四、健全和完善基本制度

（二）安全生产例检制度。建立班组班前、班中、班后安全生产检查（即"一班三检"）、重点对象和重点部位安全生产检查（即"点检"）、作业区域安全生产巡查（即"巡检"），车间周安全生产检查、月安全生产大检查，企业月安全生产检查、季安全生产大检查、复工复产前安全生产大检查等例检制度，对各类检查的频次、重点、内容提出要求。

【依据3】《机械制造企业安全生产标准化规范》（AQ/T 7009—2013）

4.1.13　安全检查

4.1.13.1　企业应建立安全检查制度，并确保安全检查覆盖其所有的作业场所、设备设施、人员和相关的生产经营活动。

4.1.13.2　安全检查应包括日常检查、定期检查、专业检查和综合检查：

——日常检查：设备操作者、班组长、车间安全员及其他人员每天应对作业环境、设备设施、从业人员的作业行为等进行日常检查；

——定期检查：公司（厂）安全管理人员、车间（分厂）负责人及其他人员每周（每月）应对作业环境、设备设施、从业人员的作业行为、危险源的控制情况等进行定期检查；

——专业检查：公司（厂）安全管理人员、职能部门专业管理人员及其他人员应定期对特种设备、消防、危险化学品、易燃易爆场所、职业健康、相关方等安全状况进行专业检查；

——综合检查：企业安全生产负责人、公司（厂）安全管理人员、职能部门负责人及其他人员定期应对所属单位规章制度的执行情况、隐患整改情况，以及安全和职业健康管理等进行综合检查。

各类安全检查应制定安全检查表，并根据变化情况，及时更新检查内容和方法。所有安全检查均应保持记录。

4.1.13.3　企业应确保对安全检查和排查事故隐患中所发现的问题和事故隐患及时采取相应的纠正措施和预防措施，并跟踪验证纠正措施和预防措施的实际效果；对于重大事故隐患应制订治理方案。企业在事故隐患治理过程中，应采取相应的安全防范措施，防止意外事故发生。

企业应积极配合行政监管执法检查。

4.1.13.4　作业现场无违章操作或违章指挥现象。

【依据4】《国家电网公司安全工作规定》（国家电网企管〔2014〕1117号）

第二十一条　安全监督管理机构的职责：

（一）贯彻执行国家和上级单位有关规定及工作部署，组织制定本单位安全监督管理和应急管理方面的规章制度，牵头并督促其他职能部门开展安全性评价、隐患排查治理、安全检查和安全风险管控等工作，积极探索和推广科学、先进的安全管理方式和技术；

（二）监督本单位各级人员安全责任制的落实；监督各项安全规章制度、反事故措施、安全技术劳动保护措施和上级有关安全工作要求的贯彻执行；负责组织基建、生产、发电、供用电、农电、信息等安全的监督、检查和评价；负责组织交通安全、电力设施保护、防汛、消防、防灾减灾的监督检查；

（三）监督涉及电网、设备、信息安全的技术状况，涉及人身安全的防护状况；对监督检查中发现的重大问题和隐患，及时下达安全监督通知书，限期解决，并向主管领导报告；

（四）监督建设项目安全设施"三同时"（与主体工程同时设计、同时施工、同时投入生产和使用）执行情况；组织制定安全工器具、安全防护用品等相关配备标准和管理制度，并监督执行；

（五）参加和协助本单位领导组织安全事故调查，监督"四不放过"（即事故原因未查清不放过、责任人员未处理不放过、整改措施未落实不放过、有关人员未受教育不放过）原则的贯彻落实，完成事故统计、分析、上报工作并提出考核意见；对安全做出贡献者提出给予表扬和奖励的建议或意见；

（六）参与电网规划、工程和技改项目的设计审查、施工队伍资质审查和竣工验收以及安全方面科研成果鉴定等工作；

（七）负责编制安全应急规划并组织实施；负责组织协调公司应急体系建设及公司应急管理日常工作；负责归口管理安全生产事故隐患排查治理工作并进行监督、检查与评价；负责人武、保卫管理；负责指导集体企业安全监察相关管理工作。

第五十七条　安全检查。公司各级单位应定期和不定期进行安全检查，组织进行春季、秋季等季节性安全检查，组织开展各类专项安全检查。

安全检查前应编制检查提纲或"安全检查表"，经分管领导审批后执行。对查出的问题要制定整改计划并监督落实。

5.3.3　安全简报

本条评价项目的查评依据如下：

【依据1】《国家电网公司安全职责规范》（国家电网安质〔2014〕1528号）

第二十六条　安全监督部门的安全职责

（十二）组织或参加事故调查，监督"四不放过"原则的贯彻落实，完成事故统计、分析、上报工作并提出考核意见；通过安全简报、事故快报、事故通报等方式，及时通报安全生产信息。

【依据2】《国家电网公司安全工作规定》（国家电网企管〔2014〕1117号）

第六十条　安全通报。公司各级单位应编写安全通报、快报，综合安全情况，分析事故规律，吸取事故教训。

5.3.4 安全工作总结

本条评价项目的查评依据如下：

【依据1】《中央企业安全生产监督管理暂行办法》（国务院国有资产监督管理委员会令第21号）

第四章 安全生产工作报告制度

第二十四条 中央企业应当于每年1月底前将上一年度的安全生产工作总结和本年度的工作安排报送国资委。

【依据2】《国家电网公司安全职责规范》（国家电网安质〔2014〕1528号）

第二十六条 安全监督部门的安全职责

（十一）组织和参加召开安委会会议、安全生产协调会议、安全工作会议、安全分析会、安全监督（安全网）例会等，指导安监网的活动，研究分析安监动态，布置安全工作，并对每月安全生产情况进行总结和分析。

【依据3】《国家电网公司安全工作规定》的通知（国家电网企管〔2014〕1117号）

第八章 例行工作

第五十三条 安全生产委员会议。省公司级单位至少每半年，地市公司级单位、县公司级单位每季度召开一次安全生产委员会议，研究解决安全重大问题，决策部署安全重大事项。按要求成立安全生产委员会的承、发包工程和委托业务项目，安全生产委员会应在项目开工前成立并召开第一次会议，以后至少每季度召开一次会议。

第五十四条 安全例会。公司各级单位应定期召开各类安全例会。

（一）年度安全工作会。公司各级单位应在每年初召开一次年度安全工作会，总结本单位上年度安全情况，部署本年度安全工作任务。

（二）月、周、日安全生产例会。省公司级单位、地市公司级单位、县公司级单位应建立安全生产月、周、日例会制度，对安全生产实行"月计划、周安排、日管控"，协调解决安全工作存在的问题，建立安全风险日常管控和协调机制。

（三）安全监督例会。省公司级单位应每半年召开一次安全监督例会，地市公司级单位、县公司级单位应每月召开一次安全网例会。

第五十五条 班前会和班后会。

班前会应结合当班运行方式、工作任务，开展安全风险分析，布置风险预控措施，组织交代工作任务、作业风险和安全措施，检查个人安全工器具、个人劳动防护用品和人员精神状况。班后会应总结讲评当班工作和安全情况，表扬遵章守纪，批评忽视安全、违章作业等不良现象，布置下一个工作日任务。班前会和班后会均应做好记录。

第五十六条 安全活动。

公司各级单位应定期组织开展各项安全活动。

（一）年度安全活动。根据公司年度安全工作安排，组织开展专项安全活动，抓好活动各项任务的分解、细化和落实；

（二）安全生产月活动。根据全国安全生产月活动要求，结合本单位安全工作实际情况，每年开展为期一个月的主题安全月活动；

（三）安全日活动。班组每周或每个轮值进行一次安全日活动，活动内容应联系实际，有针对性，并做好记录。班组上级主管领导每月至少参加一次班组安全日活动并检查活动情况。

第五十七条 安全检查。

公司各级单位应定期和不定期进行安全检查，组织进行春季、秋季等季节性安全检查，组织开展各类专项安全检查。

安全检查前应编制检查提纲或"安全检查表"，经分管领导审批后执行。对查出的问题要制定整改计划并监督落实。

第五十八条 "两票"管理。

公司所属各级单位应建立"两票"管理制度，分层次对操作票和工作票进行分析、评价和考核，班组每月一次，基层单位所属的业务支撑和实施机构及其二级机构至少每季度一次，基层单位至少每半年一次。基层单位每年至少进行一次"两票"知识调考。

第五十九条 反违章工作。

公司各级单位应建立预防违章和查处违章的工作机制，开展违章自查、互查和稽查，采用违章曝光和违章记分等手段，加大反违章力度。定期通报反违章情况，对违章现象进行点评和分析。

第六十条 安全通报。

公司各级单位应编写安全通报、快报，综合安全情况，分析事故规律，吸取事故教训。

5.4 安全生产投入

5.4.1 安全生产投入的提取

5.4.1.1 投入保障制度

本条评价项目的查评依据如下：

【依据1】《中华人民共和国安全生产法》（中华人民共和国主席令〔2014〕第13号）

第二十条 生产经营单位应当具备的安全生产条件所必需的资金投入，由生产经营单位的决策机构、主要负责人或者个人经营的投资人予以保证，并对由于安全生产所必需的资金投入不足导致的后果承担责任。

有关生产经营单位应当按照规定提取和使用安全生产费用，专门用于改善安全生产条件。安全生产费用在成本中据实列支。安全生产费用提取、使用和监督管理的具体办法由国务院财政部门会同国务院安全生产监督管理部门征求国务院有关部门意见后制定。

第二十八条 生产经营单位新建、改建、扩建工程项目（以下统称建设项目）的安全设施，必须与主体工程同时设计、同时施工、同时投入生产和使用。安全设施投资应当纳入建设项目概算。

【依据2】《严格落实企业安全主体责任的指导意见》（安监总办〔2010〕139号）

五、加大安全投入

（一）及时足额提取并切实管好用好安全费用。煤矿、非煤矿山、建筑施工、危险化学品、烟花爆竹、道路交通运输等高危行业（领域）企业必须落实提取安全费用税前列支政策。其他行业（领域）的企业要根据本地区有关政策规定提足用好安全费用。安全费用必须专项用于安全防护设备设施、应急救援器材装备、安全生产检查评价、事故隐患评估整改和监控、安全技能培训和应急演练等与安全生产直接相关的投入。

（二）确保安全设施投入。严格落实企业建设项目安全设施"三同时"制度，新建、改建、扩建工程项目的安全设施投资应纳入项目建设概算，安全设施与建设项目主体工程同时设计、同时施工、同时投入生产和使用。高危行业（领域）建设项目要依法进行安全评价。

（三）加大安全科技投入。坚持"科技兴安"战略。健全安全管理工作技术保障体系，强化企业技术管理机构的安全职能，按规定配备安全技术人员。切实落实企业负责人安全生产技术管理负责制，针对影响和制约本单位安全生产的技术问题开展科研攻关，鼓励员工进行技术革新，积极推广应用先进适用的新技术、新工艺、新装备和新材料，提高企业本质安全水平。

【依据3】《企业安全生产标准化基本规范》（AQ/T 9006—2010）

5.3 安全生产投入

企业应建立安全生产投入保障制度，完善和改进安全生产条件，按规定提取安全费用，专项用于安全生产，并建立安全费用台账。

【依据4】《机械制造企业安全生产标准化规范》（AQ/T 7009—2013）

4.1.1.4 企业应依据安全生产目标，制定可行的安全技术措施计划确保目标的完成。并定期对目标和安全技术措施计划的实施情况进行检查、考核或修订。

企业应确保实现安全技术措施计划和具备安全生产条件的资金投入，并列入企业资金使用计划。

5.4.1.2 机械制造业安全生产费用提取

本条评价项目的查评依据如下：

【依据】《企业安全生产费用提取和使用管理办法》（财企〔2012〕16号）

第十一条 机械制造企业以上年度实际营业收入为计提依据，采取超额累退方式按照以下标准平均逐月提取：

（一）营业收入不超过1000万元的，按照2%提取；

（二）营业收入超过1000万元至1亿元的部分，按照1%提取；

（三）营业收入超过1亿元至10亿元的部分，按照0.2%提取；

（四）营业收入超过10亿元至50亿元的部分，按照0.1%提取；

（五）营业收入超过50亿元的部分，按照0.05%提取。

5.4.1.3 混业经营企业安全生产费用提取

本条评价项目（见《评价》）的查评依据如下：

【依据】《企业安全生产费用提取和使用管理办法》（财企〔2010〕16号）

第十六条 新建企业和投产不足一年的企业以当年实际营业收入为提取依据，按月计提安全费用。

混业经营企业，如能按业务类别分别核算的，则以各业务营业收入为计提依据，按上述标准分别提取安全费用；如不能分别核算的，则以全部业务收入为计提依据，按主营业务计提标准提取安全费用。

5.4.1.4 安全生产费用的使用范围

本条评价项目的查评依据如下：

【依据1】《中华人民共和国安全生产法》（中华人民共和国主席令〔2014〕第13号）

第二十条 生产经营单位应当具备的安全生产条件所必需的资金投入，由生产经营单位的决策机构、主要负责人或者个人经营的投资人予以保证，并对由于安全生产所必需的资金投入不足导致的后果承担责任。

有关生产经营单位应当按照规定提取和使用安全生产费用，专门用于改善安全生产条件。安全生产费用在成本中据实列支。安全生产费用提取、使用和监督管理的具体办法由国务院财政部门会同国务院安全生产监督管理部门征求国务院有关部门意见后制定。

第四十二条 生产经营单位必须为从业人员提供符合国家标准或者行业标准的劳动防护用品，并监督、教育从业人员按照使用规则佩戴、使用。

第四十四条 生产经营单位应当安排用于配备劳动防护用品、进行安全生产培训的经费。

第四十八条 生产经营单位必须依法参加工伤保险，为从业人员缴纳保险费。

国家鼓励生产经营单位投保安全生产责任保险。

【依据2】《企业安全生产费用提取和使用管理办法》（财企〔2010〕16号）

第二十三条 机械制造企业安全费用应当按照以下范围使用：

（一）完善、改造和维护安全防护设施设备支出（不含"三同时"要求初期投入的安全设施），包括生产作业场所的防火、防爆、防坠落、防毒、防静电、防腐、防尘、防噪声与振动、防辐射或者隔离操作等设施设备支出，大型起重机械安装安全监控管理系统支出；

（二）配备、维护、保养应急救援器材、设备支出和应急演练支出；

（三）开展重大危险源和事故隐患评估、监控和整改支出；

（四）安全生产检查、评价（不包括新建、改建、扩建项目安全评价）、咨询和标准化建设支出；

（五）安全生产宣传、教育、培训支出；

（六）配备和更新现场作业人员安全防护用品支出；

（七）安全生产适用的新技术、新标准、新工艺、新装备的推广应用；

（八）安全设施及特种设备检测检验支出；

（九）其他与安全生产直接相关的支出。

【依据 3】《企业安全生产标准化基本规范》（AQ/T 9006—2010）

5.3 安全生产投入

企业应建立安全生产投入保障制度，完善和改进安全生产条件，按规定提取安全费用，专项用于安全生产，并建立安全费用台账。

5.4.2 安全生产费用的使用监督

本条评价项目的查评依据如下：

【依据 1】《中华人民共和国安全生产法》（中华人民共和国主席令〔2014〕第 13 号）

第二十八条 生产经营单位新建、改建、扩建工程项目（以下统称建设项目）的安全设施，必须与主体工程同时设计、同时施工、同时投入生产和使用。安全设施投资应当纳入建设项目概算。

第四十二条 生产经营单位必须为从业人员提供符合国家标准或者行业标准的劳动防护用品，并监督、教育从业人员按照使用规则佩戴、使用。

第四十四条 生产经营单位应当安排用于配备劳动防护用品、进行安全生产培训的经费。

第四十八条 生产经营单位必须依法参加工伤保险，为从业人员缴纳保险费。

【依据 2】《企业安全生产费用提取和使用管理办法》（财企〔2010〕16 号）

第四章 监督管理

第三十一条 企业应当建立健全内部安全费用管理制度，明确安全费用提取和使用的程序、职责及权限，按规定提取和使用安全费用。

第三十二条 企业应当加强安全费用管理，编制年度安全费用提取和使用计划，纳入企业财务预算。企业年度安全费用使用计划和上一年安全费用的提取、使用情况按照管理权限报同级财政部门、安全生产监督管理部门、煤矿安全监察机构和行业主管部门备案。

第三十三条 企业安全费用的会计处理，应当符合国家统一的会计制度的规定。

第三十四条 企业提取的安全费用属于企业自提自用资金，其他单位和部门不得采取收取、代管等形式对其进行集中管理和使用，国家法律、法规另有规定的除外。

第三十五条 各级财政部门、安全生产监督管理部门、煤矿安全监察机构和有关行业主管部门依法对企业安全费用提取、使用和管理进行监督检查。

第三十六条 企业未按本办法提取和使用安全费用的，安全生产监督管理部门、煤矿安全监察机构和行业主管部门会同财政部门责令其限期改正，并依照相关法律法规进行处理、处罚。

建设工程施工总承包单位未向分包单位支付必要的安全费用以及承包单位挪用安全费用的，由建设、交通运输、铁路、水利、安全生产监督管理、煤矿安全监察等主管部门依照相关法规、规章进行处理、处罚。

5.5 法律法规与安全生产规章制度

5.5.1 法律法规与标准规范识别

本条评价项目的查评依据如下：

【依据 1】《中华人民共和国安全生产法》（中华人民共和国主席令〔2014〕第 13 号）

第四条 生产经营单位必须遵守本法和其他有关安全生产的法律、法规，加强安全生产管理，建立、健全安全生产责任制和安全生产规章制度，改善安全生产条件，推进安全生产标准化建设，提高安全生产水平，确保安全生产。

第十七条　生产经营单位应当具备本法和有关法律、行政法规和国家标准或者行业标准规定的安全生产条件；不具备安全生产条件的，不得从事生产经营活动。

【依据2】《企业安全生产标准化基本规范》（AQ/T 9006—2010）

5.4.1　法律法规、标准规范

企业应建立识别和获取适用的安全生产法律法规、标准规范的制度，明确主管部门，确定获取的渠道、方式，及时识别和获取适用的安全生产法律法规、标准规范。

企业各职能部门应及时识别和获取本部门适用的安全生产法律法规、标准规范，并跟踪、掌握有关法律法规、标准规范的修订情况，及时提供给企业内负责识别和获取适用的安全生产法律法规的主管部门汇总。

企业应将适用的安全生产法律法规、标准规范及其他要求及时传达给从业人员。

企业应遵守安全生产法律法规、标准规范，并将相关要求及时转化为本单位的规章制度，贯彻到各项工作中。

5.4.5　修订

企业应根据评估情况、安全检查反馈的问题、生产安全事故案例、绩效评定结果等，对安全生产管理规章制度和操作规程进行修订，确保其有效和适用，保证每个岗位所使用的为最新有效版本。

【依据3】《机械制造企业安全生产标准化规范》（AQ/T 7009—2013）

4.1.4　安全生产规章制度或企业标准

4.1.4.1　企业应建立有效途径，及时获取适用于其生产经营活动的职业安全健康法律法规与其他要求，建立档案，并传达到相关岗位的从业人员中。

4.1.4.2　企业应根据其风险和作业性质，建立健全安全生产规章制度或企业标准。安全生产规章制度或企业标准至少应包括：

——职业安全健康培训制度；

——安全检查与事故隐患排查治理制度；

——伤亡事故管理制度；

——班组安全管理制度；

——建设项目职业安全健康"三同时"管理制度；

——安全投入保障管理制度；

——相关方安全管理制度；

——防火安全管理制度；

——危险化学品管理制度；

——厂内交通安全管理制度；

——职业病防治管理制度（含职业危害告知、申报、职业健康监护等）；

——设备设施安全管理制度（含特种设备、职业病防护设施及设备设施的保养和检修等）；

——特种作业人员安全管理制度；

——劳动防护用品管理制度；

——女工和未成年人保护制度；

——危险源和应急管理制度；

——危险作业审批和电气临时线审批制度；

——安全生产奖惩制度；

——生产现场安全管理制度。

4.1.4.3　安全生产规章制度或企业标准的内容应符合法律、法规、规章和国家（行业）相关标准的要求，且层次清晰，控制有效。

4.1.4.4 安全生产规章制度或企业标准发布前应经授权人批准，作出适当标识，确保其充分性和适宜性。

对有效版本的安全生产规章制度或企业标准应发放到相关岗位和从业人员中，并严格执行。

4.1.4.5 应定期对安全生产规章制度或企业标准进行评审，必要时予以修订或更新，并保存评审记录。

5.5.2 安全生产规章制度

本条评价项目（见《评价》）的查评依据如下。

【依据1】《企业安全生产标准化基本规范》（AQ/T 9006—2010）

5.4.2 规章制度

企业应建立健全安全生产规章制度，并发放到相关工作岗位，规范从业人员的生产作业行为。

安全生产规章制度至少应包含下列内容：安全生产职责、安全生产投入、文件和档案管理、隐患排查与治理、安全教育培训、特种作业人员管理、设备设施安全管理、建设项目安全设施"三同时"管理、生产设备设施验收管理、生产设备设施报废管理、施工和检维修安全管理、危险物品及重大危险源管理、作业安全管理、相关方及外用工管理，职业健康管理、防护用品管理，应急管理，事故管理等。

【依据2】《机械制造企业安全生产标准化规范》（AQ/T 7009—2013）

4.1.4 安全生产规章制度或企业标准

4.1.4.1 企业应建立有效途径，及时获取适用于其生产经营活动的职业安全健康法律法规与其他要求，建立档案，并传达到相关岗位的从业人员中。

4.1.4.2 企业应根据其风险和作业性质，建立健全安全生产规章制度或企业标准。安全生产规章制度或企业标准至少应包括：

——职业安全健康培训制度；

——安全检查与事故隐患排查治理制度；

——伤亡事故管理制度；

——班组安全管理制度；

——建设项目职业安全健康"三同时"管理制度；

——安全投入保障管理制度；

——相关方安全管理制度；

——防火安全管理制度；

——危险化学品管理制度；

——厂内交通安全管理制度；

——职业病防治管理制度（含职业危害告知、申报以及职业健康监护等）；

——设备设施安全管理制度（含特种设备、职业危害防护设备及设备设施的保养和检修等）；

——特种作业人员安全管理制度；

——劳动防护用品管理制度；

——女工和未成年人保护制度；

——危险源和应急管理制度；

——危险作业审批和电气临时线审批制度；

——安全生产奖惩制度；

——生产现场安全管理制度；

——职业安全健康档案管理制度。

4.1.4.3 安全生产规章制度或企业标准的内容应符合法律、法规、规章和国家（行业）相关标准的要求，且层次清晰，控制有效。

4.1.4.4 安全生产规章制度或企业标准发布前应经授权人批准，作出适当标识，确保其充分性和适宜性。

对有效版本的安全生产规章制度或企业标准应发放到相关岗位和从业人员中，并严格执行。

4.1.4.5 应定期对安全生产规章制度或企业标准进行评审，必要时予以修订或更新，并保存评审记录。

4.1.5 安全技术操作规程

4.1.5.1 企业应依据国家和行业的法律、法规、规章、规程和标准，以及岗位识别的危险源，制定岗位安全技术操作规程或工艺安全作业指导书。

4.1.5.2 岗位安全技术操作规程或工艺安全作业指导书应包括：适用岗位范围、岗位主要危险源、岗位职责、工艺安全作业程序和方法（包括控制要点），以及紧急情况的现场处置方案等内容。

4.1.5.3 企业的从业人员应能得到有效的岗位安全技术操作规程或工艺安全作业指导书文本，熟悉其内容，并能严格执行。

4.1.5.4 岗位安全技术操作规程或工艺安全作业指导书应经授权人批准，并定期进行评审或修订。

【依据3】国家电网公司安全工作规定（国家电网企管〔2014〕1117号）

第五条 公司各级单位应贯彻国家法律、法规和行业有关制度标准及其他规范性文件，补充完善安全管理规章制度和现场规程，使安全工作制度化、规范化、标准化。

5.5.3 安全操作规程

本条评价项目的查评依据如下：

【依据1】《企业安全生产标准化基本规范》（AQ/T 9006—2010）

5.4.3 操作规程

企业应根据生产特点，编制岗位安全操作规程，并发放到相关岗位。

【依据2】《机械制造企业安全生产标准化规范》（AQ/T 7009—2013）

4.1.5 安全技术操作规程

4.1.5.1 企业应依据国家和行业的法律、法规、规章、规程和标准，以及岗位识别的危险源，制定岗位安全技术操作规程或工艺安全作业指导书。

4.1.5.2 岗位安全技术操作规程或工艺安全作业指导书应包括：适用岗位范围、岗位主要危险源、岗位职责、工艺安全作业程序和方法（包括控制要点）以及紧急情况的现场处置方案等内容。

4.1.5.3 企业的从业人员应能得到有效的岗位安全技术操作规程或工艺安全作业指导书文本，熟悉其内容，并能严格执行。

4.1.5.4 岗位安全技术操作规程或工艺安全作业指导书应经授权人批准，并定期进行评审或修订。

5.5.4 评估和修订

本条评价项目的查评依据如下：

【依据1】《企业安全生产标准化基本规范》（AQ/T 9006—2010）

5.4.4 评估

企业应每年至少一次对安全生产法律法规、标准规范、规章制度、操作规程的执行情况进行检查评估。

【依据2】《机械制造企业安全生产标准化规范》（AQ/T 7009—2013）

4.1.4.4 安全生产规章制度或企业标准发布前应经授权人批准，作出适当标识，确保其充分性和适宜性。

对有效版本的安全生产规章制度或企业标准应发放到相关岗位和从业人员中,并严格执行。

4.1.4.5 应定期对安全生产规章制度或企业标准进行评审,必要时予以修订或更新,并保存评审记录。

5.6 教育培训

5.6.1 教育培训管理

5.6.1.1 基本要求

本条评价项目的查评依据如下:

【依据1】《中华人民共和国安全生产法》(中华人民共和国主席令〔2014〕第13号)

第二十五条 生产经营单位应当对从业人员进行安全生产教育和培训,保证从业人员具备必要的安全生产知识,熟悉有关的安全生产规章制度和安全操作规程,掌握本岗位的安全操作技能,了解事故应急处理措施,知悉自身在安全生产方面的权利和义务。未经安全生产教育和培训合格的从业人员,不得上岗作业。

生产经营单位使用被派遣劳动者的,应当将被派遣劳动者纳入本单位从业人员统一管理,对被派遣劳动者进行岗位安全操作规程和安全操作技能的教育和培训。劳务派遣单位应当对被派遣劳动者进行必要的安全生产教育和培训。

生产经营单位接收中等职业学校、高等学校学生实习的,应当对实习学生进行相应的安全生产教育和培训,提供必要的劳动防护用品。学校应当协助生产经营单位对实习学生进行安全生产教育和培训。

生产经营单位应当建立安全生产教育和培训档案,如实记录安全生产教育和培训的时间、内容、参加人员以及考核结果等情况。

第二十六条 生产经营单位采用新工艺、新技术、新材料或者使用新设备,必须了解、掌握其安全技术特性,采取有效的安全防护措施,并对从业人员进行专门的安全生产教育和培训。

第二十七条 生产经营单位的特种作业人员必须按照国家有关规定经专门的安全作业培训,取得相应资格,方可上岗作业。

特种作业人员的范围由国务院安全生产监督管理部门会同国务院有关部门确定。

【依据2】《企业安全生产标准化基本规范》(AQ/T 9006—2010)

5.5.1 教育培训管理

企业应确定安全教育培训主管部门,按规定及岗位需要,定期识别安全教育培训需求,制定、实施安全教育培训计划,提供相应的资源保证。

应做好安全教育培训记录,建立安全教育培训档案,实施分级管理,并对培训效果进行评估和改进。

【依据3】《生产经营单位安全培训规定》(国家安全生产监督管理总局令第3号)

第三条 生产经营单位负责本单位从业人员安全培训工作。

生产经营单位应当按照安全生产法和有关法律、行政法规和本规定,建立健全安全培训工作制度。

第四条 生产经营单位应当进行安全培训的从业人员包括主要负责人、安全生产管理人员、特种作业人员和其他从业人员。

生产经营单位从业人员应当接受安全培训,熟悉有关安全生产规章制度和安全操作规程,具备必要的安全生产知识,掌握本岗位的安全操作技能,增强预防事故、控制职业危害和应急处理的能力。

未经安全生产培训合格的从业人员,不得上岗作业。

第二十四条　生产经营单位应建立健全从业人员安全培训档案，详细、准确记录培训考核情况。

【依据4】《机械制造企业安全生产标准化规范》（AQ/T 7009—2013）

4.1.7　职业安全健康培训

4.1.7.1　企业应识别、分析培训需求，制订培训计划，编制培训大纲。培训计划应充分考虑：

——安全生产法律、法规和其他要求；

——危险源辨识及其风险评价的结果；

——技术发展和工艺、设备变更的需要；

——从业人员的意见和建议；

——相关方的要求。

4.1.7.2　企业应按培训计划实施有效的培训，企业的职业安全健康培训应包括：

——新从业人员进厂"三级"安全培训：新从业人员应进行公司（厂）、车间（职能部门、分厂）、班组三级安全生产培训，培训时间不得少于24学时。农民工或劳务工应按照上述规定执行；

——特种作业人员（或特种设备操作人员）培训、复训：特种作业人员（或特种设备操作人员）应满足其岗位要求的基本条件，应经有资质的培训机构的安全培训，具备本工种相适应的安全知识和技能，取得安全操作证，方可上岗作业。并按期进行复训和复审；

——企业负责人培训：职能部门、车间（分厂）主要负责人应接受安全培训，培训时间不得少于24学时。企业主要负责人应经有资质的培训机构的安全培训，考试合格并取得资格证书。并按期进行再培训；

——安全管理人员培训：安全管理人员应经有资质的培训机构的安全培训，具备与所从事的生产经营活动相适应的安全生产知识和管理能力，经考试合格并取得资格证书。并按期进行再培训；

——班组长培训：班组长每年应接受安全培训，具备班组安全管理知识和本班组相适应的安全操作技能，培训时间不得少于16学时；

——转岗和复工培训应满足下列要求：

从业人员在本单位内调整工作岗位时，应当重新接受车间（职能部门、分厂）和班组的二级转岗安全培训；

从业人员因病假、产假、待岗等原因离岗一年以上重新上岗时，应当重新接受车间（职能部门、分厂）和班组的二级复工安全培训；

从业人员因工伤休工，伤愈复工重新上岗时，应当接受车间（职能部门、分厂）和班组的二级伤愈复工安全培训。

——"四新"培训：企业实施新工艺、新技术或者使用新设备、新材料时，应当对相关从业人员进行有针对性的安全培训；

——职业健康培训：凡接触职业性危害因素的作业人员、管理人员和有关技术人员均应接受相应的职业健康知识培训，具备相应的职业健康知识和管理能力；

——全员教育培训：企业每年应对所有从业人员（含农民工或劳务工）进行安全教育培训，使其增强安全意识，增强预防事故、控制职业性危害和应急处理的能力。

【依据5】《国家电网公司电工制造安全工作规程》（Q/GDW 11370—2015）

4.2　教育和培训

4.2.1　各类作业人员应接受相应的安全生产教育和岗位技能培训，经考试合格上岗。

4.2.2　作业人员对本标准应每年考试一次。因故连续离岗三个月以上者，应重新学习本标准，并经考试合格后，方能上岗工作。

4.2.3　新入职人员、实习人员和临时参加劳动的人员，应经过安全知识教育并考核合格后，方可从事指定的工作，并且不得单独作业。

4.2.4　参与工作的外单位人员应熟悉本标准，经考试合格，并经对口业务管理单位认可，方可参加工作。工作前，对口业务管理单位应告知现场危险源和安全注意事项。

5.6.1.2　师资、教材管理

本条评价项目的查评依据如下：

【依据1】《企业安全生产标准化基本规范》（AQ/T 9006—2010）

5.5.1　教育培训管理

企业应确定安全教育培训主管部门，按规定及岗位需要，定期识别安全教育培训需求，制定、实施安全教育培训计划，提供相应的资源保证。

应做好安全教育培训记录，建立安全教育培训档案，实施分级管理，并对培训效果进行评估和改进。

【依据2】《国家电网公司兼职培训师管理办法》（国网企管〔2014〕1042号）

第二条　兼职培训师是指由公司各级单位按规定条件和程序从所属员工中择优推荐并认证合格，兼职从事培训教学、培训项目开发、培训资源建设等工作的人员。

第三条　兼职培训师实行分级分类管理。兼职培训师按管理层级分为公司级、省公司级、地市公司级三个等级；按能力认证等级分为初级、中级、高级三个级别；按培训业务分类分为管理类、技术类和技能类三大类。

第五条　本办法适用于公司总（分）部、各单位及所属各级单位（含全资、控股单位）兼职培训师管理工作。

代管单位和集体企业参照执行。

第八条　各级单位人力资源部门的主要职责是：

（一）负责贯彻落实公司兼职培训师队伍建设的相关规定。

（二）负责落实公司下达的兼职培训师队伍建设任务和兼职培训师调配计划，按照要求向上级单位推荐兼职培训师人选。

（三）负责本单位兼职培训师的选聘与管理。

（四）负责建立和维护本单位兼职培训师信息库。

（五）负责本单位所属培训中心兼职培训师的统一调配工作。

（六）负责指导、监督、检查所属单位兼职培训师队伍建设工作。

第九条　各级专业职能部门的主要职责是：

（一）负责推荐本专业范围内符合条件的优秀员工参加兼职培训师选拔认证。

（二）负责协助进行本专业兼职培训师的遴选、培训和认证工作，协助做好兼职培训师考核管理。

（三）负责为兼职培训师承担培训教学、项目开发及资源建设等任务提供便利条件。

第十二条　兼职培训师的主要职责是：

（一）执行本单位及上级单位下达的培训教学任务。

（二）积极参加培训项目开发和培训资源建设工作，参与人才培养和开发工作。

（三）定期参加培训中心组织的教研活动，提出培训工作改进建议。

（四）积极探索创新培训方式和方法，加强业务学习，不断提高授课技能。

【依据3】《国家电网公司生产技能人员培训管理规定》（国网企管〔2014〕1553号）

第六条　各级单位职能部门是生产技能人员培训的责任部门，主要职责是：

（一）指定专人担任兼职培训员，具体负责协调实施生产技能人员培训工作。

（二）结合本专业生产技能人员队伍素质状况，开展培训需求调查，提出年度培训项目需求。

（三）按照年度培训计划和预算，编制本专业培训班、专业竞赛及普调考、岗位资格考试方案，并组织实施。

（四）负责编制本专业生产技能人员岗位培训标准，开发配套教材、题库和课件，配合做好兼职培训师队伍建设工作。

（五）审定技能训练设备设施建设、更新技术方案，并协助实施。

（六）参与生产技能人员培训效果评估，提出改进意见和建议。

第七条　各级技能培训中心（基地）是生产技能人员培训的执行机构，主要职责是：

（一）制定并实施技能培训设备设施建设规划、年度计划和预算，协助编制生产技能人员年度培训计划和预算。

（二）提供培训场地、培训师资和后勤服务，配合做好培训策划、组织实施、效果评估和培训结果反馈；具体承办竞赛调考等活动。

（三）负责专职培训师队伍建设，配合开展技能类兼职培训师资格认证。

（四）根据公司统一规划，配合开发生产技能人员岗位培训标准、教材、题库和课件。

第八条　班组（车间、工区）是生产技能人员现场培训的实施主体，主要职责是：

（一）设置兼职培训员，负责班组日常培训工作。

（二）组织学习规程制度、技术标准等，开展技术讲座、技术问答、技能示范等培训活动。

（三）具体实施新入职员工和转岗人员的见（实）习，并配备职业导师。

（四）记录班组成员培训考试情况，维护培训档案，定期总结、上报培训计划和预算执行情况。

5.6.1.3　培训计划

本条评价项目的查评依据如下：

【依据 1】《企业安全生产标准化基本规范》（AQ/T 9006—2010）

5.5.1　教育培训管理

企业应确定安全教育培训主管部门，按规定及岗位需要，定期识别安全教育培训需求，制定、实施安全教育培训计划，提供相应的资源保证。

应做好安全教育培训记录，建立安全教育培训档案，实施分级管理，并对培训效果进行评估和改进。

【依据 2】《机械制造企业安全生产标准化规范》（AQ/T 7009—2013）

4.1.7.1　企业应识别、分析培训需求，制订培训计划，编制培训大纲。培训计划应充分考虑：
——安全生产法律、法规和其他要求；
——危险源辨识及其风险评价的结果；
——技术发展和工艺、设备变更的需要；
——从业人员的意见和建议；
——相关方的要求。

5.6.1.4　安全教育培训的实施

本条评价项目的查评依据如下：

【依据 1】《企业安全生产标准化基本规范》（AQ/T 9006—2010）

5.5.1　教育培训管理

企业应确定安全教育培训主管部门，按规定及岗位需要，定期识别安全教育培训需求，制定、实施安全教育培训计划，提供相应的资源保证。

应做好安全教育培训记录，建立安全教育培训档案，实施分级管理，并对培训效果进行评估和改进。

【依据 2】《机械制造企业安全生产标准化规范》（AQ/T 7009—2013）

4.1.7.2　企业应按培训计划实施有效的培训，企业的职业安全健康培训应包括：

——新从业人员进厂"三级"安全培训：新从业人员应进行公司（厂）、车间（职能部门、分厂）、班组三级安全生产培训，培训时间不得少于 24 学时。

农民工或劳务工应按照上述规定执行；

——特种作业人员（或特种设备操作人员）培训、复训：特种作业人员（或特种设备操作人员）应满足其岗位要求的基本条件，应经有资质的培训机构的安全培训，具备本工种相适应的安全知识和技能，取得安全操作证，方可上岗作业。并按期进行复训和复审；

——企业负责人培训：职能部门、车间（分厂）主要负责人应接受安全培训，培训时间不得少于 24 学时。企业主要负责人应经有资质的培训机构的安全培训，考试合格并取得资格证书。并按期进行再培训；

——安全管理人员培训：安全管理人员应经有资质的培训机构的安全培训，具备与所从事的生产经营活动相适应的安全生产知识和管理能力，经考试合格并取得资格证书。并按期进行再培训；

——班组长培训：班组长每年应接受安全培训，具备班组安全管理知识和本班组相适应的安全操作技能，培训时间不得少于 16 学时；

——转岗和复工培训应满足下列要求：

从业人员在本单位内调整工作岗位时，应当重新接受车间（职能部门、分厂）和班组的二级转岗安全培训；

从业人员因病假、产假、待岗等原因离岗一年以上重新上岗时，应当重新接受车间（职能部门、分厂）和班组的二级复工安全培训；

从业人员因工伤休工，伤愈复工重新上岗时，应当接受车间（职能部门、分厂）和班组的二级伤愈复工安全培训。

——"四新"培训：企业实施新工艺、新技术或者使用新设备、新材料时，应当对相关从业人员进行有针对性的安全培训；

——职业健康培训：凡接触职业性危害因素的作业人员、管理人员和有关技术人员均应接受相应的职业健康知识培训，具备相应的职业健康知识和管理能力；

——全员教育培训：企业每年应对所有从业人员（含农民工或劳务工）进行安全教育培训，使其增强安全意识，增强预防事故、控制职业性危害和应急处理的能力。

5.6.2　各级人员安全教育培训

5.6.2.1　各级安全管理人员安全培训

本条评价项目的查评依据如下：

【依据 1】《企业安全生产标准化基本规范》（AQ/T 9006—2010）

5.5.2　安全生产管理人员教育培训

企业的主要负责人和安全生产管理人员，必须具备与本单位所从事的生产经营活动相适应的安全生产知识和管理能力。法律法规要求必须对其安全生产知识和管理能力进行考核的，须经考核合格后方可任职。

【依据 2】《生产经营单位安全培训规定》（国家安全生产监督管理总局令第 3 号）

第二章　主要负责人、安全生产管理人员的安全培训

第六条　生产经营单位主要负责人和安全生产管理人员应当接受安全培训，具备与所从事的生产经营活动相适应的安全生产知识和管理能力。

第七条　生产经营单位主要负责人安全培训应当包括下列内容：

（一）国家安全生产方针、政策和有关安全生产的法律、法规、规章及标准；

（二）安全生产管理基本知识、安全生产技术、安全生产专业知识；

（三）重大危险源管理、重大事故防范、应急管理和救援组织以及事故调查处理的有关规定；

（四）职业危害及其预防措施；

（五）国内外先进的安全生产管理经验；

（六）典型事故和应急救援案例分析；

（七）其他需要培训的内容。

第八条　生产经营单位安全生产管理人员安全培训应当包括下列内容：

（一）国家安全生产方针、政策和有关安全生产的法律、法规、规章及标准；

（二）安全生产管理、安全生产技术、职业卫生等知识；

（三）伤亡事故统计、报告及职业危害的调查处理方法；

（四）应急管理、应急预案编制以及应急处置的内容和要求；

（五）国内外先进的安全生产管理经验；

（六）典型事故和应急救援案例分析；

（七）其他需要培训的内容。

第九条　生产经营单位主要负责人和安全生产管理人员初次安全培训时间不得少于 32 学时。每年再培训时间不得少于 12 学时。

第十条　生产经营单位主要负责人和安全生产管理人员的安全培训必须依照安全生产监管监察部门制定的安全培训大纲实施。

第十二条　煤矿、非煤矿山、危险化学品、烟花爆竹等生产经营单位主要负责人和安全生产管理人员，经安全资格培训考核合格，由安全生产监管监察部门发给安全资格证书。

其他生产经营单位主要负责人和安全生产管理人员经安全生产监管监察部门认定的具备相应资质的培训机构培训合格后，由培训机构发给相应的培训合格证书。

【依据 3】《机械制造企业安全生产标准化规范》（AQ/T 7009—2013）

4.1.7.2　企业应按培训计划实施有效的培训，企业的职业安全健康培训应包括：

——企业负责人培训：职能部门、车间（分厂）主要负责人应接受安全培训，培训时间不得少于 24 学时。企业主要负责人应经有资质的培训机构的安全培训，考试合格并取得资格证书。并按期进行再培训；

——安全管理人员培训：安全管理人员应经有资质的培训机构的安全培训，具备与所从事的生产经营活动相适应的安全生产知识和管理能力，经考试合格并取得资格证书。并按期进行再培训。

5.6.2.2　班组长及员工安全培训

本条评价项目的查评依据如下：

【依据 1】《中华人民共和国安全生产法》（中华人民共和国主席令〔2014〕第 13 号）

第二十五条　生产经营单位应当对从业人员进行安全生产教育和培训，保证从业人员具备必要的安全生产知识，熟悉有关的安全生产规章制度和安全操作规程，掌握本岗位的安全操作技能，了解事故应急处理措施，知悉自身在安全生产方面的权利和义务。未经安全生产教育和培训合格的从业人员，不得上岗作业。

生产经营单位使用被派遣劳动者的，应当将被派遣劳动者纳入本单位从业人员统一管理，对被派遣劳动者进行岗位安全操作规程和安全操作技能的教育和培训。劳务派遣单位应当对被派遣劳动者进行必要的安全生产教育和培训。

生产经营单位接收中等职业学校、高等学校学生实习的，应当对实习学生进行相应的安全生产教育和培训，提供必要的劳动防护用品。学校应当协助生产经营单位对实习学生进行安全生产教育和培训。

生产经营单位应当建立安全生产教育和培训档案，如实记录安全生产教育和培训的时间、内容、参加人员以及考核结果等情况。

第二十六条　生产经营单位采用新工艺、新技术、新材料或者使用新设备，必须了解、掌握其安全技术特性，采取有效的安全防护措施，并对从业人员进行专门的安全生产教育和培训。

第二十七条　生产经营单位的特种作业人员必须按照国家有关规定经专门的安全作业培训，取得相应资格，方可上岗作业。

特种作业人员的范围由国务院安全生产监督管理部门会同国务院有关部门确定。

【依据2】《企业安全生产标准化基本规范》（AQ/T 9006—2010）

5.5.2　安全生产管理人员教育培训

企业的主要负责人和安全生产管理人员，必须具备与本单位所从事的生产经营活动相适应的安全生产知识和管理能力。法律法规要求必须对其安全生产知识和管理能力进行考核的，须经考核合格后方可任职。

在新工艺、新技术、新材料、新设备设施投入使用前，应对有关操作岗位人员进行专门的安全教育和培训。

操作岗位人员转岗、离岗一年以上重新上岗者，应进行车间（工段）、班组安全教育培训，经考核合格后，方可上岗工作。

【依据3】《生产经营单位安全培训规定》（国家安全生产监督管理总局令第3号）

第三章　其他从业人员的安全培训

第十四条　加工、制造业等生产单位的其他从业人员，在上岗前必须经过厂（矿）、车间（工段、区、队）、班组三级安全培训教育。

生产经营单位可以根据工作性质对其他从业人员进行安全培训，保证其具备本岗位安全操作、应急处置等知识和技能。

第十五条　生产经营单位新上岗的从业人员，岗前培训时间不得少于24学时。

第十六条　厂（矿）级岗前安全培训内容应当包括：

（一）本单位安全生产情况及安全生产基本知识；

（二）本单位安全生产规章制度和劳动纪律；

（三）从业人员安全生产权利和义务；

（四）有关事故案例等。

煤矿、非煤矿山、危险化学品、烟花爆竹等生产经营单位厂（矿）级安全培训除包括上述内容外，应当增加事故应急救援、事故应急预案演练及防范措施等内容。

第十七条　车间（工段、区、队）级岗前安全培训内容应当包括：

（一）工作环境及危险因素；

（二）所从事工种可能遭受的职业伤害和伤亡事故；

（三）所从事工种的安全职责、操作技能及强制性标准；

（四）自救互救、急救方法、疏散和现场紧急情况的处理；

（五）安全设备设施、个人防护用品的使用和维护；

（六）本车间（工段、区、队）安全生产状况及规章制度；

（七）预防事故和职业危害的措施及应注意的安全事项；

（八）有关事故案例；

（九）其他需要培训的内容。

第十八条　班组级岗前安全培训内容应当包括：

（一）岗位安全操作规程；

（二）岗位之间工作衔接配合的安全与职业卫生事项；

（三）有关事故案例；

（四）其他需要培训的内容。

第十九条　从业人员在本生产经营单位内调整工作岗位或离岗一年以上重新上岗时，应当重新接受车间（工段、区、队）和班组级的安全培训。

生产经营单位实施新工艺、新技术或者使用新设备、新材料时，应当对有关从业人员重新进行有针对性的安全培训。

第二十条　生产经营单位的特种作业人员，必须按照国家有关法律、法规的规定接受专门的安全培训，经考核合格，取得特种作业操作资格证书后，方可上岗作业。

【依据4】《机械制造企业安全生产标准化规范》（AQ/T 7009—2013）

4.1.7.2　企业应按培训计划实施有效的培训，企业的职业安全健康培训应包括：

——新从业人员进厂"三级"安全培训：新从业人员应进行公司（厂）、车间（职能部门、分厂）、班组三级安全生产培训，培训时间不得少于24学时。

农民工或劳务工应按照上述规定执行；

——特种作业人员（或特种设备操作人员）培训、复训：特种作业人员（或特种设备操作人员）应满足其岗位要求的基本条件，应经有资质的培训机构的安全培训，具备本工种相适应的安全知识和技能，取得安全操作证，方可上岗作业。并按期进行复训和复审；

——班组长培训：班组长每年应接受安全培训，具备班组安全管理知识和本班组相适应的安全操作技能，培训时间不得少于16学时；

——转岗和复工培训应满足下列要求：

从业人员在本单位内调整工作岗位时，应当重新接受车间（职能部门、分厂）和班组的二级转岗安全培训；

从业人员因病假、产假、待岗等原因离岗一年以上重新上岗时，应当重新接受车间（职能部门、分厂）和班组的二级复工安全培训；

从业人员因工伤休工，伤愈复工重新上岗时，应当接受车间（职能部门、分厂）和班组的二级伤愈复工安全培训。

——"四新"培训：企业实施新工艺、新技术或者使用新设备、新材料时，应当对相关从业人员进行有针对性的安全培训；

——职业健康培训：凡接触职业性危害因素的作业人员、管理人员和有关技术人员均应接受相应的职业健康知识培训，具备相应的职业健康知识和管理能力；

——全员教育培训：企业每年应对所有从业人员（含农民工或劳务工）进行安全教育培训，使其增强安全意识，增强预防事故、控制职业性危害和应急处理的能力。

5.6.2.3　新员工安全教育

本条评价项目的查评依据如下：

【依据1】《企业安全生产标准化基本规范》（AQ/T 9006—2010）

5.5.3　操作岗位人员教育培训

企业应对操作岗位人员进行安全教育和生产技能培训，使其熟悉有关的安全生产规章制度和安全操作规程，并确认其能力符合岗位要求。未经安全教育培训，或培训考核不合格的从业人员，不得上岗作业。

新入厂（矿）人员在上岗前必须经过厂（矿）、车间（工段、区、队）、班组三级安全教育培训。

【依据2】《生产经营单位安全培训规定》（国家安全生产监督管理总局令第3号）

第十四条　加工、制造业等生产单位的其他从业人员，在上岗前必须经过厂（矿）、车间（工段、区、队）、班组三级安全培训教育。

生产经营单位可以根据工作性质对其他从业人员进行安全培训，保证其具备本岗位安全操作、应急处置等知识和技能。

第十五条　生产经营单位新上岗的从业人员，岗前培训时间不得少于24学时。

煤矿、非煤矿山、危险化学品、烟花爆竹等生产经营单位新上岗的从业人员安全培训时间不得少于 72 学时，每年接受再培训的时间不得少于 20 学时。

第十六条　厂（矿）级岗前安全培训内容应当包括：

（一）本单位安全生产情况及安全生产基本知识；

（二）本单位安全生产规章制度和劳动纪律；

（三）从业人员安全生产权利和义务；

（四）有关事故案例等。

煤矿、非煤矿山、危险化学品、烟花爆竹等生产经营单位厂（矿）级安全培训除包括上述内容外，应当增加事故应急救援、事故应急预案演练及防范措施等内容。

第十七条　车间（工段、区、队）级岗前安全培训内容应当包括：

（一）工作环境及危险因素；

（二）所从事工种可能遭受的职业伤害和伤亡事故；

（三）所从事工种的安全职责、操作技能及强制性标准；

（四）自救互救、急救方法、疏散和现场紧急情况的处理；

（五）安全设备设施、个人防护用品的使用和维护；

（六）本车间（工段、区、队）安全生产状况及规章制度；

（七）预防事故和职业危害的措施及应注意的安全事项；

（八）有关事故案例；

（九）其他需要培训的内容。

第十八条　班组级岗前安全培训内容应当包括：

（一）岗位安全操作规程；

（二）岗位之间工作衔接配合的安全与职业卫生事项；

（三）有关事故案例；

（四）其他需要培训的内容。

【依据 3】《机械制造企业安全生产标准化规范》（AQ/T 7009—2013）

4.1.7.2　企业应按培训计划实施有效的培训，企业的职业安全健康培训应包括：

——新从业人员进厂"三级"安全培训：新从业人员应进行公司（厂）、车间（职能部门、分厂）、班组三级安全生产培训，培训时间不得少于 24 学时。

农民工或劳务工应按照上述规定执行。

5.6.2.4　转复岗人员安全教育

本条评价项目的查评依据如下：

【依据 1】《企业安全生产标准化基本规范》（AQ/T 9006—2010）

5.5.3　操作岗位人员教育培训

企业应对操作岗位人员进行安全教育和生产技能培训，使其熟悉有关的安全生产规章制度和安全操作规程，并确认其能力符合岗位要求。未经安全教育培训，或培训考核不合格的从业人员，不得上岗作业。

操作岗位人员转岗、离岗一年以上重新上岗者，应进行车间（工段）、班组安全教育培训，经考核合格后，方可上岗工作。

【依据 2】《生产经营单位安全培训规定》（国家安全生产监督管理总局令第 3 号）

第十九条　从业人员在本生产经营单位内调整工作岗位或离岗一年以上重新上岗时，应当重新接受车间（工段、区、队）和班组级的安全培训。

生产经营单位实施新工艺、新技术或者使用新设备、新材料时，应当对有关从业人员重新进行有针对性的安全培训。

【依据3】《机械制造企业安全生产标准化规范》（AQ/T 7009—2013）

4.1.7.2　企业应按培训计划实施有效的培训，企业的职业安全健康培训应包括：

——转岗和复工培训应满足下列要求：

从业人员在本单位内调整工作岗位时，应当重新接受车间（职能部门、分厂）和班组的二级转岗安全培训；

从业人员因病假、产假、待岗等原因离岗一年以上重新上岗时，应当重新接受车间（职能部门、分厂）和班组的二级复工安全培训；

从业人员因工伤休工，伤愈复工重新上岗时，应当接受车间（职能部门、分厂）和班组的二级伤愈复工安全培训。

5.6.2.5　特种设备作业人员、特种作业人员安全培训

本条评价项目的查评依据如下：

【依据1】《中华人民共和国安全生产法》（中华人民共和国主席令〔2014〕第13号）

第二十七条　生产经营单位的特种作业人员必须按照国家有关规定经专门的安全作业培训，取得相应资格，方可上岗作业。

特种作业人员的范围由国务院安全生产监督管理部门会同国务院有关部门确定。

【依据2】《特种作业人员安全技术培训考核管理规定》（国家安全生产监督管理总局令第30号）

第九条　特种作业人员应当接受与其所从事的特种作业相应的安全技术理论培训和实际操作培训。

第三十二条　离开特种作业岗位6个月以上的特种作业人员，应当重新进行实际操作考试，经确认合格后方可上岗作业。

第三十五条　生产经营单位应当加强对本单位特种作业人员的管理，建立健全特种作业人员培训、复审档案，做好申报、培训、考核、复审的组织工作和日常的检查工作。

【依据3】《特种设备作业人员监督管理办法》（国家质量监督检验检疫总局令第140号）

第六条　特种设备作业人员考核发证工作由县以上质量技术监督部门分级负责。省级质量技术监督部门决定具体的发证分级范围，负责对考核发证工作的日常监督管理。

申请人经指定的考试机构考试合格的，持考试合格凭证向考试场所所在地的发证部门申请办理《特种设备作业人员证》。

第十一条　用人单位应当对作业人员进行安全教育和培训，保证特种设备作业人员具备必要的特种设备安全作业知识、作业技能和及时进行知识更新。作业人员未能参加用人单位培训的，可以选择专业培训机构进行培训。

作业人员培训的内容按照国家质检总局制定的相关作业人员培训考核大纲等安全技术规范执行。

【依据4】《企业安全生产标准化基本规范》（AQ/T 9006—2010）

5.5.3　操作岗位人员教育培训

从事特种作业的人员应取得特种作业操作资格证书，方可上岗作业。

【依据5】《生产经营单位安全培训规定》（国家安全生产监督管理总局令第3号）

第二十条　生产经营单位的特种作业人员，必须按照国家有关法律、法规的规定接受专门的安全培训，经考核合格，取得特种作业操作资格证书后，方可上岗作业。

5.6.2.6 职业健康培训

本条评价项目的查评依据如下：

【依据 1】《中华人民共和国职业病防治法》（中华人民共和国主席令 2011 年第 52 号）

第三十一条 用人单位的负责人应当接受职业卫生培训，遵守职业病防治法律、法规，依法组织本单位的职业病防治工作。

用人单位应当对劳动者进行上岗前的职业卫生培训和在岗期间的定期职业卫生培训，普及职业卫生知识，督促劳动者遵守职业病防治法律、法规、规章和操作规程，指导劳动者正确使用职业病防护设备和个人使用的职业病防护用品。

劳动者应当学习和掌握相关的职业卫生知识，遵守职业病防治法律、法规、规章和操作规程，正确使用、维护职业病防护设备和个人使用的职业病防护用品，发现职业病危害事故隐患应当及时报告。

劳动者不履行前款规定义务的，用人单位应当对其进行教育。

【依据 2】《工作场所职业卫生监督管理规定》（国家安全生产监督管理总局令第 47 号）

第十一条 存在职业危害的生产经营单位应当建立、健全下列职业危害防治制度和操作规程：

（一）职业危害防治责任制度；

（二）职业危害告知制度；

（三）职业危害申报制度；

（四）职业健康宣传教育培训制度；

（五）职业危害防护设施维护检修制度；

（六）从业人员防护用品管理制度；

（七）职业危害日常监测管理制度；

（八）从业人员职业健康监护档案管理制度；

（九）岗位职业健康操作规程；

（十）法律、法规、规章规定的其他职业危害防治制度。

【依据 3】《中央企业安全生产监督管理暂行办法》（国务院国有资产监督管理委员会令第 21 号）

第十四条 中央企业应当结合行业特点和企业实际，建立职业健康安全管理体系，消除或者减少职工的职业健康安全风险，保障职工职业健康。

卫生部《职业健康监护监督管理办法》。

【依据 4】《用人单位职业健康监护监督管理办法》（国家安全生产监督管理总局令第 49 号）

第四条 用人单位应当建立、健全劳动者职业健康监护制度，依法落实职业健康监护工作。

第七条 用人单位是职业健康监护工作的责任主体，其主要负责人对本单位职业健康监护工作全面负责。

用人单位应当依照本办法以及《职业健康监护技术规范》（GBZ 188）、《放射工作人员职业健康监护技术规范》（GBZ 235）等国家职业卫生标准的要求，制定、落实本单位职业健康检查年度计划，并保证所需要的专项经费。

【依据 5】《机械制造企业安全生产标准化规范》（AQ/T 7009—2013）

4.1.7.2 企业应按培训计划实施有效的培训，企业的职业安全健康培训应包括：

——职业健康培训：凡接触职业性危害因素的作业人员、管理人员和有关技术人员均应接受相应的职业健康知识培训，具备相应的职业健康知识和管理能力。

5.6.3 安全文化建设

本条评价项目的查评依据如下：

【依据1】《企业安全文化建设导则》（AQ/T 9004—2008）

4 总体要求

企业在安全文化建设过程中，应充分考虑自身内部的和外部的文化特征，引导全体员工的安全态度和安全行为，实现在法律和政府监管要求之上的安全自我约束，通过全员参与实现企业安全生产水平持续进步。

5 企业安全文化建设基本要素

5.1 安全承诺

5.2 行为规范与程序

5.3 安全行为激励

5.4 安全信息传播与沟通

5.5 自主学习与改进

5.6 安全事务参与

5.7 审核与评估

【依据2】《企业安全生产标准化基本规范》（AQ/T 9006—2010）

5.5.5 安全文化建设

企业应通过安全文化建设，促进安全生产工作。

企业应采取多种形式的安全文化活动，引导全体从业人员的安全态度和安全行为，逐步形成为全体员工所认同、共同遵守、带有本单位特点的安全价值观，实现法律和政府监管要求之上的安全自我约束，保障企业安全生产水平持续提高。

5.7 危险源管理

5.7.1 辨识与评估

本条评价项目的查评依据如下：

【依据1】《企业安全生产标准化基本规范》（AQ/T 9006—2010）

5.9.1 辨识与评估

企业应依据有关标准对本单位的危险设施或场所进行重大危险源辨识与安全评估。

5.9.2 登记建档与备案

企业应当对确认的重大危险源及时登记建档，并按规定备案。

5.9.3 监控与管理

企业应建立健全重大危险源安全管理制度，制定重大危险源安全管理技术措施。

【依据2】《危险化学品重大危险源辨识》（GB 18218—2014）

4 危险化学品重大危险源辨识

4.1 辨识依据

4.1.1 危险化学品重大危险源的辨识依据是危险化学品的危险特性及其数量，具体见表1和表2。

4.1.2 危险化学品临界量的确定方法如下：

a）在表1范围内的危险化学品，其临界量按表1确定；

b）未在表1范围内的危险化学品，依据其危险性，按表2确定临界量；若一种危险化学品具有多种危险性，按其中最低的临界量确定。

表1　危险化学品名称及其临界量

序号	类别	危险化学品名称和说明	临界量（t）
1	爆炸品	叠氮化钡	0.5
2		叠氮化铅	0.5
3		雷酸汞	0.5
4		三硝基苯甲醚	5
5		三硝基甲苯	5
6		硝化甘油	1
7		硝化纤维素	10
8		硝酸铵（含可燃物＞0.2%）	5
9	易燃气体	丁二烯	5
10		二甲醚	50
11		甲烷，天然气	50
12		氯乙烯	50
13		氢	5
14		液化石油气（含丙烷、丁烷及其混合物）	50
15		一甲胺	5
16		乙炔	5
17		乙烯	50
18	毒性气体	氨	10
19		二氟化氧	1
20		二氧化氮	1
21		二氧化硫	20
22		氟	1
23		光气	0.3
24		环氧乙烷	10
25		甲醛（含量＞90%）	5
26		磷化氢	1
27		硫化氢	5
28		氯化氢	20
29		氯	5
30		煤气（CO，CO 和 H_2、CH_4 的混合物等）	20
31		砷化三氢（胂）	12
32		锑化氢	1
33		硒化氢	1
34		溴甲烷	10
35	易燃液体	苯	50
36		苯乙烯	500
37		丙酮	500

表1（续）

序号	类别	危险化学品名称和说明	临界量（t）
38	易燃液体	丙烯腈	50
39		二硫化碳	50
40		环己烷	500
41		环氧丙烷	10
42		甲苯	500
43		甲醇	500
44		汽油	200
45		乙醇	500
46		乙醚	10
47		乙酸乙酯	500
48		正己烷	500
49	易于自燃的物质	黄磷	50
50		烷基铝	1
51		戊硼烷	1
52	遇水放出易燃气体的物质	电石	100
53		钾	1
54		钠	10
55	氧化性物质	发烟硫酸	100
56		过氧化钾	20
57		过氧化钠	20
58		氯酸钾	100
59		氯酸钠	100
60		硝酸（发红烟的）	20
61		硝酸（发红烟的除外，含硝酸＞70%）	100
62		硝酸铵（含可燃物≤0.2%）	300
63		硝酸铵基化肥	1000
64	有机过氧化物	过氧乙酸（含量≥60%）	10
65		过氧化甲乙酮（含量≥60%）	10
66	毒性物质	丙酮合氰化氢	20
67		丙烯醛	20
68		氟化氢	1
69		环氧氯丙烷（3氯1,2环氧丙烷）	20
70		环氧溴丙烷（表溴醇）	20
71		甲苯二异氰酸酯	100
72		氯化硫	1
73		氰化氢	1
74		三氧化硫	75

序号	类别	危险化学品名称和说明	临界量（t）
75	毒性物质	烯丙胺	20
76		溴	20
77		乙撑亚胺	20
78		异氰酸甲酯	0.75

表 2　未在表 1 中列举的危险化学品类别及其临界量

类别	危险性分类及说明	临界量（t）
爆炸品	1.1 A 项爆炸品	1
	除 1.1 A 项外的其他 1.1 项爆炸品	10
	除 1.1 项外的其他爆炸品	50
气体	易燃气体：危险性属于 2.1 项的气体	10
	氧化性气体：危险性属于 2.2 项非易燃无毒气体且次要危险为 5 类的气体	200
	剧毒气体：危险性属于 2.3 项且急性毒性为类别 1 的毒性气体	5
	有毒气体：危险性属于 2.3 项的其他毒性气体	50
易燃液体	极易燃液体：沸点≤35℃且闪点<0℃的液体；或保存温度一直在其沸点以上的易燃液体	10
	高度易燃液体：闪点<23℃的液体（不包括极易燃液体）；液态退敏爆炸品	1000
	易燃液体：23℃≤闪点<61℃的液体	5000
易燃固体	危险性属于 4.1 项且包装为 I 类的物质	200
易于自燃的物质	危险性属于 4.2 项且包装为 I 或 II 类的物质	200
遇水放出易燃气体的物质	危险性属于 4.3 项且包装为 I 或 II 的物质	200
氧化性物质	危险性属于 5.1 项且包装为 I 类的物质	50
	危险性属于 5.1 项且包装为 II 或 III 类的物质	200
有机过氧化物	危险性属于 5.2 项的物质	50
毒性物质	危险性属于 6.1 项且急性毒性为类别 1 的物质	50
	危险性属于 6.1 项且急性毒性为类别 2 的物质	500

注：以上危险化学品危险性类别及包装类别依据 GB 12268 确定，急性毒性类别依据 GB 20592 确定。

4.2　重大危险源的辨识指标

单元内存在危险化学品的数量等于或超过表 1、表 2 规定的临界量，即被定为重大危险源。单元内存在的危险化学品的数量根据处理危险化学品种类的多少区分为以下两种情况：

4.2.1　单元内存在的危险化学品为单一品种，则该危险化学品的数量即为单元内危险化学品的总量，若等于或超过相应的临界量，则定为重大危险源。

4.2.2　单元内存在的危险化学品为多品种时，则按式（1）计算，若满足式（1），则定为重大危险源：

$$q_1/Q_1 + q_2/Q_2 + \cdots + q_n/Q_n \geq 1 \tag{1}$$

式中:

q_1, q_2, $\cdots$, q_n——每种危险化学品实际存在量,单位为吨(t);

Q_1, Q_2, $\cdots$, Q_n——与各危险化学品相对应的临界量,单位为吨(t)。

【依据3】《关于规范重大危险源监督与管理工作的通知》(安监总协调字〔2005〕125号)

3 生产经营单位要加强对重大危险源的安全管理与检测监控,建立健全重大危险源安全管理规章制度,制定重大危险源安全管理与监控的实施方案。

【依据4】《中华人民共和国安全生产法》(中华人民共和国主席令〔2014〕第13号)

第二十九条 矿山、金属冶炼建设项目和用于生产、储存、装卸危险物品的建设项目,应当按照国家有关规定进行安全评价。

5.7.2 登记建档与备案

本条评价项目的查评依据如下:

【依据1】《危险化学品安全管理条例》(中华人民共和国国务院令第591号)

第六十六条 国家实行危险化学品登记制度,为危险化学品安全管理以及危险化学品事故预防和应急救援提供技术、信息支持。

第六十七条 危险化学品生产企业、进口企业,应当向国务院安全生产监督管理部门负责危险化学品登记的机构(以下简称危险化学品登记机构)办理危险化学品登记。

危险化学品登记包括下列内容:

(一)分类和标签信息;

(二)物理、化学性质;

(三)主要用途;

(四)危险特性;

(五)储存、使用、运输的安全要求;

(六)出现危险情况的应急处置措施。

对同一企业生产、进口的同一品种的危险化学品,不进行重复登记。危险化学品生产企业、进口企业发现其生产、进口的危险化学品有新的危险特性的,应当及时向危险化学品登记机构办理登记内容变更手续。

危险化学品登记的具体办法由国务院安全生产监督管理部门制定。

第六十八条 危险化学品登记机构应当定期向工业和信息化、环境保护、公安、卫生、交通运输、铁路、质量监督检验检疫等部门提供危险化学品登记的有关信息和资料。

第六十九条 县级以上地方人民政府安全生产监督管理部门应当会同工业和信息化、环境保护、公安、卫生、交通运输、铁路、质量监督检验检疫等部门,根据本地区实际情况,制定危险化学品事故应急预案,报本级人民政府批准。

第七十条 危险化学品单位应当制定本单位危险化学品事故应急预案,配备应急救援人员和必要的应急救援器材、设备,并定期组织应急救援演练。

危险化学品单位应当将其危险化学品事故应急预案报所在地设区的市级人民政府安全生产监督管理部门备案。

【依据2】《关于规范重大危险源监督与管理工作的通知》(安监总协调字〔2005〕125号)

4 生产经营单位要对本单位的重大危险源进行登记建档,建立重大危险源管理档案,并按照国家和地方有关部门重大危险源申报登记的具体要求,在每年3月底前将有关材料报送当地县级以上人民政府安全生产监督管理部门备案。生产经营单位对新构成的重大危险源,要及时报告当地县级以上人民政府安全生产监督管理部门备案;对已不构成重大危险源的,生产经营单位应及时报告核销。生产经营单位存在的重大危险源在生产过程、材料、工艺、设备、防护措施和环境等因素发生重大变化，或者国家有关法规、标准发生变化时，生产经营单位要对重大危险源重新进行安全评估，并及时报告当地县级以上人民政府安全生产监督管理部门。

【依据3】《中华人民共和国安全生产法》（中华人民共和国主席令〔2014〕第13号）

第三十七条　生产经营单位对重大危险源应当登记建档，进行定期检测、评估、监控，并制定应急预案，告知从业人员和相关人员在紧急情况下应当采取的应急措施。

生产经营单位应当按照国家有关规定将本单位重大危险源及有关安全措施、应急措施报有关地方人民政府安全生产监督管理部门和有关部门备案。

5.7.3　监控与管理

本条评价项目的查评依据如下：

【依据1】《危险化学品安全管理条例》（中华人民共和国国务院令第591号）

第二章　生产、储存安全

第十一条　国家对危险化学品的生产、储存实行统筹规划、合理布局。

国务院工业和信息化主管部门以及国务院其他有关部门依据各自职责，负责危险化学品生产、储存的行业规划和布局。

地方人民政府组织编制城乡规划，应当根据本地区的实际情况，按照确保安全的原则，规划适当区域专门用于危险化学品的生产、储存。

第十二条　新建、改建、扩建生产、储存危险化学品的建设项目（以下简称建设项目），应当由安全生产监督管理部门进行安全条件审查。

建设单位应当对建设项目进行安全条件论证，委托具备国家规定的资质条件的机构对建设项目进行安全评价，并将安全条件论证和安全评价的情况报告报建设项目所在地区的市级以上人民政府安全生产监督管理部门；安全生产监督管理部门应当自收到报告之日起45日内作出审查决定，并书面通知建设单位。具体办法由国务院安全生产监督管理部门制定。

新建、改建、扩建储存、装卸危险化学品的港口建设项目，由港口行政管理部门按照国务院交通运输主管部门的规定进行安全条件审查。

第十三条　生产、储存危险化学品的单位，应当对其铺设的危险化学品管道设置明显标志，并对危险化学品管道定期检查、检测。

进行可能危及危险化学品管道安全的施工作业，施工单位应当在开工的7日前书面通知管道所属单位，并与管道所属单位共同制定应急预案，采取相应的安全防护措施。管道所属单位应当指派专门人员到现场进行管道安全保护指导。

第十四条　危险化学品生产企业进行生产前，应当依照《安全生产许可证条例》的规定，取得危险化学品安全生产许可证。

生产列入国家实行生产许可证制度的工业产品目录的危险化学品的企业，应当依照《中华人民共和国工业产品生产许可证管理条例》的规定，取得工业产品生产许可证。

负责颁发危险化学品安全生产许可证、工业产品生产许可证的部门，应当将其颁发许可证的情况及时向同级工业和信息化主管部门、环境保护主管部门和公安机关通报。

第十五条　危险化学品生产企业应当提供与其生产的危险化学品相符的化学品安全技术说明书，并在危险化学品包装（包括外包装件）上粘贴或者拴挂与包装内危险化学品相符的化学品安全标签。化学品安全技术说明书和化学品安全标签所载明的内容应当符合国家标准的要求。

危险化学品生产企业发现其生产的危险化学品有新的危险特性的，应当立即公告，并及时修订其化学品安全技术说明书和化学品安全标签。

第十六条　生产实施重点环境管理的危险化学品的企业，应当按照国务院环境保护主管部门的规定，将该危险化学品向环境中释放等相关信息向环境保护主管部门报告。环境保护主管部门可以根据情况采取相应的环境风险控制措施。

第十七条　危险化学品的包装应当符合法律、行政法规、规章的规定以及国家标准、行业标准的要求。

危险化学品包装物、容器的材质以及危险化学品包装的型式、规格、方法和单件质量（重量），应当与所包装的危险化学品的性质和用途相适应。

第十八条　生产列入国家实行生产许可证制度的工业产品目录的危险化学品包装物、容器的企业，应当依照《中华人民共和国工业产品生产许可证管理条例》的规定，取得工业产品生产许可证；其生产的危险化学品包装物、容器经国务院质量监督检验检疫部门认定的检验机构检验合格，方可出厂销售。

运输危险化学品的船舶及其配载的容器，应当按照国家船舶检验规范进行生产，并经海事管理机构认定的船舶检验机构检验合格，方可投入使用。

对重复使用的危险化学品包装物、容器，使用单位在重复使用前应当进行检查；发现存在安全隐患的，应当维修或者更换。使用单位应当对检查情况作出记录，记录的保存期限不得少于2年。

第十九条　危险化学品生产装置或者储存数量构成重大危险源的危险化学品储存设施（运输工具加油站、加气站除外），与下列场所、设施、区域的距离应当符合国家有关规定：

（一）居住区以及商业中心、公园等人员密集场所；

（二）学校、医院、影剧院、体育场（馆）等公共设施；

（三）饮用水源、水厂以及水源保护区；

（四）车站、码头（依法经许可从事危险化学品装卸作业的除外）、机场以及通信干线、通信枢纽、铁路线路、道路交通干线、水路交通干线、地铁风亭以及地铁站出入口；

（五）基本农田保护区、基本草原、畜禽遗传资源保护区、畜禽规模化养殖场（养殖小区）、渔业水域以及种子、种畜禽、水产苗种生产基地；

（六）河流、湖泊、风景名胜区、自然保护区；

（七）军事禁区、军事管理区；

（八）法律、行政法规规定的其他场所、设施、区域。

已建的危险化学品生产装置或者储存数量构成重大危险源的危险化学品储存设施不符合前款规定的，由所在地设区的市级人民政府安全生产监督管理部门会同有关部门监督其所属单位在规定期限内进行整改；需要转产、停产、搬迁、关闭的，由本级人民政府决定并组织实施。

储存数量构成重大危险源的危险化学品储存设施的选址，应当避开地震活动断层和容易发生洪灾、地质灾害的区域。

本条例所称重大危险源，是指生产、储存、使用或者搬运危险化学品，且危险化学品的数量等于或者超过临界量的单元（包括场所和设施）。

第二十条　生产、储存危险化学品的单位，应当根据其生产、储存的危险化学品的种类和危险特性，在作业场所设置相应的监测、监控、通风、防晒、调温、防火、灭火、防爆、泄压、防毒、中和、防潮、防雷、防静电、防腐、防泄漏以及防护围堤或者隔离操作等安全设施、设备，并按照国家标准、行业标准或者国家有关规定对安全设施、设备进行经常性维护、保养，保证安全设施、设备的正常使用。

生产、储存危险化学品的单位，应当在其作业场所和安全设施、设备上设置明显的安全警示标志。

第二十一条　生产、储存危险化学品的单位，应当在其作业场所设置通信、报警装置，并保证处于适用状态。

第二十二条　生产、储存危险化学品的企业，应当委托具备国家规定的资质条件的机构，对本企业的安全生产条件每3年进行一次安全评价，提出安全评价报告。安全评价报告的内容应当包括对安全生产条件存在的问题进行整改的方案。

生产、储存危险化学品的企业，应当将安全评价报告以及整改方案的落实情况报所在地县级人民政府安全生产监督管理部门备案。在港区内储存危险化学品的企业，应当将安全评价报告以及整改方案的落实情况报港口行政管理部门备案。

第二十三条　生产、储存剧毒化学品或者国务院公安部门规定的可用于制造爆炸物品的危险化学品（以下简称易制爆危险化学品）的单位，应当如实记录其生产、储存的剧毒化学品、易制爆危险化学品的数量、流向，并采取必要的安全防范措施，防止剧毒化学品、易制爆危险化学品丢失或者被盗；发现剧毒化学品、易制爆危险化学品丢失或者被盗的，应当立即向当地公安机关报告。

生产、储存剧毒化学品、易制爆危险化学品的单位，应当设置治安保卫机构，配备专职治安保卫人员。

第二十四条　危险化学品应当储存在专用仓库、专用场地或者专用储存室（以下统称专用仓库）内，并由专人负责管理；剧毒化学品以及储存数量构成重大危险源的其他危险化学品，应当在专用仓库内单独存放，并实行双人收发、双人保管制度。

危险化学品的储存方式、方法以及储存数量应当符合国家标准或者国家有关规定。

第二十五条　储存危险化学品的单位应当建立危险化学品出入库核查、登记制度。

对剧毒化学品以及储存数量构成重大危险源的其他危险化学品，储存单位应当将其储存数量、储存地点以及管理人员的情况，报所在地县级人民政府安全生产监督管理部门（在港区内储存的，报港口行政管理部门）和公安机关备案。

第二十六条　危险化学品专用仓库应当符合国家标准、行业标准的要求，并设置明显的标志。储存剧毒化学品、易制爆危险化学品的专用仓库，应当按照国家有关规定设置相应的技术防范设施。

储存危险化学品的单位应当对其危险化学品专用仓库的安全设施、设备定期进行检测、检验。

第二十七条　生产、储存危险化学品的单位转产、停产、停业或者解散的，应当采取有效措施，及时、妥善处置其危险化学品生产装置、储存设施以及库存的危险化学品，不得丢弃危险化学品；处置方案应当报所在地县级人民政府安全生产监督管理部门、工业和信息化主管部门、环境保护主管部门和公安机关备案。安全生产监督管理部门应当会同环境保护主管部门和公安机关对处置情况进行监督检查，发现未依照规定处置的，应当责令其立即处置。

第三章　使用安全

第二十八条　使用危险化学品的单位，其使用条件（包括工艺）应当符合法律、行政法规的规定和国家标准、行业标准的要求，并根据所使用的危险化学品的种类、危险特性以及使用量和使用方式，建立、健全使用危险化学品的安全管理规章制度和安全操作规程，保证危险化学品的安全使用。

第二十九条　使用危险化学品从事生产并且使用量达到规定数量的化工企业（属于危险化学品生产企业的除外，下同），应当依照本条例的规定取得危险化学品安全使用许可证。

前款规定的危险化学品使用量的数量标准，由国务院安全生产监督管理部门会同国务院公安部门、农业主管部门确定并公布。

第三十条　申请危险化学品安全使用许可证的化工企业，除应当符合本条例第二十八条的规定外，还应当具备下列条件：

（一）有与所使用的危险化学品相适应的专业技术人员；

（二）有安全管理机构和专职安全管理人员；

（三）有符合国家规定的危险化学品事故应急预案和必要的应急救援器材、设备；

（四）依法进行了安全评价。

第三十一条　申请危险化学品安全使用许可证的化工企业，应当向所在地设区的市级人民政府安全生产监督管理部门提出申请，并提交其符合本条例第三十条规定条件的证明材料。设区的市级人民政府安全生产监督管理部门应当依法进行审查，自收到证明材料之日起45日内作出批准或者不予批准的决定。予以批准的，颁发危险化学品安全使用许可证；不予批准的，书面通知申请人并说明理由。

安全生产监督管理部门应当将其颁发危险化学品安全使用许可证的情况及时向同级环境保护主管部门和公安机关通报。

第三十二条 本条例第十六条关于生产实施重点环境管理的危险化学品的企业的规定，适用于使用实施重点环境管理的危险化学品从事生产的企业；第二十条、第二十一条、第二十三条第一款、第二十七条关于生产、储存危险化学品的单位的规定，适用于使用危险化学品的单位；第二十二条关于生产、储存危险化学品的企业的规定，适用于使用危险化学品从事生产的企业。

第五章 运输安全

第四十三条 从事危险化学品道路运输、水路运输的，应当分别依照有关道路运输、水路运输的法律、行政法规的规定，取得危险货物道路运输许可、危险货物水路运输许可，并向工商行政管理部门办理登记手续。

危险化学品道路运输企业、水路运输企业应当配备专职安全管理人员。

第四十四条 危险化学品道路运输企业、水路运输企业的驾驶人员、船员、装卸管理人员、押运人员、申报人员、集装箱装箱现场检查员应当经交通运输主管部门考核合格，取得从业资格。具体办法由国务院交通运输主管部门制定。

危险化学品的装卸作业应当遵守安全作业标准、规程和制度，并在装卸管理人员的现场指挥或者监控下进行。水路运输危险化学品的集装箱装箱作业应当在集装箱装箱现场检查员的指挥或者监控下进行，并符合积载、隔离的规范和要求；装箱作业完毕后，集装箱装箱现场检查员应当签署装箱证明书。

第四十五条 运输危险化学品，应当根据危险化学品的危险特性采取相应的安全防护措施，并配备必要的防护用品和应急救援器材。

用于运输危险化学品的槽罐以及其他容器应当封口严密，能够防止危险化学品在运输过程中因温度、湿度或者压力的变化发生渗漏、洒漏；槽罐以及其他容器的溢流和泄压装置应当设置准确、起闭灵活。

运输危险化学品的驾驶人员、船员、装卸管理人员、押运人员、申报人员、集装箱装箱现场检查员，应当了解所运输的危险化学品的危险特性及其包装物、容器的使用要求和出现危险情况时的应急处置方法。

第四十六条 通过道路运输危险化学品的，托运人应当委托依法取得危险货物道路运输许可的企业承运。

第四十七条 通过道路运输危险化学品的，应当按照运输车辆的核定载质量装载危险化学品，不得超载。

危险化学品运输车辆应当符合国家标准要求的安全技术条件，并按照国家有关规定定期进行安全技术检验。

危险化学品运输车辆应当悬挂或者喷涂符合国家标准要求的警示标志。

第四十八条 通过道路运输危险化学品的，应当配备押运人员，并保证所运输的危险化学品处于押运人员的监控之下。

运输危险化学品途中因住宿或者发生影响正常运输的情况，需要较长时间停车的，驾驶人员、押运人员应采取相应的安全防范措施；运输剧毒化学品或者易制爆危险化学品的，还应当向当地公安机关报告。

第四十九条 未经公安机关批准，运输危险化学品的车辆不得进入危险化学品运输车辆限制通行的区域。危险化学品运输车辆限制通行的区域由县级人民政府公安机关划定，并设置明显的标志。

第五十条 通过道路运输剧毒化学品的，托运人应当向运输始发地或者目的地县级人民政府公安机关申请剧毒化学品道路运输通行证。

申请剧毒化学品道路运输通行证，托运人应当向县级人民政府公安机关提交下列材料：

（一）拟运输的剧毒化学品品种、数量的说明；

（二）运输始发地、目的地、运输时间和运输路线的说明；

（三）承运人取得危险货物道路运输许可、运输车辆取得营运证以及驾驶人员、押运人员取得上岗资格的证明文件；

（四）本条例第三十八条第一款、第二款规定的购买剧毒化学品的相关许可证件，或者海关出具的进出口证明文件。

县级人民政府公安机关应当自收到前款规定的材料之日起 7 日内，作出批准或者不予批准的决定。予以批准的，颁发剧毒化学品道路运输通行证；不予批准的，书面通知申请人并说明理由。

剧毒化学品道路运输通行证管理办法由国务院公安部门制定。

第五十一条 剧毒化学品、易制爆危险化学品在道路运输途中丢失、被盗、被抢或者出现流散、泄漏等情况的，驾驶人员、押运人员应当立即采取相应的警示措施和安全措施，并向当地公安机关报告。公安机关接到报告后，应当根据实际情况立即向安全生产监督管理部门、环境保护主管部门、卫生主管部门通报。有关部门应当采取必要的应急处置措施。

第五十二条 通过水路运输危险化学品的，应当遵守法律、行政法规以及国务院交通运输主管部门关于危险货物水路运输安全的规定。

第五十三条 海事管理机构应当根据危险化学品的种类和危险特性，确定船舶运输危险化学品的相关安全运输条件。

拟交付船舶运输的化学品的相关安全运输条件不明确的，应当经国家海事管理机构认定的机构进行评估，明确相关安全运输条件并经海事管理机构确认后，方可交付船舶运输。

第五十四条 禁止通过内河封闭水域运输剧毒化学品以及国家规定禁止通过内河运输的其他危险化学品。

前款规定以外的内河水域，禁止运输国家规定禁止通过内河运输的剧毒化学品以及其他危险化学品。

禁止通过内河运输的剧毒化学品以及其他危险化学品的范围，由国务院交通运输主管部门会同国务院环境保护主管部门、工业和信息化主管部门、安全生产监督管理部门，根据危险化学品的危险特性、危险化学品对人体和水环境的危害程度以及消除危害后果的难易程度等因素规定并公布。

第五十五条 国务院交通运输主管部门应当根据危险化学品的危险特性，对通过内河运输本条例第五十四条规定以外的危险化学品（以下简称通过内河运输危险化学品）实行分类管理，对各类危险化学品的运输方式、包装规范和安全防护措施等分别作出规定并监督实施。

第五十六条 通过内河运输危险化学品，应当由依法取得危险货物水路运输许可的水路运输企业承运，其他单位和个人不得承运。托运人应当委托依法取得危险货物水路运输许可的水路运输企业承运，不得委托其他单位和个人承运。

第五十七条 通过内河运输危险化学品，应当使用依法取得危险货物适装证书的运输船舶。水路运输企业应当针对所运输的危险化学品的危险特性，制定运输船舶危险化学品事故应急救援预案，并为运输船舶配备充足、有效的应急救援器材和设备。

通过内河运输危险化学品的船舶，其所有人或者经营人应当取得船舶污染损害责任保险证书或者财务担保证明。船舶污染损害责任保险证书或者财务担保证明的副本应当随船携带。

第五十八条 通过内河运输危险化学品，危险化学品包装物的材质、型式、强度以及包装方法应当符合水路运输危险化学品包装规范的要求。国务院交通运输主管部门对单船运输的危险化学品数量有限制性规定的，承运人应当按照规定安排运输数量。

第五十九条 用于危险化学品运输作业的内河码头、泊位应当符合国家有关安全规范，与饮用水取水口保持国家规定的距离。有关管理单位应当制定码头、泊位危险化学品事故应急预案，并为码头、泊位配备充足、有效的应急救援器材和设备。

用于危险化学品运输作业的内河码头、泊位，经交通运输主管部门按照国家有关规定验收合格后方可投入使用。

第六十条　船舶载运危险化学品进出内河港口，应当将危险化学品的名称、危险特性、包装以及进出港时间等事项，事先报告海事管理机构。海事管理机构接到报告后，应当在国务院交通运输主管部门规定的时间内作出是否同意的决定，通知报告人，同时通报港口行政管理部门。定船舶、定航线、定货种的船舶可以定期报告。

在内河港口内进行危险化学品的装卸、过驳作业，应当将危险化学品的名称、危险特性、包装和作业的时间、地点等事项报告港口行政管理部门。港口行政管理部门接到报告后，应当在国务院交通运输主管部门规定的时间内作出是否同意的决定，通知报告人，同时通报海事管理机构。

载运危险化学品的船舶在内河航行，通过过船建筑物的，应当提前向交通运输主管部门申报，并接受交通运输主管部门的管理。

第六十一条　载运危险化学品的船舶在内河航行、装卸或者停泊，应当悬挂专用的警示标志，按照规定显示专用信号。

载运危险化学品的船舶在内河航行，按照国务院交通运输主管部门的规定需要引航的，应当申请引航。

第六十二条　载运危险化学品的船舶在内河航行，应当遵守法律、行政法规和国家其他有关饮用水水源保护的规定。内河航道发展规划应当与依法经批准的饮用水水源保护区划定方案相协调。

第六十三条　托运危险化学品的，托运人应当向承运人说明所托运的危险化学品的种类、数量、危险特性以及发生危险情况的应急处置措施，并按照国家有关规定对所托运的危险化学品妥善包装，在外包装上设置相应的标志。

运输危险化学品需要添加抑制剂或者稳定剂的，托运人应当添加，并将有关情况告知承运人。

第六十四条　托运人不得在托运的普通货物中夹带危险化学品，不得将危险化学品匿报或者谎报为普通货物托运。

任何单位和个人不得交寄危险化学品或者在邮件、快件内夹带危险化学品，不得将危险化学品匿报或者谎报为普通物品交寄。邮政企业、快递企业不得收寄危险化学品。

对涉嫌违反本条第一款、第二款规定的，交通运输主管部门、邮政管理部门可以依法开拆查验。

第六十五条　通过铁路、航空运输危险化学品的安全管理，依照有关铁路、航空运输的法律、行政法规、规章的规定执行。

【依据2】《关于规范重大危险源监督与管理工作的通知》（安监总协调字〔2005〕125号）

3. 生产经营单位要加强对重大危险源的安全管理与检测监控，建立健全重大危险源安全管理规章制度，制定重大危险源安全管理与监控的实施方案。

5. 生产经营单位的决策机构及其主要负责人、个人经营的投资人要保证重大危险源安全管理与检测监控所必需的资金投入。

11. 生产经营单位要在重大危险源现场设置明显的安全警示标志，并加强重大危险源的现场检测监控和有关设备、设施的安全管理。

12. 生产经营单位要对重大危险源的安全状况以及重要的设备设施进行定期检查、检测、检验，并做好记录。

13. 对存在事故隐患的重大危险源，生产经营单位必须立即整改。要制定整改方案，落实整改资金、责任人、期限等。整改期间要采取切实可行的安全措施，防止事故发生。

5.7.4　危险源评审、更新和告知
本条评价项目的查评依据如下：

【依据】《关于规范重大危险源监督与管理工作的通知》（安监总协调字〔2005〕125号）

4. 生产经营单位存在的重大危险源在生产过程、材料、工艺、设备、防护措施和环境等因素发生重大变化，或者国家有关法规、标准发生变化时，生产经营单位要对重大危险源重新进行安全评估，并及时报告当地县级以上人民政府安全生产监督管理部门。

6. 生产经营单位要对从业人员进行安全生产教育和培训，使其熟悉重大危险源安全管理制度和安全操作规程，掌握本岗位的安全操作技能等。

7. 生产经营单位要将重大危险源可能发生事故时的危害后果、应急措施等信息告知周边单位和人员。

8. 生产经营单位至少每 3 年要对本单位的重大危险源进行一次安全评估。按照国家有关规定，已经进行安全评价并符合重大危险源安全评估要求的，可不必进行安全评估。

9. 安全评估报告要做到数据准确，内容完整，方法科学，建议措施具体可行，结论客观公正。

安全评估报告主要包括以下内容：

（1）安全评估的主要依据；

（2）重大危险源基本情况；

（3）危险、有害因素辨识；

（4）可能发生事故的种类及严重程度；

（5）重大危险源等级；

（6）防范事故的对策措施；

（7）应急救援预案的评价；

（8）评估结论与建议等。

10. 从事重大危险源安全检测检验和安全评估业务的中介机构要具备国家规定的资质条件，并对其做出的检测检验和安全评估结论负责。

5.8 安全隐患管理
5.8.1 隐患管理制度
本条评价项目的查评依据如下：

【依据 1】《企业安全生产标准化基本规范》（AQ/T 9006—2010）

5.8.1 隐患排查

企业应组织事故隐患排查工作，对隐患进行分析评估，确定隐患等级，登记建档，及时采取有效的治理措施。

法律法规、标准规范发生变更或有新的公布，以及企业操作条件或工艺改变，新建、改建、扩建项目建设，相关方进入、撤出或改变，对事故、事件或其他信息有新的认识，组织机构发生大的调整的，应及时组织隐患排查。

隐患排查前应制定排查方案，明确排查的目的、范围，选择合适的排查方法。排查方案应依据：

——有关安全生产法律、法规要求；

——设计规范、管理标准、技术标准；

——企业的安全生产目标等。

【依据 2】《国家电网公司安全隐患排查治理管理办法》（国家电网企管〔2014〕1467 号）

第二十三条 隐患排查治理应纳入日常工作中，按照"排查（发现）–评估报告–治理（控制）–验收销号"的流程形成闭环管理。

第二十四条 安全隐患排查（发现）包括：

各级单位、各专业应采取技术、管理措施，结合常规工作、专项工作和监督检查工作排查、发现安全隐患，明确排查的范围和方式方法，专项工作还应制定排查方案。

（一）排查范围应包括所有与生产经营相关的安全责任体系、管理制度、场所、环境、人员、设备设施和活动等。

（二）排查方式主要有：电网年度和临时运行方式分析；各类安全性评价或安全标准化查评；各级各类安全检查；各专业结合年度、阶段性重点工作和"二十四节气表"组织开展的专项隐患排查；设备日常巡视、检修预试、在线监测和状态评估、季节性（节假日）检查；风险辨识或危险源管理；

已发生事故、异常、未遂、违章的原因分析，事故案例或安全隐患范例学习等。

（三）排查方案编制应依据有关安全生产法律、法规或者设计规范、技术标准以及企业的安全生产目标等，确定排查目的、参加人员、排查内容、排查时间、排查安排、排查记录要求等内容。

5.8.2　隐患排查

本条评价项目的查评依据如下：

【依据 1】《企业安全生产标准化基本规范》（AQ/T 9006—2010）

5.8.2　排查范围与方法

企业隐患排查的范围应包括所有与生产经营相关的场所、环境、人员、设备设施和活动。

企业应根据安全生产的需要和特点，采用综合检查、专业检查、季节性检查、节假日检查、日常检查等方式进行隐患排查。

【依据 2】《国家电网公司安全隐患排查治理管理办法》（国家电网企管〔2014〕1467 号）

第二十三条　隐患排查治理应纳入日常工作中，按照"排查（发现）–评估报告–治理（控制）–验收销号"的流程形成闭环管理。（见附件 1）

第二十四条　安全隐患排查（发现）包括：各级单位、各专业应采取技术、管理措施，结合常规工作、专项工作和监督检查工作排查、发现安全隐患，明确排查的范围和方式方法，专项工作还应制定排查方案。

（一）排查范围应包括所有与生产经营相关的安全责任体系、管理制度、场所、环境、人员、设备设施和活动等。

（三）排查方案编制应依据有关安全生产法律、法规或者设计规范、技术标准以及企业的安全生产目标等，确定排查目的、参加人员、排查内容、排查时间、排查安排、排查记录要求等内容。

5.8.3　隐患治理

本条评价项目的查评依据如下：

【依据 1】《企业安全生产标准化基本规范》（AQ/T 9006—2010）

5.8.3　隐患治理

企业应根据隐患排查的结果，制定隐患治理方案，对隐患及时进行治理。

隐患治理方案应包括目标和任务、方法和措施、经费和物资、机构和人员、时限和要求。重大事故隐患在治理前应采取临时控制措施并制定应急预案。

隐患治理措施包括：工程技术措施、管理措施、教育措施、防护措施和应急措施。

【依据 2】《机械制造企业安全生产标准化规范》（AQ/T 7009—2013）

4.1.13.3　企业应确保对安全检查和排查事故隐患中所发现的问题和事故隐患及时采取相应的纠正措施和预防措施，并跟踪验证纠正措施和预防措施的实际效果；对于重大事故隐患应制订治理方案。企业在事故隐患治理过程中，应采取相应的安全防范措施，防止意外事故发生。

企业应在事故隐患整改时实行"五定"（定措施、定责任、定资金、定时间、定预案）。

企业应积极配合行政监管执法检查。

【依据 3】《国家电网公司安全隐患排查治理管理办法》（国家电网企管〔2014〕1467 号）

第二十六条　安全隐患治理（控制）包括：

安全隐患一经确定，隐患所在单位应立即采取防止隐患发展的控制措施，防止事故发生，同时根据隐患具体情况和急迫程度，及时制定治理方案或措施，抓好隐患整改，按计划消除隐患，防范安全风险。

第四十六条　隐患排查治理工作执行上级对下级监督，同级间安全生产监督体系对安全生产保证体系进行监督的督办机制。

5.8.4 监督检查

本条评价项目的查评依据如下：

【依据1】《企业安全生产标准化基本规范》（AQ/T 9006—2010）

治理完成后，应对治理情况进行验证和效果评估。

【依据2】《安全生产事故隐患排查治理暂行规定》（国家安全生产监督管理总局令第16号）

第十八条　地方人民政府或者安全监管监察部门及有关部门挂牌督办并责令全部或者局部停产停业治理的重大事故隐患，治理工作结束后，有条件的生产经营单位应当组织本单位的技术人员和专家对重大事故隐患的治理情况进行评估；其他生产经营单位应当委托具备相应资质的安全评价机构对重大事故隐患的治理情况进行评估。

第二十条　安全监管监察部门应当建立事故隐患排查治理监督检查制度，定期组织对生产经营单位事故隐患排查治理情况开展监督检查；应当加强对重点单位的事故隐患排查治理情况的监督检查。对检查过程中发现的重大事故隐患，应当下达整改指令书，并建立信息管理台账。必要时，报告同级人民政府并对重大事故隐患实行挂牌督办。

安全监管监察部门应当配合有关部门做好对生产经营单位事故隐患排查治理情况开展的监督检查，依法查处事故隐患排查治理的非法和违法行为及其责任者。

安全监管监察部门发现属于其他有关部门职责范围内的重大事故隐患，应该及时将有关资料移送有管辖权的有关部门，并记录备查。

【依据3】《机械制造企业安全生产标准化规范》（AQ/T 7009—2013）

4.1.13.3　企业应确保对安全检查和排查事故隐患中所发现的问题和事故隐患及时采取相应的纠正措施和预防措施，并跟踪验证纠正措施和预防措施的实际效果；对于重大事故隐患应制订治理方案。企业在事故隐患治理过程中，应采取相应的安全防范措施，防止意外事故发生。

5.9　职业健康

5.9.1　职业危害作业场所管理

5.9.1.1　工作环境和条件

本条评价项目的查评依据如下：

【依据1】《中华人民共和国职业病防治法》（中华人民共和国主席令2011年第52号）

第十四条　用人单位应当依照法律、法规要求，严格遵守国家职业卫生标准，落实职业病预防措施，从源头上控制和消除职业病危害。

第十五条　产生职业病危害的用人单位的设立除应当符合法律、行政法规规定的设立条件外，其工作场所还应当符合下列职业卫生要求：

（一）职业病危害因素的强度或者浓度符合国家职业卫生标准；

（二）有与职业病危害防护相适应的设施；

（三）生产布局合理，符合有害与无害作业分开的原则；

（四）有配套的更衣间、洗浴间、孕妇休息间等卫生设施；

（五）设备、工具、用具等设施符合保护劳动者生理、心理健康的要求；

（六）法律、行政法规和国务院卫生行政部门、安全生产监督管理部门关于保护劳动者健康的其他要求。

第二十三条　用人单位必须采用有效的职业病防护设施，并为劳动者提供个人使用的职业病防护用品。

用人单位为劳动者个人提供的职业病防护用品必须符合防治职业病的要求；不符合要求的，不得使用。

第三十五条　用人单位的主要负责人和职业卫生管理人员应当接受职业卫生培训，遵守职业病防治法律、法规，依法组织本单位的职业病防治工作。

用人单位应当对劳动者进行上岗前的职业卫生培训和在岗期间的定期职业卫生培训，普及职业卫生知识，督促劳动者遵守职业病防治法律、法规、规章和操作规程，指导劳动者正确使用职业病防护设备和个人使用的职业病防护用品。

【依据2】《工作场所职业卫生监督管理规定》（国家安全生产监督管理总局令第47号）

第十条　用人单位应当对劳动者进行上岗前的职业卫生培训和在岗期间的定期职业卫生培训，普及职业卫生知识，督促劳动者遵守职业病防治的法律、法规、规章、国家职业卫生标准和操作规程。

用人单位应当对职业病危害严重的岗位的劳动者，进行专门的职业卫生培训，经培训合格后方可上岗作业。

因变更工艺、技术、设备、材料，或者岗位调整导致劳动者接触的职业病危害因素发生变化的，用人单位应当重新对劳动者进行上岗前的职业卫生培训。

第十二条　产生职业病危害的用人单位的工作场所应当符合下列基本要求：

（一）生产布局合理，有害作业与无害作业分开；

（二）工作场所与生活场所分开，工作场所不得住人；

（三）有与职业病防治工作相适应的有效防护设施；

（四）职业病危害因素的强度或者浓度符合国家职业卫生标准；

（五）有配套的更衣间、洗浴间、孕妇休息间等卫生设施；

（六）设备、工具、用具等设施符合保护劳动者生理、心理健康的要求；

（七）法律、法规、规章和国家职业卫生标准的其他规定。

第十六条　用人单位应当为劳动者提供符合国家职业卫生标准的职业病防护用品，并督促、指导劳动者按照使用规则正确佩戴、使用，不得发放钱物替代发放职业病防护用品。

用人单位应当对职业病防护用品进行经常性的维护、保养，确保防护用品有效，不得使用不符合国家职业卫生标准或者已经失效的职业病防护用品。

第二十五条　任何用人单位不得使用国家明令禁止使用的可能产生职业病危害的设备或者材料。

【依据3】《工业企业设计卫生标准》（GBZ 1—2010）

6　工作场所基本卫生要求

6.1　防尘、防毒

6.2　防暑、防寒

6.3　防噪声与振动

6.4　防非电离辐射与电离辐射

6.5　采光和照明

【依据4】《机械制造企业安全生产标准化规范》（AQ/T 7009—2013）

4.3.6.1　企业应对接触职业性危害因素人员进行上岗前、在岗期间和离岗时的职业健康检查，并应符合下列要求：

——所有接触职业性危害因素人员均进行了职业健康检查；

——职业健康检查的项目和周期应符合相关法规要求；

——对遭受或可能遭受急性职业病危害的人员均得到及时健康检查和医学观察。

4.3.6.2　企业应为劳动者建立职业健康监护档案，并按照有关规定妥善保存。职业健康监护档案应包括：劳动者的基本情况；职业史、既往病史和职业病危害接触史；历次职业健康检查结果及处理情况；职业病诊疗资料及需要存入职业健康监护档案的其他有关资料。

从业人员离开企业时，企业应当如实、无偿提供健康档案，并在所提供的复印件上签章。

4.3.6.3 企业不得安排有职业禁忌的员工从事其所禁忌的作业；不得安排未成年工从事接触职业性危害因素的作业；不得安排孕期、哺乳期的女职工从事对本人和胎儿、婴儿有危害的作业。

4.3.6.4 企业应建立职业健康管理档案。职业健康管理档案资料应当包括下列内容：

——工作场所职业病危害因素种类清单以及作业人员接触情况等资料；

——工作场所职业病危害因素检测结果、评价报告；

——职业健康检查结果汇总资料与评价报告；

——职业病危害事故报告与应急处置记录；

——对存在职业禁忌证、职业健康损害或者职业病的劳动者处理和安置情况记录；

——其他有关职业卫生管理的资料或者文件。

5.9.1.2 职业危害作业场所识别

本条评价项目的查评依据如下：

【依据1】《中华人民共和国职业病防治法》（中华人民共和国主席令2011年第52号）

第二十五条 产生职业病危害的用人单位，应当在醒目位置设置公告栏，公布有关职业病防治的规章制度、操作规程、职业病危害事故应急救援措施和工作场所职业病危害因素检测结果。

对产生严重职业病危害的作业岗位，应当在其醒目位置，设置警示标识和中文警示说明。警示说明应当载明产生职业病危害的种类、后果、预防以及应急救治措施等内容。

第二十六条 对可能发生急性职业损伤的有毒、有害工作场所，用人单位应当设置报警装置，配置现场急救用品、冲洗设备、应急撤离通道和必要的泄险区。

对放射工作场所和放射性同位素的运输、储存，用人单位必须配置防护设备和报警装置，保证接触放射线的工作人员佩戴个人剂量计。

对职业病防护设备、应急救援设施和个人使用的职业病防护用品，用人单位应当进行经常性的维护、检修，定期检测其性能和效果，确保其处于正常状态，不得擅自拆除或者停止使用。

第二十七条 用人单位应当实施由专人负责的职业病危害因素日常监测，并确保监测系统处于正常运行状态。

用人单位应当按照国务院安全生产监督管理部门的规定，定期对工作场所进行职业病危害因素检测、评价。检测、评价结果存入用人单位职业卫生档案，定期向所在地安全生产监督管理部门报告并向劳动者公布。

【依据2】《企业安全生产标准化基本规范》（AQ/T 9006—2010）

5.10.1 职业健康管理

企业应定期对作业场所职业危害进行检测，在检测点设置标识牌予以告知，并将检测结果存入职业健康档案。

对可能发生急性职业危害的有毒、有害工作场所，应设置报警装置，制定应急预案，配置现场急救用品、设备，设置应急撤离通道和必要的泄险区。

【依据3】《工作场所职业卫生监督管理规定》（国家安全生产监督管理总局令第47号）

第十三条 用人单位工作场所存在职业病目录所列职业病的危害因素的，应当按照《职业病危害项目申报办法》的规定，及时、如实向所在地安全生产监督管理部门申报职业病危害项目，并接受安全生产监督管理部门的监督检查。

第十五条 产生职业病危害的用人单位，应当在醒目位置设置公告栏，公布有关职业病防治的规章制度、操作规程、职业病危害事故应急救援措施和工作场所职业病危害因素检测结果。

存在或者产生职业病危害的工作场所、作业岗位、设备、设施，应当按照《工作场所职业病危害警示标识》（GBZ 158）的规定，在醒目位置设置图形、警示线、警示语句等警示标识和中文警示说明。警示说明应当载明产生职业病危害的种类、后果、预防和应急处置措施等内容。

【依据4】《职业病危害项目申报办法》（国家安全生产监督管理总局令第48号）

第三条　本办法所称职业病危害项目，是指存在职业病危害因素的项目。职业病危害因素按照《职业病危害因素分类目录》确定。

第四条　职业病危害项目申报工作实行属地分级管理的原则。中央企业、省属企业及其所属用人单位的职业病危害项目，向其所在地设区的市级人民政府安全生产监督管理部门申报。前款规定以外的其他用人单位的职业病危害项目，向其所在地县级人民政府安全生产监督管理部门申报。

第五条　用人单位申报职业病危害项目时，应当提交《职业病危害项目申报表》和下列文件、资料：（一）用人单位的基本情况；（二）工作场所职业病危害因素种类、分布情况以及接触人数；（三）法律、法规和规章规定的其他文件、资料。

第六条　职业病危害项目申报同时采取电子数据和纸质文本两种方式。用人单位应当首先通过"职业病危害项目申报系统"进行电子数据申报，同时将《职业病危害项目申报表》加盖公章并由本单位主要负责人签字后，按照本办法第四条和第五条的规定，连同有关文件、资料一并上报所在地设区的市级、县级安全生产监督管理部门。受理申报的安全生产监督管理部门应当自收到申报文件、资料之日起5个工作日内，出具《职业病危害项目申报回执》。

第七条　职业病危害项目申报不得收取任何费用。

第八条　用人单位有下列情形之一的，应当按照本条规定向原申报机关申报变更职业病危害项目内容：（一）进行新建、改建、扩建、技术改造或者技术引进建设项目的，自建设项目竣工验收之日起30日内进行申报；（二）因技术、工艺、设备或者材料等发生变化导致原申报的职业病危害因素及其相关内容发生重大变化的，自发生变化之日起15日内进行申报；（三）用人单位工作场所、名称、法定代表人或者主要负责人发生变化的，自发生变化之日起15日内进行申报；（四）经过职业病危害因素检测、评价，发现原申报内容发生变化的，自收到有关检测、评价结果之日起15日内进行申报。

5.9.1.3　职业危害作业场所分级管理

本条评价项目的查评依据如下：

【依据1】《工作场所职业病危害作业分级》 第1部分　生产性粉尘（GBZ/T 229.1—2010）

4.1.1　分级基础

分级应在综合评估生产性粉尘的健康危害、劳动者接触程度等基础上进行。

劳动者接触粉尘的程度应根据工作场所空气中所含粉尘的浓度、劳动者接触粉尘的作业时间和劳动者的劳动强度综合判定。

【依据2】《工作场所职业病危害作业分级》第2部分化学物（GBZ/T 229.2—2010）

4.1　分级原则与基本要求

4.1.1　应在全面掌握化学物的毒性资料有毒性分级、劳动者接触生产性毒物水平和工作场所职业防护效果等要素的基础上进行分级，同时应考虑技术的可行性和分级管理的差异性。劳动者接触生产性毒物的水平由工作场所空气中毒物浓度、劳动者接触生产性毒物的时间和劳动者的劳动强度决定。

【依据3】《工作场所职业病危害作业分级》第3部分高温（GBZ/T 229.3—2010）

4.1　分级原则与基本要求

4.1.1　应对高温作业的健康危害、环境热强度、接触高温时间、劳动强度和工作服装阻热性能等全面评价基础上进行分级。

【依据4】《工作场所职业病危害作业分级》第 4 部分噪声（GBZ/T 229.4—2010）

4.1 分级原则与基本要求

4.1.1 分级基础：噪声分级以国家职业卫生标准接触限值及测量方法为基础进行分级。

5.9.1.4 职业危害作业场所的日常监测

本条评价项目的查评依据如下：

【依据1】《企业安全生产标准化基本规范》（AQ/T 9006—2010）

5.10.1 职业健康管理

企业应定期对作业场所职业危害进行检测，在检测点设置标识牌予以告知，并将检测结果存入职业健康档案。

【依据2】《工作场所职业卫生监督管理规定》（国家安全生产监督管理总局令第 47 号）

第十九条 存在职业病危害的用人单位，应当实施由专人负责的工作场所职业病危害因素日常监测，确保监测系统处于正常工作状态。

【依据3】《机械制造企业安全生产标准化规范》（AQ/T 7009—2013）

4.3.5.3 存在职业性危害因素的企业应当设有专人负责作业场所职业性危害因素日常监测，保证监测系统处于正常工作状态。监测的结果应当及时向从业人员公布。

4.3.5.5 职业性危害因素监测达标率应为 80%。

5.9.2 职业危害告知和警示

5.9.2.1 告知约定

本条评价项目的查评依据如下：

【依据1】《中华人民共和国职业病防治法》（中华人民共和国主席令 2011 年第 52 号）

第三十四条 用人单位与劳动者订立劳动合同（含聘用合同，下同）时，应当将工作过程中可能产生的职业病危害及其后果、职业病防护措施和待遇等如实告知劳动者，并在劳动合同中写明，不得隐瞒或者欺骗。

【依据2】《企业安全生产标准化基本规范》（AQ/T 9006—2010）

5.10.2 职业危害告知和警示

企业与从业人员订立劳动合同时，应将工作过程中可能产生的职业危害及其后果和防护措施如实告知从业人员，并在劳动合同中写明。

企业应采用有效的方式对从业人员及相关方进行宣传，使其了解生产过程中的职业危害、预防和应急处理措施，降低或消除危害后果。

对存在严重职业危害的作业岗位，应按照 GBZ 158 要求设置警示标识和警示说明。警示说明应载明职业危害的种类、后果、预防和应急救治措施。

【依据3】《工作场所职业卫生监督管理规定》（国家安全生产监督管理总局令第 47 号）

第二十九条 用人单位与劳动者订立劳动合同（含聘用合同，下同）时，应当将工作过程中可能产生的职业病危害及其后果、职业病防护措施和待遇等如实告知劳动者，并在劳动合同中写明，不得隐瞒或者欺骗。

劳动者在履行劳动合同期间因工作岗位或者工作内容变更，从事与所订立劳动合同中未告知的存在职业病危害的作业时，用人单位应当依照前款规定，向劳动者履行如实告知的义务，并协商变更原劳动合同相关条款。

用人单位违反本条规定的，劳动者有权拒绝从事存在职业病危害的作业，用人单位不得因此解除与劳动者所订立的劳动合同。

5.9.2.2 警示说明

本条评价项目的查评依据如下：

【依据1】《中华人民共和国职业病防治法》（中华人民共和国主席令2011年第52号）

第二十九条 向用人单位提供可能产生职业病危害的设备的，应当提供中文说明书，并在设备的醒目位置设置警示标识和中文警示说明。警示说明应当载明设备性能、可能产生的职业病危害、安全操作和维护注意事项、职业病防护以及应急救治措施等内容。

第三十条 向用人单位提供可能产生职业病危害的化学品、放射性同位素和含有放射性物质的材料的，应当提供中文说明书。说明书应当载明产品特性、主要成份、存在的有害因素、可能产生的危害后果、安全使用注意事项、职业病防护以及应急救治措施等内容。产品包装应当有醒目的警示标识和中文警示说明。贮存上述材料的场所应当在规定的部位设置危险物品标识或者放射性警示标识。

【依据2】《企业安全生产标准化基本规范》（AQ/T 9006—2010）

5.10.2 职业危害告知和警示

对存在严重职业危害的作业岗位，应按照GBZ 158要求设置警示标识和警示说明。警示说明应载明职业危害的种类、后果、预防和应急救治措施。

【依据3】《工作场所职业卫生监督管理规定》（国家安全生产监督管理总局令第47号）

第十五条 产生职业病危害的用人单位，应当在醒目位置设置公告栏，公布有关职业病防治的规章制度、操作规程、职业病危害事故应急救援措施和工作场所职业病危害因素检测结果。

存在或者产生职业病危害的工作场所、作业岗位、设备、设施，应当按照《工作场所职业病危害警示标识》（GBZ 158）的规定，在醒目位置设置图形、警示线、警示语句等警示标识和中文警示说明。警示说明应当载明产生职业病危害的种类、后果、预防和应急处置措施等内容。

存在或产生高毒物品的作业岗位，应当按照《高毒物品作业岗位职业病危害告知规范》（GBZ/T 203）的规定，在醒目位置设置高毒物品告知卡，告知卡应当载明高毒物品的名称、理化特性、健康危害、防护措施及应急处理等告知内容与警示标识。

第二十三条 向用人单位提供可能产生职业病危害的设备的，应当提供中文说明书，并在设备的醒目位置设置警示标识和中文警示说明。警示说明应当载明设备性能、可能产生的职业病危害、安全操作和维护注意事项、职业病防护措施等内容。

用人单位应当检查前款规定的事项，不得使用不符合要求的设备。

第二十四条 向用人单位提供可能产生职业病危害的化学品、放射性同位素和含有放射性物质的材料的，应当提供中文说明书。说明书应当载明产品特性、主要成份、存在的有害因素、可能产生的危害后果、安全使用注意事项、职业病防护和应急救治措施等内容。产品包装应当有醒目的警示标识和中文警示说明。贮存上述材料的场所应当在规定的部位设置危险物品标识或者放射性警示标识。

用人单位应当检查前款规定的事项，不得使用不符合要求的材料。

【依据4】《工作场所职业病危害警示标识》（GBZ 158—2003）

1 范围

本标准规定了在工作场所设置的可以使劳动者对职业病危害产生警觉，并采取相应防护措施的图形标识、警示线、警示语句和文字。

本标准适用于可产生职业病危害的工作场所、设备及产品。根据工作场所实际情况，组合使用各类警示标识。

8 其他职业病危害工作场所警示标识的设置

在产生粉尘的作业场所设置"注意防尘"警告标识和"戴防尘口罩"指令标识。

在可能产生职业性灼伤和腐蚀的作业场所，设置"当心腐蚀"警告标识和"穿防护服""戴防护手套""穿防护鞋"等指令标识。

在产生噪声的作业场所，设置"噪声有害"警告标识和"戴护耳器"指令标识。

在高温作业场所，设置"注意高温"警告标识。

在可引起电光性眼炎的作业场所，设置"当心弧光"警告标识和"戴防护镜"指令标识。

存在生物性职业病危害因素的作业场所，设置"当心感染"警告标识和相应的指令标识。

存在放射性同位素和使用放射性装置的作业场所，设置"当心电离辐射"警告标识和相应的指令标识。

5.9.3 职业健康防护措施
5.9.3.1 现场防护措施
本条评价项目的查评依据如下：
【依据1】《中华人民共和国职业病防治法》（中华人民共和国主席令2011年第52号）

第二十五条 产生职业病危害的用人单位，应当在醒目位置设置公告栏，公布有关职业病防治的规章制度、操作规程、职业病危害事故应急救援措施和工作场所职业病危害因素检测结果。

对产生严重职业病危害的作业岗位，应当在其醒目位置，设置警示标识和中文警示说明。警示说明应当载明产生职业病危害的种类、后果、预防以及应急救治措施等内容。

第二十六条 对可能发生急性职业损伤的有毒、有害工作场所，用人单位应当设置报警装置，配置现场急救用品、冲洗设备、应急撤离通道和必要的泄险区。

对放射工作场所和放射性同位素的运输、储存，用人单位必须配置防护设备和报警装置，保证接触放射线的工作人员佩戴个人剂量计。

对职业病防护设备、应急救援设施和个人使用的职业病防护用品，用人单位应当进行经常性的维护、检修，定期检测其性能和效果，确保其处于正常状态，不得擅自拆除或者停止使用。

第二十七条 用人单位应当实施由专人负责的职业病危害因素日常监测，并确保监测系统处于正常运行状态。

用人单位应当按照国务院安全生产监督管理部门的规定，定期对工作场所进行职业病危害因素检测、评价。检测、评价结果存入用人单位职业卫生档案，定期向所在地安全生产监督管理部门报告并向劳动者公布。

【依据2】《工作场所职业卫生监督管理规定》（国家安全生产监督管理总局令第47号）

第十六条 用人单位应当为劳动者提供符合国家职业卫生标准的职业病防护用品，并督促、指导劳动者按照使用规则正确佩戴、使用，不得发放钱物替代发放职业病防护用品。

用人单位应当对职业病防护用品进行经常性的维护、保养，确保防护用品有效，不得使用不符合国家职业卫生标准或者已经失效的职业病防护用品。

第十七条 在可能发生急性职业损伤的有毒、有害工作场所，用人单位应当设置报警装置，配置现场急救用品、冲洗设备、应急撤离通道和必要的泄险区。

现场急救用品、冲洗设备等应当设在可能发生急性职业损伤的工作场所或者临近地点，并在醒目位置设置清晰的标识。

在可能突然泄漏或者逸出大量有害物质的密闭或者半密闭工作场所，除遵守本条第一款、第二款规定外，用人单位还应当安装事故通风装置以及与事故排风系统相连锁的泄漏报警装置。

生产、销售、使用、贮存放射性同位素和射线装置的场所，应当按照国家有关规定设置明显的放射性标志，其入口处应当按照国家有关安全和防护标准的要求，设置安全和防护设施以及必要的防护安全联锁、报警装置或者工作信号。放射性装置的生产调试和使用场所，应当具有防止误操作、防止工作人员受到意外照射的安全措施。用人单位必须配备与辐射类型和辐射水平相适应的防护用品和监测仪器，包括个人剂量测量报警、固定式和便携式辐射监测、表面污染监测、流出物监测等设备，并保证可能接触放射线的工作人员佩戴个人剂量计。

第十八条 用人单位应当对职业病防护设备、应急救援设施进行经常性的维护、检修和保养，定期检测其性能和效果，确保其处于正常状态，不得擅自拆除或者停止使用。

5.9.3.2 防尘、防毒、防化学伤害措施

本条评价项目的查评依据如下：

【依据1】《工业企业设计卫生标准》（GBZ 1—2010）

6 工作场所基本卫生要求

6.1 防尘、防毒

6.1.1 优先采用先进的生产工艺、技术和无毒（害）或低毒（害）的原材料，消除或减少尘、毒职业性有害因素；对于工艺、技术和原材料达不到要求的，应根据生产工艺和粉尘、毒物特性，参照 GBZ/T 194 的规定设计相应的防尘、防毒通风控制措施，使劳动者活动的工作场所有害物质浓度符合 GBZ 2.1 要求；如预期劳动者接触浓度不符合要求的，应根据实际接触情况，参照 GBZ/T 195、GB/T 19664 的要求同时设计有效的个人防护措施。

6.1.1.1 原材料选择应遵循无毒物质代替有毒物质，低毒物质代替高毒物质的原则。

6.1.1.2 对产生粉尘、毒物的生产过程和设备（含露天作业的工艺设备），应优先采用机械化和自动化，避免直接人工操作。为防止物料跑、冒、滴、漏，其设备和管道应采取有效的密闭措施，密闭形式应根据工艺流程、设备特点、生产工艺、安全要求及便于操作、维修等因素确定，并应结合生产工艺采取通风和净化措施。对移动的扬尘和逸散毒物的作业，应与主体工程同时设计移动式轻便防尘和排毒设备。

6.1.1.3 对于逸散粉尘的生产过程，应对产尘设备采取密闭措施；设置适宜的局部排风除尘设施对尘源进行控制；生产工艺和粉尘性质可采取湿式作业的，应采取湿法抑尘。当湿式作业仍不能满足卫生要求时，应采用其他通风、除尘方式。

6.1.2 产生或可能存在毒物或酸碱等强腐蚀性物质的工作场所应设冲洗设施；高毒物质工作场所墙壁、顶棚和地面等内部结构和表面应采用耐腐蚀、不吸收、不吸附毒物的材料，必要时加设保护层；车间地面应平整防滑，易于冲洗清扫；可能产生积液的地面应做防渗透处理，并采用坡向排水系统，其废水纳入工业废水处理系统。

6.1.3 储存酸、碱及高危液体物质储罐区周围应设置泄险沟（堰）。

6.1.4 工作场所粉尘、毒物的发生源应布置在工作地点的自然通风或进风口的下风侧；放散不同有毒物质的生产过程所涉及的设施布置在同一建筑物内时，使用或产生高毒物质的工作场所应与其他工作场所隔离。

6.1.5 防尘和防毒设施应依据车间自然通风风向、扬尘和逸散毒物的性质、作业点的位置和数量及作业方式等进行设计。经常有人来往的通道（地道、通廊），应有自然通风或机械通风，并不宜敷设有毒液体或有毒气体的管道。

6.1.6 应结合生产工艺和毒物特性，在有可能发生急性职业中毒的工作场所，根据自动报警装置技术发展水平设计自动报警或检测装置。

6.1.7 可能存在或产生有毒物质的工作场所应根据有毒物质的理化特性和危害特点配备现场急救用品，设置冲洗喷淋设备、应急撤离通道、必要的泄险区以及风向标。泄险区应低位设置且有防透水层，泄漏物质和冲洗水应集中纳入工业废水处理系统。

【依据2】《国家电网公司电工制造安全工作规程》（Q/GDW 11370—2015）

9 表面处理作业

9.1 基本要求

9.1.1 作业时，耐酸碱服上衣不得扎在裤子内。

9.1.2 电镀和涂装用危险化学品应设专人保管。

9.1.3 进入作业场所前，应打开作业场所通风装置。

9.2 电镀作业

9.2.1 槽液配制

9.2.1.1 开启易挥发、有毒试剂瓶体时，瓶口禁止对向自己或他人。

9.2.1.2 搬运酸液和向镀槽加酸时，应采用专用小车或抬具。搬运前，应认真检查酸桶，并小心搬运和使用。

9.2.1.3 使用固定管道输送酸液或有毒液体时，应佩戴橡胶手套后再操作阀门；使用软管输送酸液或有毒液体时，禁止管口朝向人体。

9.2.1.4 配制挥发或有毒溶液时，现场应启动专用（局部）通风设施，操作人员应位于上风方向，禁止皮肤破损人员参加配制溶液作业。

9.2.1.5 配制碱液时，操作人员应将碱缓慢加入槽中，禁止一次性整袋倒入。

9.2.1.6 配制酸液时，操作人员应将酸液缓慢注入水中，禁止将水注入酸中或将酸注入热水中。

9.2.1.7 溶液配制完成后，操作人员应及时进行清洗。

9.2.2 氰化电镀

9.2.2.1 禁止皮肤破损人员从事氰化电镀作业。

9.2.2.2 配制镀银、镀铜、浸锌溶液时，现场应有监护人员，并启动专用（局部）通风设施；操作人员应站在上风方向，药品应缓慢加入槽中。

9.2.2.3 氰化物添加完毕后，操作人员应立即将盛装氰化物的容器清洗干净，并按规定进行处置，不得用于其他用途。

9.2.2.4 溶液配制完后，操作人员应立即进行洗漱消毒，同时将作业时所用工具、衣物等清洗干净后妥善存放。

9.2.2.5 镀完的零件下挂前应洗净，零件表面残留水迹应用压缩空气吹干后方可下挂。

9.3 热镀锌作业

9.3.1 码料前应仔细检查工件，若存在漏锌孔、排气孔不合理、不充分等现象，应停止作业。

9.3.2 酸洗作业应采用酸雾吸收装置对产生的酸雾进行处理，并保持良好的通风。

9.3.3 加锌时，应将锌预热后缓慢加入锌锅内。未烘干的工件不得进入锌锅，所有与锌液接触的工具，进入锌液前应进行预热。

9.3.4 出现镀锌机卡工件时，应立即停车，用预热后的铁钩将工件拨出。

9.3.5 镀工件时，操作人员应与工件保持足够的安全距离。

9.3.6 工件在运行中如需调整时，应采用专用工具对工件进行调整，禁止用手接触工件。

9.3.7 向锌锅中加锌土时，应倒在平台上人工添加。

9.3.8 捞渣时，禁止站在锌锅沿上操作，锌渣应慢速倾入无水干燥容器中。

9.3.9 内吹时，禁止打开锌粉除尘箱。内吹除尘器周围不得有明火、水雾。

9.4 涂装作业

9.4.1 溶剂型涂料涂装

9.4.1.1 调配含有铅粉或溶剂挥发浓度较大的油漆时，应戴防毒面具。

9.4.1.2 涂装作业场所附近，不得进行电焊、切割等明火作业。

9.4.1.3 禁止将喷枪嘴对着自己和他人。

9.4.1.4 不得窥视或用手指触摸喷嘴。

9.4.1.5 喷漆室内所有金属制件（送排风管道和输送可燃液体的管道），应具有可靠的接地。

9.4.1.6 调和漆、腻子、硝基漆、乙烯剂等化学配料和汽油等易燃物品，应分开存放，密封保存。

9.4.1.7 溶剂和油漆在生产场所的储存量不得超过当班用量，且应放在阴凉的地方。

9.4.1.8 涂装作业过程中，不得打开涂装间门，并定时测定作业场所内可燃气体浓度。

9.4.1.9 增压箱内的油漆和喷枪所承受的空气压力，应保持稳定不变。

9.4.1.10 多支喷枪同时作业时，应拉开 5m 左右的间距，并按同一方向进行喷涂。

9.4.1.11 未用完的漆料和稀释剂应集中存放在调漆间。

9.4.1.12 停止使用或清扫喷枪时，应切断泵驱动源，放掉压力。

9.4.1.13 禁止用汽油和有机溶剂洗手。

9.4.2 粉末涂装

9.4.2.1 操作人员应定期体检，患有呼吸道疾病的人不得从事喷粉操作。

9.4.2.2 喷粉区外 10m 范围内除了工件外不得有其他易燃物质进入。

9.4.2.3 进入喷粉室的工件表面温度应低于粉气混合物引燃温度的 2/3，或较所用粉末自燃温度低 28℃。

9.4.2.4 通风管道应保持一定风速，同时应有良好接地，防止粉末积聚和产生静电。

9.4.2.5 应定期对喷淋线内部通道进行清理，清理时应保证喷淋线内部照明充足。

9.4.2.6 烘干炉、固化炉、前处理设备周围禁止堆积油漆、稀释剂、柴油等易燃易爆物品。

9.4.2.7 静电喷涂室内禁止明火，非工作人员不得进入喷涂室。

9.4.2.8 喷房内应备有灭火器，但不宜使用易使粉末涂料飞扬或污染的灭火器材。

9.4.2.9 喷粉区地面应采用非燃或难燃的静电导体或亚导体材料铺设，应平整、光滑、无缝隙，凹槽应便于清扫积粉。

9.4.2.10 喷涂前，应先开烘干炉升温预热，并打开喷涂室抽风机。

9.4.2.11 喷粉操作时，应在排风机启动至少 3min 后，方可开启高压静电发生器和喷粉装置。停止作业时，应在停止高压静电发生器和喷粉装置至少 3min 后，再关闭排风机。

9.4.2.12 位于操作人员呼吸带处的空气粉末浓度不得超过 10mg/m³，喷粉室开口面风速应为 0.3～0.6m/s。

9.4.2.13 作业中应注意观察，挂具及工件不得有卡死、摇摆、碰撞和偏位滑落等现象。

9.4.2.14 作业中禁止撞击工件或设备摩擦产生火花。

9.4.2.15 静电喷涂时，操作人员不得随意接近静电喷枪。

9.4.2.16 自动喷涂系统处于运行状态时，除补喷工位持枪者手臂外，人体各部分均不得进入喷室。

9.4.2.17 应及时清除工作场所沉积的粉末，禁止使用高压气管进行吹尘清洁。积粉清理宜采用负压吸入方式。

9.4.2.18 喷粉作业过程中，如循环使用排放废气时，回流到作业区的空气含尘量不得超过 3mg/m³，且回流气体不得含有易燃易爆气体。

9.4.2.19 粉末回收装置和其连接管道应配置能将爆炸压力引向安全位置的泄压装置，其引出管道长度应小于 3m。

9.4.2.20 禁止用易产生静电的材料包装粉末涂料，禁止一次性连续大量投料和强烈抖动，禁止将粉末涂料放置于烘道、取暖设备等易触及热源的场所。

9.4.2.21 出现喷粉室开口断面风速低于最小设计风速、风机故障、回收供粉系统堵塞、高压系统故障、漏粉跑粉等异常状态时，应停止作业，故障排除后方可继续作业。

5.9.3.3 噪声防护

本条评价项目的查评依据如下：

【依据】《工业企业设计卫生标准》（GBZ 1—2010）

6.3.1 防噪声

6.3.1.1 工业企业噪声控制应按 GBJ 87 设计，对生产工艺、操作维修、降噪效果进行综合分析，采用行之有效的新技术、新材料、新工艺、新方法。对于生产过程和设备产生的噪声，应首先从声源上进行控制，使噪声作业劳动者接触噪声声级符合 GBZ 2.2 的要求。采用工程控制技术措施仍达不到 GBZ 2.2 要求的，应根据实际情况合理设计劳动作息时间，并采取适宜的个人防护措施。

6.3.1.2 产生噪声的车间与非噪声作业车间、高噪声车间与低噪声车间应分开布置。

6.3.1.3 工业企业设计中的设备选择，宜选用噪声较低的设备。

6.3.1.4 在满足工艺流程要求的前提下，宜将高噪声设备相对集中，并采取相应的隔声、吸声、消声、减振等控制措施。

6.3.1.5 为减少噪声的传播，宜设置隔声室。隔声室的天棚、墙体、门窗均应符合隔声、吸声的要求。

6.3.1.6 产生噪声的车间，应在控制噪声发生源的基础上，对厂房的建筑设计采取减轻噪声影响的措施，注意增加隔声、吸声措施。

6.3.1.7 非噪声工作地点的噪声声级的设计要求应符合表5的规定设计要求：

表 5　非噪声工作地点噪声声级设计要求

地点名称	噪声声级 dB（A）	工效限值 dB（A）
噪声车间观察（值班）室	≤75	≤55
非噪声车间办公室、会议室	≤60	
主控室、精密加工室	≤70	

5.9.3.4 振动防护

本条评价项目的查评依据如下：

【依据】工业企业设计卫生标准（GBZ 1—2010）

6.3.2 防振动

6.3.2.1 采用新技术、新工艺、新方法避免振动对健康的影响，应首先控制振动源，使手传振动接振强度符合 GBZ 2.2 的要求，全身振动强度不超过表6规定的卫生限值。采用工程控制技术措施仍达不到要求的，应根据实际情况合理设计劳动作息时间，并采取适宜的个人防护措施。

表 6　全身振动强度卫生限值

工作日接触时间 t（h）	卫生限值（m/s²）
$4 < t ≤ 8$	0.62
$2.5 < t ≤ 4$	1.10
$1.0 < t ≤ 2.5$	1.40
$0.5 < t ≤ 1.0$	2.40
$t ≤ 0.5$	3.60

6.3.2.2 工业企业设计中振动设备的选择，宜选用振动较小的设备。

6.3.2.3 产生振动的车间，应在控制振动发生源的基础上，对厂房的建筑设计采取减轻振动影响的措施。对产生强烈振动的车间应采取相应的减振措施，对振幅、功率大的设备应设计减振基础。

6.3.2.4 受振动（1Hz～80Hz）影响的辅助用室（如办公室、会议室、计算机房、电话室、精密仪器室等），其垂直或水平振动强度不应超过表7中规定的设计要求。

表 7　辅助用室垂直或水平振动强度卫生限值

接触时间 t（h）	卫生限值（m/s²）	工效限值（m/s²）
$4 < t ≤ 8$	0.31	0.098
$2.5 < t ≤ 4$	0.53	0.17
$1.0 < t ≤ 2.5$	0.71	0.23
$0.5 < t ≤ 1.0$	1.12	0.37
$t ≤ 0.5$	1.8	0.57

5.9.3.5　高、低温伤害防护

本条评价项目的查评依据如下：

【依据1】防暑降温措施管理办法（安监总安健〔2012〕89号）

第二条　本办法适用于存在高温作业及在高温天气期间安排劳动者作业的企业、事业单位和个体经济组织等用人单位。

第三条　高温作业是指有高气温、或有强烈的热辐射、或伴有高气湿（相对湿度≥80%RH）相结合的异常作业条件、湿球黑球温度指数（WBGT指数）超过规定限值的作业。

高温天气是指地市级以上气象主管部门所属气象台站向公众发布的日最高气温35℃以上的天气。

第六条　用人单位应当根据国家有关规定，合理布局生产现场，改进生产工艺和操作流程，采用良好的隔热、通风、降温措施，保证工作场所符合国家职业卫生标准要求。

第八条　在高温天气期间，用人单位应当按照下列规定，根据生产特点和具体条件，采取合理安排工作时间、轮换作业、适当增加高温工作环境下劳动者的休息时间和减轻劳动强度、减少高温时段室外作业等措施：

（一）用人单位应当根据地市级以上气象主管部门所属气象台当日发布的预报气温，调整作业时间，但因人身财产安全和公众利益需要紧急处理的除外：

1. 日最高气温达到40℃以上，应当停止当日室外露天作业；

2. 日最高气温达到37℃以上、40℃以下时，用人单位全天安排劳动者室外露天作业时间累计不得超过6小时，连续作业时间不得超过国家规定，且在气温最高时段3小时内不得安排室外露天作业；

3. 日最高气温达到35℃以上、37℃以下时，用人单位应当采取换班轮休等方式，缩短劳动者连续作业时间，并且不得安排室外露天作业劳动者加班。

（二）在高温天气来临之前，用人单位应当对高温天气作业的劳动者进行健康检查，对患有心、肺、脑血管性疾病、肺结核、中枢神经系统疾病及其他身体状况不适合高温作业环境的劳动者，应当调整作业岗位。职业健康检查费用由用人单位承担。

（三）用人单位不得安排怀孕女职工和未成年工在35℃以上的高温天气期间从事室外露天作业及温度在33℃以上的工作场所作业。

（四）因高温天气停止工作、缩短工作时间的，用人单位不得扣除或降低劳动者工资。

第九条　用人单位应当向劳动者提供符合要求的个人防护用品，并督促和指导劳动者正确使用。

第十条　用人单位应当对劳动者进行上岗前职业卫生培训和在岗期间的定期职业卫生培训，普及高温防护、中暑急救等职业卫生知识。

第十一条　用人单位应当为高温作业、高温天气作业的劳动者供给足够的、符合卫生标准的防暑降温饮料及必需的药品。

不得以发放钱物替代提供防暑降温饮料。防暑降温饮料不得充抵高温津贴。

第十二条　用人单位应当在高温工作环境设立休息场所。休息场所应当设有座椅，保持通风良好或者配有空调等防暑降温设施。

第十七条　劳动者从事高温作业的，依法享受岗位津贴。

用人单位安排劳动者在35℃以上高温天气从事室外露天作业以及不能采取有效措施将工作场所温度降低到33℃以下的，应当向劳动者发放高温津贴，并纳入工资总额。高温津贴标准由省级人力资源社会保障行政部门会同有关部门制定，并根据社会经济发展状况适时调整。

【依据2】工业企业设计卫生标准（GBZ 1—2010）

6.2　防暑、防寒

6.2.1　防暑

6.2.1.1　应优先采用先进的生产工艺、技术和原材料，工艺流程的设计宜使操作人员远离热源，

同时根据其具体条件采取必要的隔热、通风、降温等措施，消除高温职业危害。

6.2.1.2　对于工艺、技术和原材料达不到要求的，应根据生产工艺、技术、原材料特性以及自然条件，通过采取工程控制措施和必要的组织措施，如减少生产过程中的热和水蒸气释放，屏蔽热辐射源，加强通风，减少劳动时间，改善作业方式等，使室内和露天作业地点 WBGT 指数符合 GBZ 2.2 的要求。对于劳动者室内和露天作业 WBGT 指数不符合标准要求的，应根据实际接触情况采取有效的个人防护措施。

6.2.1.4　高温作业厂房宜设有避风的天窗，天窗和侧窗宜便于开关和清扫。

6.2.1.6　以自然通风为主的高温作业厂房应有足够的进、排风面积。产生大量热、湿气、有害气体的单层厂房的附属建筑物占用该厂房外墙的长度不得超过外墙全长的 30%，且不宜设在厂房的迎风面。

6.2.1.7　产生大量热或逸出有害物质的车间，在平面布置上应以其最长边作为外墙。若四周均为内墙时，应采取向室内送入清洁空气的措施。

6.2.1.8　热源应尽量布置在车间外面；采用热压为主的自然通风时，热源应尽量布置在天窗的下方；采用穿堂风为主的自然通风时，热源应尽量布置在夏季主导风向的下风侧；热源布置应便于采用各种有效的隔热及降温措施。

6.2.1.10　高温、强热辐射作业，应根据工艺、供水和室内微小气候等条件采用有效的隔热措施，如水幕、隔热水箱或隔热屏等。工作人员经常停留或靠近的高温地面或高温壁板，其表面平均温度不应＞40℃，瞬间最高温度也不宜＞60℃。

6.2.1.11　当高温作业时间较长，工作地点的热环境参数达不到卫生要求时，应采取降温措施。

6.2.1.13　高温作业车间应设有工间休息室。休息室应远离热源，采取通风、降温、隔热等措施，使温度≤30℃；设有空气调节的休息室内气温应保持在 24℃～28℃。对于可以脱离高温作业点的，可设观察（休息）室。

6.2.1.14　特殊高温作业，如高温车间桥式起重机驾驶室、车间内的监控室、操作室、炼焦车间拦焦车驾驶室等应有良好的隔热措施，热辐射强度应＜700W/m²，室内气温不应＞28℃。

6.2.1.15　当作业地点日最高气温≥35℃时，应采取局部降温和综合防暑措施，并应减少高温作业时间。

6.2.2　防寒

6.2.2.1　凡近十年每年最冷月平均气温≤8℃的月数≥3 个月的地区应设集中采暖设施，＜2 个月的地区应设局部采暖设施。当工作地点不固定，需要持续低温作业时，应在工作场所附近设置取暖室。

6.2.2.4　工业建筑采暖的设置、采暖方式的选择应按照 GB 50019，根据建筑物规模、所在地区气象条件、能源状况、能源及环保政策等要求，采用技术可行、经济合理的原则确定。

6.2.2.5　冬季采暖室外计算温度≤–20℃的地区，为防止车间大门长时间或频繁开放而受冷空气的侵袭，应根据具体情况设置门斗、外室或热空气幕。

6.2.2.6　设计热风采暖时，应防止强烈气流直接对人产生不良影响，送风的最高温度不得超过 70℃，送风宜避免直接面向人，室内气流一般应为 0.1m/s～0.3m/s。

5.9.3.6　辐射伤害防护

本条评价项目的查评依据如下：

【依据】《放射性同位素与射线装置安全和防护条例》（中华人民共和国国务院令第 449 号）

第一条　为了加强对放射性同位素、射线装置安全和防护的监督管理，促进放射性同位素、射线装置的安全应用，保障人体健康，保护环境，制定本条例。

第二条　在中华人民共和国境内生产、销售、使用放射性同位素和射线装置，以及转让、进出口放射性同位素的，应当遵守本条例。

本条例所称放射性同位素包括放射源和非密封放射性物质。

第三条　国务院环境保护主管部门对全国放射性同位素、射线装置的安全和防护工作实施统一监督管理。

国务院公安、卫生等部门按照职责分工和本条例的规定，对有关放射性同位素、射线装置的安全和防护工作实施监督管理。

县级以上地方人民政府环境保护主管部门和其他有关部门，按照职责分工和本条例的规定，对本行政区域内放射性同位素、射线装置的安全和防护工作实施监督管理。

第四条　国家对放射源和射线装置实行分类管理。根据放射源、射线装置对人体健康和环境的潜在危害程度，从高到低将放射源分为Ⅰ类、Ⅱ类、Ⅲ类、Ⅳ类、Ⅴ类，具体分类办法由国务院环境保护主管部门制定；将射线装置分为Ⅰ类、Ⅱ类、Ⅲ类，具体分类办法由国务院环境保护主管部门商国务院卫生主管部门制定。

第七条　生产、销售、使用放射性同位素和射线装置的单位申请领取许可证，应当具备下列条件：

（一）有与所从事的生产、销售、使用活动规模相适应的，具备相应专业知识和防护知识及健康条件的专业技术人员；

（二）有符合国家环境保护标准、职业卫生标准和安全防护要求的场所、设施和设备；

（三）有专门的安全和防护管理机构或者专职、兼职安全和防护管理人员，并配备必要的防护用品和监测仪器；

（四）有健全的安全和防护管理规章制度、辐射事故应急措施；

（五）产生放射性废气、废液、固体废物的，具有确保放射性废气、废液、固体废物达标排放的处理能力或者可行的处理方案。

第二十二条　生产放射性同位素的单位，应当建立放射性同位素产品台账，并按照国务院环境保护主管部门制定的编码规则，对生产的放射源统一编码。放射性同位素产品台账和放射源编码清单应当报国务院环境保护主管部门备案。

生产的放射源应当有明确标号和必要说明文件。其中，Ⅰ类、Ⅱ类、Ⅲ类放射源的标号应当刻制在放射源本体或者密封包壳体上，Ⅳ类、Ⅴ类放射源的标号应当记录在相应说明文件中。

国务院环境保护主管部门负责建立放射性同位素备案信息管理系统，与有关部门实行信息共享。

第二十九条　生产、销售、使用放射性同位素和射线装置的单位，应当严格按照国家关于个人剂量监测和健康管理的规定，对直接从事生产、销售、使用活动的工作人员进行个人剂量监测和职业健康检查，建立个人剂量档案和职业健康监护档案。

第三十四条　生产、销售、使用、贮存放射性同位素和射线装置的场所，应当按照国家有关规定设置明显的放射性标志，其入口处应当按照国家有关安全和防护标准的要求，设置安全和防护设施以及必要的防护安全联锁、报警装置或者工作信号。射线装置的生产调试和使用场所，应当具有防止误操作、防止工作人员和公众受到意外照射的安全措施。

放射性同位素的包装容器、含放射性同位素的设备和射线装置，应当设置明显的放射性标识和中文警示说明；放射源上能够设置放射性标识的，应当一并设置。运输放射性同位素和含放射源的射线装置的工具，应当按照国家有关规定设置明显的放射性标志或者显示危险信号。

第三十五条　放射性同位素应当单独存放，不得与易燃、易爆、腐蚀性物品等一起存放，并指定专人负责保管。贮存、领取、使用、归还放射性同位素时，应当进行登记、检查，做到账物相符。对放射性同位素贮存场所应当采取防火、防水、防盗、防丢失、防破坏、防射线泄漏的安全措施。

对放射源还应当根据其潜在危害的大小，建立相应的多层防护和安全措施，并对可移动的放射源定期进行盘存，确保其处于指定位置，具有可靠的安全保障。

第三十六条　在室外、野外使用放射性同位素和射线装置的，应当按照国家安全和防护标准的要求划出安全防护区域，设置明显的放射性标志，必要时设专人警戒。

在野外进行放射性同位素示踪试验的，应当经省级以上人民政府环境保护主管部门商同级有关部门批准方可进行。

5.9.4 职业健康监护

5.9.4.1 监护制度和档案管理

本条评价项目的查评依据如下：

【依据】《用人单位职业健康监护监督管理办法》（国家安全生产监督管理总局令第 49 号）

第二条 用人单位从事接触职业病危害作业的劳动者（以下简称劳动者）的职业健康监护和安全生产监督管理部门对其实施监督管理，适用本办法。

第三条 本办法所称职业健康监护，是指劳动者上岗前、在岗期间、离岗时、应急的职业健康检查和职业健康监护档案管理。

第四条 用人单位应当建立、健全劳动者职业健康监护制度，依法落实职业健康监护工作。

第七条 用人单位是职业健康监护工作的责任主体，其主要负责人对本单位职业健康监护工作全面负责。

用人单位应当依照本办法以及《职业健康监护技术规范》（GBZ 188）、《放射工作人员职业健康监护技术规范》（GBZ 235）等国家职业卫生标准的要求，制定、落实本单位职业健康检查年度计划，并保证所需要的专项经费。

第八条 用人单位应当组织劳动者进行职业健康检查，并承担职业健康检查费用。

劳动者接受职业健康检查应当视同正常出勤。

第九条 用人单位应当选择由省级以上人民政府卫生行政部门批准的医疗卫生机构承担职业健康检查工作，并确保参加职业健康检查的劳动者身份的真实性。

第十六条 用人单位应当及时将职业健康检查结果及职业健康检查机构的建议以书面形式如实告知劳动者。

第十七条 用人单位应当根据职业健康检查报告，采取下列措施：

（一）对有职业禁忌的劳动者，调离或者暂时脱离原工作岗位；

（二）对健康损害可能与所从事的职业相关的劳动者，进行妥善安置；

（三）对需要复查的劳动者，按照职业健康检查机构要求的时间安排复查和医学观察；

（四）对疑似职业病病人，按照职业健康检查机构的建议安排其进行医学观察或者职业病诊断；

（五）对存在职业病危害的岗位，立即改善劳动条件，完善职业病防护设施，为劳动者配备符合国家标准的职业病危害防护用品。

第十八条 职业健康监护中出现新发生职业病（职业中毒）或者两例以上疑似职业病（职业中毒）的，用人单位应当及时向所在地安全生产监督管理部门报告。

第十九条 用人单位应当为劳动者个人建立职业健康监护档案，并按照有关规定妥善保存。职业健康监护档案包括下列内容：

（一）劳动者姓名、性别、年龄、籍贯、婚姻、文化程度、嗜好等情况；

（二）劳动者职业史、既往病史和职业病危害接触史；

（三）历次职业健康检查结果及处理情况；

（四）职业病诊疗资料；

（五）需要存入职业健康监护档案的其他有关资料。

第二十条 安全生产行政执法人员、劳动者或者其近亲属、劳动者委托的代理人有权查阅、复印劳动者的职业健康监护档案。

劳动者离开用人单位时，有权索取本人职业健康监护档案复印件，用人单位应当如实、无偿提供，并在所提供的复印件上签章。

5.9.4.2 作业人员职业健康监护

本条评价项目的查评依据如下：

【依据】《职业健康监护技术规范》（GBZ 188—2014）

4.6 职业健康监护的种类和周期

4.6.1 职业健康检查的种类

职业健康检查分为上岗前职业健康检查、在岗期间职业健康检查和离岗时职业健康检查。

4.6.1.1 上岗前职业健康检查

上岗前职业健康检查的主要目的是发现有无职业禁忌证，建立接触职业病危害因素人员的基础健康档案。上岗前健康检查均为强制性职业健康检查，应在开始从事有害作业前完成。下列人员应进行上岗前健康检查：

（1）拟从事接触职业病危害因素作业的新录用人员，包括转岗到该种作业岗位的人员。

（2）拟从事有特殊健康要求作业的人员，如高处作业、电工作业、职业机动车驾驶作业等。

4.6.1.2 在岗期间职业健康检查

长期从事规定的需要开展健康监护的职业病危害因素作业的劳动者，应进行在岗期间的定期健康检查。定期健康检查的目的主要是早期发现职业病病人或疑似职业病病人或劳动者的其他健康异常改变；及时发现有职业禁忌证的劳动者；通过动态观察劳动者群体健康变化，评价工作场所职业病危害因素的控制效果。定期健康检查的周期根据不同职业病危害因素的性质、工作场所有害因素的浓度或强度、目标疾病的潜伏期和防护措施等因素决定。

4.6.1.3 离岗时职业健康检查

劳动者在准备调离或脱离所从事的职业病危害的作业或岗位前，应进行离岗时健康检查；主要目的是确定其在停止接触职业病危害因素时的健康状况。

如最后一次在岗期间的健康检查是在离岗前的90日内，可视为离岗时检查。

4.6.2 离岗后健康检查

下列情况劳动者需进行离岗后的健康检查

（a）劳动者接触的职业病危害因素具有慢性健康影响，所致职业病或职业肿瘤常有较长的潜伏期，故脱离接触后仍有可能发生职业病。

（b）离岗后健康检查时间的长短应根据有害因素致病的流行病学及临床特点、劳动者从事该作业的时间长短、工作场所有害因素的浓度等因素综合考虑确定。

4.6.3 应急健康检查

（a）当发生急性职业病危害事故时，根据事故处理的要求，对遭受或者可能遭受急性职业病危害的劳动者，应及时组织健康检查。依据检查结果和现场劳动卫生学调查，确定危害因素，为急救和治疗提供依据，控制职业病危害的继续蔓延和发展。应急健康检查应在事故发生后立即开始。

（b）从事可能产生职业性传染病作业的劳动者，在疫情流行期或近期密切接触传染源者，应及时开展应急健康检查，随时监测疫情动态。

5.9.4.3 特种设备作业人员和特种作业人员健康体检和职业禁忌症管理

本条评价项目的查评依据如下：

【依据】《职业健康监护技术规范》（GBZ 188—2014）

9.1 电工作业

9.1.1 上岗前职业健康检查

9.1.1.1 目标疾病

职业禁忌证：

a）癫痫；

b）晕厥（近一年内有晕厥发作史）；

c）2级及以上高血压（未控制）；

d）红绿色盲；

e）器质性心脏病或各种心律失常；

f）四肢关节运动功能障碍。

9.1.1.2 检查内容

a) 症状询问：重点询问高血压、心脏病及家族中有无精神病史等；近一年内有无晕厥发作史。

b) 体格检查：

1) 内科常规检查：重点检查血压、心脏；

2) 神经系统常规检查及共济运动检查；

3) 眼科常规检查及色觉；

4) 外科检查：注意四肢关节的运动与灵活程度，特别是手部各关节的运动和灵活程度；

5) 耳科常规检查及前庭功能检查（有病史或临床表现者）。

c) 实验室和其他检查：

1) 必检项目：血常规、尿常规、心电图、血清 ALT；

2) 选检项目：脑电图（有晕厥史者）、动态心电图、心脏超声检查。

9.1.2 在岗期间职业健康检查

9.1.2.1 目标疾病：同 9.1.1.1（电工属危险性作业，在岗期间定期健康检查的目的是随时发现可能发生的职业禁忌证，保证作业安全）。

9.1.2.2 检查内容：同 9.1.1.2。

9.1.2.3 健康检查周期：2 年。

9.2 高处作业

9.2.1 上岗前职业健康检查

9.2.1.1 目标疾病

职业禁忌证：

a) 未控制的高血压；

b) 恐高症；

c) 癫痫；

d) 晕厥、眩晕症；

e) 器质性心脏病或各种心律失常；

f) 四肢骨关节及运动功能障碍。

9.2.1.2 检查内容

a) 症状询问：重点询问有无恐高症、高血压、心脏病及精神病家庭史等；癫痫、晕厥、眩晕症病史及发作情况。

b) 体格检查：

1) 内科常规检查：重点检查血压、心脏、三颤；

2) 耳科常规检查及前庭功能检查（有病史或临床表现者）；

3) 外科检查：主要检查四肢骨关节及运动功能。

c) 实验室和其他检查：

1) 必检项目：血常规、尿常规、心电图、血清 ALT；

2) 选检项目：脑电图（有眩晕或晕厥史者）、动态心电图、心脏超声检查。

9.2.2 在岗期间职业健康检查

9.2.2.1 目标疾病：同 9.2..1.1（高处作业属危险性作业，在岗期间定期健康检查的目的是随时发现可能发生的职业禁忌证，保证作业安全）。

9.2.2.2 检查内容：同 9.2.1.2。

9.2.2.3 健康检查周期：1 年。

9.3 压力容器作业

9.3.1 上岗前职业健康检查

9.3.1.1 目标疾病

职业禁忌证：

a）红绿色盲；

b）2级及以上高血压（未控制）；

c）癫痫；

d）晕厥、眩晕症；

e）双耳语言频段平均听力损失＞25dB；

f）器质性心脏病或心律失常。

9.3.1.2　检查内容

a）症状询问：重点询问有无耳鸣、耳聋、中耳及内耳疾病史，近一年内有无眩晕、晕厥发作史。

b）体格检查：

1）内科常规检查；

2）耳科常规检查；

3）眼科常规检查及色觉。

c）实验室和其他检查：

1）必检项目：血常规、尿常规、心电图、血清ALT、纯音听阈检查；

2）选检项目：脑电图（有眩晕或晕厥史者）、动态心电图、心脏超声检查。

9.3.2　在岗期间职业健康检查

9.3.2.1　目标疾病。

职业禁忌证：除红绿色盲外，其余同9.3.1.1（压力容器作业属危险性作业，在岗期间定期健康检查的目的是随时发现可能发生的职业禁忌证，保证作业安全）。

9.3.2.2　检查内容：同9.3.1.2。

9.3.2.3　健康检查周期：2年。

9.6　职业机动车驾驶作业

9.6.1　职业机动车驾驶员分类

本标准按驾驶车辆和驾驶证，将职业驾驶员分为大型机动车驾驶员和小型机动车驾驶员：以驾驶A1、A2、A3、B1、B2、N、P准驾车型的驾驶员为大型机动车驾驶员；以驾驶C准驾车型的驾驶员及其他准驾车型的驾驶员为小型机动车驾驶员。

9.6.2　上岗前职业健康检查

9.6.2.1　目标疾病

职业禁忌证：

a）身高：大型机动车驾驶员＜155cm，小型机动车驾驶员＜150cm；

b）远视力（对数视力表）：大型机动车驾驶员：两裸眼＜4.0，并＜5.0（矫正）；小型机动车驾驶员：两裸眼＜4.0，并＜4.9（矫正）；

c）红绿色盲；

d）听力：双耳平均听阈＞30dB（语频纯音气导）；

e）血压：大型机动车驾驶员：收缩压≥18.7kPa（≥140mmHg）和舒张压≥12kPa（≥90mmHg）；小型机动车驾驶员：2级及以上高血压（未控制）；

f）深视力：＜-22mm或＞+22mm；

g）暗适应：＞30s；

h）复视、立体盲、严重视野缺损；

i）器质性心脏病；

j）癫痫；

k）梅尼埃病；

l）眩晕症；

m）癔病；

n）震颤麻痹；

o）各类精神障碍疾病；

p）痴呆；

q）影响肢体活动的神经系统疾病；

r）吸食、注射毒品、长期服用依赖性精神药品成瘾尚未戒除者。

9.6.2.2　检查内容

a）症状询问：重点询问 9.6.2.1 中各种职业禁忌证的病史、是否有吸食、注射毒品、长期服用依赖性精神药品史和治疗情况。

b）体格检查：

1）内科常规检查；

2）外科检查：重点检查身高、体重、头、颈、四肢躯干、肌肉、骨骼；

3）眼科常规检查及深视力、视野、暗适应、辨色力检查；

4）耳科常规检查。

c）实验室和其他检查：

1）必检项目：血常规、尿常规、心电图、纯音听阈测试；

2）选检项目：复杂反应、速度估计、动视力。

9.6.3　在岗期间健康检查

9.6.3.1　目标疾病

职业禁忌证：

a）远视力（对数视力表）：大型机动车驾驶员：两裸眼＜4.0，并＜5.0（矫正）；小型机动车驾驶员：两裸眼＜4.0，并＜4.9（矫正）；

b）听力：双耳平均听阈＞30dB（纯音气导）；

c）血压：大型机动车驾驶员：收缩压≥18.7kPa（≥140mmHg）和舒张压≥12kPa（≥90mmHg）；小型机动车驾驶员：2 级及以上高血压（未控制）；

d）红绿色盲；

e）器质性心脏病；

f）癫痫；

g）震颤麻痹；

h）癔病；

i）吸食、注射毒品、长期服用依赖性精神药品成瘾尚未戒除者。

9.6.3.2　检查内容：同 9.6.2.2。

9.6.3.3　健康检查周期

a）大型车及营运性职业驾驶员：1 年；

b）小型车及非营运性职业驾驶员：2 年。

5.9.5　劳动防护用品

5.9.5.1　管理制度

本条评价项目的查评依据如下：

【依据】《劳动防护用品监督管理规定》（国家安全生产监督管理总局令第 1 号）

第十四条　生产经营单位应当按照《劳动防护用品选用规则》（GB/T 11651）和国家颁发的劳动防护用品配备标准以及有关规定，为从业人员配备劳动防护用品。

第十六条　生产经营单位为从业人员提供的劳动防护用品，必须符合国家标准或者行业标准，不得超过使用期限。

生产经营单位应当督促、教育从业人员正确佩戴和使用劳动防护用品。

第十七条　生产经营单位应当建立健全劳动防护用品的采购、验收、保管、发放、使用、报废等管理制度。

5.9.5.2　采购和发放

本条评价项目的查评依据如下：

【依据】《劳动防护用品监督管理规定》（国家安全生产监督管理总局令第1号）

第十八条　生产经营单位不得采购和使用无安全标志的特种劳动防护用品；购买的特种劳动防护用品须经本单位的安全生产技术部门或者管理人员检查验收。

第十九条　从业人员在作业过程中，必须按照安全生产规章制度和劳动防护用品使用规则，正确佩戴和使用劳动防护用品；未按规定佩戴和使用劳动防护用品的，不得上岗作业。

5.9.5.3　急救药品和设施管理

本条评价项目的查评依据如下：

【依据】《劳动防护用品监督管理规定》（国家安全生产监督管理总局令第1号）

企业医务室或医院应配置现场急救药品和急救设施，急救用品应包括急救包扎物品、灼伤外用药品其相关急救药品，并宜有呼吸器、担架等。

无医务室的，应在有高温、灼伤、机械伤害、高处坠落、中毒等危险的部位或部门配置急救箱，放置相关急救用品，现场张贴或保存急救中心或周边医院急救电话。

企业应对现场急救用品、设施和防护用品进行经常性的检维修，定期检测其性能，确保处于正常状态。

5.9.6　工伤管理

本条评价项目的查评依据如下：

【依据】《工伤保险条例》（中华人民共和国国务院令第375号）

第三条　工伤保险费的征缴按照《社会保险费征缴暂行条例》关于基本养老保险费、基本医疗保险费、失业保险费的征缴规定执行。

第四条　用人单位应当将参加工伤保险的有关情况在本单位内公示。

用人单位和职工应当遵守有关安全生产和职业病防治的法律法规，执行安全卫生规程和标准，预防工伤事故发生，避免和减少职业病危害。

职工发生工伤时，用人单位应当采取措施使工伤职工得到及时救治。

第十条　用人单位应当按时缴纳工伤保险费。职工个人不缴纳工伤保险费。

用人单位缴纳工伤保险费的数额为本单位职工工资总额乘以单位缴费费率之积。

第十四条　职工有下列情形之一的，应当认定为工伤：

（一）在工作时间和工作场所内，因工作原因受到事故伤害的；

（二）工作时间前后在工作场所内，从事与工作有关的预备性或者收尾性工作受到事故伤害的；

（三）在工作时间和工作场所内，因履行工作职责受到暴力等意外伤害的；

（四）患职业病的；

（五）因工外出期间，由于工作原因受到伤害或者发生事故下落不明的；

（六）在上下班途中，受到机动车事故伤害的；

（七）法律、行政法规规定应当认定为工伤的其他情形。

第十五条　职工有下列情形之一的，视同工伤：

（一）在工作时间和工作岗位，突发疾病死亡或者在48小时之内经抢救无效死亡的；

（二）在抢险救灾等维护国家利益、公共利益活动中受到伤害的；

（三）职工原在军队服役，因战、因公负伤致残，已取得革命伤残军人证，到用人单位后旧伤复发的。

职工有前款第（一）项、第（二）项情形的，按照本条例的有关规定享受工伤保险待遇；职工有前款第（三）项情形的，按照本条例的有关规定享受除一次性伤残补助金以外的工伤保险待遇。

第十六条　职工有下列情形之一的，不得认定为工伤或者视同工伤：

（一）因犯罪或者违反治安管理伤亡的；

（二）醉酒导致伤亡的；

（三）自残或者自杀的。

第十七条　职工发生事故伤害或者按照职业病防治法规定被诊断、鉴定为职业病，所在单位应当自事故伤害发生之日或者被诊断、鉴定为职业病之日起 30 日内，向统筹地区劳动保障行政部门提出工伤认定申请。遇有特殊情况，经报劳动保障行政部门同意，申请时限可以适当延长。

用人单位未按前款规定提出工伤认定申请的，工伤职工或者其直系亲属、工会组织在事故伤害发生之日或者被诊断、鉴定为职业病之日起 1 年内，可以直接向用人单位所在地统筹地区劳动保障行政部门提出工伤认定申请。

按照本条第一款规定应当由省级劳动保障行政部门进行工伤认定的事项，根据属地原则由用人单位所在地的设区的市级劳动保障行政部门办理。

用人单位未在本条第一款规定的时限内提交工伤认定申请，在此期间发生符合本条例规定的工伤待遇等有关费用由该用人单位负担。

第十八条　提出工伤认定申请应当提交下列材料：

（一）工伤认定申请表；

（二）与用人单位存在劳动关系（包括事实劳动关系）的证明材料；

（三）医疗诊断证明或者职业病诊断证明书（或者职业病诊断鉴定书）。

工伤认定申请表应当包括事故发生的时间、地点、原因以及职工伤害程度等基本情况。

工伤认定申请人提供材料不完整的，劳动保障行政部门应当一次性书面告知工伤认定申请人需要补正的全部材料。申请人按照书面告知要求补正材料后，劳动保障行政部门应当受理。

5.9.7　职业病管理

本条评价项目的查评依据如下：

【依据 1】《中华人民共和国职业病防治法》（中华人民共和国主席令 2011 年第 52 号）

第二十一条　用人单位应当采取下列职业病防治管理措施：

（一）设置或者指定职业卫生管理机构或者组织，配备专职或者兼职的职业卫生管理人员，负责本单位的职业病防治工作；

（二）制定职业病防治计划和实施方案；

（三）建立、健全职业卫生管理制度和操作规程；

（四）建立、健全职业卫生档案和劳动者健康监护档案；

（五）建立、健全工作场所职业病危害因素监测及评价制度；

（六）建立、健全职业病危害事故应急救援预案。

第三十六条　对从事接触职业病危害的作业的劳动者，用人单位应当按照国务院安全生产监督管理部门、卫生行政部门的规定组织上岗前、在岗期间和离岗时的职业健康检查，并将检查结果书面告知劳动者。职业健康检查费用由用人单位承担。

第三十七条　用人单位应当为劳动者建立职业健康监护档案，并按照规定的期限妥善保存。

职业健康监护档案应当包括劳动者的职业史、职业病危害接触史、职业健康检查结果和职业病诊疗等有关个人健康资料。

劳动者离开用人单位时，有权索取本人职业健康监护档案复印件，用人单位应当如实、无偿提供，并在所提供的复印件上签章。

第四十八条　用人单位应当如实提供职业病诊断、鉴定所需的劳动者职业史和职业病危害接触史、工作场所职业病危害因素检测结果等资料；安全生产监督管理部门应当监督检查和督促用人单位提供上述资料；劳动者和有关机构也应当提供与职业病诊断、鉴定有关的资料。

职业病诊断、鉴定机构需要了解工作场所职业病危害因素情况时，可以对工作场所进行现场调查，也可以向安全生产监督管理部门提出，安全生产监督管理部门应当在十日内组织现场调查。用人单位不得拒绝、阻挠。

第五十一条　用人单位和医疗卫生机构发现职业病病人或者疑似职业病病人时，应当及时向所在地卫生行政部门和安全生产监督管理部门报告。确诊为职业病的，用人单位还应当向所在地劳动保障行政部门报告。接到报告的部门应当依法作出处理。

第五十七条　用人单位应当保障职业病病人依法享受国家规定的职业病待遇。

用人单位应当按照国家有关规定，安排职业病病人进行治疗、康复和定期检查。

用人单位对不适宜继续从事原工作的职业病病人，应当调离原岗位，并妥善安置。

【依据2】《工作场所职业卫生监督管理规定》（国家安全生产监督管理总局令第47号）

第八条　职业病危害严重的用人单位，应当设置或者指定职业卫生管理机构或者组织，配备专职职业卫生管理人员。

其他存在职业病危害的用人单位，劳动者超过100人的，应当设置或者指定职业卫生管理机构或者组织，配备专职职业卫生管理人员；劳动者在100人以下的，应当配备专职或者兼职的职业卫生管理人员，负责本单位的职业病防治工作。

第九条　用人单位的主要负责人和职业卫生管理人员应当具备与本单位所从事的生产经营活动相适应的职业卫生知识和管理能力，并接受职业卫生培训。

用人单位主要负责人、职业卫生管理人员的职业卫生培训，应当包括下列主要内容：

（一）职业卫生相关法律、法规、规章和国家职业卫生标准；

（二）职业病危害预防和控制的基本知识；

（三）职业卫生管理相关知识；

（四）国家安全生产监督管理总局规定的其他内容。

第三十二条　劳动者健康出现损害需要进行职业病诊断、鉴定的，用人单位应当如实提供职业病诊断、鉴定所需的劳动者职业史和职业病危害接触史、工作场所职业病危害因素检测结果和放射工作人员个人剂量监测结果等资料。

第三十三条　用人单位不得安排未成年工从事接触职业病危害的作业，不得安排有职业禁忌的劳动者从事其所禁忌的作业，不得安排孕期、哺乳期女职工从事对本人和胎儿、婴儿有危害的作业。

第三十六条　用人单位发现职业病病人或者疑似职业病病人时，应当按照国家规定及时向所在地安全生产监督管理部门和有关部门报告。

5.10　应急管理
5.10.1　应急组织体系
5.10.1.1　领导小组
本条评价项目的查评依据如下：

【依据1】《企业安全生产标准化基本规范》（AQ/T 9006—2010）

5.11.1　应急机构和队伍

企业应按规定建立安全生产应急管理机构或指定专人负责安全生产应急管理工作。

企业应建立与本单位安全生产特点相适应的专兼职应急救援队伍，或指定专兼职应急救援人员，并组织训练；无需建立应急救援队伍的，可与附近具备专业资质的应急救援队伍签订服务协议。

【依据2】《国家电网公司应急管理工作规定》（国家电网企管〔2014〕1467号）

第六条　公司建立由各级应急领导小组及其办事机构组成的，自上而下的应急领导体系；由安质部归口管理、各职能部门分工负责的应急管理体系；根据突发事件类别和影响程度，成立专项事件应急处置领导机构（临时机构）。形成领导小组决策指挥、办事机构牵头组织、有关部门分工落实、党政工团协助配合、企业上下全员参与的应急组织体系，实现应急管理工作的常态化。

第七条　公司应急领导小组全面领导应急工作。组长由董事长担任，或董事长委托一位公司领导担任，副组长由其他公司领导担任，成员由助理、总师，部门、分部主要负责人，相关单位主要负责人组成。

第八条　公司应急领导小组根据突发事件处置需要，决定是否成立专项事件应急处置领导机构，或授权相关分部，领导、协调，组织、指导突发事件处置工作。

5.10.1.2　应急办公室

本条评价项目的查评依据如下：

【依据1】《企业安全生产标准化基本规范》（AQ/T 9006—2010）

应急领导小组下设安全生产应急办公室和社会维稳应急办公室。安全生产应急办公室设在安全生产监督管理部门，负责安全生产应急管理工作的归口管理；社会维稳应急办公室设在综合管理办公室，负责社会维稳应急管理工作的归口管理。相关职能部门按照"谁主管，谁负责"原则，负责各自管理范围内的应急工作。

【依据2】《国家电网公司应急管理工作规定》（国家电网企管〔2014〕1467号）

第九条　公司应急领导小组下设安全应急办公室和稳定应急办公室（两个应急办公室以下均简称"应急办"）作为办事机构。安全应急办设在国网安质部，负责自然灾害、事故灾难类突发事件，以及社会安全类突发事件造成的公司所属设施损坏、人员伤亡事件的有关工作。稳定应急办设在国网办公厅，负责公共卫生、社会安全类突发事件的有关工作。

第十条　国网安质部是公司应急管理归口部门，负责日常应急管理、应急体系建设与运维、突发事件预警与应对处置的协调或组织指挥、与政府相关部门的沟通汇报等工作。

第十一条　各职能部门按照"谁主管、谁负责"原则，贯彻落实公司应急领导小组有关决定事项，负责管理范围内的应急体系建设与运维、相关突发事件预警与应对处置的组织指挥、与政府专业部门的沟通协调等工作。

第十二条　各分部参照总部成立应急领导小组、安全应急办公室和稳定应急办公室，明确应急管理归口部门，视需要临时成立相关事件应急处置指挥机构，形成健全的应急组织体系，按照总、分部一体化要求，常态开展应急管理工作。

第十三条　各省（自治区、直辖市）电力公司、直属单位（以下简称"公司各单位"）行政正职是本单位应急工作第一责任人，对应急工作负全面的领导责任。其他分管领导协助行政正职开展工作，是分管范围内应急工作的第一责任人，对分管范围内应急工作负领导责任，向行政正职负责。

第十四条　公司各单位相应成立应急领导小组。组长由本单位行政正职担任。领导小组成员名单及常用通信联系方式上报公司应急领导小组备案。

第十五条　公司各单位应急领导小组主要职责：贯彻落实国家应急管理法律法规、方针政策及标准体系；贯彻落实公司及地方政府和有关部门应急管理规章制度；接受上级应急领导小组和地方政府应急指挥机构的领导；研究本企业重大应急决策和部署；研究建立和完善本企业应急体系；统一领导和指挥本企业应急处置实施工作。

第十六条　公司各单位应急领导小组下设安全应急办公室和稳定应急办公室。安全应急办公室设在安质部，稳定应急办公室设在办公室（或综合管理部门），工作职责同第九条规定的公司安全应急办公室和稳定应急办公室的职责。

第十七条　公司各单位安质部及其他职能部门应急工作职责分工，同第十条国网安质部、第十一条国网各职能部门职责。

第十八条　公司各单位根据突发事件处置需要，临时成立专项事件应急处置指挥机构，组织、协调、指挥应急处置。专项事件应急处置指挥机构应与上级相关机构保持衔接。

5.10.2 应急预案体系建设

5.10.2.1 应急预案体系

本条评价项目的查评依据如下：

【依据1】《生产经营单位安全生产事故应急预案编制导则》（AQ/T 9002—2006）

4 应急预案体系的构成

应急预案应形成体系，针对各级各类可能发生的事故和所有危险源制订专项应急预案和现场应急处置方案，并明确事前、事发、事中、事后的各个过程中相关部门和有关人员的职责。生产规模小、危险因素少的生产经营单位，综合应急预案和专项应急预案可以合并编写。

4.1 综合应急预案

综合应急预案是从总体上阐述事故的应急方针、政策，应急组织结构及相关应急职责，应急行动、措施和保障等基本要求和程序，是应对各类事故的综合性文件。

4.2 专项应急预案

专项应急预案是针对具体的事故类别（如煤矿瓦斯爆炸、危险化学品泄漏等事故）、危险源和应急保障而制定的计划或方案，是综合应急预案的组成部分，应按照综合应急预案的程序和要求组织制定，并作为综合应急预案的附件。专项应急预案应制定明确的救援程序和具体的应急救援措施。

4.3 现场处置方案

现场处置方案是针对具体的装置、场所或设施、岗位所制定的应急处置措施。现场处置方案应具体、简单、针对性强。现场处置方案应根据风险评估及危险性控制措施逐一编制，做到事故相关人员应知应会，熟练掌握，并通过应急演练，做到迅速反应、正确处置。

【依据2】《国家电网公司应急管理工作规定》（国家电网企管〔2014〕1467号）

第二十一条 应急预案体系由总体预案、专项预案、现场处置方案构成（见附件1），应满足"横向到边、纵向到底、上下对应、内外衔接"的要求。总部、分部、各省（自治区、直辖市）电力公司原则上设总体预案、专项预案，根据需要设现场处置方案。市级供电公司、县级供电企业设总体预案、专项预案、现场处置方案。各直属单位及所属厂矿企业根据工作实际，参照设置相应预案。

5.10.2.2 应急预案内容、格式

本条评价项目的查评依据如下：

【依据】《生产经营单位安全生产事故应急预案编制导则》（AQ/T 9002—2006）

5 综合应急预案的主要内容

5.1 总则

5.1.1 编制目的

简述应急预案编制的目的、作用等。

5.1.2 编制依据

简述应急预案编制所依据的法律法规、规章，以及有关行业管理规定、技术规范和标准等。

5.1.3 适用范围

说明应急预案适用的区域范围，以及事故的类型、级别。

5.1.4 应急预案体系

说明本单位应急预案体系的构成情况。

5.1.5 应急工作原则

说明本单位应急工作的原则，内容应简明扼要、明确具体。

5.2 生产经营单位的危险性分析

5.2.1 生产经营单位概况

主要包括单位地址、从业人数、隶属关系、主要原材料、主要产品、产量等内容，以及周边重大危险源、重要设施、目标、场所和周边布局情况。必要时，可附平面图进行说明。

5.2.2 危险源与风险分析

主要阐述本单位存在的危险源及风险分析结果。

5.3 组织机构及职责

5.3.1 应急组织体系

明确应急组织形式，构成单位或人员，并尽可能以结构图的形式表示出来。

5.3.2 指挥机构及职责

明确应急救援指挥机构总指挥、副总指挥、各成员单位及其相应职责。应急救援指挥机构根据事故类型和应急工作需要，可以设置相应的应急救援工作小组，并明确各小组的工作任务及职责。

5.4 预防与预警

5.4.1 危险源监控

明确本单位对危险源监测监控的方式、方法，以及采取的预防措施。

5.4.2 预警行动

明确事故预警的条件、方式、方法和信息的发布程序。

5.4.3 信息报告与处置

按照有关规定，明确事故及未遂伤亡事故信息报告与处置办法。

a）信息报告与通知

明确24小时应急值守电话、事故信息接收和通报程序。

b）信息上报

明确事故发生后向上级主管部门和地方人民政府报告事故信息的流程、内容和时限。

c）信息传递

明确事故发生后向有关部门或单位通报事故信息的方法和程序。

5.5 应急响应

5.5.1 响应分级

针对事故危害程度、影响范围和单位控制事态的能力，将事故分为不同的等级。按照分级负责的原则，明确应急响应级别。

5.5.2 响应程序

根据事故的大小和发展态势，明确应急指挥、应急行动、资源调配、应急避险、扩大应急等响应程序。

5.5.3 应急结束

明确应急终止的条件。事故现场得以控制，环境符合有关标准，导致次生、衍生事故隐患消除后，经事故现场应急指挥机构批准后，现场应急结束。应急结束后，应明确：

a）事故情况上报事项；

b）需向事故调查处理小组移交的相关事项；

c）事故应急救援工作总结报告。

5.6 信息发布

明确事故信息发布的部门，发布原则。事故信息应由事故现场指挥部及时准确向新闻媒体通报事故信息。

5.7 后期处置

主要包括污染物处理、事故后果影响消除、生产秩序恢复、善后赔偿、抢险过程和应急救援能力评估及应急预案的修订等内容。

5.8 保障措施

5.8.1 通信与信息保障

明确与应急工作相关联的单位或人员通信联系方式和方法，并提供备用方案。建立信息通信系统及维护方案，确保应急期间信息通畅。

5.8.2 应急队伍保障

明确各类应急响应的人力资源，包括专业应急队伍、兼职应急队伍的组织与保障方案。

5.8.3 应急物资装备保障

明确应急救援需要使用的应急物资和装备的类型、数量、性能、存放位置、管理责任人及其联系方式等内容。

5.8.4 经费保障

明确应急专项经费来源、使用范围、数量和监督管理措施，保障应急状态时生产经营单位应急经费的及时到位。

5.8.5 其他保障

根据本单位应急工作需求而确定的其他相关保障措施（如：交通运输保障、治安保障、技术保障、医疗保障、后勤保障等）。

5.9 培训与演练

5.9.1 培训

明确对本单位人员开展的应急培训计划、方式和要求。如果预案涉及社区和居民，要做好宣传教育和告知等工作。

5.9.2 演练

明确应急演练的规模、方式、频次、范围、内容、组织、评估、总结等内容。

5.10 奖惩

明确事故应急救援工作中奖励和处罚的条件和内容。

5.11 附则

5.11.1 术语和定义

对应急预案涉及的一些术语进行定义。

5.11.2 应急预案备案

明确本应急预案的报备部门。

5.11.3 维护和更新

明确应急预案维护和更新的基本要求，定期进行评审，实现可持续改进。

5.11.4 制定与解释

明确应急预案负责制定与解释的部门。

5.11.5 应急预案实施

明确应急预案实施的具体时间。

6 专项应急预案的主要内容

6.1 事故类型和危害程度分析

在危险源评估的基础上，对其可能发生的事故类型和可能发生的季节及事故严重程度进行确定。

6.2 应急处置基本原则

明确处置安全生产事故应当遵循的基本原则。

6.3 组织机构及职责

6.3.1 应急组织体系

明确应急组织形式，构成单位或人员，并尽可能以结构图的形式表示出来。

6.3.2 指挥机构及职责

根据事故类型，明确应急救援指挥机构总指挥、副总指挥以及各成员单位或人员的具体职责。应急救援指挥机构可以设置相应的应急救援工作小组，明确各小组的工作任务及主要负责人职责。

6.4 预防与预警

6.4.1 危险源监控

明确本单位对危险源监测监控的方式、方法，以及采取的预防措施。

6.4.2 预警行动

明确具体事故预警的条件、方式、方法和信息的发布程序。

6.5 信息报告程序

主要包括：

a）确定报警系统及程序；

b）确定现场报警方式，如电话、警报器等；

c）确定 24 小时与相关部门的通信、联络方式；

d）明确相互认可的通告、报警形式和内容；

e）明确应急反应人员向外求援的方式。

6.6 应急处置

6.6.1 响应分级

针对事故危害程度、影响范围和单位控制事态的能力，将事故分为不同的等级。按照分级负责的原则，明确应急响应级别。

6.6.2 响应程序

根据事故的大小和发展态势，明确应急指挥、应急行动、资源调配、应急避险、扩大应急等响应程序。

6.6.3 处置措施

针对本单位事故类别和可能发生的事故特点、危险性，制定的应急处置措施（如：煤矿瓦斯爆炸、冒顶片帮、火灾、透水等事故应急处置措施，危险化学品火灾、爆炸、中毒等事故应急处置措施）。

6.7 应急物资与装备保障

明确应急处置所需的物质与装备数量、管理和维护、正确使用等。

7 现场处置方案的主要内容

7.1 事故特征

主要包括：

a）危险性分析，可能发生的事故类型；

b）事故发生的区域、地点或装置的名称；

c）事故可能发生的季节和造成的危害程度；

d）事故前可能出现的征兆。

7.2 应急组织与职责

主要包括：

a）基层单位应急自救组织形式及人员构成情况；

b）应急自救组织机构、人员的具体职责，应同单位或车间、班组人员工作职责紧密结合，明确相关岗位和人员的应急工作职责。

7.3 应急处置

主要包括以下内容：

a）事故应急处置程序。根据可能发生的事故类别及现场情况，明确事故报警、各项应急措施启动、应急救护人员的引导、事故扩大及同企业应急预案的衔接的程序。

b）现场应急处置措施。针对可能发生的火灾、爆炸、危险化学品泄漏、坍塌、水患、机动车辆伤害等，从操作措施、工艺流程、现场处置、事故控制，人员救护、消防、现场恢复等方面制定明确的应急处置措施。

c）报警电话及上级管理部门、相关应急救援单位联络方式和联系人员，事故报告基本要求和内容。

7.4 注意事项

主要包括：

a）佩戴个人防护器具方面的注意事项；

b）使用抢险救援器材方面的注意事项；

c）采取救援对策或措施方面的注意事项；

d）现场自救和互救注意事项；

e）现场应急处置能力确认和人员安全防护等事项；

f）应急救援结束后的注意事项；

g）其他需要特别警示的事项。

8 附件

8.1 有关应急部门、机构或人员的联系方式

列出应急工作中需要联系的部门、机构或人员的多种联系方式，并不断进行更新。

8.2 重要物资装备的名录或清单

列出应急预案涉及的重要物资和装备名称、型号、存放地点和联系电话等。

8.3 规范化格式文本

信息接报、处理、上报等规范化格式文本。

8.4 关键的路线、标识和图纸

主要包括：

a）警报系统分布及覆盖范围；

b）重要防护目标一览表、分布图；

c）应急救援指挥位置及救援队伍行动路线；

d）疏散路线、重要地点等的标识；

e）相关平面布置图纸、救援力量的分布图纸等。

8.5 相关应急预案名录

列出与本应急预案相关的或相衔接的应急预案名称。

8.6 有关协议或备忘录

与相关应急救援部门签订的应急支援协议或备忘录。

5.10.2.3 预案评审和发布

本条评价项目的查评依据如下：

【依据1】《生产经营单位安全生产事故应急预案编制导则》（AQ/T 9002—2006）

3.2.6 应急预案评审与发布

应急预案编制完成后，应进行评审。内部评审由本单位主要负责人组织有关部门和人员进行。外部评审由上级主管部门或地方政府负责安全管理的部门组织审查。评审后，按规定报有关部门备案，并经生产经营单位主要负责人签署发布。

【依据2】《国家电网公司应急预案管理办法》（国家电网企管〔2014〕1467号）

第十三条 总体应急预案的评审由本单位应急管理归口部门组织；专项应急预案和现场处置方案的评审由预案编制责任部门负责组织。

第十四条 总体、专项应急预案以及涉及多个部门、单位职责，处置程序复杂、技术要求高的现场处置方案编制完成后，必须组织评审。应急预案修订后，若有重大修改的应重新组织评审。

第十五条 总体应急预案的评审应邀请上级主管单位参加。涉及网厂协调和社会联动的应急预案，参加应急预案评审的人员应包括应急预案涉及的政府部门、能源监管机构和相关单位的专家。

第十六条 应急预案评审采取会议评审形式。评审会议由本单位业务分管领导或其委托人主持，参加人员包括评审专家组成员、评审组织部门及应急预案编写组成员。评审意见应形成书面意见，并由评审组织部门存档。

第十七条　应急预案评审包括形式评审和要素评审。形式评审：是对应急预案的层次结构、内容格式、语言文字和编制程序等方面进行审查，重点审查应急预案的规范性和编制程序。

要素评审：是对应急预案的合法性、完整性、针对性、实用性、科学性、操作性和衔接性等方面进行评审。

第十八条　应急预案经评审、修改，符合要求后，由本单位主要负责人（或分管领导）签署发布。应急预案发布时，应统一进行编号。编号采用英文字母和数字相结合，应包含编制单位、预案类别和顺序编号等信息。

5.10.3　应急培训与演练

5.10.3.1　应急培训

本条评价项目的查评依据如下：

【依据1】《国家电网公司应急管理工作规定》（国家电网企管〔2014〕1467号）

第二十三条　应急培训演练体系包括专业应急培训基地及设施、应急培训师资队伍、应急培训大纲及教材、应急演练方式方法，以及应急培训演练机制。

第三十八条　公司各单位应加强应急救援基干分队、应急抢修队伍、应急专家队伍的建设与管理，配备先进和充足的装备，加强培训演练，提高应急能力。

第三十九条　总部及公司各单位应加大应急培训和科普宣教力度，针对所属应急救援基干分队、应急抢修队伍、应急专家队伍人员，定期开展不同层面的应急理论和技能培训，结合实际经常向全体员工宣传应急知识，提高员工应急意识和预防、避险、自救、互救能力。

【依据2】《机械制造企业安全生产标准化规范》（AQ/T 7009—2013）

4.1.12.5　企业应组织开展应急预案的宣传教育和培训。

企业应每年至少组织一次综合应急预案演练或者专项应急预案演练，每半年至少组织一次现场处置方案演练，并对应急预案演练进行评估。企业制定的应急预案应至少每三年修订一次，并保存记录。

【依据3】《国家电网公司应急预案管理办法》（国家电网企管〔2014〕1467号）

第二十二条　公司总部各部门、各级单位应当将应急预案培训作为应急管理培训的重要内容，对与应急预案实施密切相关的管理人员和作业人员等组织开展应急预案培训。

第二十三条　公司总部各部门、各级单位应结合本部门、本单位安全生产和应急管理工作组织应急预案演练，以不断检验和完善应急预案，提高应急管理水平和应急处置能力。

第二十四条　公司总部各部门、各级单位应制定年度应急演练和培训计划，并将其列入本部门、本单位年度培训计划。

总体应急预案的培训和演练每两年至少组织一次，各专项应急预案的培训和演练每年至少组织一次，各现场处置方案的培训和演练每半年至少组织一次。

第二十五条　应急预案演练分为综合演练和专项演练，可以采取桌面推演、现场实战演练或其他演练方式。

第二十六条　总体应急预案的演练经本单位主要领导批准后由应急管理归口部门负责组织，专项应急预案的演练经本单位分管领导批准后由相关职能部门负责组织，现场处置方案的演练经相关职能部门批准后由相关部门、车间或班组负责组织。

第二十七条　在开展应急预案演练前，应制定演练方案，明确演练目的、范围、步骤和保障措施和评估要求等。应急预案演练方案经批准后实施。

第二十八条　应急演练组织单位应当对演练进行评估，并针对演练过程中发现的问题，对修订预案、应急准备、应急机制、应急措施提出意见和建议，形成应急演练评估报告。

5.10.3.2 应急演练与评估

本条评价项目的查评依据如下：

【依据1】《企业安全生产标准化基本规范》（AQ/T 9006—2010）

5.11.4 应急演练与评估

企业应组织生产安全事故应急演练，并对演练效果进行评估。根据评估结果，修订、完善应急预案，改进应急管理工作。

【依据2】《国家电网公司应急管理工作规定》（国家电网企管〔2014〕1467号）

第二十三条 应急培训演练体系包括专业应急培训基地及设施、应急培训师资队伍、应急培训大纲及教材、应急演练方式方法，以及应急培训演练机制。

第三十七条 公司各单位均应定期开展应急能力评估活动，应急能力评估宜由本单位以外专业评估机构或专业人员按照既定评估标准，运用核实、考问、推演、分析等方法，客观、科学的评估应急能力的状况、存在的问题，指导本单位有针对性开展应急体系建设。

第三十八条 公司各单位应加强应急救援基干分队、应急抢修队伍、应急专家队伍的建设与管理，配备先进和充足的装备，加强培训演练，提高应急能力。

第三十九条 总部及公司各单位应加大应急培训和科普宣教力度，针对所属应急救援基干分队、应急抢修队伍、应急专家队伍人员，定期开展不同层面的应急理论和技能培训，结合实际经常向全体员工宣传应急知识，提高员工应急意识和预防、避险、自救、互救能力。

第四十条 总部及公司各单位均应按应急预案要求定期组织开展应急演练，每两年至少组织一次大型综合应急演练，演练可采用桌面（沙盘）推演、验证性演练、实战演练等多种形式。相关单位应组织专家对演练进行评估，分析存在问题，提出改进意见。涉及政府部门、公司系统以外企事业单位的演练，其评估应有外部人员参加。

第四十一条 总部及公司各单位应加强应急指挥中心运行管理，定期进行设备检查调试，组织开展相关演练，保证应急指挥中心随时可以启用。

第四十四条 公司各单位应加强应急专业数据统计分析和总结评估工作，及时、全面、准确地统计各类突发事件，编写并及时向公司应急管理归口部门报送年度（半年）应急管理和突发事件应急处置总结评估报告、季度（年度）报表。

第四十六条 公司各单位应及时汇总分析突发事件风险，对发生突发事件的可能性及其可能造成的影响进行分析、评估，并不断完善突发事件监测网络功能，依托各级行政、生产、调度值班和应急管理组织机构，及时获取和快速报送相关信息。

【依据3】《国家电网公司应急预案管理办法》（国家电网企管〔2014〕1467号）

第二十二条 公司总部各部门、各级单位应当将应急预案培训作为应急管理培训的重要内容，对与应急预案实施密切相关的管理人员和作业人员等组织开展应急预案培训。

第二十三条 公司总部各部门、各级单位应结合本部门、本单位安全生产和应急管理工作组织应急预案演练，以不断检验和完善应急预案，提高应急管理水平和应急处置能力。

第二十四条 公司总部各部门、各级单位应制定年度应急演练和培训计划，并将其列入本部门、本单位年度培训计划。

总体应急预案的培训和演练每两年至少组织一次，各专项应急预案的培训和演练每年至少组织一次，各现场处置方案的培训和演练每半年至少组织一次。

第二十五条 应急预案演练分为综合演练和专项演练，可以采取桌面推演、现场实战演练或其他演练方式。

第二十六条 总体应急预案的演练经本单位主要领导批准后由应急管理归口部门负责组织，专项应急预案的演练经本单位分管领导批准后由相关职能部门负责组织，现场处置方案的演练经相关职能部门批准后由相关部门、车间或班组负责组织。

第二十七条　在开展应急预案演练前，应制定演练方案，明确演练目的、范围、步骤和保障措施和评估要求等。应急预案演练方案经批准后实施。

第二十八条　应急演练组织单位应当对演练进行评估，并针对演练过程中发现的问题，对修订预案、应急准备、应急机制、应急措施提出意见和建议，形成应急演练评估报告。

5.10.4　应急保障
本条评价项目的查评依据如下：

【依据1】《企业安全生产标准化基本规范》（AQ/T 9006—2010）

5.11.3　应急设施、装备、物资

企业应按规定建立应急设施，配备应急装备，储备应急物资，并进行经常性的检查、维护、保养，确保其完好、可靠。

【依据2】《国家电网公司应急管理工作规定》（国家电网企管〔2014〕1467号）

第二十六条　综合保障能力是指公司在物质、资金等方面，保障应急工作顺利开展的能力。包括各级应急指挥中心、电网备用调度系统、应急电源系统、应急通信系统、特种应急装备、应急物资储备及配送、应急后勤保障、应急资金保障、直升机应急救援等方面内容。

5.10.5　应急队伍
本条评价项目的查评依据如下：

【依据1】《企业安全生产标准化基本规范》（AQ/T 9006—2010）

5.11.1　应急机构和队伍

企业应按规定建立安全生产应急管理机构或指定专人负责安全生产应急管理工作。

企业应建立与本单位安全生产特点相适应的专兼职应急救援队伍，或指定专兼职应急救援人员，并组织训练；无需建立应急救援队伍的，可与附近具备专业资质的应急救援队伍签订服务协议。

【依据2】《国家电网公司应急管理工作规定》（国家电网企管〔2014〕1467号）

第二十五条　应急队伍由应急救援基干分队、应急抢修队伍和应急专家队伍组成。应急救援基干分队负责快速响应实施突发事件应急救援；应急抢修队伍承担公司电网设施大范围损毁修复等任务；应急专家队伍为公司应急管理和突发事件处置提供技术支持和决策咨询。

第三十八条　公司各单位应加强应急救援基干分队、应急抢修队伍、应急专家队伍的建设与管理，配备先进和充足的装备，加强培训演练，提高应急能力。

第三十九条　总部及公司各单位应加大应急培训和科普宣教力度，针对所属应急救援基干分队、应急抢修队伍、应急专家队伍人员，定期开展不同层面的应急理论和技能培训，结合实际经常向全体员工宣传应急知识，提高员工应急意识和预防、避险、自救、互救能力。

5.10.6　应急处置
5.10.6.1　响应标准
本条评价项目的查评依据如下：

【依据】《电力安全事故应急处置和调查处理条例》（中华人民共和国国务院令第599号）

第三条　本法所称突发事件，是指突然发生，造成或者可能造成严重社会危害，需要采取应急处置措施予以应对的自然灾害、事故灾难、公共卫生事件和社会安全事件。

按照社会危害程度、影响范围等因素，自然灾害、事故灾难、公共卫生事件分为特别重大、重大、较大和一般四级。法律、行政法规或者国务院另有规定的，从其规定。

突发事件的分级标准由国务院或者国务院确定的部门制定。

5.10.6.2　应急响应

本条评价项目的查评依据如下：

【依据】《国家电网公司应急管理工作规定》（国家电网企管〔2014〕1467号）

第五十四条　根据突发事件性质、级别，按照"分级响应"要求，总部、相关分部，以及相关单位分别启动相应级别应急响应措施，组织开展突发事件应急处置与救援。结合公司管理实际，公司各层级应急响应措施一般分为两级。

第五十五条　发生重大及以上突发事件，公司应急领导小组直接领导，或研究成立临时机构、授权相关分部领导处置工作，事发单位负责事件处置；较大及以下突发事件，由事发单位负责处置，总部事件处置牵头负责部门跟踪事态发展，做好相关协调工作。

第五十六条　事发单位不能消除或有效控制突发事件引起的严重危害，应在采取处置措施的同时，启动应急救援协调联动机制，及时报告上级单位协调支援，根据需要，请求国家和地方政府启动社会应急机制，组织开展应急救援与处置工作。

第五十七条　公司各单位应切实履行社会责任，服从政府统一指挥，积极参加国家各类突发事件应急救援，提供抢险和应急救援所需电力支持，优先为政府抢险救援及指挥、灾民安置、医疗救助等重要场所提供电力保障。

第五十八条　事发单位应积极开展突发事件舆情分析和引导工作，按照有关要求，及时披露突发事件事态发展、应急处置和救援工作的信息，维护公司品牌形象。

第五十九条　根据事态发展变化，公司及相关单位应调整突发事件响应级别。突发事件得到有效控制，危害消除后，公司及相关单位应解除应急指令，宣布结束应急状态。

5.10.6.3　响应结束

本条评价项目的查评依据如下：

【依据1】《生产经营单位安全生产事故应急预案编制导则》（AQ/T 9002—2006）

5.5.3　应急结束

明确应急终止的条件。事故现场得以控制，环境符合有关标准，导致次生、衍生事故隐患消除后，经事故现场应急指挥机构批准后，现场应急结束。应急结束后，应明确：

a）事故情况上报事项；

b）需向事故调查处理小组移交的相关事项；

c）事故应急救援工作总结报告。

【依据2】《国家电网公司应急管理工作规定》（国家电网企管〔2014〕1467号）

第五十九条　根据事态发展变化，公司及相关单位应调整突发事件响应级别。突发事件得到有效控制，危害消除后，公司及相关单位应解除应急指令，宣布结束应急状态。

5.10.6.4　后期处置

本条评价项目的查评依据如下：

【依据1】《生产安全事故报告和调查处理条例》（中华人民共和国国务院令第493号）

第三十二条　重大事故、较大事故、一般事故，负责事故调查的人民政府应当自收到事故调查报告之日起15日内做出批复；特别重大事故，30日内做出批复，特殊情况下，批复时间可以适当延长，但延长的时间最长不超过30日。

事故发生单位应当按照负责事故调查的人民政府的批复，对本单位负有事故责任的人员进行处理。

负有事故责任的人员涉嫌犯罪的，依法追究刑事责任。

第三十三条　事故发生单位应当认真吸取事故教训，落实防范和整改措施，防止事故再次发生。防范和整改措施的落实情况应当接受工会和职工的监督。

安全生产监督管理部门和负有安全生产监督管理职责的有关部门应当对事故发生单位落实防范

和整改措施的情况进行监督检查。

第三十四条　事故处理的情况由负责事故调查的人民政府或者其授权的有关部门、机构向社会公布，依法应当保密的除外。

【依据2】《电力安全事故应急处置和调查处理条例》（中华人民共和国国务院令第599号）

第二十六条　事故发生单位和有关人员应当认真吸取事故教训，落实事故防范和整改措施，防止事故再次发生。

电力监管机构、安全生产监督管理部门和负有安全生产监督管理职责的有关部门应当对事故发生单位和有关人员落实事故防范和整改措施的情况进行监督检查。

【依据3】《国家电网公司应急管理工作规定》（国家电网企管〔2014〕1467号）

第六十条　突发事件应急处置工作结束后，各单位要积极组织受损设施、场所和生产经营秩序的恢复重建工作。对于重点部位和特殊区域，要认真分析研究，提出解决建议和意见，按有关规定报批实施。

第六十一条　公司及相关单位要对突发事件的起因、性质、影响、经验教训和恢复重建等问题进行调查评估，同时，要及时收集各类数据，开展事件处置过程的分析和评估，提出防范和改进措施。

第六十二条　公司恢复重建要与电网防灾减灾、技术改造相结合，坚持统一领导、科学规划，按照公司相关规定组织实施，持续提升防灾抗灾能力。

第六十三条　事后恢复与重建工作结束后，事发单位应当及时做好设备、资金的划拨和结算工作。

5.10.7　信息报送

本条评价项目的查评依据如下：

【依据1】《生产安全事故报告和调查处理条例》（中华人民共和国国务院令第493号）

第九条　事故发生后，事故现场有关人员应当立即向本单位负责人报告；单位负责人接到报告后，应当于1小时内向事故发生地县级以上人民政府安全生产监督管理部门和负有安全生产监督管理职责的有关部门报告。

情况紧急时，事故现场有关人员可以直接向事故发生地县级以上人民政府安全生产监督管理部门和负有安全生产监督管理职责的有关部门报告。

第十条　安全生产监督管理部门和负有安全生产监督管理职责的有关部门接到事故报告后，应当依照下列规定上报事故情况，并通知公安机关、劳动保障行政部门、工会和人民检察院：

（一）特别重大事故、重大事故逐级上报至国务院安全生产监督管理部门和负有安全生产监督管理职责的有关部门；

（二）较大事故逐级上报至省、自治区、直辖市人民政府安全生产监督管理部门和负有安全生产监督管理职责的有关部门；

（三）一般事故上报至设区的市级人民政府安全生产监督管理部门和负有安全生产监督管理职责的有关部门。

安全生产监督管理部门和负有安全生产监督管理职责的有关部门依照前款规定上报事故情况，应当同时报告本级人民政府。国务院安全生产监督管理部门和负有安全生产监督管理职责的有关部门以及省级人民政府接到发生特别重大事故、重大事故的报告后，应当立即报告国务院。

必要时，安全生产监督管理部门和负有安全生产监督管理职责的有关部门可以越级上报事故情况。

第十一条　安全生产监督管理部门和负有安全生产监督管理职责的有关部门逐级上报事故情况，每级上报的时间不得超过2小时。

第十二条　报告事故应当包括下列内容：

（一）事故发生单位概况；

（二）事故发生的时间、地点以及事故现场情况；

（三）事故的简要经过；

（四）事故已经造成或者可能造成的伤亡人数（包括下落不明的人数）和初步估计的直接经济损失；

（五）已经采取的措施；

（六）其他应当报告的情况。

第十三条　事故报告后出现新情况的，应当及时补报。

自事故发生之日起30日内，事故造成的伤亡人数发生变化的，应当及时补报。道路交通事故、火灾事故自发生之日起7日内，事故造成的伤亡人数发生变化的，应当及时补报。

第十四条　事故发生单位负责人接到事故报告后，应当立即启动事故相应应急预案，或者采取有效措施，组织抢救，防止事故扩大，减少人员伤亡和财产损失。

第十六条　事故发生后，有关单位和人员应当妥善保护事故现场以及相关证据，任何单位和个人不得破坏事故现场、毁灭相关证据。

因抢救人员、防止事故扩大以及疏通交通等原因，需要移动事故现场物件的，应当做出标志，绘制现场简图并做出书面记录，妥善保存现场重要痕迹、物证。

【依据2】《国家电网公司应急管理工作规定》（国家电网企管〔2014〕1467号）

第三十六条　公司各单位均应与当地气象、水利、地震、地质、交通、消防、公安等政府专业部门建立信息沟通机制，共享信息，提高预警和处置的科学性，并与地方政府、社会机构、电力用户建立应急沟通与协调机制。

第四十二条　总部及公司各单位应开展重大舆情预警研判工作，完善舆情监测与危机处置联动机制，加强信息披露、新闻报道的组织协调，深化与主流媒体合作，营造良好舆论环境。

第四十五条　公司各单位要严格执行有关规定，落实责任，完善流程，严格考核，确保突发事件信息报告及时、准确、规范。

第四十六条　公司各单位应及时汇总分析突发事件风险，对发生突发事件的可能性及其可能造成的影响进行分析、评估，并不断完善突发事件监测网络功能，依托各级行政、生产、调度值班和应急管理组织机构，及时获取和快速报送相关信息。

第四十七条　总部、分部、公司各单位应不断完善应急值班制度，按照部门职责分工，成立重要活动、重要会议、重大稳定事件、重大安全事件处理、重要信息报告、重大新闻宣传、办公场所服务保障和网络与信息安全处理等应急值班小组，负责重要节假日或重要时期24小时值班，确保通信联络畅通，收集整理、分析研判、报送反馈及及时处置重大事项相关信息。

第四十八条　突发事件发生后，事发单位应及时向上一级单位行政值班机构和专业部门报告，情况紧急时可越级上报。根据突发事件影响程度，依据相关要求报告当地政府有关部门。信息报告时限执行政府主管部门及公司相关规定。突发事件信息报告包括即时报告、后续报告，报告方式有电子邮件、传真、电话、短信等（短信方式需收到对方回复确认）。事发单位、应急救援单位和各相关单位均应明确专人负责应急处置现场的信息报告工作。必要时，总部和各级单位可直接与现场信息报告人员联系，随时掌握现场情况。

第四十九条　建立健全突发事件预警制度，依据突发事件的紧急程度、发展态势和可能造成的危害，及时发布预警信息。公司预警分为一、二、三、四级，分别用红色、橙色、黄色和蓝色标示，一级为最高级别。公司各类突发事件预警级别的划分，由相关职能部门在专项应急预案中确定。

第五十条　通过预测分析，若发生突发事件概率较高，有关职能部门应当及时报告应急办，并提出预警建议，经应急领导小组批准后由应急办通过传真、办公自动化系统或应急信息和指挥系统发布。

第五十一条 接到预警信息后，相关单位应当按照应急预案要求，采取有效措施做好防御工作，监测事件发展态势，避免、减轻或消除突发事件可能造成的损害。必要时启动应急指挥中心。

第五十二条 根据事态的发展，相关单位应适时调整预警级别并重新发布。有事实证明突发事件不可能发生或者危险已经解除，应立即发布预警解除信息，终止已采取的有关措施。

5.11 信息安全

5.11.1 信息安全管理

本条评价项目的查评依据如下：

【依据1】《国家电网公司网络与信息系统安全管理办法》[国网（信息/2）401—2014]

第五条 公司网络与信息系统安全工作坚持"三纳入一融合"原则，将等级保护纳入网络与信息系统安全工作中，将网络与信息系统安全纳入信息化日常工作中，将网络与信息系统安全纳入公司安全生产管理体系中，将网络与信息系统安全融入公司安全生产中。在规划和建设网络与信息系统时，信息通信安全防护措施应按照"三同步"原则，与网络与信息系统建设同步规划、同步建设、同步投入运行。

第八条 公司信息安全工作实行统一领导、分级管理，遵循"谁主管谁负责；谁运行谁负责；谁使用谁负责；管业务必须管安全"的原则，严格落实网络与信息系统安全责任。各级单位主要负责人是本单位网络与信息系统安全第一责任人。各级单位信息化领导小组负责本单位网络信息安全（含生产控制大区和管理信息大区）的总体协调领导。

第十九条 网络与信息系统安全管理工作机制如下：

（一）遵循"统一指挥、密切配合、职责明确、流程规范、响应及时"的协同原则，做好公司信息安全内、外部协同机制的落实工作。

（二）健全信息安全技术督查工作，加强对信息安全技术督查的一体化管控，强化督查责任落实，深化年度、专项、日常督查工作。进一步提升督查队伍装备水平，优化督查工作流程，强化督查队伍评价考核。

（三）落实常态信息安全风险评估工作，与公司春秋季检和迎峰度夏工作相结合，切实将风险评估工作常态化，及时落实整改，消除安全隐患。

（四）切实加强网络与信息系统应急管理体系建设。按照综合协调、统一领导、分级负责的原则，在公司总部、各分部、省（自治区、直辖市）电力公司、直属单位建立应急组织和指挥体系；坚持"安全第一、预防为主"的方针，加强应急响应队伍建设，优化完善应急预案，落实常态应急演练工作，做好应急保障工作；加强安全风险监测与预警，建立"上下联动、区域协作"的快速响应工作，强化应急处置。

（五）严格执行信息安全事故通报制度（通报规范见附件1），做好节假日和特殊时期的安全运行情况报送工作。

（六）落实健全网络与信息系统安全准入工作，加强对接入公司网络的各类系统、终端、设备的准入及备案管理，强化备案信息与上下线相关运行安全工作的准入联动工作。

（七）严格按照公司安全事故调查规程，开展事故原因分析，做好事故调查工作，坚持"四不放过"原则，有效落实整改。

（八）贯彻落实信息安全等级保护制度，持续强化信息安全等级保护工作管理，做好系统等级保护定级、备案、建设、测评与整改工作。

（九）深入开展信息安全动态治理工作，推动各级单位信息安全工作的落实与持续改进，提升信息安全流程化、标准化和规范化水平。强化隐患排查治理工作，强化从隐患发现到隐患治理的闭环管理工作，消除信息安全薄弱环节。

（十）开展信息技术供应链安全管理工作，开展信息技术软硬件设备和服务供应商安全管理、软硬件设备选型和安全测试工作，逐步实现核心运行系统的国产化。加强外部合作单位和供应商管理，严格外部单位资质审核。严禁合作单位和供应商在对互联网提供服务的网络和信息系统中存储和运行公司相关业务系统数据和敏感信息。关键软硬件设备采购应开展产品预先选型和安全检测。对涉及的信息安全软硬件产品和密码产品要坚持国产化原则，信息安全核心防护产品以自主研发为主。管理信息系统软硬件产品逐步采用全国产化产品。及时开展各种软硬件漏洞检测及修复。

（十一）建立信息安全综合评价体系，加强信息安全监督及考核评价，将网络与信息系统安全落实情况纳入各级单位信息化水平评价。

（十二）加强密码技术的开发利用以及密码安全保障，落实密钥的统一选型及应用工作，充分发挥密码技术在信息安全工作中的基础作用。

【依据2】《国家电网公司办公计算机信息安全管理办法》[国网（信息/3）255—2014]

第五条 公司办公计算机信息安全工作按照"谁主管谁负责、谁运行谁负责、谁使用谁负责"原则，公司各级单位负责人为本部门和本单位办公计算机信息安全工作主要责任人。

第六条 公司各级单位信息通信管理部门负责办公计算机的信息安全工作，按照公司要求做好办公计算机信息安全技术措施指导、落实与检查工作。

5.11.2 人员管理

本条评价项目的查评依据如下：

【依据】《国家电网公司网络与信息系统安全管理办法》[国网（信息/2）401—2014]

第十八条 加强员工信息安全管理，严格人员录用过程，与关键岗位员工签订保密协议，明确信息安全保密的内容和职责；切实加强员工信息安全培训工作，提高全员安全意识；及时终止离岗员工的所有访问权限。

对承担公司核心信息系统规划、研发、运维管理等关键岗位人员开展安全培训和考核，对系统运维关键岗位建立持证上岗制度，明确持证上岗要求。对关键岗位人员进行安全技能考核。将信息安全技能考核内容纳入公司安规考试。

加强对临时来访人员和常驻外包服务人员的信息安全管理。加强外来人员的出入登记和接待管理，严格控制外来人员活动区域。外来人员进入机房等重要区域，应办理审批登记手续并由相关管理人员全程陪同，相关操作必须有审计及监控。

5.11.3 设备管理

本条评价项目的查评依据如下：

【依据1】《国家电网公司网络与信息系统安全管理办法》[国网（信息/2）401—2014]

第二十八条 物理安全技术工作要求如下：

（一）严格执行信息通信机房管理有关规范，确保机房运行环境符合要求。室内机房物理环境安全需满足对应信息系统等级的等级保护物理安全要求，室外设备物理安全需满足国家对于防盗、电气、环境、噪音、电磁、机械结构、铭牌、防腐蚀、防火、防雷、电源等要求，四级及以上系统应对关键区域实施电磁屏蔽措施。

（二）加强办公区域安全管理，员工离开办公区域要及时锁定桌面终端计算机屏幕，防止外来人员接触办公区域电子信息。

（三）重要通信设备应满足硬件冗余需求，如主控板卡、时钟板卡、电源板卡、交叉板卡、支路板卡等，至少满足1+1冗余需求，一些重要板卡需满足1+N冗余需求。

（四）通信电源应满足电力系统重要业务"双电源"冗余要求。电力系统重要业务应配置两套独立的通信设备，具备两条独立的路由，并分别由两套独立的电源供电，两套通信设备和两套电源在物理上应完全隔离。

第二十九条 网络安全技术工作要求如下：

（一）电力通信网的数据网划分为电力调度数据网、综合数据通信网，分别承载不同类型的业务系统，电力调度数据网与综合数据网之间应在物理层面上实现安全隔离。

（二）加强信息内外网架构管控，做好分区分域安全防护，进一步提升用户服务体验。公司管理信息大区划分为信息外网和信息内网，信息内外网采用逻辑强隔离设备进行安全隔离。信息内外网内部根据业务分类划分不同业务区。各业务区按照信息系统防护等级以及业务系统类型进一步划分安全域，加强区域间用户访问控制，按最小化原则设置用户访问暴露面，防止非授权的跨域访问，实现业务分区分域管理。

（三）按照公司总体安全防护要求，结合电力通信网各类网络边界特点，严格按照公司要求落实访问控制、流量控制、入侵检测/防护、内容审计与过滤、防隐性边界、恶意代码过滤等安全技术措施，防范跨域跨边界非法访问及攻击，防范恶意代码传播。不得从任何公共网络直接接入公司内部网络，禁止内、外网接入通道混用。

（四）加强互联网边界及对外业务系统安全防护，进一步提升针对互联网出口 DDoS 等典型网络攻击以及特种病毒木马的防范能力，提高信息外网可靠性及安全性。

（五）深化信息内外网边界安全防护，加强内外网数据交互安全过滤，保障关键应用快速穿透和信息安全交互，满足客户服务及时响应需求。

（六）加强对信息内外网专线的安全防护，对于与银行等外部单位互联的专线要部署逻辑强隔离措施，设置访问控制策略，进行内容监测与审计，只容许指定的、可信的网络及用户才能进行数据交换。

（七）加强信息内网远程接入边界安全防护。对于采用无线专网接入公司内部网络的采集等业务应用，应在网络边界部署公司统一安全接入防护措施，建立专用加密传输通道，并结合公司统一数字证书体系进行防护。

（八）信息内网禁止使用无线网络组网。

（九）信息外网用无线组网的单位，应强化无线网络安全防护措施，无线网络要启用网络接入控制和身份认证，进行 IP/MAC 地址绑定，应用高强度加密算法，防止无线网络被外部攻击者非法进入，确保无线网络安全。

第三十条　终端安全技术工作要求如下：

（一）办公计算机严格执行"涉密不上网、上网不涉密"纪律，严禁将涉及国家秘密的计算机、存储设备与信息内外网和其他公共信息网络连接，严禁在信息内网计算机存储、处理国家秘密信息，严禁在连接互联网的计算机上处理、存储涉及国家秘密和企业秘密信息；严禁信息内网和信息外网计算机交叉使用；严禁普通移动存储介质和扫描仪、打印机等计算机外设在信息内网和信息外网上交叉使用。涉密计算机按照公司办公计算机保密管理规定进行管理。

（二）信息内外网办公计算机应分别部署于信息内外网桌面终端安全域，桌面终端安全域应采取 IP/MAC 绑定、安全准入管理、访问控制、入侵检测、病毒防护、恶意代码过滤、补丁管理、事件审计、桌面资产管理等措施进行安全防护。

（三）信息内外网办公计算机终端须安装桌面终端管理系统、保密检测系统、防病毒等客户端软件，严格按照公司要求设置基线策略，并及时进行病毒库升级以及补丁更新。严禁未通过本单位信息通信管理部门审核以及中国电科院的信息安全测评认定工作，相关部门和个人在信息内外网擅自安装具有拒绝服务、网络扫描、远程控制和信息搜集等功能的软件（恶意软件），防范引发的安全风险；如确需安装，应履行相关程序。

（四）对于不具备信息内网专线接入条件，通过公司统一安全防护措施接入信息内网的信息采集类、移动作业类终端，需严格执行公司办公终端"严禁内外网机混用"的原则。同时接入信息内网终端在遵循公司现有终端安全防护要求的基础上，要安装终端安全专控软件进行安全加固，并通过安全加密卡进行认证，确保其不能连接信息外网和互联网。

第三十一条　主机安全技术工作要求如下：

（一）对操作系统和数据库系统用户进行身份标识和鉴别，具有登录失败处理，限制非法登录次数，设置连接超时功能。

（二）操作系统和数据库系统特权用户应进行访问权限分离，对访问权限一致的用户进行分组，访问控制粒度应达到主体为用户级，客体为文件、数据库表级。禁止匿名用户访问。

（三）加强补丁的兼容性和安全性测试，确保操作系统、中间件、数据库等基础平台软件补丁升级安全。

（四）加强主机服务器病毒防护，安装防病毒软件，及时更新病毒库。

【依据 2】《国家电网公司办公计算机信息安全管理办法》[国网（信息/3）255—2014]

第十条　加强办公计算机信息安全管理：

（一）办公计算机、外设及软件安装情况要登记备案并定期进行核查，信息内外网办公计算机要明显标识；

（二）严禁办公计算机"一机两用"（同一台计算机既上信息内网，又上信息外网或互联网）；

（三）办公计算机不得安装、运行、使用与工作无关的软件，不得安装盗版软件；

（四）办公计算机要妥善保管，严禁将办公计算机带到与工作无关的场所；

（五）禁止开展移动协同办公业务；

（六）信息内网办公计算机不能配置、使用无线上网卡等无线设备，严禁通过电话拨号、无线等各种方式与信息外网和互联网络互联，应对信息内网办公计算机违规外连情况进行监控；

（七）公司办公区域内信息外网办公计算机应通过本单位统一互联网出口接入互联网；严禁将公司办公区域内信息外网办公计算机作为无线共享网络节点，为其他网络设备提供接入互联网服务，如通过随身 Wifi 等为手机等移动设备提供接入互联网服务；

（八）接入信息内外网的办公计算机 IP 地址由运行维护部门统一分配，并与办公计算机的 MAC 地址进行绑定；

（九）定期对办公计算机企业防病毒软件、木马防范软件的升级和使用情况进行检查，不得随意卸载统一安装的防病毒（木马）软件；

（十）定期对办公计算机补丁更新情况进行检查，确保补丁更新及时；

（十一）定期检查办公计算机是否安装盗版办公软件；

（十二）定期对办公计算机及应用系统口令设置情况进行检查，避免空口令，弱口令；

（十三）采取措施对信息外网办公计算机的互联网访问情况进行记录，记录要可追溯，并保存六个月以上；

（十四）采取数据保护与监管措施对存储于信息内网办公计算机的企业秘密信息、敏感信息进行加解密保护、水印保护、文件权限控制和外发控制，同时对文件的生成、存储、操作、传输、外发等各环节进行监管；

（十五）加强对公司云终端安全防护，做好云终端用户数据信息访问控制，访问权限应由运行维护部门统一管理，避免信息泄露；

（十六）采用保密检查工具定期对办公计算机和邮件收发中的信息是否涉及国家秘密和企业秘密的情况进行检查；

（十七）加强对办公计算机桌面终端安全运行状态和数据级联状态的监管，确保运行状态正常和数据级联贯通，按照公司相关要求及时上报运行指标数据；

（十八）加强数据接口规范，严禁修改、替换或阻拦防病毒（木马）、桌面终端管理等报送监控数据接口程序。

第十七条　加强对办公计算机外设管理：

（一）计算机外设要统一管理，统一登记和配置属性参数；

（二）严禁私自修改计算机外设的配置属性参数，如需修改要报知计算机运行维护部门，按照相关流程进行维护；

（三）严禁计算机外设在信息内外网交叉使用；

（四）计算机外设的存储部件要定期进行检查和清除。

第十八条 办公计算机维护和变更要求：

（一）办公计算机及外设维护要及时报计算机运行维护部门，由运行维护部门负责维护；

（二）信息内网办公计算机及外设和存储设备在变更用途，或不再用于处理信息内网信息，或不再使用时，要报计算机运行维护部门，由运行维护部门负责采取有效手段删除存储部件中涉及企业秘密的信息。

第十八条 办公计算机及外设需进行维护时，应由本单位对办公计算机和外设中存储的信息进行审核，通过本单位负责人的审批后报送运行维护部门进行维护。

第十九条 办公计算机及外设在变更用途，或不再用于处理信息内网信息，或不再使用，或需要数据恢复时，要报运行维护部门，由运行维护部门负责采取安全可靠的手段恢复、销毁和擦除存储部件中的信息，原则上禁止通过外部单位进行数据恢复、销毁和擦除工作。

5.11.4 信息机房建设、管理

本条评价项目的查评依据如下：

【依据】《国家电网公司办公计算机信息安全管理办法》[国网（信息/3）255—2014]

第二十六条 根据国家和公司有关规定，对机房建筑设置符合要求的避雷装置、灭火和火灾自动报警系统；采取防雨水措施，防止雨水、水蒸气结露和地下积水；设置温、湿度自动调节设施，控制机房温、湿度在设备运行所允许范围之内，保证双路供电，电源线和通信电缆应隔离，避免互相干扰；采用接地方式防止外界电磁干扰和设备寄生耦合干扰。

5.11.5 通信和操作管理

本条评价项目的查评依据如下：

【依据1】《国家电网公司办公计算机信息安全管理办法》[国网（信息/3）255—2014]

第十八条 办公计算机及外设需进行维护时，应由本单位对办公计算机和外设中存储的信息进行审核，通过本单位负责人的审批后报送运行维护部门进行维护。

第十九条 办公计算机及外设在变更用途，或不再用于处理信息内网信息，或不再使用，或需要数据恢复时，要报运行维护部门，由运行维护部门负责采取安全可靠的手段恢复、销毁和擦除存储部件中的信息，原则上禁止通过外部单位进行数据恢复、销毁和擦除工作。

【依据2】《国家电网公司网络与信息系统安全管理办法》[国网（信息/2）401—2014]

第三十二条 应用安全技术工作要求如下：

（一）强化用户登录身份认证功能，采用用户名及口令进行认证时，应当对口令长度、复杂度、生存周期进行强制要求，系统应提供用户身份标识唯一和鉴别信息复杂度检查功能，禁止口令在系统中以明文形式存储；系统应当提供制定用户登录错误锁定、会话超时退出等安全策略的功能。

（二）规范应用系统权限的设计与使用，实现用户、组织、角色、权限信息统一集中管理，权限分配应按照最小权限原则，审核角色、系统管理角色、业务操作角色、账号创建角色与权限分配角色等应按照互斥原则设置权限。

（三）根据信息系统安全级别强化应用自身安全设计，应包括身份认证，授权，输入输出验证，配置管理，会话管理，加密技术，参数操作，异常管理，日志及审计等方面内容。

（四）控制单个用户的多重并发会话和最大并发连接数，限制单个用户对系统资源、磁盘空间的最大或最小使用限度，当系统服务水平降低到预先规定的最小值时，应能检测并报警。

（五）加强邮件敏感内容检查、邮件病毒查杀、外网邮件行为监测，社会邮箱收发件统计等安全措施，防范邮件系统攻击及邮件泄密。

（六）具有控制功能的系统或模块，控制类信息必须通过生产控制大区网络或专线传输，严格遵守电力二次系统安全防护方案，实现系统主站与终端间基于国家认可密码算法的加密通信，基于数字证书体系的身份认证，对主站的控制命令和参数设置指令须采取强身份认证及数据完整性验证等

安全防护措施。

（七）对与互联网有广泛交互的应用系统或模块，以及部署在信息外网的系统与网站，要加强权限管理，做好主机、应用的安全加固，加强账号、密码、重要数据等加密存储，对需要穿透访问信息内网的数据或服务，严格限制访问数据的格式，过滤必要的特殊字符组合以防止注入攻击。建立常态外网安全巡检、加固、检修以及应急演练等工作机制，做好日常网站备份工作。

（八）具有采集功能的系统或模块，根据采集信息的保密性，在采用公司专线（光纤、载波等）接入内网进行信息采集时，应采用身份认证和访问控制措施。不具备专线条件时，应在虚拟专网基础上采用终端身份认证、访问控制措施，建立加密传输通道进行信息采集，要加强对采集终端存储和处理敏感业务数据的安全防护，以保证业务数据的保密性和完整性。

5.11.6　信息系统访问控制

本条评价项目的查评依据如下：

【依据】《国家电网公司网络与信息系统安全管理办法》［国网（信息/2）401—2014］

第三十二条　应用安全技术工作要求如下：

（一）强化用户登录身份认证功能，采用用户名及口令进行认证时，应当对口令长度、复杂度、生存周期进行强制要求，系统应提供用户身份标识唯一和鉴别信息复杂度检查功能，禁止口令在系统中以明文形式存储；系统应当提供制定用户登录错误锁定、会话超时退出等安全策略的功能。

（二）规范应用系统权限的设计与使用，实现用户、组织、角色、权限信息统一集中管理，权限分配应按照最小权限原则，审核角色、系统管理角色、业务操作角色、账号创建角色与权限分配角色等应按照互斥原则设置权限。

（三）根据信息系统安全级别强化应用自身安全设计，应包括身份认证，授权，输入输出验证，配置管理，会话管理，加密技术，参数操作，异常管理，日志及审计等方面内容。

（四）控制单个用户的多重并发会话和最大并发连接数，限制单个用户对系统资源、磁盘空间的最大或最小使用限度，当系统服务水平降低到预先规定的最小值时，应能检测并报警。

（五）加强邮件敏感内容检查、邮件病毒查杀、外网邮件行为监测，社会邮箱收发件统计等安全措施，防范邮件系统攻击及邮件泄密。

（六）具有控制功能的系统或模块，控制类信息必须通过生产控制大区网络或专线传输，严格遵守电力二次系统安全防护方案，实现系统主站与终端间基于国家认可密码算法的加密通信，基于数字证书体系的身份认证，对主站的控制命令和参数设置指令须采取强身份认证及数据完整性验证等安全防护措施。

（七）对与互联网有广泛交互的应用系统或模块，以及部署在信息外网的系统与网站，要加强权限管理，做好主机、应用的安全加固，加强账号、密码、重要数据等加密存储，对需要穿透访问信息内网的数据或服务，严格限制访问数据的格式，过滤必要的特殊字符组合以防止注入攻击。建立常态外网安全巡检、加固、检修以及应急演练等工作机制，做好日常网站备份工作。

（八）具有采集功能的系统或模块，根据采集信息的保密性，在采用公司专线（光纤、载波等）接入内网进行信息采集时，应采用身份认证和访问控制措施。不具备专线条件时，应在虚拟专网基础上采用终端身份认证、访问控制措施，建立加密传输通道进行信息采集，要加强对采集终端存储和处理敏感业务数据的安全防护，以保证业务数据的保密性和完整性。

5.11.7　信息系统安全开发和维护

本条评价项目的查评依据如下：

【依据】《国家电网公司网络与信息系统安全管理办法》［国网（信息/2）401—2014］

第二十五条　规划计划安全管理要求如下：

（一）网络与信息系统在可研设计阶段应全面分析其可能面临的主要信息安全风险以及对现有网络与系统、流程的影响，并进行安全需求分析。

（二）可研阶段信息系统应组织进行信息安全防护设计，做好安全架构规划，形成专项信息安全防护方案并进行评审。专项信息安全防护方案通过评审后方可进行后续开发工作。涉及认证、密钥以及数据保护等方面需考虑与公司统一密钥系统集成接口设计。

（三）网络与信息系统应提前组织开展等级保护定级工作，同时重要系统应提前在公司信息安全归口管理部门进行备案。

第二十六条　建设安全管理要求如下：

（一）严格遵循信息系统开发管理要求，加强对项目开发环境及测试环境的安全管理，确保与实际运行环境及办公环境安全隔离，确保开发全过程信息安全管控。

（二）加强信息系统开发过程中代码编写的规范性，应采用公司统一开发平台进行开发，并严格按照公司统一安全编程规范进行代码编写，定期进行代码审核，并组织代码安全自测。

（三）加强代码安全管理，确保开发过程中代码安全保密。落实源代码补丁漏洞工作，及时对代码漏洞进行反馈及整改。

（四）规范外部软件及插件的使用，应使用主流的、成熟的外部软件及插件，避免采用非商用且无安全保证的外部软件及插件。集成外部软件及插件包括开源组件时，应重视接口交互的安全，充分考虑异常的处理。

（五）加强电力通信网建设的安全管理，通过识别、评估和分析等手段降低安全风险，保证通信网络建设过程中安全可控，确保人身、设备及现有网络的安全。

第二十七条　运维安全管理要求如下：

（一）网络与信息系统上线前、重要升级前、与生产系统联合调试前对安全防护设计遵从度、应用软件安全功能、代码安全、运行环境安全等进行全面测试以及整改加固，通过测试后方可正式上线试运行。

（二）建立网络与信息系统资产安全管理制度，加强资产的新增、验收、盘点、维护、报废等各环节管理。编制资产清单，根据资产重要程度对资产进行标识。加强对资产、风险分析及漏洞关联管理。

（三）加强机房出入管理，对机房建筑采取门禁、专人值守等措施，防止非法进入，出入机房需进行登记。

（四）加强信息通信设备安全管理，建立健全设备安全管理制度。加强设备基线策略管理以及优化部署，制定安全基线策略配置管理要求和技术标准，规范上线、运行软硬件设备信息安全策略以及安全配置。

（五）建立通信设备软件升级预评估制度，对其必要性和紧急性进行评估论证，并采取相应防范措施后，再进行相关升级工作。

（六）规范账号权限管理，系统上线稳定运行后，应回收建设开发单位所掌握的账号。各类超级用户账号禁止多人共用，禁止由非主业不可控人员掌握。临时账号应设定使用时限，员工离职、离岗时，信息系统的访问权限应同步收回。应定期（半年）对信息系统用户权限进行审核、清理，删除废旧账号、无用账号，及时调整可能导致安全问题的权限分配数据。

（七）规范账号口令管理，口令必须具有一定强度、长度和复杂度，长度不得小于8位字符串，要求是字母和数字或特殊字符的混合，用户名和口令禁止相同。定期更换口令，更换周期不超过6个月，重要系统口令更换周期不超过3个月，最近使用的4个口令不可重复。

（八）强化公司统一漏洞及补丁工作，加强对公司各级单位漏洞的采集、分析、发布、描述的集中统一管理，实现全网漏洞扫描策略的统一制定、扫描任务的统一执行，实现对各级单位漏洞情况以及内外网补丁下载、安装情况的监管。加强各种典型漏洞、补丁的测试验证及整改工作。

（九）加强恶意代码及病毒防范管理，加强对特种木马的监测，确保客户端防病毒软件全面安装，严格要求内网病毒库的升级频率，加强病毒监测、预警、分析及通报力度。对使用的移动设备必须进行病毒木马查杀。

（十）加强远程运维管理，不得通过互联网或信息外网远程运维方式进行设备和系统的维护及技术支持工作。内网远程运维要履行审批程序，并对各项操作进行监控、记录和审计。有国外单位参与的运维操作需安排在测试仿真环境，禁止在生产环境进行。

（十一）规范变更计划、变更操作审批流程、变更测试、变更恢复预案等工作。严格系统变更、系统重要操作、物理访问和系统接入申报和审批程序，严格执行工作票和操作票制度。加强网络与信息系统检修过程安全管理，预防网络与信息系统损坏和事故发生。

（十二）加强安全审计工作，实现对主机、数据库、业务应用等多个层次集中、全面、细粒度安全审计，提高审计记录的统计汇总、综合分析能力，做到事前、事中、事后的问题追溯。

（十三）明确备份及恢复策略，严格控制数据备份和恢复过程。重要系统和数据备份需纳入公司统一的灾备系统。

（十四）涉及敏感信息的系统数据库应部署于信息内网，同时加强对重要地理信息、客户信息等的安全存储和安全传输等措施的落实。

（十五）电力通信网的光缆使用年限一般不应超过设计要求，超过设计年限要求的光缆应加强监测。

5.11.8 保密管理

本条评价项目的查评依据如下：

【依据 1】《国家电网公司网络与信息系统安全管理办法》[国网（信息/2）401—2014]

第十八条 加强员工信息安全管理，严格人员录用过程，与关键岗位员工签订保密协议，明确信息安全保密的内容和职责；切实加强员工信息安全培训工作，提高全员安全意识；及时终止离岗员工的所有访问权限。

对承担公司核心信息系统规划、研发、运维管理等关键岗位人员开展安全培训和考核，对系统运维关键岗位建立持证上岗制度，明确持证上岗要求。对关键岗位人员进行安全技能考核。将信息安全技能考核内容纳入公司安规考试。

第三十条 终端安全技术工作要求如下：

（一）办公计算机严格执行"涉密不上网、上网不涉密"纪律，严禁将涉及国家秘密的计算机、存储设备与信息内外网和其他公共信息网络连接，严禁在信息内网计算机存储、处理国家秘密信息，严禁在连接互联网的计算机上处理、存储涉及国家秘密和企业秘密信息；严禁信息内网和信息外网计算机交叉使用；严禁普通移动存储介质和扫描仪、打印机等计算机外设在信息内网和信息外网上交叉使用。涉密计算机按照公司办公计算机保密管理规定进行管理。

（二）信息内外网办公计算机应分别部署于信息内外网桌面终端安全域，桌面终端安全域应采取IP/MAC 绑定、安全准入管理、访问控制、入侵检测、病毒防护、恶意代码过滤、补丁管理、事件审计、桌面资产管理等措施进行安全防护。

（三）信息内外网办公计算机终端须安装桌面终端管理系统、保密检测系统、防病毒等客户端软件，严格按照公司要求设置基线策略，并及时进行病毒库升级以及补丁更新。严禁未通过本单位信息通信管理部门审核以及中国电科院的信息安全测评认定工作，相关部门和个人在信息内外网擅自安装具有拒绝服务、网络扫描、远程控制和信息搜集等功能的软件（恶意软件），防范引发的安全风险；如确需安装，应履行相关程序。

（四）对于不具备信息内网专线接入条件，通过公司统一安全防护措施接入信息内网的信息采集类、移动作业类终端，需严格执行公司办公终端"严禁内外网机混用"的原则。同时接入信息内网终端在遵循公司现有终端安全防护要求的基础上，要安装终端安全专控软件进行安全加固，并通过安全加密卡进行认证，确保其不能连接信息外网和互联网。

【依据 2】《国家电网公司办公计算机信息安全管理办法》[国网（信息/3）255—2014]

第五条 公司办公计算机信息安全工作按照"谁主管谁负责、谁运行谁负责、谁使用谁负责"

原则，公司各级单位负责人为本部门和本单位办公计算机信息安全工作主要责任人。

第六条　公司各级单位信息通信管理部门负责办公计算机的信息安全工作，按照公司要求做好办公计算机信息安全技术措施指导、落实与检查工作。

第七条　办公计算机使用人员为办公计算机的第一安全责任人，未经本单位运行维护人员同意并授权，不允许私自卸载公司安装的安全防护与管理软件，确保本人办公计算机的信息安全和内容安全。

第八条　公司各级单位信息通信运行维护部门负责办公计算机信息安全措施的落实、检查实施与日常维护工作。

第九条　办公计算机要按照国家信息安全等级保护的要求实行分类分级管理，根据确定的等级，实施必要的安全防护措施。信息内网办公计算机部署于信息内网桌面终端安全域，信息外网办公计算机部署于信息外网桌面终端安全域，桌面终端安全域要采取安全准入管理、访问控制、入侵监测、病毒防护、恶意代码过滤、补丁管理、事件审计、桌面资产管理、保密检测、数据保护与监控等措施进行安全防护。

5.11.9　信息安全审计与督察

本条评价项目的查评依据如下：

【依据】《国家电网公司网络与信息系统安全管理办法》［国网（信息/2）401—2014］

第二十九条　网络安全技术工作要求如下：

（一）电力通信网的数据网划分为电力调度数据网、综合数据通信网，分别承载不同类型的业务系统，电力调度数据网与综合数据网之间应在物理层面上实现安全隔离。

（二）加强信息内外网架构管控，做好分区分域安全防护，进一步提升用户服务体验。公司管理信息大区划分为信息外网和信息内网，信息内外网采用逻辑强隔离设备进行安全隔离。信息内外网内部根据业务分类划分不同业务区。各业务区按照信息系统防护等级以及业务系统类型进一步划分安全域，加强区域间用户访问控制，按最小化原则设置用户访问暴露面，防止非授权的跨域访问，实现业务分区分域管理。

（三）按照公司总体安全防护要求，结合电力通信网各类网络边界特点，严格按照公司要求落实访问控制、流量控制、入侵检测/防护、内容审计与过滤、防隐性边界、恶意代码过滤等安全技术措施，防范跨域跨边界非法访问及攻击，防范恶意代码传播。不得从任何公共网络直接接入公司内部网络，禁止内、外网接入通道混用。

（四）加强互联网边界及对外业务系统安全防护，进一步提升针对互联网出口 DDoS 等典型网络攻击以及特种病毒木马的防范能力，提高信息外网可靠性及安全性。

（五）深化信息内外网边界安全防护，加强内外网数据交互安全过滤，保障关键应用快速穿透和信息安全交互，满足客户服务及时响应需求。

（六）加强对信息内外网专线的安全防护，对于与银行等外部单位互联的专线要部署逻辑强隔离措施，设置访问控制策略，进行内容监测与审计，只容许指定的、可信的网络及用户才能进行数据交换。

（七）加强信息内网远程接入边界安全防护。对于采用无线专网接入公司内部网络的采集等业务应用，应在网络边界部署公司统一安全接入防护措施，建立专用加密传输通道，并结合公司统一数字证书体系进行防护。

（八）信息内网禁止使用无线网络组网。

（九）信息外网用无线组网的单位，应强化无线网络安全防护措施，无线网络要启用网络接入控制和身份认证，进行 IP/MAC 地址绑定，应用高强度加密算法，防止无线网络被外部攻击者非法进入，确保无线网络安全。

第三十条　终端安全技术工作要求如下：

（一）办公计算机严格执行"涉密不上网、上网不涉密"纪律，严禁将涉及国家秘密的计算机、存储设备与信息内外网和其他公共信息网络连接，严禁在信息内网计算机存储、处理国家秘密信息，严禁在连接互联网的计算机上处理、存储涉及国家秘密和企业秘密信息；严禁信息内网和信息外网计算机交叉使用；严禁普通移动存储介质和扫描仪、打印机等计算机外设在信息内网和信息外网上交叉使用。涉密计算机按照公司办公计算机保密管理规定进行管理。

（二）信息内外网办公计算机应分别部署于信息内外网桌面终端安全域，桌面终端安全域应采取IP/MAC 绑定、安全准入管理、访问控制、入侵检测、病毒防护、恶意代码过滤、补丁管理、事件审计、桌面资产管理等措施进行安全防护。

（三）信息内外网办公计算机终端须安装桌面终端管理系统、保密检测系统、防病毒等客户端软件，严格按照公司要求设置基线策略，并及时进行病毒库升级以及补丁更新。严禁未通过本单位信息通信管理部门审核以及中国电科院的信息安全测评认定工作，相关部门和个人在信息内外网擅自安装具有拒绝服务、网络扫描、远程控制和信息搜集等功能的软件（恶意软件），防范引发的安全风险；如确需安装，应履行相关程序。

（四）对于不具备信息内网专线接入条件，通过公司统一安全防护措施接入信息内网的信息采集类、移动作业类终端，需严格执行公司办公终端"严禁内外网机混用"的原则。同时接入信息内网终端在遵循公司现有终端安全防护要求的基础上，要安装终端安全专控软件进行安全加固，并通过安全加密卡进行认证，确保其不能连接信息外网和互联网。

5.12 相关方安全管理

5.12.1 相关方管理制度

本条评价项目的查评依据如下：

【依据】《企业安全生产标准化基本规范》（AQ/T 9006—2010）

5.4.2 规章制度

企业应建立健全安全生产规章制度，并发放到相关工作岗位，规范从业人员的生产作业行为。

安全生产规章制度至少应包含下列内容：安全生产职责、安全生产投入、文件和档案管理、隐患排查与治理、安全教育培训、特种作业人员管理、设备设施安全管理、建设项目安全设施"三同时"管理、生产设备设施验收管理、生产设备设施报废管理、施工和检修安全管理、危险物品及重大危险源管理、作业安全管理、相关方及外用工管理，职业健康管理、防护用品管理，应急管理，事故管理等。

5.7.4 相关方管理

企业应执行承包商、供应商等相关方管理制度，对其资格预审、选择、服务前准备、作业过程、提供的产品、技术服务、表现评估、续用等进行管理。

企业应建立合格相关方的名录和档案，根据服务作业行为定期识别服务行为风险，并采取行之有效的控制措施。

企业应对进入同一作业区的相关方进行统一安全管理。

不得将项目委托给不具备相应资质或条件的相关方。企业和相关方的项目协议应明确规定双方的安全生产责任和义务。

5.12.2 相关方作业管理

本条评价项目的查评依据如下：

【依据 1】《企业安全生产标准化基本规范》（AQ/T 9006—2010）

5.5.4 其他人员教育培训

企业应对相关方的作业人员进行安全教育培训。作业人员进入作业现场前，应由作业现场所在单位对其进行进入现场前的安全教育培训。

企业应对外来参观、学习等人员进行有关安全规定、可能接触到的危害及应急知识的教育和告知。

【依据2】《机械制造企业安全生产标准化规范》（AQ/T 7009—2013）

4.1.9 相关方安全管理

4.1.9.1 企业应确定具有资质的供应商和承包商，在其商务活动中签订并保存安全协议，明确双方安全责任和安全管理要求。

供应商和承包商在企业现场从事各种活动时，应遵守企业的安全生产要求，制订可靠的安全防范措施。企业应对供应商和承包商在其现场的活动进行监督管理。

4.1.9.2 企业将生产经营项目、场所、设备进行发包或出租时，应严格审查承包（承租）方的资质和安全技术条件，作业现场应有可靠的安全防范措施，签订并保存安全协议。

4.1.9.3 企业对在其区域内活动的短期、临时从业人员均应进行安全培训，规定其安全操作规程，告知作业场所的危险源及其控制方法，并进行监督管理。

4.1.9.4 企业应建立现场实习、参观及其他外来人员的安全管理规定，告知作业场所的危险源及其控制方法，并进行监督管理。

企业对现场实习的在校学生应与其管理单位签订安全协议，明确各自职责和管理要点。

5.13 绩效评定和持续改进

5.13.1 绩效评定

本条评价项目的查评依据如下：

【依据1】《国家电网公司员工奖惩规定》[国网（人资/4）148—2014]

第五条 公司成立员工奖惩工作领导小组，公司主要负责人任组长，分管负责人任副组长，成员由国网办公厅、安质部、国际部、法律部、人事部、人资部、政工部、监察局（纪检组）、工会等有关部门主要负责人组成，负责审定员工奖惩管理制度、决定员工奖惩重大事项等。

公司员工奖惩工作办公室设在国网人资部，归口管理公司系统员工奖惩工作，负责拟订公司奖惩管理制度、执行公司奖惩决定等。

第六条 公司职能部门按照专业分工和专业管理需要，负责制定本专业奖惩制度，提出本专业相关奖惩建议。

第七条 公司各级单位成立员工奖惩工作领导小组和办公室，负责执行公司奖惩管理制度，开展本单位员工奖惩管理。

【依据2】《企业安全生产标准化基本规范》（AQ/T 9006—2010）

5.13.1 企业应每年至少一次对本单位安全生产标准化的实施情况进行评定，验证各项安全生产制度措施的适宜性、充分性和有效性，检查安全生产工作目标、指标的完成情况。

企业主要负责人应对绩效评定工作全面负责。评定工作应形成正式文件，并将结果向所有部门、所属单位和从业人员通报，作为年度考评的重要依据。

企业发生死亡事故后应重新进行评定。

【依据3】《机械制造企业安全生产标准化规范》（AQ/T 7009—2013）

4.4 绩效评审

4.4.1 企业应建立并完善安全生产标准化绩效评审制度，每年至少一次对本单位安全生产标准化的实施情况进行自评，验证基础管理、基础设施、作业环境与职业健康等各项工作的符合性和有效性。

自评工作应形成文件，将自评有关结果通报给企业最高管理层和所属单位。并作为绩效评审输入的信息。

5.13.2 持续改进

本条评价项目的查评依据如下：

【依据1】《企业安全生产标准化基本规范》（AQ/T 9006—2010）

5.13.2 企业应根据安全生产标准化的评定结果和安全生产预警指数系统所反映的趋势，对安全生产目标、指标、规章制度、操作规程等进行修改完善，持续改进，不断提高安全绩效。

【依据 2】《机械制造企业安全生产标准化规范》（AQ/T 7009—2013）

4.4.2　企业主要负责人应组织每年至少一次对其安全生产标准化系统的绩效情况进行评审，验证安全生产标准化系统的持续适宜性、充分性和有效性。

绩效评审的输入应包括：

——自评的结果；

——相关方的沟通信息，包括抱怨或投诉；

——企业的职业安全健康绩效；

——目标的实现程度；

——事故、事件调查、纠正措施和预防措施的状况；

——职业安全健康有关的法律法规和其他要求的变化和发展；

——企业的危险等级划分及其计算值；

——改进建议。

绩效评审的输出应符合企业安全承诺，并应包括如下方面有关的任何决策和措施：

——职业安全健康绩效；

——安全承诺修改和持续改进目标；

——资源的保证；

——其他职业安全健康管理事务。

绩效评审结论应形成文件，并通报企业的所属单位。

6 生产设备设施

6.1 生产设备设施管理

6.1.1 生产设备设施建设

本条评价项目的查评依据如下：

【依据 1】《中华人民共和国安全生产法》（中华人民共和国主席令〔2014〕第 13 号）

第二十八条 生产经营单位新建、改建、扩建工程项目（以下统称建设项目）的安全设施，必须与主体工程同时设计、同时施工、同时投入生产和使用。安全设施投资应当纳入建设项目概算。

【依据 2】《企业安全生产标准化基本规范》（AQ/T 9006—2010）

5.6.1 生产设备设施建设

企业建设项目的所有设备设施应符合有关法律法规、标准规范要求；安全设备设施应与建设项目主体工程同时设计、同时施工、同时投入生产和使用。

企业应按规定对项目建议书、可行性研究、初步设计、总体开工方案、开工前安全条件确认和竣工验收等阶段进行规范管理。

生产设备设施变更应执行变更管理制度，履行变更程序，并对变更的全过程进行隐患控制。

【依据 3】《国家电网公司装备制造企业安全生产标准化管理规范（试行）》（安质三〔2013〕104 号）

5.9.1.1 生产设备设施建设

5.9.1.1.1 建设项目的所有设备设施应符合有关法律法规、标准规范要求，并宜采用先进的、安全性能可靠的新技术、新工艺、新设备和新材料；建设项目管理部门应按规定办理安全设备设施、职业危害防护设施"三同时"相关手续。

5.9.1.1.2 在项目可行性研究阶段应进行安全预评价，在项目初步设计阶段应编制安全设施设计专篇，在项目建成试生产运行正常后、正式投产前应进行安全验收评价；对于可能产生职业危害的建设项目，在可行性研究阶段应进行职业病危害预评价，在初步设计阶段应编制职业危害防治专篇，在竣工验收前应进行职业危害控制效果评价。

5.9.1.1.3 生产设备设施变更应执行变更管理制度，履行变更程序，由建设单位提出变更申请，说明变更的原因和内容；企业分管负责人组织申请部门和相关部门按照"三同时"原则进行变更的必要性、可行性分析和审核，审核后经分管负责人批准并实施；变更实施阶段，建设单位应对变更的全过程进行风险控制；变更结束后，建设单位组织对变更的验收。

5.9.1.1.4 应保留生产设备设施建设和变更的相关记录和报告。

6.1.2 生产设备设施基础管理

本条评价项目的查评依据如下：

【依据】《国家电网公司装备制造企业安全生产标准化管理规范（试行）》（安质三〔2013〕104 号）

5.9.1.2 生产设备设施基础管理

5.9.1.2.1 企业应明确生产设备设施主管部门，配备生产设备设施管理人员，对企业的生产设备设施实施统一管理。

5.9.1.2.2 建立生产设备设施安全管理制度，明确落实生产设备设施安全责任制以及生产设备设施的采购、验收、运行、检维修和拆除报废的流程和要求。

5.9.1.2.3 生产设备设施主管部门应进行生产设备设施档案管理，分类建立完善生产设备台账、技术资料和图纸等资料清单，制定年度生产设备设施技改规划和维保、检修计划。

6.1.3 生产设备设施运维管理

本条评价项目的查评依据如下：

【依据1】《企业安全生产标准化基本规范》（AQ/T 9006—2010）

5.6.2 设备设施运行管理

企业应对生产设备设施进行规范化管理，保证其安全运行。企业应有专人负责管理各种安全设备设施，建立台账，定期检维修。对安全设备设施应制定检维修计划。

设备设施检维修前应制定方案。检维修方案应包含作业行为分析和控制措施。检维修过程中应执行隐患控制措施并进行监督检查。

安全设备设施不得随意拆除、挪用或弃置不用；确因检维修拆除的，应采取临时安全措施，检维修完毕后立即复原。

【依据2】《国家电网公司装备制造企业安全生产标准化管理规范（试行）》（安质三〔2013〕104号）

5.9.1.3 生产设备设施运维管理

5.9.1.3.1 企业应确定生产设备设施运行维护的归口管理部门，配备专职运行维护管理人员，对生产设备设施的运行维护进行统一管理或监督管理。

5.9.1.3.2 企业应制定设备维护的制度和规程，并定期检查执行情况。

5.9.1.3.3 设备运行维护归口管理部门应根据设备实际使用情况，制定年度综合计划，落实"五定"，即定检修方案、定检修人员、定安全措施、定检修质量、定检修进度，并结合检查后的结果，规定检维修日期、类别和内容。

5.9.1.3.4 设备运行维护基本原则：

a）设备维护工作应贯彻"预防为主"的原则，杜绝设备事故隐患。

b）按规程正确使用和保养设备，防止连接件松动和不正常的磨损，延长设备使用寿命和检修周期。

c）设备日常维护工作中应做到"三好"（管好、用好、维护好），"四会"（会使用、会保养、会检查、会排除故障）。

提高维修工作质量、减少故障停机时间。

5.9.1.3.5 企业应实行设备运行维护负责制，实行定人、定区域制：

a）单机、独立（如起重设备、运输车辆、机加工设备等）的通用设备实行操作人员当班检查和运行维护负责制。

b）连续生产线上集体操作的设备，宜实行设备分区域当班检查和运行维护负责制。

c）无固定人员操作的公用设备，由设备所在部门负责任指定专人运行维护。

d）设备应制定和悬挂维护保养责任牌，明确维护保养责任人。

e）设备操作人员维护保养主要职责：

严格按设备使用规程正确操作设备，严禁超负荷使用。使用前应进行空负荷试车，对设备的控制开关、安全连锁防护装置、漏油情况等进行检查，发现问题和异常现象，应及时处理；

按制定的润滑表，定期添加润滑油或润滑脂，定期换油，保持油路畅通；下班前将设备和工作场地擦拭和清扫干净，保持设备内外清洁；认真执行设备交接班制度，主要设备每台都应有"交接班记录本"。

5.9.1.3.6 企业应实行设备专业维修包修制：

a）落实班组包区域，个人包设备的负责制。

b）每个设备区域和每一台设备都要制定和悬挂维护检修责任牌。区域内要悬挂班组长责任牌，单机悬挂个人责任牌。

c）设备维修人员主要职责：

1）对负责的设备定时、定点进行巡回检查，发现问题，及时处理；

2）每台设备检查点的检查情况详细填写记录，并存档备查；

3）根据定时定点检查的记录，上报设备的预修计划。

5.9.1.3.7　设备的分类分级维护保养：

a）起重设备、机加工等通用设备，应实行一、二级维护保养责任制，按规定时间进行保养：

1）一级保养以操作人员为主，维修人员配合；

2）二级保养以维修人员为主。

b）连续生产线上的专用设备，推行点检、预修和节假日的维修责任制，根据点检的预修计划，进行定量维修。

c）设备的预防维护保养周期的确定，可根据设备的重要性和生产班次划分类别。

d）按类别确定好每一台设备的必检部位，定岗、定员，责任到人。

e）每一台设备，应编写操作人员日常维护检查表和专业维修人员巡回检查表（包括机组名称、必检部位名称、每点检查内容、检查标准、检查时间、检查总的编号）及检查记录或图表。

5.9.1.3.8　设备维护规程的编制：

a）设备应有维护规程：

1）新建和技术改造的设备在验收投产前，由设备所在部门负责编写维护规程；

2）在用设备无设备维护规程时，应限期由设备所在部门负责编写；

3）根据生产发展、工艺改进及设备装置水平的不断提高，应相应修订和完善设备维护规程；

4）操作、维修人员在实践中，发现有不妥和失误之处应立即进行修改；

5）新编制和修订的维护规程，应按规定审核，并报送归口管理部门备案后，发至作业岗位。

b）设备维护规程，应包括如下内容：

1）设备的主要技术性能参数表；

2）简要的传动示意图、液压、动力、电气等原理图，便于掌握设备的工作原理；

3）润滑控制点管理图表，明确设备的润滑点及选用油脂牌号；

4）当班操作人员检查维护部位，维护人员巡回检查的周期、检查点，每点检查的标准，设备在运行中出现的常见故障排除方法；

5）设备运行中的安全注意事项；

6）设备易损件更换周期和报废标准；

7）明确设备和设备区域的文明卫生要求。

5.9.1.3.9　设备维护规程的贯彻与执行：

a）维护规程应深入贯彻到操作、维修人员。

归口管理部门应检查维护规程执行情况，发现不按规程执行，严肃处理。

5.9.1.3.10　设备技术档案管理：

a）凡在用的设备都必须建立技术档案：

1）按制定的"设备技术档案"逐项记载；

2）应有传动示意图、液压、动力、电气等原理图；

3）应有润滑五定图表；

4）应有点检表（包括点检内容、点检标准、点检时间、点检人员及处理结果）；

5）设备档案的内容要随问题的出现和解决而详细记载（包括问题出现的时间、部位、损坏程度、原因、处理结果、责任者等）。

b）凡在用的100千瓦及以上的大型电机、高压屏、高压开关、变压器、整流装置、电热设备等应独立建立专业档案。

c）凡在用的主要设备应建立备件、易损件图册。

d）新设备到货后，全部资料（包括图纸、说明书、装箱单等）应及时归档。

e）设备大、中修，应将检修情况（包括检修时间、检修负责人、更换的零部件、解决的主要技术问题、改进部分及图纸、调试、验收等原始记录）归档。

5.9.1.3.11　设备检维修时，应做好开工前的各项准备工作和过程的组织管理，严格执行安全规程，文明操作，并满足以下要求：

a）检维修前应进行危险有害因素识别，编制检维修方案，方案应包含作业行为分析和控制措施，办理工艺、设备设施交付检维修手续，对检维修人员进行安全培训教育，对安全控制措施进行确认，为检维修作业人员配备适当的劳动保护用品，办理各种作业许可证，对检维修现场进行安全检查。

b）检维修过程中应明确安全责任，落实检修安全管理制度，做到检修安全的全员、全过程、全方位控制，执行隐患控制措施并进行监督检查。

c）检维修后应及时办理检维修交付生产手续。

6.1.4　设备设施验收和报废拆除

本条评价项目的查评依据如下：

【依据 1】《企业安全生产标准化基本规范》（AQ/T 9006—2010）

5.6.3　新设备设施验收及旧设备拆除、报废

设备的设计、制造、安装、使用、检测、维修、改造、拆除和报废，应符合有关法律法规、标准规范的要求。

企业应执行生产设备设施到货验收和报废管理制度，应使用质量合格、设计符合要求的生产设备设施。

拆除的生产设备设施应按规定进行处置。拆除的生产设备设施涉及危险物品的，须制定危险物品处置方案和应急措施，并严格按规定组织实施。

【依据 2】《国家电网公司装备制造企业安全生产标准化管理规范（试行）》（安质三〔2013〕104 号）

5.9.1.5　新设备设施验收及旧设备拆除、报废管理

5.9.1.5.1　生产设备设施的验收、拆除和报废，应符合有关法律法规、标准规范的要求。

5.9.1.5.2　执行生产设备设施到货验收和报废管理制度，使用质量合格、设计符合要求的生产设备设施。

5.9.1.5.3　设备拆除前生产设备设施管理部门应对其进行风险评估，制定拆除计划、方案并办理审批手续，拆除积存易燃、易爆及危险化学品的容器、设备、管道，应办理危险作业审批手续，并应清洗干净，验收合格后方可拆除或报废。

5.9.1.5.4　拆除的生产设备设施应按规定进行处置，涉及危险物品的，应由有资质的单位进行处置，同时应制定危险物品处置方案和应急措施，并严格按规定组织实施。

6.2　安全设备设施管理

6.2.1　安全设备设施基础管理

本条评价项目的查评依据如下：

【依据 1】《国家电网公司安全设施标准　第 6 部分：装备制造业》（Q/GDW 1434.6—2013）

8　安全防护设施

8.1　一般规定

8.1.1　安全防护设施用于防止外因引发的人身伤害，包括安全帽、防尘口罩、防护眼镜、防护手套、防护鞋、安全带、安全网、速差自控器、固定防护遮栏、区域隔离遮栏、临时遮栏（围栏）、孔洞盖板、水沟盖板、防小动物挡板、机械安全防护装置等设施和用具。

8.1.2　安全防护设施应按要求定期检查、保养、维护和试验，确保完好。工作人员进入生产现场，应根据作业环境中所存在的危险因素，按照 GB/T 11651《个体防护装备选用规范》中的有关规定穿戴或使用必要的防护用品。

【依据 2】《国家电网公司装备制造企业安全生产标准化管理规范（试行）》（安质三〔2013〕104 号）

5.9.2　安全设备设施的管理

5.9.2.1 安全设备设施基础管理

5.9.2.1.1 企业应设置专人负责管理各种安全设备设施，并建立台账（参考附录 I.1），定期对其进行检查、维护和保养。

5.9.2.1.1 用于安全设备设施的监视和测量设备应定期选择有资质的单位进行校准和维护，并保存校准和维护活动的记录。

【依据 3】《机械制造企业安全质量标准化工作指南》（中国机械工业安全卫生协会 2005 年 3 月）

1.3.1 企业进行设备设施安全考评应具备的资料：

1.3.1.1 各类设备设施、工具与物质的台账。包括总数量、分布单位的数量、型号与规格，注明在用与完好、大修、封存、调拨、报废等现状。企业供当年度的大修理正式计划；正在大修（或停用待大修）的可不考评；封存一年以上（有正式手续）或已办理报废手续且均未使用的设备设施与工具可不考评；已调拨到独立法人资格企业的（已不在本企业现场）可不考评。

1.3.1.2 各类设备设施的图纸资料。包括各类动力管道、配电线路、接地与防雷系统、厂房建筑等图纸资料。近年（期）有增减的部分应予以补充或注明，要时重新描绘，图纸资料与实际情况须相符。

1.3.1.3 各类测试与记录。凡是要求定期检测、试验的设备设施与工具，检测试验报告或记录应真实齐全，第一次考评的企业至少有一年（或一个检测周期）的，复评或再次复查的企业至少有上次考评至本次考评之间的，通常保存 3～5 年。原始操作记录或维护检查记录通常查证 6～12 个月。

6.2.2 安全设备设施运行管理

本条评价项目的查评依据如下：

【依据 1】《企业安全生产标准化基本规范》（AQ/T 9006—2010）

5.6.2 设备设施运行管理

企业应对生产设备设施进行规范化管理，保证其安全运行。企业应有专人负责管理各种安全设备设施，建立台账，定期检维修。对安全设备设施应制定检维修计划。

设备设施检维修前应制定方案。检维修方案应包含作业行为分析和控制措施。检维修过程中应执行隐患控制措施并进行监督检查。

安全设备设施不得随意拆除、挪用或弃置不用；确因检维修拆除的，应采取临时安全措施，检维修完毕后立即复原。

【依据 2】《国家电网公司装备制造企业安全生产标准化管理规范（试行）》（安质三〔2013〕104 号）

5.9.2.2 安全设备设施运行管理

5.9.2.2.1 安全设备设施不得随意拆除、挪用或弃置不用，因检维修拆除的，应采取临时安全措施，检维修完毕后应立即复原。

5.9.2.2.2 安全设备设施管理人员每季度对安全设备设施及装置维护保养监督检查不少于一次，确保安全设备设施有效，发现失效的安全设备设施应及时通知相关部门进行更换。

5.9.2.2.3 企业应确保安全设施配备符合国家有关规定和标准，主要包含以下几个方面：

a）按照 GB 12158 在输送易燃物料的设备、管道安装防静电设施。

b）按照 GB 50057 在厂区安装防雷设施。

c）按照 GB 50016、GB 50140 配置消防设施与器材。

d）按照 GB 4053 设置钢直梯、钢斜梯、工业防护栏杆及钢平台。

e）按照 GB 2894 设置安全标识。

f）按照 GB/T 8196 设置安全防护罩、网和防护栏等防护装置。

g）厂房、库房等建筑的安全设施的设置应符合 GB 50016 和 GB 50160。

h）在可能引起火灾、爆炸的部位应安装静电导除装置，设置超温、超压等检测仪表、声光报警装置和安全联锁装置等设施。

i）对存在噪声、辐射、粉尘、高温等职业危害的作业区域宜安装相应职业危害因素的监视和报警装置。

6.3 特种设备管理

6.3.1 特种设备技术资料管理

本条评价项目的查评依据如下：

【依据 1】《中华人民共和国安全生产法》（中华人民共和国主席令〔2014〕第 13 号）

第四十条 特种设备使用单位应当按照安全技术规范的要求，在检验合格有效期届满前一个月向特种设备检验机构提出定期检验要求。

特种设备检验机构接到定期检验要求后，应当按照安全技术规范的要求及时进行安全性能检验。特种设备使用单位应当将定期检验标志置于该特种设备的显著位置。

未经定期检验或者检验不合格的特种设备，不得继续使用。

【依据 2】《中华人民共和国特种设备安全法》（中华人民共和国主席令〔2013〕第 4 号）

第三十二条 特种设备使用单位应当使用取得许可生产并经检验合格的特种设备。

禁止使用国家明令淘汰和已经报废的特种设备。

第三十五条 特种设备使用单位应当建立特种设备安全技术档案。安全技术档案应当包括以下内容：

（一）特种设备的设计文件、产品质量合格证明、安装及使用维护保养说明、监督检验证明等相关技术资料和文件；

（二）特种设备的定期检验和定期自行检查记录；

（三）特种设备的日常使用状况记录；

（四）特种设备及其附属仪器仪表的维护保养记录；

（五）特种设备的运行故障和事故记录。

【依据 3】《国家电网公司装备制造企业安全生产标准化管理规范（试行）》（安质三〔2013〕104 号）

5.9.3.1 特种设备技术资料管理

5.9.3.1.1 企业应加强锅炉、压力容器（含气瓶）、压力管道、电梯、起重机械、场（厂）内机动车辆等特种设备的管理，按台（套）建立特种设备安全技术档案（参考附录Ⅰ.2、Ⅰ.3），并由专人管理，保存完好。

5.9.3.1.2 档案中应包括：特种设备的设计文件、制造单位、产品质量合格证明、使用维护说明等文件以及安装技术文件和资料，特种设备的定期检验和定期自行检查的记录（参考附录Ⅰ.4、Ⅰ.6），特种设备的日常使用状况记录，特种设备及其安全附件、安全保护装置、测量调控装置及有关附属仪器仪表的日常维护保养记录，特种设备运行故障和事故记录。

6.3.2 特种设备登记管理

本条评价项目的查评依据如下：

【依据 1】《中华人民共和国特种设备安全法》（中华人民共和国主席令〔2013〕第 4 号）

第三十三条 特种设备使用单位应当在特种设备投入使用前或者投入使用后三十日内，向负责特种设备安全监督管理的部门办理使用登记，取得使用登记证书。登记标志应当置于该特种设备的显著位置。

第四十条 特种设备使用单位应当按照安全技术规范的要求，在检验合格有效期届满前一个月向特种设备检验机构提出定期检验要求。

特种设备检验机构接到定期检验要求后，应当按照安全技术规范的要求及时进行安全性能检验。特种设备使用单位应当将定期检验标志置于该特种设备的显著位置。未经定期检验或者检验不合格的特种设备，不得继续使用。

【依据2】《国家电网公司装备制造企业安全生产标准化管理规范（试行）》（安质三〔2013〕104号）

5.9.3.2 特种设备登记管理

5.9.3.2.1 在特种设备投入使用前或者投入使用后30日内，向当地的特种设备安全监督管理部门登记。登记标识应当置于或者附着于该特种设备的显著位置。

5.9.3.2.2 建立特种设备台账或清单，记录设备登记号、设备启用时间、检验周期、检验情况、安全管理人员等，其中应包括企业自有气瓶、构成特种设备的移动式空压机、设备所带的压力容器等。

5.9.3.2.3 外购气瓶应明确管理部门，并建立外购和退回的登记台账或清单，其中应登记其使用现场和部门、购进时间及购进检验人、退回时间等。

6.3.3 特种设备检查

本条评价项目的查评依据如下：

【依据1】《中华人民共和国特种设备安全法》（中华人民共和国主席令〔2013〕第4号）

第三十九条 特种设备使用单位应当对其使用的特种设备进行经常性维护保养和定期自行检查，并作出记录。

特种设备使用单位应当对其使用的特种设备的安全附件、安全保护装置进行定期校验、检修，并作出记录。

第四十条 特种设备使用单位应当按照安全技术规范的要求，在检验合格有效期届满前一个月向特种设备检验机构提出定期检验要求。

特种设备检验机构接到定期检验要求后，应当按照安全技术规范的要求及时进行安全性能检验。特种设备使用单位应当将定期检验标志置于该特种设备的显著位置。

未经定期检验或者检验不合格的特种设备，不得继续使用。

第四十一条 特种设备安全管理人员应当对特种设备使用状况进行经常性检查，发现问题应当立即处理；情况紧急时，可以决定停止使用特种设备并及时报告本单位有关负责人。

第四十五条 电梯的维护保养应当由电梯制造单位或者依照本法取得许可的安装、改造、修理单位进行。

电梯的维护保养单位应当在维护保养中严格执行安全技术规范的要求，保证其维护保养的电梯的安全性能，并负责落实现场安全防护措施，保证施工安全。

电梯的维护保养单位应当对其维护保养的电梯的安全性能负责；接到故障通知后，应当立即赶赴现场，并采取必要的应急救援措施。

第四十六条 电梯投入使用后，电梯制造单位应当对其制造的电梯的安全运行情况进行跟踪调查和了解，对电梯的维护保养单位或者使用单位在维护保养和安全运行方面存在的问题，提出改进建议，并提供必要的技术帮助；发现电梯存在严重事故隐患时，应当及时告知电梯使用单位，并向负责特种设备安全监督管理的部门报告。电梯制造单位对调查和了解的情况，应当作出记录。

【依据2】《国家电网公司电工制造安全工作规程》（Q/GDW 11370—2015）

6.1.4 特种设备须经检验检测（检验检测项目及周期见附录J）合格，且注册登记，取得使用许可证后，方可使用。

6.1.5 各类设备、工器具应有产品合格证，应按规定进行定期检验（起重工具检验项目及周期见附录K），并在合适、醒目的位置粘贴检验合格证。

6.1.6 作业前，应开展设备点检，重点检查各类机械、设备与器具的结构、连接件、附件、仪表、安全防护与制动装置等齐全完好，并根据额定数据选用，根据需要做好接地、支撑等措施，开启照明、监测、通风、除尘等装置。

7.1.18 特种设备［锅炉、压力容器（含气瓶）、压力管道、电梯、起重机械、场（厂）内专用机动车辆］，在使用前应经特种设备检验检测机构检验合格，取得合格证并制定安全使用规定和定期检验维护制度。检验合格有效期届满前 1 个月向特种设备检验机构提出定期检验要求。同时，在投入使用前或者投入使用后 30 日内，使用单位应当向直辖市或者设有区的市的特种设备安全监督管理部门登记。

【依据3】《国家电网公司装备制造企业安全生产标准化管理规范（试行）》（安质三〔2013〕104 号）

5.9.3.4 特种设备检查

5.9.3.4.1 每月至少对特种设备进行一次检查，由专兼职设备安全管理人员或设备检修人员进行，并保存记录；

5.9.3.4.2 电梯应当至少每 15 日进行一次清洁、润滑、调整和检查，并应由具有资质的安装、改造、维修单位或者电梯制造单位进行；

5.9.3.4.3 应对各类特种设备安全附件、安全保护装置、测量调控装置及有关附属仪器仪表定期校验、检修的周期、职责作出规定，不具备条件的，应委托具有资质单位进行；并保存校验、检修记录；锅炉、压力容器的报警参数设定应由经过授权的人员进行，确保有效。

6.4 设备设施安全要求

6.4.1 基础设备设施安全

6.4.1.1 厂房及构筑物建设

本条评价项目的查评依据如下：

【依据】《建筑设计防火规范》（GB 50016—2014）

3.1 火灾危险性分类

3.1.1 生产的火灾危险性应根据生产中使用或产生的物质性质及其数量等因素划分，可分为甲、乙、丙、丁、戊类，并应符合表 3.1.1 的规定。

表 3.1.1 生产的火灾危险性分类

生产的火灾危险性类别	使用或产生下列物质生产的火灾危险性特征
甲	1. 闪点小于 28℃的液体 2. 爆炸下限小于 10%的气体 3. 常温下能自行分解或在空气中氧化能导致迅速自燃或爆炸的物质 4. 常温下受到水或空气中水蒸气的作用，能产生可燃气体并引起燃烧或爆炸的物质 5. 遇酸、受热、撞击、摩擦、催化以及遇有机物或硫磺等易燃的无机物，极易引起燃烧或爆炸的强氧化剂 6. 受撞击、摩擦或与氧化剂、有机物接触时能引起燃烧或爆炸的物质 7. 在密闭设备内操作温度不小于物质本身自燃点的生产
乙	1. 闪点不小于 28℃，但小于 60℃的液体 2. 爆炸下限不小于 10%的气体 3. 不属于甲类的氧化剂 4. 不属于甲类的化学易燃固体 5. 助燃气体 6. 能与空气形成爆炸性混合物的浮游状态的粉尘、纤维、闪点不小于 60℃的液体雾滴
丙	1. 闪点不小于 60℃的液体 2. 可燃固体
丁	1. 对不燃烧物质进行加工，并在高温或熔化状态下经常产生强辐射热、火花或火焰的生产 2. 利用气体、液体、固体作为燃料或将气体、液体进行燃烧作其他用的各种生产 3. 常温下使用或加工难燃烧物质的生产
戊	常温下使用或加工不燃烧物质的生产

3.1.2 同一座厂房或厂房的任一防火分区内有不同火灾危险性生产时，厂房或防火分区内的生产火灾危险性类别应按火灾危险性较大的部分确定；当生产过程中使用或产生易燃、可燃物的量较少，不足以构成爆炸或火灾危险时，可按实际情况确定；当符合下述条件之一时，可按火灾危险性较小的部分确定：

1 火灾危险性较大的生产部分占本层或本防火分区建筑面积的比例小于 5%或丁、戊类厂房内的油漆工段小于 10%，且发生火灾事故时不足以蔓延至其他部位或火灾危险性较大的生产部分采取了有效的防火措施；

2 丁、戊类厂房内的油漆工段，当采用封闭喷漆工艺，封闭喷漆空间内保持负压、油漆工段设置可燃气体探测报警系统或自动抑爆系统，且油漆工段占其所在防火分区建筑面积的比例不大于 20%。

3.1.3 储存物品的火灾危险性应根据储存物品的性质和储存物品中的可燃物数量等因素划分，可分为甲、乙、丙、丁、戊类，并应符合表 3.1.3 的规定。

表 3.1.3 储存物品的火灾危险性分类

储存物品的火灾危险性类别	储存物品的火灾危险性特征
甲	1. 闪点小于 28℃的液体 2. 爆炸下限小于 10%的气体，以及受到水或空气中水蒸气的作用，能产生爆炸下限小于 10%气体的固体物质 3. 常温下能自行分解或在空气中氧化能导致迅速自燃或爆炸的物质 4. 常温下受到水或空气中水蒸气的作用，能产生可燃气体并引起燃烧或爆炸的物质 5. 遇酸、受热、撞击、摩擦以及遇有机物或硫磺等易燃的无机物，极易引起燃烧或爆炸的强氧化剂 6. 受撞击、摩擦或与氧化剂、有机物接触时能引起燃烧或爆炸的物质
乙	1. 闪点不小于 28℃，但小于 60℃的液体 2. 爆炸下限不小于 10%的气体 3. 不属于甲类的氧化剂 4. 不属于甲类的化学易燃危险固体 5. 助燃气体 6. 常温下与空气接触能缓慢氧化，积热不散引起自燃的物品
丙	1. 闪点不小于 60℃的液体 2. 可燃固体
丁	难燃烧物品
戊	不燃烧物品

3.1.4 同一座仓库或仓库的任一防火分区内储存不同火灾危险性物品时，仓库或防火分区的火灾危险性应按其中火灾危险性最大的物品确定。

3.1.5 丁、戊类储存物品仓库的火灾危险性，当可燃包装重量大于物品本身重量 1/4 或可燃包装体积大于物品本身体积的 1/2 时，按丙类确定。

3.4 厂房的防火间距

3.4.1 除本规范另有规定者外，厂房之间及其与乙、丙、丁、戊类仓库、民用建筑等之间的防火间距不应小于表 3.4.1 的规定，与甲类仓库的防火间距应符合本规范第 3.5.1 条规定。

3.4.2 甲类厂房与重要公共建筑之间的防火间距不应小于 50m，与明火或散发火花地点之间的防火间距不应小于 30m。

3.4.3 散发可燃气体、可燃蒸气的甲类厂房与铁路、道路等的防火间距不应小于表 3.4.3 的规定，但甲类厂房所属厂内铁路装卸线当有安全措施时，防火间距可不受表 3.4.3 规定的限制。

表 3.4.3 散发可燃气体、可燃蒸汽的甲类厂房与铁路、道路等的防火间距（m）

名称	厂外铁路线中心线	厂内铁路线中心线	厂外道路路边	厂内道路路边	
				主要	次要
甲类厂房	30	20	15	10	5

3.4.4 高层厂房与甲、乙、丙类液体储罐，可燃、助燃气体储罐，液化石油气储罐，可燃材料堆场（煤和焦炭场除外）的防火间距，应符合本规范第4章的有关规定，且不应小于13m。

3.4.5 丙、丁、戊类厂房与民用建筑的耐火等级均为一、二级时，丙、丁、戊类厂房与民用建筑的防火间距可适当减小，但应符合下列规定：

1 当较高一面外墙为无门、窗、洞口的防火墙，或比相邻较低一座建筑屋面高15m及以下范围内的外墙为无门、窗、洞口的防火墙时，其防火间距可不限；

2 相邻较低一面外墙为防火墙，且屋顶无天窗、屋顶耐火极限不低于1.00h，或相邻较高一面外墙为防火墙，且墙上开口部位采取了防火措施，其防火间距可适当减小，但不应小于4m。

3.4.6 厂房外附设化学易燃物品的设备时，其外壁与相邻厂房室外附设设备的外壁或相邻厂房外墙的防火间距，不应小于本规范第3.4.1条的规定。用不燃烧材料制作的室外设备，可按一、二级耐火等级建筑确定。

总储量不大于15m³的丙类液体储罐，当直埋于厂房外墙外，且面向储罐一面4.0m范围内的外墙为防火墙时，其防火间距不限。

3.4.7 同一座U形或山形厂房中相邻两翼之间的防火间距，不宜小于本规范第3.4.1条的规定，但当该厂房的占地面积小于本规范第3.3.1条规定的每个防火分区的最大允许建筑面积时，其防火间距可为6m。

3.4.8 除高层厂房和甲类厂房外，其他类别的数座厂房占地面积之和小于本规范第3.3.1条规定的防火分区最大允许建筑面积（按其中较小者确定，但防火分区的最大允许建筑面积不限者，不应大于10 000m²）时，可成组布置。当厂房建筑高度不大于7m时，组内厂房之间的防火间距不应小于4m；当厂房建筑高度大于7m时，组内厂房之间的防火间距不应小于6m。

组与组或组与相邻建筑之间的防火间距，应根据相邻两座耐火等级较低的建筑，按本规范第3.4.1条的规定确定。

3.4.9 一级汽车加油站、一级汽车加气站和一级汽车加油加气合建站不应建在城市建成区内。

3.4.10 汽车加油、加气站和加油加气合建站的分级，汽车加油、加气站和加油加气合建站及其加油（气）机、储油（气）罐等与站外明火或散发火花地点、建筑、铁路、道路的防火间距，以及站内各建筑或设施之间的防火间距，应符合现行国家标准《汽车加油加气站设计与施工规范》（GB 50156）的有关规定。

3.4.11 电力系统电压为35kV～500kV且每台变压器容量在10MV·A以上的室外变、配电站以及工业企业的变压器总油量大于5t的室外降压变电站，与其他建筑之间的防火间距不应小于本规范第3.4.1条和第3.5.1条的规定。

3.4.12 厂区围墙与厂内建筑之间的间距不宜小于5m，围墙两侧建筑的间距还应满足相应建筑的防火间距要求。

3.5 仓库的防火间距

3.5.1 甲类仓库之间及其与其他建筑、明火或散发火花地点、铁路、道路等的防火间距不应小于表3.5.1的规定。

3.5.2 除本规范另有规定者外，乙、丙、丁、戊类仓库之间及与民用建筑之间的防火间距，不应小于表3.5.2的规定。

3.5.3 丁、戊类仓库与民用建筑的耐火等级均为一、二级时，仓库与民用建筑的防火间距应按符合下列规定：

1 当较高一面外墙为无门、窗、洞口的防火墙，或比相邻较低一座建筑屋面高15m及以下范围内的外墙为无门、窗、洞口的防火墙时，其防火间距可不限；

2 相邻较低一面外墙为防火墙，且屋顶无天窗或洞口、屋顶耐火极限不低于1.00h，或相邻较高一面外墙为防火墙，且墙上开口部位采取了防火保护措施，其防火间距可适当减小，但不应小于4m。

3.5.4　粮食筒仓与其他建筑、粮食筒仓组之间的防火间距，不应小于表 3.5.4 的规定。

3.5.5　库区围墙与库区内建筑之间的间距不宜小于 5m，且围墙两侧的建筑之间还应满足相应的防火间距要求。

6.4.1.2　危险化学品库

本条评价项目的查评依据如下：

【依据 1】《机械制造企业安全生产标准化规范》（AQ/T 7009—2013）

4.2.34　危险化学品库

4.2.34.1　库房建筑物

4.2.34.1.1　库房耐火等级应不低于二级，门窗应向外开启。

4.2.34.1.2　库房与明火间距应大于 30m；电气线路不得跨越库房，平行间距应不小于电杆 1.5 倍。

4.2.34.2　物品存放

4.2.34.2.1　危险化学品应按其特性，分类、分区、分库、分架、分批次存放。

4.2.34.2.2　严禁爆炸性物质与其他任何物质同库存放。

4.2.34.2.3　严禁相互接触或混合后能引起爆炸，氧化着火的物质同库存放。

4.2.34.2.4　严禁灭火方法不同的物质同库存放。

4.2.34.2.5　严禁剧毒品与其他任何物质同库存放。

4.2.34.2.6　遇热、遇火、遇潮能引起燃烧、爆炸或发生化学反应产生有毒气体的危险化学品，不应存放在露天或有潮湿、积水的建筑物中。

4.2.34.2.7　压缩气体和液化气体不应与爆炸品、氧化剂、易燃品、自燃品、腐蚀品存放于同一库房中。

4.2.34.2.8　剧毒品应专柜存放，并严格执行"五双"制，即：双本账、双人管、双把锁、双人领、双人用。

4.2.34.2.9　存放处及使用场所应有《危险化学品安全技术说明书》（MSDS）。

4.2.34.3　隔热和通风

4.2.34.3.1　库房应采取高低窗的自然通风，当自然通风不能满足要求时，应设置机械通风。

4.2.34.3.2　门窗的玻璃应设置防止阳光直射的措施。

4.2.34.3.3　库房屋面宜架设隔热层或增设喷淋降温装置。

4.2.34.4　防爆和防静电

4.2.34.4.1　应根据存放物品的特性采取相应等级的防爆电器。

4.2.34.4.2　库内设备、工艺管道应设置导除静电的接地装置。

4.2.34.4.3　所使用的工具应满足防火防爆的要求。

4.2.34.5　消防

4.2.34.5.1　灭火器的配置应符合 GB 50140 的相关规定；灭火器应定置存放，并在检验周期内使用；灭火器存放点应设有编号、责任人；库房外灭火的砂、铲、桶应齐全。

4.2.34.5.2　消防通道应畅通，无占道堵塞现象，并留有消防车可调头的回车道。厂区消防栓保护范围内的水枪、水带、扳手等附件应配备齐全。

4.2.34.5.3　库房外应设有醒目的安全警示标志；并应设有储存物品的名称、特性、数量及灭火方法的标识牌。

4.2.34.6　危险化学品的废弃物和包装容器应统一回收、统一处理。

【依据 2】《国家电网公司电工制造安全工作规程》（Q/GDW 11370—2015）

4.3.3　危险化学品作业场所要求

4.3.3.1　危险化学品的使用现场应有良好的自然通风，狭小作业场所应设置机械通风；使用现场危险化学品的存放量不应超过当班使用量。

4.3.3.2　危险化学品的使用现场应根据其存放或使用物品的特性，采取相应等级的防爆电器；使用场所的设备、工艺管道应设置导除静电的接地装置。

4.3.3.3　危险化学品的使用现场与高温区、明火产生点的间距应大于 30m，如有可靠的通风装置时应大于 6m。

【依据 3】《危险化学品安全管理条例》（国务院令第 591 号）

第十三条　生产、储存危险化学品的单位，应当对其铺设的危险化学品管道设置明显标志，并对危险化学品管道定期检查、检测。

进行可能危及危险化学品管道安全的施工作业，施工单位应当在开工的 7 日前书面通知管道所属单位，并与管道所属单位共同制定应急预案，采取相应的安全防护措施。管道所属单位应当指派专门人员到现场进行管道安全保护指导。

第十九条　危险化学品生产装置或者储存数量构成重大危险源的危险化学品储存设施（运输工具加油站、加气站除外），与下列场所、设施、区域的距离应当符合国家有关规定：

（一）居住区以及商业中心、公园等人员密集场所；

（二）学校、医院、影剧院、体育场（馆）等公共设施；

（三）饮用水源、水厂以及水源保护区；

（四）车站、码头（依法经许可从事危险化学品装卸作业的除外）、机场以及通信干线、通信枢纽、铁路线路、道路交通干线、水路交通干线、地铁风亭以及地铁站出入口；

（五）基本农田保护区、基本草原、畜禽遗传资源保护区、畜禽规模化养殖场（养殖小区）、渔业水域以及种子、种畜禽、水产苗种生产基地；

（六）河流、湖泊、风景名胜区、自然保护区；

（七）军事禁区、军事管理区；

（八）法律、行政法规规定的其他场所、设施、区域。

已建的危险化学品生产装置或者储存数量构成重大危险源的危险化学品储存设施不符合前款规定的，由所在地设区的市级人民政府安全生产监督管理部门会同有关部门监督其所属单位在规定期限内进行整改；需要转产、停产、搬迁、关闭的，由本级人民政府决定并组织实施。

储存数量构成重大危险源的危险化学品储存设施的选址，应当避开地震活动断层和容易发生洪灾、地质灾害的区域。

本条例所称重大危险源，是指生产、储存、使用或者搬运危险化学品，且危险化学品的数量等于或者超过临界量的单元（包括场所和设施）。

第二十条　生产、储存危险化学品的单位，应当根据其生产、储存的危险化学品的种类和危险特性，在作业场所设置相应的监测、监控、通风、防晒、调温、防火、灭火、防爆、泄压、防毒、中和、防潮、防雷、防静电、防腐、防泄漏以及防护围堤或者隔离操作等安全设施、设备，并按照国家标准、行业标准或者国家有关规定对安全设施、设备进行经常性维护、保养，保证安全设施、设备的正常使用。

生产、储存危险化学品的单位，应当在其作业场所和安全设施、设备上设置明显的安全警示标志。

第二十一条　生产、储存危险化学品的单位，应当在其作业场所设置通信、报警装置，并保证处于适用状态。

第二十二条　生产、储存危险化学品的企业，应当委托具备国家规定的资质条件的机构，对本企业的安全生产条件每 3 年进行一次安全评价，提出安全评价报告。安全评价报告的内容应当包括对安全生产条件存在的问题进行整改的方案。

生产、储存危险化学品的企业，应当将安全评价报告以及整改方案的落实情况报所在地县级人民政府安全生产监督管理部门备案。在港区内储存危险化学品的企业，应当将安全评价报告以及整改方案的落实情况报港口行政管理部门备案。

第二十三条　生产、储存剧毒化学品或者国务院公安部门规定的可用于制造爆炸物品的危险化学品（以下简称易制爆危险化学品）的单位，应当如实记录其生产、储存的剧毒化学品、易制爆危险化学品的数量、流向，并采取必要的安全防范措施，防止剧毒化学品、易制爆危险化学品丢失或者被盗；发现剧毒化学品、易制爆危险化学品丢失或者被盗的，应当立即向当地公安机关报告。

生产、储存剧毒化学品、易制爆危险化学品的单位，应当设置治安保卫机构，配备专职治安保卫人员。

第二十四条　危险化学品应当储存在专用仓库、专用场地或者专用储存室（以下统称专用仓库）内，并由专人负责管理；剧毒化学品以及储存数量构成重大危险源的其他危险化学品，应当在专用仓库内单独存放，并实行双人收发、双人保管制度。

危险化学品的储存方式、方法以及储存数量应当符合国家标准或者国家有关规定。

第二十五条　储存危险化学品的单位应当建立危险化学品出入库核查、登记制度。

对剧毒化学品以及储存数量构成重大危险源的其他危险化学品，储存单位应当将其储存数量、储存地点以及管理人员的情况，报所在地县级人民政府安全生产监督管理部门（在港区内储存的，报港口行政管理部门）和公安机关备案。

第二十六条　危险化学品专用仓库应当符合国家标准、行业标准的要求，并设置明显的标志。储存剧毒化学品、易制爆危险化学品的专用仓库，应当按照国家有关规定设置相应的技术防范设施。

储存危险化学品的单位应当对其危险化学品专用仓库的安全设施、设备定期进行检测、检验。

第二十七条　生产、储存危险化学品的单位转产、停产、停业或者解散的，应当采取有效措施，及时、妥善处置其危险化学品生产装置、储存设施以及库存的危险化学品，不得丢弃危险化学品；处置方案应当报所在地县级人民政府安全生产监督管理部门、工业和信息化主管部门、环境保护主管部门和公安机关备案。安全生产监督管理部门应当会同环境保护主管部门和公安机关对处置情况进行监督检查，发现未依照规定处置的，应当责令其立即处置。

6.4.1.3　工业管道

本条评价项目的查评依据如下：

【依据】《机械制造企业安全生产标准化规范》（AQ/T 7009—2013）

4.2.29　工业管道

4.2.29.1　工业管道的安全管理应符合下列规定：

——进行注册登记，并按检验周期进行检验；

——技术资料应有管道总平面布置图及长度尺寸、导除静电平面布置图、导除静电和防雷接地电阻测试记录、安装和验收资料。

4.2.29.2　架空敷设或外露的管道应有与输送介质相一致的识别色，其基本识别色、识别符号、介质流向和安全标识应符合 GB 7231 的相关规定。

4.2.29.3　管道本体

4.2.29.3.1　输送易燃、易爆、有毒介质的管道无泄漏；一般管道的泄漏点每 1000m 不应超过三个点。

4.2.29.3.2　地下、半地下敷设的管道应采取防腐蚀措施；地下敷设的管道应在地面设置走向标识。

4.2.29.3.3　输送助燃、易燃、易爆介质的管道，凡少于 5 枚螺钉连接的法兰应接跨接线，每 200m 长度应安装导除静电接地装置，接地电阻应小于 100Ω，定期监测，并保持记录。

4.2.29.3.4　热力管道保温层应完好，无破损。

4.2.29.4　管道支撑和吊架

4.2.29.4.1　架空管道支撑、吊架应牢固、齐全。

4.2.29.4.2　架空管道下方如有车辆通行时，应悬挂限高标志。

6.4.1.4 油库和加油点

本条评价项目的查评依据如下:

【依据1】《机械制造企业安全生产标准化规范》(AQ/T 7009—2013)

4.2.30 油库及加油站

4.2.30.1 企业应保存下列资料:油罐设计资料、导除静电接地布置图及验收和定期测试记录、防雷设计及定期检测报告、消防审批及验收资料。

4.2.30.2 油库布置

4.2.30.2.1 安全间距应符合下列规定:

——油库、加油站的工艺设施与站外建筑物、构筑物之间的距离应符合GB 50074的相关规定;

——电气线路、架空线不应跨越油库、加油站,其平行距离应为电杆高的1.5倍;

——当安全间距小于上述规定时,油库、加油站与其相邻一侧应设置高度不低于2.2m的非燃烧实体围墙。

4.2.30.2.2 消防通道应设置双向车道,并保证车辆可环行或留有车辆调头的场地,路面不应采用沥青路面。

4.2.30.2.3 油库应具备良好的自然通风,若自然通风不足时应设有机械通风。

4.2.30.2.4 地上油罐区四周应设高度为1m的防火堤,防火堤内脚底至罐壁净距离应大于2m;防火堤排水口应设有水封井,下水通过水封井向库外管网排放。

4.2.30.3 工艺及设施

4.2.30.3.1 采用卧式罐应有足够的强度,并设有良好的防腐和导除静电措施。

4.2.30.3.2 汽油罐、柴油罐应埋地安装,严禁安装在室内或地下室内。

4.2.30.3.3 加油站的油罐宜设有高液位报警功能的液位计。

4.2.30.3.4 玻璃管式、板式液位计应有最高液位警示标识。

4.2.30.3.5 油车卸油时应采用导除静电耐油软管,或单独安装接地装置。

4.2.30.4 油罐通气管

4.2.30.4.1 汽油罐与柴油罐的通气管应分开设置。

4.2.30.4.2 通气管口管径和高度应符合要求。

4.2.30.4.3 通气管沿建筑物敷设时管口应高于建筑物顶1.5m以上。

4.2.30.4.4 通气管口应安装阻火器,当采用卸油气回收系统时,汽油通气管口应设置机械式呼吸阀。

4.2.30.4.5 呼吸阀、阻火器外观应定期检查,并保存记录。

4.2.30.5 防雷、防静电接地

4.2.30.5.1 防雷接地装置应符合GB 500057的相关规定,并满足下列要求:

——钢油罐作防雷接地,其接地点不得少于两处,接地点沿油罐周长布置,其间距应小于30m;当罐顶装有避雷针或利用罐体作接闪器时,接地电阻应小于10Ω,当油罐仅作防感应雷击时,接地电阻应小于30Ω;

——装有阻火器的地上固定钢油罐,当顶板厚度大于或等于4mm时可不装引下线,当顶板厚度小于4mm时应装避雷针;

——浮顶油罐可不设避雷针(线),但应将浮顶与罐体用两根截面积不小于25mm²的软绞线作电气连接;

——地上非金属罐应装设独立避雷针(线)。油罐的金属附件和罐体外露金属件应作电气连接并接地;

——地下油罐通气管、呼吸阀、量油孔等金属附件应作电气连接;

——独立避雷针的接地装置与导除静电的接地装置应分开。

4.2.30.5.2 防静电接地装置应满足下列要求:

——输油钢管上的法兰少于 5 枚连接螺丝的应接跨接线，跨接线可采用铜、铝片或铜丝编接软线，压接紧固；

——储存甲、乙、丙类油品的储罐，应做防静电接地，钢油罐的防感应雷击接地装置可兼作防静电接地装置；

——甲、乙、丙类油品的油罐车和罐装设备，应作防静电接地，装桶现场应设置油罐车与油桶跨接的防静电接地装置；

——架空、地沟敷设的管道始、末端分支处，以及直线段的每隔 200m～300m 处，应设置防静电的接地装置，架空管道还应设置防感应雷击措施，其接地电阻应小于 30Ω。

4.2.30.6　库房（区）防爆

4.2.30.6.1　油库及产生爆炸性气体场所内电器设施、线路、开关均应按防爆要求安装。

4.2.30.6.2　油库建筑物耐火等级不应低于二级，门、窗应向外开放，设高、低窗进行自然通风，当自然通风不能满足时，应设置机械通风。

4.2.30.6.3　库房外有值班室与其毗邻的，两者间为实体墙隔开。当墙体无孔、洞、门窗相连时，值班室内电气设施可不采用防爆型。

4.2.30.6.4　库房内采用镶入壁式照明灯具，并能可靠隔离时，可不采用防爆型。

4.2.30.6.5　油库内使用的开桶、抽油工具，应使用不产生火星的材料制作。

4.2.30.7　消防设施

4.2.30.7.1　库内灭火器的配置应符合 GB 50140 的相关规定。

4.2.30.7.2　灭火器材应定位存放，并在检验周期内使用；灭火器材存放点设有编号、责任人；库房外灭火的砂、铲、桶应齐全。

4.2.30.7.3　消防通道应畅通，无占道堵塞现象，并留有消防车可调头的回车道。

4.2.30.7.4　厂区消防栓保护范围内的水枪、水带、扳手等附件应配备齐全。

4.2.30.7.5　库内应备有燃油车辆进入库区配戴的灭火罩；严禁电动车进入库区。

4.2.30.7.6　库内应按储存的油品种类配置相应的报警装置。

4.2.30.7.7　库外应设有醒目的安全警示标志；并应设有储存油品名称、特性、数量及灭火方法的标识牌。

【依据2】《国家电网公司装备制造企业安全生产标准化管理规范（试行）》（安质三〔2013〕104 号）

5.9.4.2.4　油库和加油点应满足以下要求：

a）储存 6 桶及以上油品和使用储罐时，应按油库控制；油库和加油点应符合危化品库房的管理要求。

b）存放煤油、汽油、轻柴油等易燃易爆油品的库房防火防爆应符合下列要求：

1）库房门应向外开；

2）油库内电机、开关、照明设施、风扇及其线路等所有电气设施均应使用防爆型产品；安装通排风设备，并有导除静电的接地装置；库内使用的工具应是不产生火花的防爆工具；排水沟应采用常闭式阀门，并有防静电措施；

3）油库内应按贮存物品的种类和数量，配置相应的报警装置；

4）机动车辆进入油库区应配戴灭火罩、导除静电装置，并严禁电动车进入库区；

5）库内灭火器的配置应符合 GB 50140 的有关规定。

c）油罐的组成和布置、油罐上的液位计、呼吸阀、防雷接地和防静电接地设备设施等，应符合 GB 50074 的要求：

1）储存除轻柴油以外的柴油、变压器油、润滑油等丙类油罐应装通气管，阻火器应紧凑地装在呼吸阀下面，并定期检验，阀芯应呼吸正常，每月外观检查 2 次，检查、养护内容记录齐全；

2）阻火器内金属网无破损，且不宜使用铝质波纹片，每季检查一次，并保存记录；

3）钢油罐应有防雷接地，其接地点不应少于两处；接地点沿油罐周长的间距，不宜大于 30m；

4）输送管道上的阀门应有连接跨线；跨线采用铜片、薄铁片或铜丝带。跨线端处的连接紧固，接触良好；

5）甲、乙、丙 A 类油品的汽车油罐车和油罐的罐装设备，应有防静电接地。装油场地应设有为油罐车或油桶跨线的防静电接地装置；

6）地上或管沟敷设的输油管线始端、末端、分支处及直线段每隔 200m～300m 处，应设置防静电和防感应雷的接地装置。

d）油桶储存和加油点应符合下列要求：

1）桶装油品应平整立放，桶身靠紧；

2）油品闪点在 28℃ 以下的，油桶存放不应超过二层；闪点在 28℃～45℃ 之间的，不应超过三层；闪点在 45℃ 以上的，不应超过四层；

3）库内通风良好，发现库内油品蒸气浓度超过规定时，应采取通风措施；

4）应使用有防爆措施的电气线路和电气设备；

5）露天存放的桶装汽、煤油等，不应在阳光下暴晒；气温高于 28℃ 时应采取降温措施；

6）加油点加油方式应为手工，使用机械加油的应按加油站管理；

7）加油点应确定专人管理；配置的抽油器、油管等应采用防静电的黄铜制品等防爆工具。

6.4.1.5 变配电所

本条评价项目查评依据如下：

【依据 1】《机械制造企业安全生产标准化规范》（AQ/T 7009—2013）

4.2.35 变配电系统

4.2.35.1 资料应符合如下规定：

——"六图"：高低压变配电系统一次原理图、高低压变配电系统二次展开图（包括继电保护）、高低压变配电站（所）设备布局及其安装图、厂区供电系统包括主干 PE 或 PEN 线平面布置图（包括接地系统或装置布局）、各车间或独立单元供电系统图、地下隐蔽工程图；

——"四单"：主要电气设备（包括继电保护）电缆线路试验合格报告单、安全用具及防护用品电气试验合格报告单、电气设备出厂检验合格报告单或安装交接性试验报告单、接地装置监测（检测）数据报告单。

——"二票"：变配电站工作票、操作票；

——"八制"：交接班制、巡视检查制、缺陷管理制、安全操作制、门禁制、电气相关方管理制；电气设备设施工具安全运行管理制、应急预案；

——其他应提供的基础技术与管理信息资料（包括综合自动控制系统）。

4.2.35.2 环境条件

4.2.35.2.1 安全技术防护措施应符合当地环境条件下的安全运行、安装检修、短路和过电压或欠电压、过电流（过载）和接地故障保护的安全要求，防护等级匹配，绝缘、屏护、间距可靠，标识清晰。

4.2.35.2.2 变配电站不得设置在火灾危险性为甲、乙类厂房内或毗邻处，不得设置在爆炸性气体、粉尘环境的危险区域内。火灾危险性为甲、乙类厂房专用的 10kV 及以下的变配电站应符合 GB 50058—2014 的相关规定；不得设置在多尘、水雾、有腐蚀性气体、地势低洼或可能积水的场所；站房和室内电缆沟应防漏、防晒，且无积水痕迹。地下变配电室应符合相关要求。

4.2.35.2.3 消防通道应保持畅通，尽头式消防车道应设置回车道（场）。

4.2.35.2.4 预防油品流散和通风应符合以下规定：

——总油量超过 100kg 油浸电力变压器应安装在独立的变压器间，下方设置储存变压器油的事故储油池；必要时，设置挡油和排油设施。

——预装式变电站及其干式变压器应在专用房间内采取可靠的通风排烟和降温散热措施；多层

或高层建筑物内宜选用干式气体绝缘或非可燃性液体绝缘变压器。

4.2.35.2.5　站房门、窗及开孔应符合如下要求：

——门、窗向外开启，并采用非燃烧材料制作；且不宜直通含有酸、碱、蒸汽、粉尘和噪声严重的场所；

——高压室门应向低压间开，相邻配电室门应双向开启；

——门、窗及孔洞应设置防小动物侵入的金属网，并遮阳、防雨雪。

【依据2】《国家电网公司装备制造企业安全生产标准化管理规范（试行）》（安质三〔2013〕104号）

5.9.4.2.5　变配电所应满足以下要求：

a）变配电设备设施应符合以下要求：

1）正确选用电气设备的规格型式、容量和保护方式（如过载保护等），不得擅自更改用电产品的结构、原有配置的电气线路以及保护装置的整定值和保护元件的规格等；选择电气设备，应确认其符合产品使用说明书规定的环境要求和使用条件，并根据产品使用说明书的描述，了解使用时可能出现的危险及需采取的预防措施；电气设备的安装应符合相应产品标准的规定；

2）电气设备应该按照制造商提供的使用环境条件进行安装，如果不能满足制造商的环境要求，应该采取附加的安装措施；

3）变配电所应配有适合扑灭电气火灾的干粉或其他类型的灭火器材，周围安全消防通道畅通；变配电所内无漏雨、无积水；

4）门窗、通风孔洞、架空线路及电缆进出口线路的穿墙透孔和保护管等敞开部位，均应加装防止小动物进入的金属网或其他建筑材料，网孔应小于10mm×10mm；

5）应配置验电器、绝缘夹钳、接地线、标示牌、绝缘手套、绝缘靴、绝缘拉杆等安全用具和防护用品，张贴定期检验合格标识；应编号并形成清单，明确保管责任人；安全用具送外检验时，应保持现场使用的需要量；

6）变压器应设置编号、名称、电压等级的标牌和"高压危险"警示标识；变压器运行过程中，内部无异常响声或放电声；箱式变电站及其干式变压器应采取可靠的通风和降温散热措施；瓷瓶、套管清洁，无裂纹、无放电痕迹；

7）高压配电装置防误操作闭锁功能正常；操作和维护通道应铺有符合标准的绝缘垫或绝缘毯；应有高压危险的警示标识，并清晰、完好；安全连锁装置、继电保护、灯光信号等显示正常有效，无异常气味和声响；各种型号断路器应定期维护保养、试验，并保存记录；

8）电力电容器外壳无膨胀变形，外壳温度不高于60℃；充油电容器外壳应无异常变形，无渗漏；

9）直流系统安全可靠，电压、电流等运行参数符合运行要求；

10）当变压器高压母线排距地面高度低于1.9m时，应加遮栏或装设护罩隔离；

11）配电柜、板都应有其本身的编号；配电柜、板应标识所控对象的名称、编号等，且与实际相符合；配电柜应有、配电箱宜有单线系统图，标明进出线路、电器装置的型号、规格、保护电气装置整定值等；

12）动力、照明箱、柜、板的所有金属构件，应有可靠的接地故障保护；箱、柜、板外不应有裸带电体外露；装设在箱、柜外表面或配电板上的电气元件应有可靠的屏护；

13）箱、柜、板符合电气设计安装规范，各类电器元件、仪表、开关和线路应排列整齐，安装牢固，操作方便；落地安装的箱、柜底面应高出地面50mm～100mm，操作手柄中心距地面一般为1200mm～1500mm。

b）变配电所主要设备的使用说明书、产品合格证等技术资料；各种试验和测试记录、测量记录，包括主要电气设备设施和安全用具及防护用品的本周期预防性电气试验和测试数据（绝缘强度、继电保护、接地电阻等项目），保存期至少3年；保存日常运行记录和检修记录，保存期至少3年。

c）运行、维修要求：

1）运行、维修人员应经过有资质单位培训，取得电工特种作业人员证书，证书应由本人随时携带或保存在工作地；

2）在受电装置或送电装置上从事电气安装、试验、检修、运行等作业的人员应通过电力部门组织的培训考试，并按低压、高压、特种三个类别分别从事相关作业；

3）应严格执行变配电管理制度文件、安全操作规程或作业指导书，内容包括工作票和操作票的"两票制度"、交接班、巡视检查、缺陷管理、安全操作、电气相关方管理要求；

4）有人值班的变配电所内的变配电装置，每班巡视2次；无人值班每周至少巡视2次，巡检情况应记入交接班日志；

5）高压变配电装置及设备，应每年请当地供电部门进行一次预防性试验，并保存试验报告；试验内容至少应包括高压开关柜、变压器、避雷器、高压电缆等，检测结果不符合要求，整改后重新进行试验；

6）低压配电装置及设备，宜每2年请当地供电部门进行一次预防性试验，并保存试验报告；配电变压器停止运行一年及以上，准备投入运行时应由供电部门或其指定的具有资质的单位进行超期试验，合格后方可投入运行；

7）巡视高压设备时，应穿绝缘鞋，雷雨天气不得靠近避雷器与避雷针；用绝缘棒拉合高压刀闸或经传动机构拉合高压刀闸和油开关，还应戴绝缘手套；带电装卸熔断器时，还应戴防护眼镜和绝缘手套，必要时使用绝缘夹钳，并站在绝缘垫上；

8）验电前应先检查验电器符合电压等级要求，在有电设备上验证验电器良好；验电时应在检修设备进出线两侧分别验电；高压设备验电必须戴绝缘手套，穿绝缘鞋；

9）安全用具和防护用品检测周期按国家和地方相应标准执行；其中绝缘手套、绝缘靴、高压验电器每半年由供电部门或其指定的具有资质的单位进行一次检验，保存记录。

6.4.1.6 配电线路（临时）
本条评价项目的查评依据如下：
【依据1】《机械制造企业安全生产标准化规范》（AQ/T 7009—2013）

4.2.37 临时低压电气线路

4.2.37.1 临时低压电气线路应履行审批手续，并符合如下规定：

——审批单应有申请项目单位、内容、安全技术措施、用电负责人、施工人员，以及审批部门及监检负责人，装设地点与装拆日期等内容；并经审批后方可安装；

——临时低压电气线路期限宜为15天，如需要延长应办理延期手续；当预期超过三个月的临时低压电气线路，应按固定线路方式进行设置；

——相关方临时用电工程，用电设备在5台及以上或设备总容量在50kW及以上者，由其编制用电设计方案；经审批、安装后每月应不少于一次进行现场检查和确认；

——使用现场应设有临时用电危险警示牌，配置符合安全规范的移动式电源箱或在指定的配电箱、柜、板上供电。

4.2.37.2 线路绝缘和屏护

4.2.37.2.1 线路路径应避开易撞、易碰，以及地面通道、热力管道、浸水场所等易造成绝缘损坏的危险地方；当不能避免时，应采取保护措施。绝缘导线中的负荷电流不应大于导线允许安全载流量，绝缘导线无破损、无老化。

4.2.37.2.2 危险区域或建筑工程、设备安装调试工程的施工现场有电气裸露时，必须设置围栏或屏护装置、并设有警示信号。

4.2.37.3 线路架设时，其高度在室内应大于2.5m，室外应大于4.5m，跨越通道应大于6m，并牢固固定。电缆或绝缘导线不得成束架空敷设，不得直接捆绑在设备、脚手架、树木、金属构架等物品上；埋地敷设时必须穿管，管内不得有接头，管口应密封；线路与其他设备、门窗、金属构架等距离应大于0.3m。

4.2.37.4 保护方式与保护电器

4.2.37.4.1 线路应设置总开关控制，且每台设备应配备专用开关，保护电器动作电流与切断时间可靠。

4.2.37.4.2 线路与临时用电设备应设置剩余电流动作保护系统，并在规定的动作电流与切断时间内可靠切断故障电路。

4.2.37.4.3 当设置的剩余电流动作保护装置（断路器）同时具备短路、过载、接地故障切断保护功能时，可不设总路或分路断路器或熔断器。

4.2.37.4.4 建筑工程施工现场低压配电系统应设置总配电箱（柜）和分配电箱、开关箱，实行三级配电，并设置 TN–S 系统和二级剩余电流动作保护装置。配电箱柜应符合本标准 4.2.38 的相关规定。

4.2.37.5 所有用电设备、插座电路、移动线盘等应与主干 PE 线连接可靠。配电箱内电器安装板上必须装设 N 线端子排和 PE 线端子排。

4.2.37.6 严禁在有爆炸和火灾危险的环境中架设临时电源线。

【依据2】《国家电网公司装备制造企业安全生产标准化管理规范（试行）》（安质三〔2013〕104 号）
5.4.9.2.6 配电线路应满足以下要求：

a）固定电气线路要求：

1）直埋敷设电缆应采用铠装电缆；电力电缆的终端头和中间接头，应保证密封良好，表面清洁、防止受潮；电缆终端头和中间接头的外壳与电缆金属护套及铠装层均应良好接地；

2）配电线路不应跨越易燃材料筑成的建筑物；系统布线的安全净距应符合 GB 50054 的要求；

3）电缆桥架安装及电缆沟内电缆敷设应符合 GB 50303 的要求；

4）地下线路应有清晰的坐标或标识以及竣工图；

5）架空线路周围应无树枝或其他障碍物；

6）固定设备和照明使用的电源线应采取穿管敷设；所有设备的外露可导电部分应与系统主干 PE 连接牢固；

7）厂区的供电系统平面布置图应注明变配电所位置、架空线路及地下电缆的走向、坐标、编号及型号、规格、长度、杆型和敷设方式，固定线路的接地网资料；

8）测量接地电阻应规范、准确，每年应不少于一次，且在干燥气候条件下测量。测量仪器仪表应定期校准，并保存记录；高压电缆主绝缘的绝缘电阻和耐压试验，按电力部门要求由有资质单位定期检测，并保存记录。

b）临时低压电气线路要求：

1）应办理审批手续，超过 15 天需办理延期手续，超过三个月应按固定线路方式进行设置；

2）使用现场应悬挂临时用电危险警示牌，配置符合安全规范的移动式电源箱或在指定的配电箱、柜、板上供电；

3）沿墙架空敷设时，其高度在室内应大于 2.5m，室外应大于 4.5m，跨越道路时应大于 6m，临时线与其他设备、门、窗、水管等的距离应大于 0.3m；

4）电缆或绝缘导线不应成束架空敷设，不应直接捆绑在设备、脚手架、树木、金属构架等物品上；

5）沿地面敷设应有防止线路受外力损坏的保护措施；

6）埋地敷设时应穿管，管内不应有接头，管口应密封；

7）装设临时用电线路应采用橡套软线；

8）严禁在有爆炸和火灾危险的环境中架设临时电源线。

c）电源箱、柜、板要求：

1）电源箱应根据使用环境合理选择和设置，爆炸和火灾危险环境中的电源箱应符合 GB 50058—

2014《爆炸和火灾危险环境电力装置设计规范》防火防爆的相关规定；粉尘、潮湿或露天、腐蚀性环境中的电源箱外壳防护等级应符合 GB 4208《外壳防护等级》的相关规定；电源箱的设置应通风、防尘、防飞溅、防雨水、防油污、防小动物；

2）电源箱箱门完好，开关外壳、消弧罩等各项配置齐全；各个电气单元绝缘良好，布局合理；保护接地、接零系统连接正确、牢固可靠，符合安全要求；

3）箱柜电源侧应有可靠电气分隔回路，操动机构应分合闸动作可靠；

4）电源箱导线敷设符合规定，采用下进下出接线方式；进出线弯曲半径应符合标准；出线受到保护，严禁承受外力；线路压接紧固、不得扭接、松动；

5）漏电保护装置配置合理、动作可靠，触头无烧损；

6）各路配线负荷标志清晰，运行时线路满足安全载流量，无严重发热和烧蚀现象；

7）熔断器应按负荷计算选择熔体的额定电流，并具有可靠灭弧分断功能。严禁使用多股及不符合原规格的熔体或者金属丝代替熔断元件；

8）插座相线、中性线布置符合规定，接线端子标志清楚；

9）箱（柜、板）前方 1.2m 范围内无障碍；当工艺布置有困难时可减至 0.8m；

10）箱（柜、板）上应无积尘、无油垢、无烧损，箱（柜）内无杂物。

6.4.1.7 防雷系统

本条评价项目的查评依据如下：

【依据 1】《机械制造企业安全生产标准化规范》（AQ/T 7009—2013）

4.2.40 雷电防护系统

4.2.40.1 安全设计与验算

4.2.40.1.1 雷电防护应根据现状进行防雷分类，防雷设计、验算、布局、隔离等应符合 GB 50057 的相关规定。

4.2.40.1.2 雷电防护应避免盲区，被保护范围至少应满足被保护物的保护高度和保护半径的要求或浪涌保护要求。当防雷装置与其他设施和建筑物内人员无法隔离或者电子信息系统所采取的保护措施还不能满足时，装有防雷装置的建筑物，应采取等电位联结。

4.2.40.2 防雷装置

4.2.40.2.1 接闪器、引下线、接地网、浪涌保护器及其他连接导体应符合 GB 50057 的相关规定。

4.2.40.2.2 防雷接地电阻应符合：防雷接地网与电子设备接地、电气设备接地采用共用接地网时，电阻值应小于 1Ω，低压电源用电缆引入时应在电源引入处的总配电箱装设保护；采用独立设置的防雷接地网不应超过 10Ω，当有特殊要求时应符合设计值。

4.2.40.2.3 低压配电系统及电子信息系统所采用的浪涌保护器（SPD）、避雷器应能承受预期通过的雷电流和耐冲击过电压；必要时应采用等电位联结和屏蔽措施，避雷器应用最短的接地线与主接地网连接。

4.2.40.2.4 防雷装置禁止挂靠通讯线、广播线或低压线路。

4.2.40.3 独立避雷针系统

4.2.40.3.1 应与其他系统隔离；与其他接地网和金属物体的间距应大于 3m，与电子设备接地网宜大于 10m。

4.2.40.3.2 防直击雷的人工接地网与建筑物入口处及人行道间距应大于 3m。

4.2.40.3.3 装有避雷针的金属筒体，当其厚度大于 4mm 时，可作为其引下线，筒体底部至少应有 2 处与接地体对称连接。

4.2.40.4 防雷保护

4.2.40.4.1 建筑物、构筑物应设有防直击雷、防侧击雷、防雷电感应等措施，并应采取防止雷电流流经引下线和接地装置或其他多种途径感应过电压所产生的高电位对附近金属物或电气线路反击的技术措施，必要时应进行等电位联结和屏蔽保护。

4.2.40.4.2 电气线路应采取防雷电波侵入的措施，在入户处应加装避雷器，并将其系统接到接地网上。有金属护层的进出电缆线埋地长度应大于 15m，且接地可靠。架空金属管道宜在进出建筑物处就近与防雷接地系统相连。

4.2.40.4.3 所有防雷装置与道路或建筑物出入口距离应大于 3m，并设有防止跨步电压触电措施与标识。

4.2.40.5 雷电防护装置的检测

4.2.40.5.1 每年应在雷雨季节前对雷电防护系统进行评价与检测。

4.2.40.5.2 防雷装置采用多根引下线时，应设置可供检测用压接端子形式的断接卡，断接卡应设有防腐蚀保护措施。

4.2.40.5.3 防雷装置接地或检测点应设有编号与标识。

【依据 2】《防雷减灾管理办法》（中国气象局 2013 年第 24 号令）

第十九条 投入使用后的防雷装置实行定期检测制度。防雷装置应当每年检测一次，对爆炸和火灾危险环境场所的防雷装置应当每半年检测一次。

6.4.1.8 空压系统

本条评价项目的查评依据如下：

【依据 1】《机械制造企业安全生产标准化规范》（AQ/T 7009—2013）

4.2.28 空压机（站、水冷却系统）

4.2.28.1 安全装置

4.2.28.1.1 压力表应指示灵敏、刻度清晰、铅封完整，表盘上应有最高工作压力警示线，并在检验周期内使用。

4.2.28.1.2 温度计应刻度清晰，并在检验周期内使用。

4.2.28.1.3 安全阀应铅封完好，并在检验周期内使用。

4.2.28.1.4 液位计（油标）标识应清晰、准确，并设有最低、最高油位标记。

4.2.28.2 保护装置

4.2.28.2.1 工作压力达到额定压力时，超压保护装置应能自动切换为无负荷状态。

4.2.28.2.2 驱动功率大于 15kW 的空压机，超温保护装置应能使每级排气温度超过允许值时自动切断动力回路。

4.2.28.3 距操作者站立面 2m 以下设备外露的旋转部件均应设置齐全、可靠的防护罩，其安全距离应符合 GB 23821 的相关规定。

4.2.28.4 螺杆式空压机的门、盖应确保运行时不得开启或拆卸。

活塞式空压机与储罐间的止回阀、冷却器、油水分离器、排空管应完好、有效。

4.2.28.5 电气安全

4.2.28.5.1 电柜、同步电机的屏护栅栏应齐全、可靠。

4.2.28.5.2 有高压控制的空压站，绝缘鞋、绝缘手套等高压用具应在检验周期内使用。

4.2.28.5.3 PE 线应连接可靠，线径截面积及安装方法符合本标准 4.2.39 的相关规定。

4.2.28.6 冷却水系统

4.2.28.6.1 冷却塔风扇的防雷设施应可靠，并与 PE 线连接。

4.2.28.6.2 冷却水池四周防护栏应符合本标准 4.2.23 的相关规定。

4.2.28.6.3 加压水泵联轴节应设有防护罩，电机 PE 线应连接可靠，线径截面积及安装方法符合本标准 4.2.39 的相关规定。

4.2.28.6.4 泵站、空压站房内不得积水、积油；冷却水管不得漏水。

4.2.28.7 空压站（房）布局、设施、作业环境应符合 GB 50029 的相关规定。

【依据 2】《国家电网公司装备制造企业安全生产标准化管理规范（试行）》（安质三〔2013〕104 号）

5.9.4.2.8 空压系统应满足以下要求：

a）空压设备要求：

1）各种出厂技术资料（产品质量说明书，出厂合格证等）齐全，并有空压管道分配流程图；

2）空压机应有字迹清晰的铭牌和安全警示标识；

3）空压机机身、曲轴箱等主要受力部件不应有影响强度和刚度的缺陷，并无棱角、毛口；

4）所有紧固件和各种盖帽、接头或装置等应紧固、牢靠；

5）空压机与墙、柱以及设备之间留有足够的空间距离，应符合 GB 50029 的相关规定；

6）空压机应安装在有足够通风的房间里，其区域内无灰尘、化学品、金属屑、油漆漆雾等；

7）螺杆式压缩机顶部、背部通风口处不能放置任何物件。

b）安全防护装置要求：

1）空压机组旁应设紧急停机按钮或保护装置（开关）；

2）外露的联轴器、皮带转动装置等旋转部位应设置防护罩或护栏；

3）螺杆式空压机保护盖应安装到位，门、顶盖关闭完好；

4）空压机每级排气均应装有排气温度超温停车装置，停车后只能手动复位。

c）压缩空气管道要求：

1）管道无腐蚀，管内无积存杂物，支架牢固可靠；

2）压缩机空气管道的连接，除与设备、阀门等处用法兰或螺纹连接外，其余均采用焊接；

3）任何与进、出口接头的进气和排气管道支架，应采取措施，防止振动、脉冲、高温、压力以及腐蚀性和化学性因素；

4）管道漆色符合要求，用淡灰色标示流向箭头；

d）储气罐压力容器要求：

1）属压力容器的储气罐应按特种设备进行使用登记，并按规定定期检验，现场悬挂登记标识和检验合格标识；

2）容器的本体、接口部位、焊接接头等无裂纹、变形、过热、泄漏等缺陷；

3）表面无严重腐蚀现象；支撑（支座）完好，基础可靠，无位移、沉降、倾斜、开裂等缺陷，螺栓连接牢固；

4）压力表刻度盘上应划有最高工作压力红线标识，定期检验，铅封完好，并有合格标识；属压力容器的储气罐应有安全阀，定期检验，并有合格标识。

e）移动式空压机要求：

1）压力与储气罐容积的乘积大于或者等于 2.5MPa·L 的移动式空压机应按压力容器进行使用登记，并按规定定期检验；

2）现场悬挂登记标识和检验合格标识；

3）安全阀及压力表等安全附件应定期检验，并有合格标识；

4）压力继电器工作正常；空压机运行时，振动不会引起底盘位移；移动式空压机的电源线应绝缘良好，无接头，长度不应超过 6m。

f）安全运行要求：

1）属压力容器的空压机操作人员及其相关管理人员，应当按照国家有关规定经特种设备安全监督管理部门考核合格，取得国家统一格式的特种设备作业人员证书，方可从事相应的作业或者管理工作；

2）现场人员工作时应佩戴耳塞；

3）室内严禁存放易燃易爆危险品；

4）无关人员未经允许不应进入控制室、机房，操作人员不应擅离工作岗位；

5）各企业应根据设备特性及安全要求，确定巡检时间，对系统运行状态进行巡检，并规定记录

和异常情况报告程序;

    6)设备人员每月对空压系统压力容器进行一次检查,并保存记录;

    7)设备维修和保养应关闭电源开关,并挂上警示牌;

    8)不应带压拆修管道、阀门等设备。

6.4.1.9 抽真空设备

本条评价项目的查评依据如下:

【依据】《国家电网公司装备制造企业安全生产标准化管理规范(试行)》(安质三〔2013〕104 号)

    5.9.4.2.9 抽真空设备应满足以下要求:

    a)设备资料和标识要求:

    1)现场有真空管道分配流程图,并与实际相符;

    2)设备原有的安全警示标识清晰完好,外文应翻译成中文。

    b)安全防护装置和报警装置要求:

    1)过载保护器或各种控制器等安全装置完好有效,确保过载或其他参数(如压力、温度等)超过规定范围时,自动停机;

    2)仪表真空度报警器灵敏,有效。

    c)管道、真空压力表要求:

    1)压力管道保持畅通、密闭;

    2)管道和纵横交错的管道交汇处,应标示气、液体的流向;

    3)压力表等计量器具完好、正常,有定期检测合格的标识。

    d)安全运行要求:

    1)设备启动或备用、停用,阀门、设备应挂好相应状态的标识牌;

    2)未经许可,不应随意改变仪表真空度等报警控制值,不应关闭报警器;

    3)真空泵运行期间严禁关闭真空泵排气处阀门;

    4)应根据设备特性及安全要求,确定巡检时间,对设备运行状态进行巡检,并规定记录和异常情况报告程序;

    5)集气罐定期清理,确保无积尘。

6.4.1.10 通风空调系统

本条评价项目的查评依据如下:

【依据 1】《空调通风系统运行管理规范》(GB 50365—2005)

    3.1 技术资料

    3.1.1 空调通风系统的设计、施工、调试、检测、维修以及评定等技术资料应齐全并妥善保存,应对照系统实际情况核对并保证其真实性与准确性。以下文件应为必备文件档案:

    1 空调通风系统设备明细表;

    2 主要材料和设备的出厂合格证明及进场检(试)验报告;

    3 仪器仪表的出厂合格证明、使用说明书和校正记录;

    4 图纸会审记录、设计变更通知书和竣工图(含更新改造和维修改造);

    5 隐蔽工程检查验收记录;

    6 设备、风管和水管系统安装及检验记录;

    7 管道试验记录;

    8 设备单机试运转记录;

    9 空调通风系统无负荷联合试运转与调试记录;

    10 空调通风系统在有负荷条件下的综合能效测试报告;

    11 运行管理记录。

    3.1.2 各种运行管理记录应齐全,应包括:各主要设备运行记录、事故分析及其处理记录、巡回检查记录、运行值班记录、维护保养记录、交接班记录、设备和系统部件的大修和更换情况记录、年度运行总结和分析资料等。以上资料应填写详细、准确、清楚，填写人应签名。

3.1.3 系统的运行管理措施、控制和使用方法、运行使用说明，以及不同工况设置等，应作为技术资料管理，宜委托设计院专业人员研究制定，并应在实践中予以不断完善。

4.4 安全要求

4.4.1 当制冷机组采用的制冷剂对人体有害时，应对制冷机组定期检查、检测和维护，并应设置制冷剂泄漏报装置。

4.4.2 对制冷机组制冷剂泄漏报警装置应定期检查、检测和维护；当报警装置与通风系统连锁时，应保证联动正常。

4.4.3 安全防护装置的工作状态应定期检查，并应对各种化学危险物品和油料等存放情况进行定期检查。

4.4.4 空调通风系统设备的电气控制及操作系统应安全可靠。电源应符合设备要求，接线应牢固。接地措施应符合现行国家标准《建筑电气工程施工质量验收规范》GB 50303，不得有过载运转现象。

4.4.5 空调通风系统冷热源的燃油管道系统的防静电接地装置必须安全可靠。

4.4.6 水冷冷水机组的冷冻水和冷却水管道上的水流开关应定期检查，并应确保正常运转。

4.4.7 制冷机组、水泵和风机等设备的基础应稳固，隔振装置应可靠，传动装置运转应正常，轴承和轴封的冷却、润滑、密封应良好，不得有过热、异常声音或振动等现象。

4.4.8 在有冰冻可能的地区，新风机组或新风加热盘管、冷却塔的防冻设施应在进入冬季之前进行检查。

4.4.9 水冷冷水机组冷凝器的进出口压差应定期检查，并应及时清除冷凝器内的水垢及杂物。

4.4.10 空调通风系统的防火阀及其感温、感烟控制元件应定期检查。

4.4.11 空调通风系统的设备机房内严禁放置易燃、易爆和有毒危险物品。

4.4.12 对澳化锂吸收式制冷机组，应定期检查，下列保护装置应正常工作：

1 冷水及冷剂水的低温保护装置；

2 澳化锂溶液的防结晶保护装置；

3 发生器出口浓溶液的高温保护装置；

4 冷剂水的液位保护装置；

5 冷却水断水或流量过低保护装置；

6 停机时防结晶保护装置；

7 冷却水温度过低保护装置；

8 屏蔽泵过载及防汽蚀保护装置；

9 蒸发器中冷剂水温度过高保护装置。

4.4.13 对压缩式制冷机组，应定期检查，下列保护装置应正常工作：

1 压缩机的安全保护装置；

2 排气压力的高压保护和吸气压力的低压保护装置；

3 润滑系统的油压差保护装置；

4 电动机过载及缺相保护装置；

5 离心式压缩机轴承的高温保护装置；

6 卧式壳管式蒸发器冷水的防冻保护装置；

7 冷凝器冷却水的断水保护装置；

8 蒸发式冷凝器通风机的事故保护装置。

4.4.14 制冷机组的运行工况应符合技术要求，不应有超温、超压现象。

4.4.15 压缩式制冷机组的安全阀、压力表、温度计、液压计等装置，以及高低压保护、低温防冻保护、电机过流保护、排气温度保护、油压差保护等安全保护装置应齐全，应定期校验。压缩式制冷设备的冷冻油油标应醒目，油位正常，油质符合要求。

4.4.16　空调通风系统的压力容器应定期检查。

4.4.17　氨制冷机房必须配备消防和安全器材，其质量和数量应满足应急使用要求。

4.4.18　各种安全和自控装置应按安全和经济运行的要求正常工作，如有异常应及时做好记录并报告。特殊情况下停用安全或自控装置，必须履行审批或备案手续。

4.4.19　空气处理机组、组合式空气调节机组等设备的进出水管应安装压力表和温度计，并应定期检验。

4.4.20　冷却塔附近应设置紧急停机开关，并应定期检查维护。

【依据2】《国家电网公司装备制造企业安全生产标准化管理规范（试行）》（安质三〔2013〕104号）

5.9.4.2.10　通风空调系统应满足以下要求：

a）机房要求：

1）机房应有安装良好、数量足够、开向朝外的门，不应有使逸出的制冷剂流向建筑物内其他部分的开口；

2）紧急出口保持畅通；

3）机房应向室外通风，借助窗口和格栅达到自然通风；

4）自然通风的气流不应受到墙、烟囱、周围环境建筑物或类似物体的阻碍；

5）无自然通风的机房如处于地下室中，应有连续机械通风；

6）应在门上清楚标明未经许可不应随意入内的警告以及未经许可不准操作的禁令；

7）机房严禁烟火，不应吸烟，不应存放易燃易爆物品；

8）机房中制冷剂的储存量，除制冷系统中制冷剂的充装量外不应超过150kg。

b）氟利昂制冷机组要求：

1）冷凝器、蒸发器等构成压力容器的，应按规定定期检验，且铅封完好；检验合格标识应悬挂在设备上；

2）压力容器压力表刻度盘上应划有最高工作压力红线标识，定期检验，铅封完好，并有合格标识；

3）设备结构有足够的强度、刚度及稳定性，基础坚实，安全防护措施齐全有效；

4）截止阀和控制器件等附件应加以保护；

5）外露的运动部件、栅板、网和罩应完好有效；

6）控制系统灵敏，作业点均有急停开关，紧急停止开关灵敏、醒目，在规定位置安装并有效；

7）加氟利昂时应由具有资质的单位进行，并采取措施防止泄漏。

c）溴化锂机组要求：

1）使用蒸汽的机组管道应有隔热层，并悬挂防止烫伤的标识；

2）使用燃气的机组站房内应有燃气泄漏报警装置，配备燃气检测仪，防毒面具；

3）设备结构有足够的强度、刚度及稳定性，基础坚实，安全防护措施齐全有效；

4）外露的运动部件、栅板、网和罩应完好有效。

d）冷却塔要求：

1）冷却塔宜有防雷装置，并由具有资质的单位定期检测，保存检测记录；

2）冷却塔梯台完好；在冷却塔上进行动火作业时，应采取拆除易燃材料或隔离、喷雾等措施，防止冷却塔易燃材料起火。

e）管道及通风机要求：

1）架空安装的支点及吊挂应牢固可靠，不应妨碍人员行走及车辆通行；

2）与地面距离低于2.2m的管道，应采取措施并悬挂标识；

3）外露进口及运动部件应用金属网、栅板或罩保护，防止人员的手、衣物或其他物件触及；

4）管道的颜色、流向标识等符合要求。

f）安全运行要求：

1）机房应建立值班和交接班制度；

2）大中型制冷与空调设备运行操作、安装、调试与维修人员应按政府主管部门要求，经过具有资质的机构培训取证方可上岗；

3）应根据设备特性及安全要求，确定巡检时间，对系统运行状态进行巡检，并规定记录和异常情况报告程序；

4）制冷剂钢瓶在充装完制冷剂后应立即与系统分离；

5）充装时测定制冷剂量，不应超过钢瓶的允许充装量；

6）制冷剂钢瓶应有防倾倒措施；

7）如果在系统完全无氟的情况下加氟应先对系统抽真空，在保证真空度的前提下才可以充氟；

8）不准带压拆修管道、阀门等设备；

9）对无逆止装置的通风机，应待风道回风消失后方可检修；

10）当设备运行时严禁打开检修门。

g）通风空调系统的检查和清洗要求：

1）机房设备设施由专业人员或委外定期进行检查，检查内容应包括设备设施的安全要求，并符合 GB 50365 的要求；

2）风管检查每 2 年不少于一次，空气处理设备检查每年不少于一次；并对污染进行清洗、验收，确保管道内清洁，并符合 GB 19210 的要求；

3）清洗送风管道时，应先进行通风后方可进入管道，并戴口罩，防止粉尘和有害物质对人员伤害；并防止在风口处坠落；

4）检查和清洗、验收应保存记录；

5）集中供暖系统应防止冻裂，如确实需要停机应将水放完。

6.4.1.11 给排水系统

本条评价项目的查评依据如下：

【依据 1】《机械制造企业安全生产标准化规范》（AQ/T 7009—2013）

4.2.19 环保设施（含除尘、废气净化系统和废水处理系统）

4.2.19.1 系统中各级净化（处理）设备的净化（处理）效率应大于该设备设计参数的 90%。

4.2.19.2 系统中各设备及其部件应齐全、完好，无腐蚀；各种管道上的闸板、阀门应灵活、可靠，连接处无泄漏。

4.2.19.3 凡距操作者站立面 2m 以下设备外露的旋转部件均应设置齐全、可靠的防护罩或防护网，其安全间距应符合 GB 23821 的相关规定；池、沟应设有防护栏、盖板，并设有明显的安全标识。

4.2.19.4 系统结构件应有足够的强度、刚度及稳定性，基础应坚实；工业梯台应符合本标准 4.2.23 的相关规定。

4.2.19.5 电气设备的绝缘、屏护、防护间距应符合 GB 5226.1 的相关规定；PE 线应连接可靠，线径截面积及安装方法符合本标准 4.2.39 的相关规定。

4.2.19.6 系统内附属的压力容器应符合本标准 4.2.26 的相关规定。

4.2.19.7 除尘、废气净化系统和废水处理系统除符合上述通用规定外，还应符合以下规定。

4.2.19.7.2 废水处理系统的安全规定为：

——净化池应定期清理，沉淀物沉积高度不大于池深的 10%；

——污水处理剂等化学品应摆放整齐，无泄漏；

——污泥应定期排至指定地点存放或处置。

4.2.26 压力容器

4.2.26.1 资料应满足下列要求：

——出厂、安装资料齐全；

——应注册登记，并按周期进行检验，注册登记证号应印制在本体上；

——运行记录齐全、完整。

4.2.26.2 本体

4.2.26.2.1 接口部位的焊缝、法兰等部件应无变形、无腐蚀、无裂纹、无过热及泄漏，油漆应完好。

4.2.26.2.2 连接管元件应无异常振动，无摩擦、无松动。

4.2.26.2.3 支座支撑应牢固，连接处无松动、无移位、无沉降、无倾斜、无裂纹等。

4.2.26.3 安全附件

4.2.26.3.1 泄压装置、显示装置、自动报警装置、联锁装置应完好；检验、调试、更换记录齐全，并在检验周期内使用。

4.2.26.3.2 压力表应符合下列规定：

——指示灵敏、刻度清晰，铅封完整，装设点应方便观察；

——量程为容器工作压力的 1.5～3 倍，其精度不低于 2.5 级，表盘直径不应小于 100mm，表盘上应标示出最高工作压力红线。

4.2.26.3.3 安全阀应符合下列规定：

——铅封完好，且动作灵敏；

——安装在安全阀下方的截止阀应常开，并加铅封。

4.2.26.3.4 爆破片应符合下列规定：

——符合容器压力、温度参数的要求；单独爆破片作为泄压装置时，爆破片与容器间的截止阀应常开，并加铅封；

——爆破片与安全阀串联使用的，爆破片在动作时不允许产生碎片；

——对于盛装易燃介质、毒性介质的压力容器，安全阀或爆破片的排放口应装设导管，将排放介质引至安全地点，并进行妥善处理。

4.2.26.3.5 液位计应符合下列规定：

——设有最高、最低液位标志；

——玻璃管式液位计设有防护罩；

——用于易燃或毒性程度为极度、高度危害介质的液位计上应装有防泄漏的保护装置。

4.2.26.4 快开门式压力容器的门、盖联锁装置应具有以下功能：

——快开门达到预定关闭位置时方能升压运行；

——当容器内部的压力完全释放后，联锁装置脱开后方能开启门、盖；

——具有上述动作的同步报警功能。

4.2.26.5 运行时应无超压、超温、超载，且无异常振动、响动。

4.2.26.6 疏水器应保持畅通，并对周围环境无污染。

4.2.39 电网接地系统

4.2.39.1 系统整体结构

4.2.39.1.1 低压配电系统应采用 TN–S 系统，确有困难时，可采用 TN–C–S 系统。当电子信息系统设备采用 TN 系统供电时，应是 TN–S 系统接地形式。同一电源供电的低压系统，不应同时采用 TN 系统、TT 系统或 IT 系统。

4.2.39.1.2 系统的工作接地，主干保护导体（主干 PE 或 PEN 线），电气设备保护线（PE 线），接地故障速断保护装置，线路场所的保护性接地网（等电位联结及重复接地）应同时完好、可靠、纵深防护有效。

4.2.39.2 系统工作接地

4.2.39.2.1 TN 系统配电变压器中性点应直接接地。所有电气设备的外露可导电部分应采用保护导体（PE）与配电变压器中性点直接接地，保证连续可靠的电气连接。

4.2.39.2.2 变压器低压侧中性导体直接接地引出连接工作接地导体的有效截面不得减少，应采用等效件直通至接地系统，并保持导电的连接可靠。当采取母排螺栓直接压接时，连接处应两点紧固压实。

4.2.39.3 主干保护导体（PE 或 PEN 线）

4.2.39.3.1 主干保护导体（主干 PE 或 PEN 线）应满足机械强度和单相短路电流接地故障回路（L–PE 回路）阻抗设计要求。

4.2.39.3.2 主干 PE 或 PEN 线（包括车间干线与接地网或自然接地体）相互连接至少应有两处及以上，连接引线应方便定期监测，不得断线、断股或装设开关设备。

4.2.39.3.3 当 PE 线所用材质与相线相同时，PE 线最小截面应符合表 4.2.5 的规定。

表 4.2.5　PE 线最小截面规格（铜导体）

相线芯线截面 S（mm²）	PE 线截面
$S \leq 16$	S
$16 < S \leq 35$	16
$S > 35$	$S/2$

注：主干 PE 或 PEN 线采用铜材时不应小于 10mm²，多芯电缆不应小于 4mm²，铝材不应小于 25mm²。

4.2.39.4 设备 PE 线

4.2.39.4.1 所有电气设备的外露可导电部分（PE 线）应与系统主干 PE 电气连接牢固，并设有防松措施，标识明显。电气设备保护线（PE 线）采用铜芯导线的最小截面：当有机械性保护时为 2.5mm²，无机械性的保护时为 4mm²。PE 线最小截面应符合表 4.2.5 的规定。从接地网直接引入配电箱、柜或用电设备时，应接至主 PE 端子排。

4.2.39.4.2 PE 线或设备外露可导电部分严禁用作 PEN 线或作为正常时载流导体。

4.2.39.4.3 用电设备接入处 PE 标识应明显。PE 线和 N 线不允许任何漏接、错接、混装、串接等现象。N 与 PE 分开后，不得再合并。

4.2.39.4.4 禁止使用易燃易爆管道、水管、暖气管、蛇皮管等作为 PE 线使用。

4.2.39.4.5 其他有特殊防护要求的接地应遵从安全设计或相关规范的规定。

4.2.39.5 接地故障速断保护装置

4.2.39.5.1 TN 系统接地故障保护应满足切断故障回路的时间规定：配电线路或仅供固定式电气设备用电的末端线路不得大于 5s；手持式电气设备工具和移动式电气设备的末端线路或插座回路不得大于 0.4s。

4.2.39.5.2 当采用熔断器时应按设备容量与之匹配的有关规定值选择。

4.2.39.5.3 当采用自动断路器，单相短路电流不应小于脱扣器整定电流的 1.3 倍。

4.2.39.5.4 当所采用的速断保护装置不能满足上述要求时，应采用剩余电流动作保护装置。

4.2.39.6 系统保护性接地网配置与等电位

4.2.39.6.1 TN 系统保护性接地网的布设：架空线路和电缆线路干线和分支线的终端及沿线每 1km 处；每一个独立建筑物（包括非生产场所）或车间的进线处（包括使用公用变压器的单位）及有特别要求场所，高低压同杆架设电力线路，包括钢筋混凝土电杆，金属杆塔连接；车间周长超过 400m 时，每 200m 处的 PE 或 PEN 干线应作重复接地或与共用保护性接地网连接。

4.2.39.6.2 线路的金属杆塔与构架（包括照明线路），电力电缆的两端金属外皮均应与主接地网连接或单设重复接地装置。

4.2.39.6.3 具有爆炸和火灾危险场所应设有专用主干 PE 线，并在分支线处设置接地装置。

4.2.39.6.4 采用接地故障保护时，在建筑物内电气装置（包括电子信息系统各机房）接地极的接地干线、PE 干线及共用接地网，建筑物内所有的条件许可的建筑物金属构件，金属管道，外露或外界可导电部分均应作总等电位连接并接地，当还不能满足被保护对象安全时，应作辅助等电位连接并接地。等电位连接应有标识，接向专用连接端子板。

等电位连接母线的最小截面应大于装置最大保护线截面，并不应小于 6mm²。当采用铜线时，其最小截面不应小于 2.5mm²。

4.2.39.7 接地网电气连接

4.2.39.7.1 在满足热稳定条件下应利用自然接地导体，但禁止利用可燃液体或气体管道、供暖管道及自来水管作保护接地体；接地装置施工与运行应符合 GB 50169 的相关规定。

4.2.39.7.2 当人工接地体采用钢材时，焊接应牢固，钢接地网和接地线的最小规格应符合 GB 50169 的相关规定。埋入地下的人工接地极及其引出线应采用热镀锌接头，并采取防腐蚀、防机械损伤的措施。

4.2.39.7.3 接地网应与主干 PE 或 PEN 线至少两处及以上（压接端子）有可靠的电气连接。接地极及其接地导体应采用对称焊接，扁钢的有效焊接长度应大于其宽度的 2 倍，圆钢的有效焊接长度应大于其直径的 6 倍，圆钢与扁钢的有效焊接长度应大于圆钢直径的 6 倍。

4.2.39.7.4 所有埋地焊接处应作防腐处理，与主干 PE 连接引线应便于定期检查测试。

4.2.39.7.5 接地网一般应设有能断开与主干 PE 线（或 PEN 线）的压接端子定期检测的措施。当采用共用接地网（等电位型式）不能断开时，应设立固定式多个检测点。断开检测后应保证紧密性导电连接，防止锈蚀。

4.2.39.8 接地电阻检测和标识

4.2.39.8.1 接地网及各种接地装置的检测应符合如下要求：

——一般低压电力网中电源系统中性点工作接地应小于 4Ω，TN 系统每处重复接地网的接地电阻应小于 10Ω；电气设备、电子设备接地电阻应小于 4Ω。当电气设备、电子设备与防雷接地系统共用接地网时，接地电阻应小于 1Ω；当采用共用接地网时，其接地电阻应符合诸种接地系统中要求接地电阻最小值要求；其他接地网应符合设计值。

——测量接地电阻应规范、准确，每年不得少于一次，且在干燥气候条件下测量。同一接地网多个测点的接地电阻值应取最大值；

——测量仪器仪表应定期校准，检测数据应存档保存。

4.2.39.8.2 接地网（接地装置）应统一编号，并设置接地标识牌，注明编号、检测数据、有效日期等。

4.2.39.8.3 明敷的接地导体（PE 干线）的表面应涂 15mm～100mm 宽度相等的绿、黄相间的标识条纹。当使用胶布时，应采用绿黄双色胶带。

【依据 2】《国家电网公司装备制造企业安全生产标准化管理规范（试行）》（安质三〔2013〕104 号）

5.9.4.2.11 给排水系统应满足以下要求：

a）给水系统要求：

1）系统技术资料齐全，其中应包括给水管道分配流程图；

2）蓄水塔应安装避雷设施和夜间警示灯；

3）对蓄水箱、塔和池的定期清洗应聘请有资质的单位进行；

4）在蓄水箱、塔上高处作业时，或者进入水池清理时，应两人以上操作；

5）进入水箱内工作前，应按有限空间作业，确保箱内氧气达到规定标准，有害气体不超标，并不能长期在箱内作业；

6）进入水池、水箱时，应配备使用 36V 以下安全电压，带隔离变压器的行灯；

7）泵房等潮湿的地方，应安装排风设施。有门、窗的水箱、塔和池等应加锁；

8）操作人员应定期进行巡检，并保持记录，巡检内容应包括对水箱水位和进水压力、电动阀开启和关闭状态、各水泵出口管道上的止回阀、水位自动调节装置的检查。

b）排水系统要求：

1）系统技术资料齐全，其中应包括给水管道分配流程图；

2）排水系统的布置应全面规划，排水管道要处于控制面积的最低处；

3）排水管道应根据排放液体的化学性质和温度选择合适的材质，且不得腐蚀、变形；

4）应设置防溢水装置或有效的排水装置；

5）电镀废水的排水设计应符合 GB 50136 的相关要求。

c）污水处理设备要求：

1）应制定并严格执行安全管理制度；

2）现场应设置防止中毒等警示标识；

3）应配置硫化氢浓度报警仪并应半年检测一次，标识在有效期内，有使用说明书；

4）应配有防毒面具、安全带、绳索等应急防护用品；

5）急停开关或隔离开关完好、有效；

6）设备设施的电气部分及开关应防潮处理；

7）现场地面不宜使用接线板和临时接线，如需接线，应使用规范的接线盘并架空；

8）处理后的污水经水质化验检测达标后方可排放。

6.4.1.12 除尘系统

本条评价项目的查评依据如下：

【依据 1】《机械制造企业安全生产标准化规范》（AQ/T 7009—2013）

4.2.19 环保设施（含除尘、废气净化系统和废水处理系统）

4.2.19.1 系统中各级净化（处理）设备的净化（处理）效率应大于该设备设计参数的 90%。

4.2.19.2 系统中各设备及其部件应齐全、完好，无腐蚀；各种管道上的闸板、阀门应灵活、可靠，连接处无泄漏。

4.2.19.3 凡距操作者站立面 2m 以下设备外露的旋转部件均应设置齐全、可靠的防护罩或防护网，其安全间距应符合 GB 23821 的相关规定；池、沟应有防护栏、盖板，并设有明显的安全标识。

4.2.19.4 系统结构件应有足够的强度、刚度及稳定性，基础应坚实；工业梯台应符合本标准 4.2.23 的相关规定。

4.2.19.5 电气设备的绝缘、屏护、防护间距应符合 GB 5226.1 的相关规定；PE 线应连接可靠，线径截面积及安装方法符合本标准 4.2.39 的相关规定。

4.2.19.6 系统内附属的压力容器应符合本标准 4.2.26 的相关规定。

4.2.19.7 除尘、废气净化系统和废水处理系统除符合上述通用规定外，还应符合以下规定。

4.2.19.7.1 除尘、废气净化系统：

——吸尘罩（吸气罩）布置应合理，其金属结构件应完整、无腐蚀，表面油漆无脱落；

——净化设施的尾部处理不应产生二次污染；除尘器的清灰系统应运行正常；

——静电除尘器的检修门应密封良好，并与动力回路联锁，其漏风率应小于 5%；

——易产生爆炸危险的废气净化系统应设置防爆装置，且应完好、可靠。

【依据 2】《国家电网公司装备制造企业安全生产标准化管理规范（试行）》（安质三〔2013〕104 号）

5.9.4.2.12 除尘系统应满足以下要求：

a）除尘间设置和现场要求：

1）各独立的除尘系统应单独设立除尘间；

2）除尘间宜单独设置并位于生产厂房外；

3）如确因条件所限，也可设于生产厂房内，但应与其他生产设备防爆隔离，并应按照 GB/T 15605 的要求采取泄压措施。

b）设备设施要求：

1）管网、风机应符合 GB 18245 要求；

2）管道应采用金属材料制作，接地电阻符合要求；

3）管道上不应设置端头和袋状管，避免粉尘积聚；

4）管网拐弯处和除尘器入口处应设置泄压装置；

5）各通风除尘支路与总回风管连接处应装设自动阻火阀；

6）除尘房电气设备应确保风机位于最后一个除尘器之后，并选用防尘结构（标识为 DP）的粉尘防爆电气设备；

7）现场使用密闭式的配电箱、柜；现场灯具应有防尘罩。

c）现场严禁烟火，张贴禁止标识；配置强制通风设施或自然通风，设施开启正常，确保通风良好。

d）安全运行要求：

1）开机前应检查压缩空气压力是否在正常范围内；

2）布袋两侧压力压差控制在有效的压力内，当接近或超过范围时应及时清理或替换布袋；

3）有杂物堵塞管道或引起设备停机时，应排除异物后再开机；

4）在生产结束后分段关闭风机，待除尘器内灰尘基本出完，无积灰，无堵塞后，再关闭电源；

5）集尘应每班清理；清理后的粉尘应在除尘间以外的固定地点存放，不应产生二次扬尘；

6）操作人员清理设备和积灰时应佩戴防尘口罩。

6.4.1.13 工业梯台

本条评价项目的查评依据如下：

【依据 1】《机械制造企业安全生产标准化规范》（AQ/T 7009—2013）

4.2.23 工业梯台

4.2.23.1 金属结构件的焊接应符合 GB 50205 的相关规定；且无变形、腐蚀、裂纹等缺陷；其载荷应符合下列值：

——固定式钢直梯踏棍载荷在其中点承受 1kN 垂直集中活载荷时，允许挠度不大于踏棍长度的 1/250；每对梯子支撑及其连接件应能承受 3kN 的垂直载荷及 0.5kN 的拉出载荷；

——固定式钢斜梯应能承受 5 倍预定活载荷标准值，并不小于施加任何点的 4.4kN 集中载荷；钢斜梯水平投影面上的均布活载荷标准值应不小于 3.5kN/m²；

——钢平台区域内应能承受不小于 3kN/m² 均匀分布活载荷。

4.2.23.2 固定式钢斜梯踏板及钢平台铺板应采用花纹钢板或经防滑处理的钢板制作。

4.2.23.3 结构要求

4.2.23.3.1 钢直梯的结构要求为：

——所有的踏棍垂直间距应相等，相邻踏棍垂直间距应为 225mm～300mm，梯子下端的第一级踏棍距基准面距离应不大于 400mm，顶部踏棍与到达面的步行表面应处于同一水平面；

——梯梁间踏棍供踩踏表面的内侧净宽度应为 400mm～600mm，在同一攀登高度上该宽度应相同。由于工作面所限，攀登高度在 5m 以下时，梯子内侧净宽度可小于 400mm，但应不小于 300mm；

——高于起程面 2200mm～3000mm 处应设置安全护笼，其笼箍内径应在 650mm～800mm 之间；水平笼箍垂直间距应不大于 1500mm，立杆间距应不大于 300mm，均匀分布，护笼各构件形成的最大空隙应不大于 0.4m²；

——护笼顶部在平台或梯子顶部进、出平面之上的高度应不小于 1050mm，并有进、出平台的措施或进出口。

——单段梯高宜不大于 10m，攀登高度大于 10m 时宜采用多段梯，梯段水平交错布置，并设梯间平台。

4.2.23.3.2　钢斜梯的结构要求为：

——钢斜梯内侧净宽度：单向通行宜为 600mm，经常单向通行及偶尔双向通行宜为 800mm，经常双向通行宜为 1000mm；

——踏板的前后深度应不小于 80mm，相邻两踏板的前后方向重叠应在 10mm～35mm 之间；踏板间距宜为 225mm～255mm；

——由突缘前端到上方障碍物的垂直距离应不小于 2000mm；

——梯宽不大于 1100mm 两侧封闭的斜梯，应至少一侧有扶手，且设在下梯方向的右侧；梯宽大于 1100mm 但不大于 2200mm 的斜梯，无论是否封闭，均应在两侧安装扶手；梯子扶手中心线应与梯子的倾角线平行，梯子扶手的高度由踏板突缘到扶手的上表面垂直测量应不小于 860mm，不大于 960mm；支撑扶手的立柱应从第一级踏板开始设置，间距不宜大于 1000mm。

4.2.23.3.3　钢平台的结构要求为：

——通行平台的无障碍宽度应不小于 750mm，单人偶尔通行平台的宽度可适当减小，但应不小于 450mm；梯间平台（休息平台）的宽度应不小于梯子的宽度；

——平台地面到上方障碍物的垂直距离应不小于 2000mm；

——踢脚板顶部在平台地面之上高度应不小于 100mm，其底部距地面应不大于 10mm；

——当平台距基准面高度小于 2m 时，防护栏杆高度应不低于 900mm；距基准面高度大于等于 2m 并小于 20m 时，防护栏杆高度应不低于 1050mm；距基准面高度大于 20m 时，防护栏杆高度应不低于 1200mm；

——防护栏杆端部应设置立柱，立柱间距应不大于 1000mm；在扶手与踢脚板之间应至少设置一道中间栏杆，其与上、下方构件的空隙间距应不大于 500mm。

4.2.23.3.4　活动人字梯铰链完好无变形，两梯之间梁柱中部应有限制拉线，撑锁固定装置牢固；梯子与地面接触部位应设置防滑装置。

竹梯构件不得有连续裂损 2 个竹节或不连续裂损 3 个竹节；梯子与地面接触部位应设置防滑装置。

【依据 2】《固定式钢梯及平台安全要求　第 1 部分：钢直梯》（GB 4053.1—2009）

4　一般要求

4.1　材料

4.1.1　钢直梯采用钢材的力学性能应不低于 Q235-B，并具有碳含量合格保证。

4.1.2　支撑宜采用角钢、钢板或钢板焊接成 T 型钢制作，埋没或焊接时必须牢固可靠。

4.2　钢直梯倾角

钢直梯应与其固定的结构表面平行并尽可能垂直水平面设置。当受条件限制不能垂直水平面时，两梯梁中心线所在平面与水平面倾角应在 75°～90° 范围内。

4.3　设计载荷

4.3.1　梯梁设计载荷按组装固定后其上端承受 2kN 垂直集中活载荷计算（高度按支撑间距选取，无中间支撑时按两端固定点距离选取）。在任何方向上的挠曲变形应不大于 2mm。

4.3.2　踏棍设计载荷按在其中点承受 1kN 垂直集中活载荷计算。允许挠度不大于踏棍长度的 1/250。

4.3.3　每对梯子支撑及其连接件应能承受 3kN 的垂直载荷及 0.5kN 的拉出载荷。

4.4　制造安装

4.4.1　钢直梯应采用焊接连接，焊接要求应符合 GB 50205 的规定。采用其他方式连接时，连接强度应不低于焊接。安装后的梯子不应有歪斜、扭曲、变形及其他缺陷。

4.4.2　制造安装工艺应确保梯子及其所有部件的表面光滑、无锐边、尖角、毛刺或其他可能对梯子使用者造成伤害或妨碍其通过的外部缺陷。

4.4.3 安装在固定结构上的钢直梯，应下部固定，其上部的支撑与固定结构牢固连接，在梯梁上开设长圆孔，采用螺栓连接。

4.4.4 固定在设备上的钢直梯当温差较大时，相邻支撑中应一对支撑完全固定，另一对支撑在梯梁上开设长圆孔，采用螺栓连接。

4.5 防锈及防腐蚀

4.5.1 固定式钢直梯的设计应使其积留湿气最小，以减少梯子的锈蚀和腐蚀。

4.5.2 根据钢直梯使用场合及环境条件，应对梯子进行合适的防锈及防腐涂装。

4.5.3 在自然环境中使用的梯子，应对其至少涂一层底漆和一层（或多层）面漆；或进行热浸镀锌，或采用等效的金属保护方法。

4.5.4 在持续潮湿条件下使用的梯子，建议进行热浸镀锌，或采用特殊涂层或采用耐腐蚀材料。

4.6 接地

在室外安装的钢直梯和连接部分的雷电保护，连接和接地附件应符合 GB 50057 的要求。

【依据3】《固定式钢梯及平台安全要求 第2部分：钢斜梯》（GB 4053.2—2009）

4 一般要求

4.1 材料

钢斜梯采用钢材的力学性能应不低于 Q235–B，并具有碳含量合格保证。

4.2 钢斜梯倾角

4.2.1 固定式钢斜梯与水平面的倾角应在 30°～75° 范围内，优选倾角为 30°～35°。偶尔性进入的最大倾角宜为 42°。经常性双向通行的最大倾角宜为 38°。

4.2.2 在同一梯段内，脚步高与踏步宽的组合应保持一致。踏步高与踏步宽的组合应符合式（1）的要求：

$$550 \leqslant g+2r \leqslant 700 \tag{1}$$

式中：

g——踏步宽，单位为毫米（mm）；

r——踏步高，单位为毫米（mm）。

4.2.3 常用的钢斜梯倾角与对应的踏步高 r，踏步宽 g 组合（$g+2r=600$）示例见表 1，其他倾角可按线性插值法确定。

4.2.4 常用钢斜梯倾角和高跨比（$H:L$）示例见表 2。

支撑宜采用角钢、钢板或钢板焊接成 T 型钢制作，埋没或焊接时必须牢固可靠。

表 1 踏步高 r、踏步宽 g 尺寸常用组合（$g+2r=600$）

倾角 $\alpha/(°)$	30	35	40	45	50	55	60	65	70	75
r/mm	160	175	185	200	210	225	235	245	255	265
g/mm	280	250	230	200	180	150	130	110	90	70

表 2 常用钢斜梯倾角和高跨比

倾角 $\alpha/(°)$	45	51	55	59	73
高跨比 $H:L$	1:1	1:0.8	1:0.7	1:0.6	1:0.3

4.3 设计载荷

4.3.1 固定式钢斜梯设计载荷应按实际使用要求确定，但应不小于本部分规定的水质。

4.3.2 固定式钢斜梯应能承受 5 倍预定活载荷标准值，并不应小于施加在任何点的 4.4kN 集中载荷，钢斜梯水平投影面上的均布载荷标准值应不小于 3.5kN/m²。

4.3.3 踏板中点集中活载荷应不小于 1.5kN，在梯子内侧宽度上均布载荷不小于 2.2kN/m。

4.3.4 斜梯扶手应能承受在除了向上的任何方向施加的不小于 890N 集中载荷，在相邻立柱间的最大挠曲变形应不大于跨度的 1/250。中间栏杆应能承受在中点圆周上施加的不小于 700N 水平集中载荷，最大挠曲变形不大于 75mm。端部或末端立柱应能承受在立柱顶部施加的任何方向上 890N 的集中载荷。以上载荷不进行叠加。

4.4 制造安装

4.4.1 钢斜梯应采用焊接连接，焊接要求应符合 GB 50205 的规定。采用其他方式连接时，连接强度应不低于焊接。安装后的梯子不应有歪斜、扭曲、变形及其他缺陷。

4.4.2 制造安装工艺应确保梯子及其所有部件的表面光滑、无锐边、尖角、毛刺或其他可能对梯子使用者造成伤害或妨碍其通过的外部缺陷。

4.4.3 钢斜梯与附在设备上的平台梁相连接时，连接处宜采用开设长圆孔的螺栓连接。

4.5 防锈及防腐蚀

4.5.1 固定式钢斜梯的设计应使其积留湿气最小，以减少梯子的锈蚀和腐蚀。

4.5.2 根据钢斜梯使用场合及环境条件，应对梯子进行合适的防锈及防腐涂装。

4.5.3 钢斜梯安装后，应对其至少涂一层底漆和一层（或多层）面漆或采用等效的防锈防腐涂装。

4.6 接地

在室外安装的钢直梯和连接部分的雷电保护，连接和接地附件应符合 GB 50057 的要求。

【依据 4】《固定式钢梯及平台安全要求 第 3 部分：工业防护栏杆及钢平台》（GB 4053.3—2009）

4 一般要求

4.1 防护要求

4.1.1 距下方相邻地板或地面 1.2m 及以上的平台、通道或工作面得所有敞开边缘应设置防护栏杆。

4.1.2 在平台、通道或工作面上可能使用工具、机器部件或物品场合，应在所有敞开边缘设置带踢脚板的防护栏杆。

4.1.3 在酸洗或电镀、脱脂等危险设备上方或附近的平台、通道或工作面的敞开边缘，均应设置带踢脚板的防护栏杆。

4.1.4 当平台设有满足踢脚板功能及强度要求的其他结构边沿时，防护栏杆可不设踢脚板。

4.2 材料

防护栏杆及钢平台采用钢材的力学性能应不低于 Q235-B，并具有碳含量合格保证。

4.3 防护栏杆设计载荷

4.3.1 防护栏杆安装后顶部栏杆应能承受水平方向和垂直向下方向不小于 890N 集中载荷和不小于 700N/m 均布载荷。在相邻立柱间的最大挠曲变形应不大于跨度的 1/250。水平和垂直载荷以及集中和均布载荷均不叠加。

4.3.2 中间栏杆应能承受在中点圆周上施加不小于 700N 水平集中载荷，最大挠曲变形不大于 75mm。

4.3.3 端部或末端立柱应能承受在立柱顶部施加的任何方向上 890N 的集中载荷。

4.4 钢平台设计载荷

4.4.1 钢平台的设计载荷应按实际使用要求确定，并应不小于本部分规定的值。

4.4.2 整个平台区域内应能承受不小于 3kN/m² 均匀分布活载荷。

4.4.3 在平台区域内中心距为 1000mm，边长 300mm 正方形上应能承受不小于 1kN 集中载荷。

4.4.4 平台地板在设计载荷下的挠曲变形应不大于 10mm 或跨度的 1/200，两者取小值。

4.5 制造安装

4.5.1 防护栏杆及钢平台应采用焊接连接，焊接要求应符合 GB 50205 的规定。

当不便焊接时，可用螺栓连接，但应保证设计的结构强度。安装后的防护栏杆及钢平台不应有歪斜、扭曲、变形及其他缺陷。

4.5.2 防护栏杆制造安装工艺应确保梯子及其所有构件及其连接部分表面光滑、无锐边、尖角、毛刺或其他可能对人员造成伤害或妨碍其通过的外部缺陷。

4.5.3 钢平台和通道不应仅靠自重安装固定。当采用仅靠拉力的固定件时，其工作载荷系数应不小于 1.5。设计时应考虑腐蚀和疲劳应力对固定件寿命的影响。

4.5.4 安装后的平台钢梁应平直，铺板应平整，不应有歪斜、翘曲、变形及其他缺陷。

4.6 防锈及防腐蚀

4.6.1 防护栏杆及钢平台应使其积存水和湿气最小，以减少锈蚀和腐蚀。

4.6.2 根据防护栏杆及钢平台使用场合及环境条件，应对其进行合适的防锈及防腐涂装。

4.6.3 防护栏杆及钢平台安装后，应对其至少涂一层底漆或一层（或多层）面漆或采用等效的防锈防腐涂装。

5 防护栏杆结构要求

5.1 结构形式

5.1.1 防护栏杆应采用包括扶手（顶部栏杆）、中间栏杆和立柱的结构形式或采用其他等效的机构。

5.1.2 防护栏杆各构件的不知应确保中间栏杆（横杆）与上下构件间形成的空隙间距不大于 500mm。构件设置方式应阻止攀爬。

5.2 栏杆高度

5.2.1 当平台、通道及作业场所距基准面高度小于 2m 时，防护栏杆高度应不低于 900mm。

5.2.2 当距基准面高度大于等于 2m 并小于 20m 的平台、通道及作业场所的防护栏杆高度应不低于 1050mm。

5.2.3 在距基准面高度不小于 20m 的平台、通道及作业场所的防护栏杆高度应不低于 1200mm。

5.3 扶手

5.3.1 扶手的设计应允许手能连续滑动。扶手末端应以曲折端结束，可转向支撑墙，或转向中间栏杆，或转向立柱，或布置成避免扶手末端突出结构。

5.3.2 扶手宜采用钢管，外径应不小于 30mm，不大于 50mm。采用非圆形截面扶手，截面外接圆直径应不大于 57mm，圆角半径不小于 3mm。

5.3.3 扶手后应有不小于 75mm 的净空间，以便于手握。

5.4 中间栏杆

5.4.1 在扶手和踢脚板之间，应至少设置一道中间栏杆。

5.4.2 中间栏杆宜采用不小 25mm×4mm 扁钢或直径 16mm 的圆钢。中间栏杆与上、下方构件的空隙间距不大于 500mm。

5.5 立柱

5.5.1 防护栏杆端部应设置立柱或确保与建筑物或其他固定结构牢固连接，立柱间应不大于 1000mm。

5.5.2 立柱不应在踢脚板上安装，除非踢脚板为承载的构件。

5.5.3 立柱因采用不小于 50mm×50mm×4mm 角钢或外径 30mm～50mm 钢管。

5.6 踢脚板

5.6.1 踢脚板顶部在平台地面之上高度应不小于 100mm，其底部距地面应不大于 10mm。踢脚板宜采用不小于 100mm×2mm 的钢板制造。

5.6.2 在室内的平台、通道或地面，如果没有排水或排除有害液体妖气，踢脚板下端可不留空隙。

6　钢平台结构要求

6.1　平台尺寸

6.1.1　工作平台的尺寸应根据预定的使用要求及功能确定，但应不小于通行平台和梯间平台（休息平台）的最小尺寸。

6.1.2　通行平台的无障碍宽度应不小于750mm，单人偶尔通行的平台宽度可适当减小，单应不小于450mm。

6.1.3　梯间平台（休息平台）的宽度应不小于梯子的宽度，且对直梯应不小于700mm，斜梯应不小于760mm，两者取较大值。梯间平台（休息平台）在行进方向的长度应不小于梯子的宽度，且对直梯应不小于700mm，斜梯应不小于850mm，两者取较大值。

6.2　上方空间

6.2.1　平台地面到上方障碍物的垂直距离应不小于2000mm。

6.2.2　对于仅限于单人偶尔使用的平台，上方障碍物的垂直距离可适当减少，但不应少于1900mm。

6.3　支撑结构

平台应安装在牢固可靠的支撑结构上，并与其刚性连接；梯间平台（休息平台）不应悬挂在梯段上。

6.4　平台地板

6.4.1　平台地板宜采用不小于4mm厚的花纹钢或经防滑处理的钢板铺装，相邻钢板不应搭接。相邻钢板上表面的高度差应不大于4mm。

6.4.2　工作平台和梯间平台（休息平台）的地板应水平设置。通行平台地板与水平面的倾角应不大于10°，倾斜的地板应采取防滑措施。

6.4.1.14　档案室

本条评价项目的查评依据如下：

【依据】《国家电网公司装备制造企业安全生产标准化管理规范（试行）》（安质三〔2013〕104号）

5.9.4.2.14　档案室应满足以下要求：

a）非工作人员未经批准不应入内。

b）档案库房内资料柜、办公用品等应定置摆放；较重的资料宜存放在底层。

c）档案室应具备防盗、防火、防跌倒等基本保护条件，宜使用防盗门、窗户宜有防盗网；超过2m的资料柜宜设置取物梯台。

d）档案库房内不应存放与档案无关的杂物。

e）档案室无人时关闭门窗切断电源，并由管理人员负责每天下班前检查门、窗、电的关闭情况。

f）室内不应使用照明、电脑以外的电气。

g）不准使用碘钨灯和超过60W以上白炽灯等高温照明灯具。

h）应设置消防监控点，安装摄像监控装置（可与治安监控系统共用），进行24小时监控。

i）应配置符合要求的灭火器材。

j）悬挂明显的禁烟、禁火等标示；严禁将任何火种带入室内，任何人不准在档案室内吸烟。

6.4.2　特种设备安全

6.4.2.1　锅炉

本条评价项目的查评依据如下：

【依据】《机械制造企业安全生产标准化规范》（AQ/T 7009—2013）

4.2.25　锅炉与辅机

4.2.25.1　资料应满足下列要求：

——出厂、安装资料齐全；

——应注册登记，并按周期进行检验；

——运行记录齐全、完整。

4.2.25.2 安全附件

4.2.25.2.1 安全阀应符合下列规定：

——额定供热量大于 30×104kcal/h 的热水锅炉和蒸发量大于 0.5t/h 蒸汽锅炉应至少安装两只安全阀；其余热水锅炉和蒸汽锅炉应至少安装 1 只安全阀；

——每年检验一次，铅封完好，运行时每周进行一次手动排气试验，每月进行一次自动排气试验，并做好运行记录；

——杠杆式安全阀必须设有防重锤自行移动的装置和限制杠杆越位的导架；弹簧式安全阀应设有提升把手和防止随意拧动调整紧固装置；静重式安全阀应设有防止重片飞出的装置。

4.2.25.2.2 水位表应符合下列规定：

——额定蒸发量大于 0.5t/h 的锅炉应至少安装 2 只独立的水位表；

——应有最低和最高极限水位标志线，水位清晰可见；

——排放水管应排至安全的地方，玻璃管式水位表应设置防护罩；

——水位表的照明灯应采用安全电压，布线应设有隔热措施；

——水控汽阀无泄漏。

4.2.25.2.3 压力表应符合下列规定：

——精度不低于 2.5 级，量程宜为工作压力的 1.5～3 倍，表盘直径不小于 100mm，刻度盘上标有最高工作压力红线；

——每 6 个月校验一次；压力表旋转式三通旋塞应灵活、无泄漏。

4.2.25.2.4 排污阀应灵活、无泄漏，污水应排放至安全地点。

4.2.25.2.5 炉水取样冷却器冷却效果明显，且确保冷热水管路畅通。

4.2.25.3 保护装置

4.2.25.3.1 蒸发量大于或等于 2t/h 的锅炉应装设高低水位报警器和高低水位联锁保护装置。

4.2.25.3.2 蒸发量大于或等于 6t/h 的锅炉应装设超压报警器。

4.2.25.3.3 热水锅炉应装设超温报警器及联锁装置。

4.2.25.3.4 燃油、燃气、燃煤（粉）的锅炉应安装可靠的点火联锁保护和熄火联锁保护装置，燃气锅炉烟道应设有防爆门。

4.2.25.4 每台锅炉应配置两套给水设备，并保持给水系统畅通。

4.2.25.5 本体应无严重漏风、漏烟、漏汽、漏油现象；炉墙无裂纹、炉拱无松垮、隔烟墙无烟气短路。

4.2.25.6 水处理

4.2.25.6.1 蒸发量小于 2t/h 的锅炉宜采用炉内加药处理，加药装置应完好；且有加药记录，pH 值测试记录。

4.2.25.6.2 蒸发量大于或等于 2t/h 的锅炉应采取炉外水处理，盐泵、盐池、水处理系统应运行正常，给水和炉水的化验记录齐全。

4.2.25.6.3 经处理后的水质应能达到 GB/T 1576 的指标要求，水垢厚度应小于 1.5mm。

6.4.2.2 压力容器

本条评价项目的查评依据如下：

【依据 1】《机械制造企业安全生产标准化规范》（AQ/T 7009—2013）

4.2.26 压力容器

4.2.26.1 资料应满足下列要求：

——出厂、安装资料齐全；

——应注册登记，并按周期进行检验，注册登记证号应印制在本体上；

——运行记录齐全、完整。

4.2.26.2 本体

4.2.26.2.1 接口部位的焊缝、法兰等部件应无变形、无腐蚀、无裂纹、无过热及泄漏，油漆应完好。

4.2.26.2.2 连接管元件应无异常振动，无摩擦、无松动。

4.2.26.2.3 支座支撑应牢固，连接处无松动、无移位、无沉降、无倾斜、无裂纹等。

4.2.26.3 安全附件

4.2.26.3.1 泄压装置、显示装置、自动报警装置、联锁装置应完好；检验、调试、更换记录齐全，并在检验周期内使用。

4.2.26.3.2 压力表应符合下列规定：

——指示灵敏、刻度清晰，铅封完整，装设点应方便观察；

——量程为容器工作压力的 1.5～3 倍，其精度不低于 2.5 级，表盘直径不应小于 100mm，表盘上应标示出最高工作压力红线。

4.2.26.3.3 安全阀应符合下列规定：

——铅封完好，且动作灵敏；

——安装在安全阀下方的截止阀应常开，并加铅封。

4.2.26.3.4 爆破片应符合下列规定：

——符合容器压力、温度参数的要求；单独爆破片作为泄压装置时，爆破片与容器间的截止阀应常开，并加铅封；

——爆破片与安全阀串联使用的，爆破片在动作时不允许产生碎片；

——对于盛装易燃介质、毒性介质的压力容器，安全阀或爆破片的排放口应装设导管，将排放介质引至安全地点，并进行妥善处理。

4.2.26.3.5 液位计应符合下列规定：

——设有最高、最低液位标志；

——玻璃管式液位计设有防护罩；

——用于易燃或毒性程度为极度、高度危害介质的液位计上应装有防泄漏的保护装置。

4.2.26.4 快开门式压力容器的门、盖联锁装置应具有以下功能：

——快开门达到预定关闭位置时方能升压运行；

——当容器内部的压力完全释放后，联锁装置脱开后方能开启门、盖；

——具有上述动作的同步报警功能。

4.2.26.5 运行时应无超压、超温、超载，且无异常振动、响动。

4.2.26.6 疏水器应保持畅通，并对周围环境无污染。

【依据 2】《固定式压力容器安全技术监察规程》（TSG R0004—2009）

第六章 定期检验

第一百二十五条 使用单位应当于压力容器定期检验有效期届满前 1 个月向特种设备检验机构提出定期检验要求，同时将压力容器定期检验计划报发证机构。检验机构接到定期检验要求后，应当及时进行检验。

第一百二十六条 检验机构应当严格按照核准的检验范围从事压力容器的定期检验工作，检验检测人员应当取得相应的特种设备检验检测人员证书。检验机构应当接受质量技术监督部门的监督，并且对压力容器定期检验结论的正确性负责。

第一百二十七条 在用压力容器，应当按照《压力容器定期检验规则》《锅炉压力容器使用登记管理办法》的规定，进行定期检验、评定安全状况等级和办理注册登记。

第一百二十八条　压力容器的定期检验包括全面检验和耐压试验：

（一）全面检验是指在停机时进行的检验。压力容器一般应当于投用满 3 年时进行首次全面检验。下次的全面检验周期，由检验机构根据压力容器的安全状况等级确定。

1. 安全状况等级为 1、2 级的，一般每 6 年一次；

2. 安全状况等级为 3 级的，一般 3～6 年一次；

3. 安全状况等级为 4 级的，应当监控使用，其检验周期由检验机构确定，累计监控使用时间不得超过 3 年。在监控使用期间，应当对缺陷进行处理，否则不得继续使用。

4. 安全状况等级为 5 级的，应当对缺陷进行处理，否则不得继续使用。

压力容器安全状况等级的评定按《压力容器定期检验规则》进行。符合规定条件的，可以按《压力容器定期检验规则》要求适当缩短或者延长全面检验周期。应用基于风险的检验（RBI）技术的压力容器，按第一百三十一条的要求确定全面检验周期。

（二）有以下情况之一的压力容器，定期检验时应当进行超过最高工作压力的耐压试验：

1. 用焊接方法更换受压元件的；

2. 受压元件焊补深度大于 1/2 壁厚的；

3. 改变使用条件，超过原设计参数并且经过强度校核合格的；

4. 需要更换衬里的（耐压试验应当于更换衬里前进行）；

5. 停止使用 2 年后重新复用的；

6. 从外单位移装或者本单位移装的；

7. 使用单位或者检验机构对压力容器的安全状况有怀疑，认为应当进行耐压试验的。

第一百二十九条　设计图样注明无法进行全面检验或耐压试验的压力容器，由使用单位提出书面说明，报发放《特种设备使用登记证》的安全监察机构备案。因情况特殊不能按期进行全面检验的压力容器，由使用单位提出申请并且经过使用单位主要负责人批准，征得检验机构同意，向发放《特种设备使用登记证》的安全监察机构备案后，方可推迟或免除。对无法进行全面检验和耐压试验或者不能按期进行全面检验的压力容器，均应当制定可靠的监护和抢险措施，如因监护措施不落实出现问题，应当由使用单位负责。

第一百三十条　安全状况等级定为 4 级并且监控期满的压力容器，或者定期检验发现严重缺陷可能导致停止使用的压力容器，应当对缺陷进行处理提高其安全状况等级，缺陷处理的方式包括采用修理的方法消除缺陷或者进行安全评定。采用安全评定方法的，应当按如下程序和要求办理：

（一）压力容器使用单位向国家质检总局批准的安全评定机构提出进行安全评定的申请，同时将需评定的压力容器基本情况书面告知使用登记机构。

（二）压力容器的安全评定应当符合 GB/T 19624—2004《在用含缺陷压力容器安全评定》的要求。承担压力容器安全评定的检验机构，应当根据缺陷的性质、缺陷产生的原因，以及缺陷的发展预测在评定报告中给出明确的评定结论，说明缺陷对压力容器安全使用的影响。

（三）压力容器安全评定报告，应当由具有相应经验的评定人员出具，并且经过检验机构技术负责人批准。承担压力容器安全评定的检验机构应当对缺陷评定结论的正确性负责。

（四）压力容器检验机构应当根据评定报告的结论和其他检验项目的检验结果确定压力容器的安全状况等级，允许运行参数和下次检验日期，出具检验报告。

（五）使用单位应当将压力容器安全评定结论报使用登记机构备案，并且严格按照检验报告的要求控制压力容器的运行参数，加强年度检查。

第一百三十一条　大型成套装置中的在用压力容器，可以应用风险评估（RBI）技术。其程序和要求如下：

（一）满足以下条件的大型成套装置的使用单位，可以向国家安全监察机构提出应用基于风险的检验技术申请：

1. 具有完善的管理体系和较高的管理水平；

2. 建立健全应对各种突发情况的应急预案，并且定期进行演练；

3. 压力容器、压力管道等设备运行良好，能够按照有关规定进行检验和维护；

4. 生产装置及重要设备资料齐全、完整；

5. 工艺操作稳定；

6. 生产装置采用数字集散控制系统，并且有可靠的安全联锁保护系统。

（二）经过国家安全监察机构同意进行风险评估技术应用的压力容器使用单位，可以向国家质检总局批准的风险评估机构提出检验要求，同时将该情况书面告知使用登记机构。

（三）承担风险评估技术应用的检验机构，应当根据设备状况、失效模式、失效后果、管理情况等评估装置和压力容器的风险，由使用单位确定风险可接受准则。

（四）检验机构应当根据风险分析结果，以压力容器的风险处于可接受水平为前提制定检验策略，包括检验时间、检验内容和检验方法。使用单位应当根据检验策略，制定压力容器的检验计划，由检验机构实施检验。

（五）实施风险评估技术的压力容器，可以采用如下方法确定其检验周期：

1. 参照《压力容器定期检验规则》的规定，确定压力容器的安全状况等级和检验周期，可根据压力容器风险水平延长或者缩短，但最长不得超过 9 年。

2. 以压力容器的剩余寿命为依据，检验周期最长不超过压力容器剩余寿命的一半，并且不得超过 9 年。

（六）对于装置运行期间风险位于可接受水平之上的压力容器，应当采用在线检验等方法降低其风险。

（七）实施 RBI 技术的压力容器使用单位，应当将风险评估结论报使用登记机构备案。使用单位应当落实保证压力容器安全运行的各项措施，承担安全主体责任。

6.4.2.3　压力管道

本条评价项目的查评依据如下：

【依据 1】《压力管道安全技术监察规程–工业管道》（TSG D0001—2009）

第十条　管道设计、安装和检验应当符合 GB/T 20801—2006《压力管道规范　工业管道》等相关国家标准的要求。直接采用国际标准或国外标准时，应当现将其转化为企业标准或工程规定。对于 GC1 级管道还应当报国家质检总局备案。必要时，由国家质检总局委托有关技术组织或者技术机构进行评审。无相关标准的，不得进行管道设计、安装和检验。

第五十四条　管道支吊架的设计和选用应当符合 GB/T 20801 的规定。设计时应当遵循以下原则：

确保所有管道支吊架具有足够的强度和刚度；

管道支吊架与管道连接机构的设计，保证连接处不会产生过大的局部弯曲应力，并且不会使管子变形，循环荷载的场合，能够减小连接处的应力集中。

第五十七条　管道安装单位应当取得特种设备安装许可，安装单位应当对管道的安装质量负责。

第一百一十六条　管道定期检验分为在线监测和全面检测。

在线监测是在运行条件下对在用管道进行的检验，在线监测至少每年 1 次（也可称为年度检验）；全面检验是按一定的检验周期在管道停车期间进行的较为全面的检验。

GC1、GC2 级压力管道的全面检验周期按照以下原则之一确定：

检验周期一般不超过 6 年；

按照基于风险检验（RBI）的结果确定的检验周期，一般不超过 9 年；

GC3 级管道的全面检验周期一般不超过 9 年；

第一百一十七条　属于下列情况之一的管道，应当适当缩短检验周期：

新投用的 GC1、GC2 级的（首次检验周期一般不超过 3 年）；

发现应力腐蚀或者严重局部腐蚀的；

承受交变荷载，可能导致疲劳失效的；

材质产生劣化的；

在线监测中发现存在严重问题的；

检验人员和使用单位认为需要缩短检验周期的。

第一百二十四条　在用管道的定期检验，按照工业管道定期检验的要求进行。使用单位应当将检验报告、评价报告存入压力管道档案，长期保存，直到管道报废。

【依据 2】《工业管道的基本识别色、识别符号和安全标识》（GB 7231—2003）

4.2　基本识别色标识方法

工业管道的基本识别色标识方法，使用方应从以下五种方法中选择。应用举例见附录 A（标准的附录）。

a）管道全长上标识；

b）在管道上以宽为 150mm 的色环标识；

c）在管道上以长方形的识别色标牌标识；

d）在管道上以带箭头的长方形识别色标牌标识；

e）在管道上以系挂的识别色标牌标识。

4.5　当管道采用 4.2 中 b）、c）、d）、e）基本识别色标识方法时，其标识的场所应该包括所有管道的起点、终点、交叉点、转弯处、阀门和穿墙孔两侧等的管道上和其他需要标识的部位。

6.1　危险标识

a）适用范围：管道内的物质，凡属于 GB 13690 所列的危险化学品，其管道应设置危险标识。

b）表示方法：在管道上涂 150mm 宽黄色，在黄色两侧各涂 25mm 宽黑色的色环或色带（见附录 A），安全色范围应符合 GB 2893 的规定。

c）表示场所：基本识别色的标识上或附近。

【依据 3】《国家电网公司装备制造企业安全生产标准化管理规范（试行）》（安质三〔2013〕104 号）

5.9.4.3.3　压力管道应满足以下要求：

a）安全管理应符合下列要求：

1）压力管道应按特种设备到政府主管部门进行使用登记；

2）技术资料应有管道总平面布置图及长度尺寸、导除静电平面布置图、导除静电和防雷接地电阻测试记录、安装和验收资料等，且标记完整，位置准确；

3）指定设备或专业人员对管道每月进行一次检查，并保存记录；

4）压力管道的技术和管理要求，应符合 TSG D0001 的要求。

b）漆色、色环，流向指示、危险标识应符合下列要求：

1）压力管道的漆色、色环，流向指示、危险标识等应明显、流向清晰，其中，管道基本识别色标识方法按 GB 7231 中规定的方法执行；

2）各类基本识别色和色样及颜色标准按 GB 7231 执行；

3）工业管道的识别符号宜由物质名称、流向和主要工艺参数等组成，其中危险物品管道应有物质名称的标识，应包括物质全称或化学分子式；

4）工业管道内物质的流向宜用箭头表示，其中危险物品流向应有标识；如果管道内物质的流向是双向的，则以双向箭头表示；当基本识别色的标识方法已包括流向，可用作物质流向的标识；

5）管道内的物质，凡属于危险化学品，其管道基本识别色的标识上或附近应设置危险标识；危险物品管道上应涂 150mm 宽黄色，在黄色两侧各涂 25mm 宽黑色的色环或色带；

6）工业生产中设置的消防专用管道应遵守 GB 13495 的规定，并在管道上标识"消防专用"识别符号。

c）管道的架设、强度、保护层应符合下列要求：

1）地下、半地下敷设的管道应采取防腐蚀措施；地下敷设的管道应在地面设置走向标识；一般管道的泄漏点每 1000m 不应超过三个；承压管道有足够强度，不得有深度大于 2mm 以上的点状腐蚀和超过 200mm² 以上的面状腐蚀；

2）热力管道的保温层应完好无损；

3）架空管道支架牢固合理；管道的支承，吊架等构件均应牢固可靠，无锈蚀；

4）架空敷设管网下方为交通要道时，应有相应的跨高及宣告醒目的警示标识；

5）电气不连贯处均应装设电气跨接线和按规定合理布置消除静电的接地装置。

d）安全运行应符合下列要求：

1）应对各类输送可燃、易爆或者有毒介质压力管道，如燃气管道、二氧化碳管道的安全控制措施作出规定，控制措施应包括标识、阀门检查、管道检查、管道维护保养等具体要求；

2）应规定巡检的职责和频次，巡检应检查阀门、管道是否有泄漏、压力是否在正常范围、管道周边的禁烟等防火防爆措施是否执行、现场的消防器材和设施是否完好有效等；并保存巡检记录；

3）制定管道泄漏事故应急预案，并且定期演练；

4）管道危险标识明显，标识正确，符合规范要求；管道应严密，无泄露；

5）输送助燃、易燃、易爆介质的管道，凡少于 5 枚螺钉连接的法兰应接跨接线，每 200m 长度应安装导除静电接地装置；接地电阻应小于 100Ω，每年应定期监测接地电阻值并做好记录存档；

6）管道周边无火源或明火作业。

6.4.2.4　工业气瓶

本条评价项目的查评依据如下：

【依据 1】《机械制造企业安全生产标准化规范》（AQ/T 7009—2013）

4.2.27　工业气瓶

4.2.27.1　检验周期应符合：

——盛装腐蚀性气体的气瓶应每二年检验一次；

——盛装一般气体的气瓶应每三年检验一次；

——盛装惰性气体的气瓶应每五年检验一次；

——低温绝热气瓶应每三年检验一次。

4.2.27.2　气瓶本体

4.2.27.2.1　瓶体漆色、字样应清晰，且符合 GB 7144 的规定。

4.2.27.2.2　瓶体外观应无缺陷，无机械性损伤，无严重腐蚀、灼痕。

4.2.27.2.3　瓶帽、瓶阀、防震圈、爆破片、易熔合金塞等安全附件应齐全、完好。

4.2.27.3　气瓶储存

4.2.27.3.1　气瓶应储存于专用库房内，并有足够的自然通风或机械通风。

4.2.27.3.2　存放可燃气体气瓶和助燃气体气瓶的库房耐火等级应不低于二级，其门窗的开向以及电器线路应符合防爆要求；库房外应设置禁火标志；消防器材的配备应符合 GB 50140 的规定。

4.2.27.3.3　可燃气体气瓶和助燃气体气瓶不允许同库存放。

4.2.27.3.4　空、实瓶应分开存放，在用气瓶和备用气瓶应分开存放，并设置防倾倒措施。

4.2.27.3.5　应采取隔热、防晒、防火等措施。

4.2.27.4　气瓶使用

4.2.27.4.1　溶解气体气瓶不允许卧放使用。

4.2.27.4.2 气瓶内气体不得耗尽，应留有不小于 0.05MPa 的余压。

4.2.27.4.3 工作现场的气瓶，同一地点存放量不得超过 20 瓶；超过 20 瓶则应建二级气瓶库。

4.2.27.4.4 气瓶不得靠近热源和明火，应保证气瓶瓶体干燥。盛装易起聚合反应或分解反应的气体的气瓶应避开放射性源。

4.2.27.4.5 不得采用超过 40℃的热源对气瓶加热。

4.2.27.4.6 气瓶减压器的压力表应定期校验，乙炔瓶工作时应安装回火防止器。

【依据 2】《气瓶颜色标志》（GB/T 7144—2016）

4　气瓶的涂敷颜色名称和鉴别

4.1　气瓶的涂敷颜色应符合 GB/T 3181 的规定（铝白、黑、白除外）。

4.2　气瓶的涂敷颜色编号、名称和色卡见表 1。

4.3　选用漆膜以外方法涂敷的气瓶，其涂敷颜色均应符合表 1 的规定。

4.4　颜色和色卡应按 GB/T 3181 的要求鉴别。

表 1　气瓶的漆膜颜色编号、名称和色卡

颜色编号、名称	色　卡
P01　淡紫	
PB06　淡（酞）蓝	
B04　银灰	
G02　淡绿	
G05　深绿	
Y06　浅黄	
Y09　铁黄	
YR05　棕	
R01　铁红	
R03　大红	
RP01　粉红	
铝白	
黑	
白	

5　气瓶的字样和色环

5.1　字样

5.1.1　字样是指气瓶的充装气体名称、气瓶所属单位名称和其他内容（如溶解乙炔气瓶的"不可近火"）等的文字标记。

5.1.2　充装气体名称一般用汉字表示。液化气体的名称前一般应加注"液"或"液化"字样；医用或呼吸用气体，在气体名称前应分别加注"医用"或"呼吸用"字样。混合气（含标准气）按附录 A 的规定，加注混合气或标准气字样。

注：对于小容积气瓶，充装气体名称可用化学式表示。

5.1.3 汉字字样宜采用仿宋或黑体。公称容积 40L 的气瓶，字体高度不宜低于 80mm；其他规格的气瓶，字体大小可适当调整。

5.1.4 立式气瓶的充装气体名称应按瓶的环向横列于瓶高 3/4 处，充装单位名称应按瓶的轴向竖列于气体名称居中的下方或转向 180°的瓶体表面。

5.1.5 卧式气瓶的充装气体名称和充装单位名称应以瓶的轴向从瓶阀端向右（瓶阀在左侧方）分行横列于瓶体中部；充装单位名称应位于气体名称之下，行间距应不小于字体高度的 1/2。

5.2 色环

5.2.1 充装同一种气体的气瓶，其公称工作压力分级按 TSG R0006 执行。各种气体的颜色标志见表2。

5.2.2 公称工作压力比规定的起始级高一级的涂一道色环（简称单环），比起始级高二级的涂两道色环（简称双环）。

注：按照 TSG R0006 常用气体气瓶的公称工作压力分级，同种瓶装气体的公称工作压力最低的为起始级。

5.2.3 色环应在气瓶表面环向涂成连续一圈、边缘整齐且等宽的色带，不应呈现螺旋状、锯齿状或波状；双环应平行。

5.2.4 公称容积 40L 的气瓶，单环宽度为 40mm，双环的各环宽度为 30mm。其他规格的气瓶，色环宽度可适当调整。

5.2.5 双环的环间距等于色环宽度。

5.2.6 立式气瓶的色环约位于瓶高约 2/3 处，且介于充装气体名称和充装单位名称之间。

5.2.7 卧式气瓶的色环约位于距瓶阀端筒体长度的 1/4 处。

5.3 其他要求

气瓶的字样、色环相互之间应避免叠合，且应避开防震阀的位置。

6 气瓶颜色标志

6.1 充装常用气体的气瓶颜色标志见表2。

表 2　气瓶颜色标志一览表

序号	充装气体	化学式（或符号）	体色	字样	字色	色　　环
1	空气	Air	黑	空气	白	$P=20$，白色单环 $P \geqslant 30$，白色双环
2	氩	Ar	银灰	氩	深绿	
3	氟	F_2	白	氟	黑	
4	氦	He	银灰	氦	深绿	$P=20$，白色单环 $P \geqslant 30$，白色双环
5	氪	Kr	银灰	氪	深绿	
6	氖	Ne	银灰	氖	深绿	
7	一氧化氮	NO	白	一氧化氮	黑	
8	氮	N_2	黑	氮	白	$P=20$，白色单环 $P \geqslant 30$，白色双环
9	氧	O_2	淡（酞）蓝	氧	黑	
10	二氟化氧	OF_2	白	二氟化氧	大红	
11	一氧化碳	CO	银灰	一氧化碳		
12	氘	D_2	银灰	氘		
13	氢	H_2	淡绿	氢	大红	$P=20$，大红单环 $P \geqslant 30$，大红双环
14	甲烷	CH_4	棕	甲烷	白	$P=20$，白色单环 $P \geqslant 30$，白色双环

序号	充装气体	化学式（或符号）	体色	字样	字色	色　环
15	天然气	CNG	棕	天然气	白	
16	空气（液体）	Air	黑	液化空气	白	
17	氩（液体）	Ar	银灰	液氩	深绿	
18	氦（液体）	He	银灰	液氦	深绿	
19	氢（液体）	H_2	淡绿	液氢	大红	
20	天然气（液体）	LNG	棕	液体天然气	白	
21	氮（液体）	N_2	黑	液氮	白	
22	氖（液体）	Ne	银灰	液氖	深绿	
23	氧（液体）	O_2	淡（酞）蓝	液氧	黑	
24	三氟化硼	BF_3	银灰	三氟化硼	黑	
25	二氧化碳	CO_2	铝白	液化二氧化碳	黑	P=20，黑色单环
26	碳酰氟	CF_2O	银灰	液化碳酰氟	黑	
27	三氟氯甲烷	CF_3Cl	铝白	液化三氟氯甲烷 R-13	黑	P=12.5，黑色单环
28	六氟乙烷	C_2F_6	铝白	液化六氟乙烷 R-116	黑	
29	氯化氢	HCl	银灰	液化氯化氢	黑	
30	三氟化氮	NF_3	银灰	液化三氟化氮	黑	
31	一氧化二氮	N_2O	银灰	液化笑气	黑	P=15，黑色单环
32	五氟化磷	PF_5	银灰	液化五氟化磷	黑	
33	三氟化磷	PF_3	银灰	液化三氟化磷	黑	
34	四氟化硅	SiF_4	银灰	液化四氟化硅 R-764	黑	
35	六氟化硫	SF_6	银灰	液化六氟化硫	黑	P=12.5，黑色单环
36	四氟甲烷	CF_4	铝白	液化四氟甲烷 R-14	黑	
37	三氟甲烷	CHF_3	铝白	液化三氟甲烷 R-23	黑	
38	氙	Xe	银灰	液氙	深绿	P=20，白色单环 P=30，白色双环
39	1,1 二氟乙烯	$C_2H_2F_2$	银灰	液化偏二氟乙烯 R-1132a	大红	
40	乙烷	C_2H_6	棕	液化乙烷	白	P=15，白色单环 P=20，白色双环
41	乙烯	C_2H_4	棕	液化乙烯	淡黄	
42	磷华氢	PH_3	白	液化磷华氢	大红	
43	硅烷	SiH_4	银灰	液化硅烷	大红	
44	乙硼烷	B_2H_6	白	液化乙硼烷	大红	
45	氟乙烯	C_2H_3F	银灰	液化氟乙烯 R-1141	大红	

序号	充装气体	化学式（或符号）	体色	字样	字色	色 环
46	锗烷	CeH_4	白	液化锗烷	大红	
47	四氟乙烯	C_2F_4	银灰	液化四氟乙烯	大红	
48	二氟溴氯甲烷	$CBrClF_2$	铝白	液化二氟溴氯甲烷 R-12B1	黑	
49	三氯化硼	BCl_3	银灰	液化三氯化硼	黑	
50	溴三氟甲烷	$CBrF_3$	铝白	液化溴三氟甲烷 R-13B1	黑	P=12.5，黑色单环
51	氯	Cl_2	深绿	液氯	白	
52	氯二氟甲烷	$CHClF_2$	铝白	液化氯二氟甲烷 R-22	黑	
53	氯五氟乙烷	$CF_3\text{-}CClF_2$	铝白	液化氯氟烷 R-115	黑	
54	氯四氟甲烷	$CHClF_4$	铝白	液化氯氟烷 R-124	黑	
55	氯三氟乙烷	$CH_2Cl\text{-}CF_3$	铝白	液化氯三氟乙烷 R-133a	黑	
56	二氯二氟甲烷	CCl_2F_2	铝白	液化二氯二氟甲烷 R-12	黑	
57	二氯氟甲烷	$CHCl_2F$	铝白	液化氯氟烷 R-21	黑	
58	三氧化二氮	N_2O_3	白	液化三氧化二氮	黑	
59	二氯四氟乙烷	$C_2Cl_2F_4$	铝白	液化氯氟烷 R-114	黑	
60	七氟丙烷	CF_3CHFCF_3	铝白	液化七氟丙烷 R-227e	黑	
61	六氟丙烷	C_3F_6	银灰	液化六氟丙烷 R-1216	黑	
62	溴化氢	HBr	银灰	液化溴化氢	黑	
63	氟化氢	HF	银灰	液化氟化氢	黑	
64	二氧化氮	NO_2	白	液化二氧化氮	黑	
65	八氟环丁烷	C_4H_8	铝白	液化氟氯烷 R-C318	黑	
66	五氟乙烷	$CH_2F_2CF_3$	铝白	液化五氟乙烷 R-125	黑	
67	碳酰二氯	$COCl_2$	白	液化光气	黑	
68	二氧化硫	SO_2	银灰	液化二氧化硫	黑	
69	硫酰氟	SO_2F_2	银灰	液化硫酰氟	黑	
70	1,1,1,2 四氟乙烷	CH_2FCF_3	铝白	液化四氟乙烷 R-134a	黑	
71	氨	NH_3	淡黄	液氨	黑	
72	锑化氢	SbH_3	银灰	液化锑化氢	大红	
73	砷烷	AsH_3	白	液化砷化烷	大红	
74	正丁烷	C_4H_{10}	棕	液化正丁烷	白	
75	1-丁烯	C_4H_8	棕	液化丁烯	淡黄	
76	（顺）2-丁烯	C_4H_8	棕	液化顺丁烯	淡黄	

序号	充装气体		化学式（或符号）	体色	字样	字色	色　环
77	（反）2-丁烯		C_4H_8	棕	液化反丁烯	淡黄	
78	氯二氟乙烷		CH_3CClF_2	铝白	液化氯二氟乙烷 R-142b	大红	
79	环丙烷		C_3H_6	棕	液化环丙烷	白	
80	二氯硅烷		SiH_2Cl_2	银灰	液化二氯硅烷	大红	
81	偏二氟乙烷		CF_2CH_3	铝白	液化偏二氟乙烷 R-152a	大红	
82	二氟甲烷		CH_2F_2	铝白	液化二氟甲烷 R-32	大红	
83	二甲胺		$(CF_3)_2NH$	银灰	液化二甲胺	大红	
84	二甲醚		C_3H_6O	淡绿	液化二甲醚	大红	
85	乙硅烷		SiH_6	银灰	液化乙硅烷	大红	
86	乙胺		$C_2H_6NH_2$	银灰	液化乙胺	大红	
87	氯乙烷		C_2H_2Cl	银灰	液化氯乙烷 R-160	大红	
88	硒化氢		H_2Se	银灰	液化硒化氢	大红	
89	硫化氢		H_2S	白	液化硫化氢	大红	
90	异丁烷		C_2H_{10}	棕	液化异丁烷	白	
91	异丁烯		C_4H_8	棕	液化异丁烯	淡黄	
92	甲胺		CH_3NH_2	银灰	液化甲胺	大红	
93	溴甲烷		CH_3Br	银灰	液化溴甲烷	大红	
94	氯甲烷		CH_3Cl	银灰	液化氯甲烷	大红	
95	甲硫醇		CH_3SH	银灰	液化甲硫醇	大红	
96	丙烷		C_3H_8	棕	液化丙烷	白	
97	丙烯		C_3H_6	棕	液化丙烯	淡黄	
98	三氯硅烷		$SiHCl_3$	银灰	液化三氯硅烷	大红	
99	1,1,1 三氟乙烷		CHF_3CH_2	铝白	液化三氟乙烷 R-143a	大红	
100	三甲胺		$(CH_3)_3N$	银灰	液化三甲胺	大红	
101	液化石油气	工业用		棕	液化石油气	白	
		民用		银灰	液化石油气	大红	
102	1,3 丁二烯		C_4H_6	棕	液化丁二烯	淡黄	
103	氯三氟乙烯		C_2F_3Cl	银灰	液化氯三氟乙烯 R-1113	大红	
104	环氧乙烷		CH_2OCH_2	银灰	液化环氧乙烷	大红	
105	甲基乙烯基醚		C_3H_6O	银灰	液化甲基乙烯基醚	大红	
106	溴乙烯		C_2H_3Br	银灰	液化溴乙烯	大红	
107	氯乙烯		C_2H_3Cl	银灰	液化氯乙烯	大红	
108	乙炔		C_2H_2	白	乙炔不可近火	大红	

注 1　色环栏内的 P 是气瓶的公称工作压力，单位为兆帕（MPa）；车用压缩天然气钢瓶可不涂色环。
注 2　序号加*的，是 2010 年后停止生产和使用的气体。
注 3　充装液氧、液氮、液化天然气等不涂敷颜色的气瓶，其体色和字色指瓶体标签的底色和字色。

6.2 充装表 2 以外的气体，其涂敷配色见表 3，再配以相应的字样和色环即成某气体的气瓶颜色标志。

表3 气瓶涂敷配色类型

充装气体类别		气瓶涂膜配色类型		
		体色	字色	环色
烃类	烷烃	YR05 棕	白	R03 大红
	烯烃			
稀有气体类		B04 银灰	G05 深绿	
氟氯烷类		铝白	可燃性：R03 大红 不燃性：黑	
毒性类		Y06 淡黄		
其他气体		B04 银灰		

6.3 瓶帽、护罩、瓶耳、底座等涂敷颜色应与瓶体的体色一致（塑料材质的瓶冒、护罩除外）。

6.4 铝合金气瓶、不锈钢气瓶（含外壳为不锈钢材质的焊接绝热气瓶），可以不涂敷体色而保持金属本色，但瓶体表面应粘贴醒目的标签，标签的内容至少应包括气瓶的容积、公称工作压力、介质名称及符号、最大充装量等主要技术参数，标签的底色和字色应分别符合表 2 中体色和字色的要求。

注：对于大容积气瓶，标签的宽度不宜小于 300mm，其他容积的气瓶可根据瓶体尺寸进行适当的调整。

6.5 纤维缠绕气瓶，其外层保护膜内镶嵌的标贴，应符合 TSG R0006 和相应产品国家标准的规定。

环向缠绕气瓶的头部和底部的金属部分的涂敷颜色，根据所盛装介质，应与表 2 规定的体色一致；不书写字样。

长管拖车、管束式集装箱用大容积缠绕气瓶的头部和底部金属部分的涂敷颜色，由用户或者单位自行规定。

6.6 充装混合气体的气瓶按附录 A 的规定涂敷颜色标志。

6.7 大容积钢制无缝气瓶（长管拖车、管束式集装箱用瓶）按附录 B 的规定涂敷颜色标志。

6.8 液化石油气充装单位采用信息化标签进行管理并且自有产权气瓶超过 30 万只液化石油气钢瓶的，可按 TSG R0006 的有关规定，制定企业专用的气瓶颜色标识。

7 气瓶检验色标

7.1 定期检验时，应在气瓶检验钢印标记上和检验标记环上，按检验年份涂检验色标。检验色标的式样见表 4，每 10 年一个循环周期。

注：小容积气瓶和检验标志环的检验钢印标志上可以不涂检验色标。

7.2 公称容积 40L 气瓶的检验色标形状与尺寸，矩形约为 80mm×40mm；椭圆形的长短轴分别约为 80mm 和 40mm。其他规格的气瓶，检验色标的大小可以适当调整。

表4 气瓶检验色标的涂膜颜色和形状

检验年份	颜 色	形 状
2015	RP01 粉红	矩形
2016	R01 铁红	
2017	Y09 铁黄	
2018	P01 淡紫	
2019	G05 深绿	

检验年份	颜　　色	形　　状
2020	RP01　粉红	椭圆形
2021	R01　铁红	
2022	Y09　铁黄	
2023	P01　淡紫	
2024	G05　深绿	
2025	RP01　粉红	矩形
2026	R01　铁红	

6.4.2.5　起重机械

本条评价项目的查评依据如下：

【依据】《机械制造企业安全生产标准化规范》（AQ/T 7009—2013）

　　4.2.3　起重机械

　　4.2.3.1　安全管理和资料应满足以下要求：

　　——制造、安装、改造、维修应由具备资质的单位承担，选用的产品应与工况、环境相适应；

　　——产品合格证书、自检报告、安装资料等齐全；

　　——应注册登记，并按周期进行检验；

　　——日常点检、定期自检和日常维护保养等记录齐全。

　　4.2.3.2　金属结构件和轨道

　　4.2.3.2.1　主要受力构件（如主梁、主支撑腿、主副吊臂、标准节、吊具横梁等）无明显变形。

　　4.2.3.2.2　金属结构件的连接焊缝无明显焊接缺陷，螺栓和销轴等连接处无松动、无缺件、无损伤。

　　4.2.3.2.3　大车、小车轨道无松动。

　　4.2.3.3　钢丝绳的断丝数、腐蚀（磨损）量、变形量、使用长度和固定状态应符合 GB/T 5972 的规定。

　　4.2.3.4　滑轮应转动灵活，其防护罩应完好；滑轮直径与钢丝绳的直径应匹配，其轮槽不均匀磨损不得大于 3mm，轮槽壁厚磨损不得大于原壁厚的 20%，轮槽底部直径磨损不得大于钢丝绳直径的 50%，并不得有裂纹。

　　4.2.3.5　吊钩等取物装置

　　4.2.3.5.1　无裂纹。

　　4.2.3.5.2　危险断面磨损量不得大于原尺寸的 10%。

　　4.2.3.5.3　开口度不得超过原尺寸的 15%。

　　4.2.3.5.4　扭转变形不得超过 10°。

　　4.2.3.5.5　危险断面或吊钩颈部不得产生塑性变形。

　　4.2.3.5.6　应设置防脱钩装置，且有效。

　　4.2.3.5.7　吊钩（含直柄吊钩尾部的退刀槽）、液态金属吊钩横梁的吊耳和板钩心轴、盛钢（铁）液体的吊包耳轴（含焊缝）、集装箱吊具转轴及搭钩等应定期进行无损探伤，探伤检查周期一般为 6 个月至 12 个月。

　　4.2.3.6　制动器

　　4.2.3.6.1　运行可靠，制动力矩调整合适。

　　4.2.3.6.2　液压制动器不得漏油。

　　4.2.3.6.3　吊运炽热金属液体、易燃易爆危险品或发生溜钩可造成重大损失的起重机械，起升（下降）机构应装设两套制动器。

4.2.3.7　各类行程限位、重量限制器开关、联锁保护装置及其他保护装置应完好、可靠。

4.2.3.8　急停装置、缓冲器和终端止挡器等停车保护装置完好、可靠。

4.2.3.8.1　急停装置不得自动复位，且装设在司机操作方便的部位。

4.2.3.8.2　便携式（含地面操作、遥控）按钮盘的控制电源应采用安全电压，且功能齐全、有效。无线遥控装置应由专人保管，非操作人员不得启动按钮。

4.2.3.8.3　便携式地面操作按钮盘的按钮自动复位（急停开关除外），控制电缆支承绳应完整有效。

4.2.3.8.4　1t 以上起重机械应加装重量限制器。1t 以下起重机械应加装防止电动葫芦脱轨的装置。

4.2.3.9　各种信号装置与照明设施应完好有效。

4.2.3.10　PE 线应连接可靠，线径截面及安装方式应符合本标准 4.2.39 的相关规定。电气装置应配备完好；防爆起重机上的安全保护装置、电气元件、照明器材等应符合防爆要求。

4.2.3.11　各类防护罩、盖完整可靠；工业梯台应符合本标准 4.2.23 的相关规定。

4.2.3.12　露天作业的起重机械防雨罩、夹轨器或锚定装置应安全可靠；起升高度大于 50m 且露天作业的起重机械应安装风速仪。

4.2.3.13　安全标志与消防器材

4.2.3.13.1　明显部位应标注额定起重量、检验合格证和设备编号等标识。

4.2.3.13.2　危险部位标志应齐全、清晰，并符合 GB 2894 的规定。

4.2.3.13.3　运动部件与建筑物、设施、输电线的安全距离符合相关标准，室外高于 30m 的起重机械顶端或者两臂端应设置红色障碍灯。

4.2.3.13.4　司机室应确保视野清晰，并配有灭火器和绝缘地板，各操作装置标识完好、醒目。

4.2.3.13.5　司机室的固定连接应牢固可靠；露天作业的司机室应设置防风、防雨、防晒等装置，高温、铸造作业的司机室应密封并加装空调。

4.2.3.14　吊索具

4.2.3.14.1　自制吊索具的设计、制作、检验等技术资料均应符合相关标准要求，且有质量保证措施，并报本企业主管部门审批。

4.2.3.14.2　购置吊具与索具应是具备安全认可资质厂家的合格产品。

4.2.3.14.3　使用单位应对吊具与索具进行日常保养、维修、检查和检验，吊具与索具应定置摆放，且有明显的载荷标识；所有资料应存档。

4.2.3.15　铁路起重机、高空作业车、升降机等专项安全保护和防护装置齐全、有效。有轨巷道堆垛起重机的限速防坠、过载保护、松绳保护、货叉伸缩行程限位器等专项安全保护和防护装置应符合 JB 5319.2 的相关规定。

6.4.2.6　电梯

本条评价项目的查评依据如下：

【依据】《机械制造企业安全生产标准化规范》（AQ/T 7009—2013）

4.2.4　电梯

4.2.4.1　安全管理和资料应满足以下要求：

——制造、安装、改造、维修、日常保养应由具备资质的单位承担；

——产品合格证书、自检报告、安装资料等齐全；

——应注册登记，并按周期进行检验，轿厢内粘贴检验合格证。

4.2.4.2　限速器、安全钳、缓冲器、限位器、报警装置以及门的联锁装置、安全保护装置应完整，且灵敏可靠。

4.2.4.3　曳引机应工作正常，油量适当，曳引绳与补偿绳断丝数、腐蚀磨损量、变形量、使用长度和固定状态应符合 GB 7588 的相关规定，制动器应运行可靠。

4.2.4.4　轿厢结构牢固可靠、运行平稳，轿门关闭时无撞击，轿厢内应设有与外界联系的通信设施和应急照明设施，轿厢门开启灵敏，防夹人的安全装置完好有效，间隙符合要求。

4.2.4.5 PE 线应连接可靠，线径截面及安装方式应符合本标准 4.2.39 的相关规定。电气部分的绝缘电阻值应符合 GB 7588 的相关规定。

4.2.4.6 机房

4.2.4.6.1 机房内应通风、屏护良好，且清洁、无杂物；并应配置合适的消防设施、固定照明和电源插座。

4.2.4.6.2 房门应上锁，通向机房、滑轮间和底坑的通道应畅通，且应有永久性照明。

4.2.4.6.3 控制柜（屏）的前面和需要检查、修理等人员操作的部件前面应留有不小于 0.6m×0.5m 的空间；曳引机、限速器等旋转部位应安装防护罩。

4.2.4.6.4 对额定速度不大于 2.5m/s 的电梯，机房内钢丝绳与楼板孔洞每边间隙均应为 20～40mm。对额定速度大于 2.5m/s 的电梯，运行中的钢丝绳与楼板不应有摩擦的可能。通向井道的孔洞四周应筑有高 50mm 以上的台阶。

4.2.4.6.5 机房中每台电梯应单独装设主电源开关，并有易于识别（应与曳引机和控制柜相对应）的标志。该开关位置应能从机房入口处迅速开启或关闭。

4.2.4.7 升降机出入门及井巷口的防护栏应与动力回路联锁，且完好、可靠。

6.4.2.7 厂内专用机动车

本条评价项目的查评依据如下：

【依据 1】《机械制造企业安全生产标准化规范》（AQ/T 7009—2013）

4.2.5 厂内机动车辆（含工程机械）

4.2.5.1 安全管理和资料应满足以下要求：

——产品合格证书、自检报告等资料齐全；

——应注册登记，并按周期进行检验；

——日常点检、定期自检和日常维护保养等记录齐全。

4.2.5.2 车身整洁，所有部件及防护装置应齐全、完整。

4.2.5.3 动力系统应运转平稳，无异常声音；点火、燃料、润滑、冷却系统性能应良好；连接管道应无漏水、漏油。

4.2.5.4 电气系统应完好；大灯、转向、制动灯应完好并有牢固可靠的保护罩；电器仪表应配置齐全，性能可靠；喇叭应灵敏，音量适中；连接电气线路应无漏电。

4.2.5.5 传动系统应运转平稳，离合器分离彻底，接合平稳，不打滑、无异响；变速器的自锁、互锁应可靠，且不跳档、不乱档。

4.2.5.6 行驶系统应连接紧固，车架和前后桥不应变形或产生裂纹；轮胎磨损不应超过标准规定的磨损量，且胎面无损伤。

4.2.5.7 转向机构应轻便灵活可靠，行驶中不应摆振、抖动、阻滞及跑偏等。

4.2.5.8 制动系统应安全可靠，无跑偏现象，制动距离满足安全行驶的要求；电瓶车的制动联锁装置应齐全、可靠，制动时联锁开关应切断行车电源。

【依据 2】国家电网公司装备制造企业安全生产标准化管理规范（试行）（安质三〔2013〕104 号）

5.9.4.3.7 厂内专用机动车应满足以下要求：

a）安全管理应符合下列要求：

1）按特种设备进行使用登记；操作人员及其相关管理人员，应当按照有关规定考核合格，取得特种设备作业人员证书，方可从事相应的作业或者管理工作；

2）办理和悬挂由主管部门统一制作的厂内机动车牌照；

3）使用前应对车辆进行检查，重点检查外观、灯光、刹车系统、警示装置、后视镜、漏油等；

4）定期由具有资质的单位进行车辆检验，并保存记录。

b）厂内专用机动车应符合 GB/T 16178 的要求，并应符合下列要求：

1）动力系统发动机的安装应牢固可靠；发动机性能良好，动转平稳，没有异响，能正常启动、熄火；点火系统、燃料系统、润滑系统、冷却系统应性能良好，工作正常，安装牢固；线路、管路无漏电、漏水、漏油现象；

2）转动系统离合器分离彻底，接合平稳，不打滑、无异响；

3）行驶系统车架和前后桥不应有变形、裂纹，前后桥与车架的连接应牢固；钢板弹簧片整齐，卡子齐全，螺栓紧固，与转向桥和车架的连接应牢固；

4）转向系统应轻便灵活；转向机构不应缺油、漏油，固定托架应牢固；

5）制动系统应设置行车制动和停车制动装置，且功能有效，驻车制动器应是机械式；电瓶车的制动联锁装置应齐全、可靠，制动时联锁开关应切断行车电动机的电源；

6）润滑和油路系统中，油管清洁无破损，无渗漏油现象；底盘各部无漏油现象；液压系统的油管顶杆上无渗漏油现象；

7）车辆灯光电气应设置转向灯、制动灯，灯具灯泡要有保护装置，安装要牢固；车辆应安装喇叭，且灵敏有效，音量不应超过 105dB（A）；电气线路和接触点情况良好，无松动、无异常发热现象；

8）蓄电池和电解液符合要求，蓄电池金属盖板与蓄电池带电部分之间应有 15mm 以上的空间；绝缘层应牢固；电解液量符合标准；电池组无渗漏液；

9）保持电刷架清洁，电刷压力正常；

10）进入防爆场所的车辆配备防爆电气。

c）属具和手把式搬运车应符合下列要求：

1）厂内机动车属具应按设计要求使用，不应随意在不同的车型之间调换；属具应保持完好，不应有破损、开裂、松动等现象，各项基本功能正常使用；属具应保持清洁，不应有杂物、棉纱等缠绕影响属具的正常功能；

2）升降装置防止载货架越程的限位装置完好、有效；

3）手把式搬运车的手把转向灵活，不应有破损、断裂；制动器，包括手离开车把后自动停车开关应完好、有效；人员站立面防滑橡胶应良好，无破损。

d）充电间应符合下列要求：

1）充电间应有通风装置，保持空气流通；应配备消防器材；

2）电瓶的充电和补液应设置充电点或充电间，在充电区域内禁止吸烟并用标牌警告；保持充电设施清洁，无积尘杂物；充电夹子弹性正常，安放整齐；宜采用封闭式专业加液小车进行无渗漏加液；

3）蓄电池充电时，应根据蓄电池的允许容量，确定电流强度，如整流器发热或其他部分损坏，应立即切断电源；充电时遇汽泡过分激烈，应减低充电量或暂停充电；新电池充电，没有特殊情况不应中断；在未切断电源前，严禁在充电机上取用蓄电池。

e）安全运行应符合下列要求：

1）按累计运行时间进行中修和大修，每 6000 小时至少进行一次中修，每 10 000 小时至少进行一次大修，并保存修理记录和资料；

2）每半月由设备人员或委托具有资质的单位进行一次预防性保养，对起重、刹车、灯光、喇叭、转向、行驶等各系统进行检查，并保存保养记录；车辆累计行驶 500 小时至少进行一次一级保养，1000 小时至少进行一次二级保养，由生产厂家、具有资质单位或经过培训具有相应能力的人员进行，并保存记录；

3）各级保养的记录中应包括作业过程、检验数据、更换零部件情况以及作业责任人；保养记录作为车辆技术档案存档；

4）车辆行驶应有操作规程文本；

5）在厂区直线宽阔道路行驶每小时不应超过 8km（属厂内机动车的汽车可 15km），室外混合作业区不应超过 5km；转角处、十字路口、进入仓库或车间不应超过 5km/h；

6）厂内车辆未经许可，不应开出厂区；未经改装不应进入易燃易爆场所；厂内车辆不准作为牵引车使用；

　　7）燃油车辆加油时应熄火。

【依据3】《场（厂）内机动车辆安全检验技术要求》（GB/T 16178—2011）

4　车辆的基本检验

4.1　车辆的认定

4.1.1　车辆应具有出厂合格证及有关技术资料。

4.1.2　车辆易见部位上应有产品的商标或厂标。

4.1.3　车辆应在产品标牌上标明产品名称、型号、制造日期或产品编号、制造商名称及制造国。

4.1.4　车辆的发动机、底盘易见部位应具有永久清晰字样的编号。

4.2　车辆的环保

4.2.1　车辆排气污染物的排放应符合相关标准的规定。

4.2.2　车辆的噪声应符合相关标准的规定。

5　车辆各部分的检验

5.1　车身部分

5.1.1　总则

5.1.1.1　车辆应车容整洁，各零部件完好，连接紧固，无缺损。

5.1.2　配置有后视镜的车辆，其后视镜的性能和安装要求应符合 GB 15084 的规定，应保证驾驶员能看清车身左右外侧，车后 50m 以内的交通情况。

5.1.2.1　自卸车（载质量 4.5t 以上）的驾驶室上部设置的安全防护装置应完好有效。

5.1.2.2　蓄电池箱、燃料箱托架的安装应牢固，无严重腐蚀、变形现象。

5.1.3　驾驶室

5.1.3.1　装有封闭式驾驶室的车辆，驾驶室应装有门锁，且完好有效。

5.1.3.2　封闭式驾驶室内应通风良好，装设的取暖、风挡除霜和遮阳装置应完好有效。

5.1.3.3　驾驶员座椅应保证其舒适、牢靠，前后可调整。

5.1.3.4　驾驶室应保持视线良好，视野开阔。

5.1.3.5　前风挡玻璃应采用符合 GB 9656 规定的安全玻璃。

5.1.3.6　前风挡玻璃装置的刮水器应完好有效，应确保驾驶员有良好的前方视野。

5.1.3.7　配有灭火器的车辆，应保证其灭火器在有效期内，且功能有效。

5.2　发动机部分

5.2.1　发动机应能正常起动、熄火，运转平稳，怠速稳定，机油压力正常。

5.2.2　发动机的安装应牢固可靠，连接部分无松动、脱落、损坏。

5.2.3　点火系、燃料系、润滑系、冷却系的机件应齐全，性能良好，安装牢固，线路无漏电、漏水、漏油现象。

5.3　传动系

5.3.1　离合器分离彻底，接合平衡，不打滑、无异响。

5.3.2　离合器踏板的自由行程，应符合原出厂车辆的技术要求。

5.3.3　离合器踏板分离时，踏板力不应大于 300N，手握力不应大于 200N。

5.3.4　变速器变速杆的位置适当，自锁、互锁可靠，不应有乱挡和自动跳挡现象；变速器、分动器应不漏油、无异响。

5.3.5　万向节、传动轴、中间支承、传动链条应运转平稳，螺栓齐全，紧固牢靠，运行中不应发生抖动和异响。

5.3.6　驱动桥壳、桥管不允许有变形和裂纹，驱动桥工作应正常且不应有异响；半轴螺栓齐全紧固。

5.3.7 油门踏板释放后，应保证其能自动复位。

5.4 行驶系

5.4.1 车辆的车架不得有变形、开裂和锈蚀，螺栓和铆钉不应缺少和松动。

5.4.2 钢板弹簧片整齐，卡子齐全，螺栓紧固，与转向桥、驱动桥和车架的连接应紧固。

5.4.3 减振器应齐全有效，减震器不应有明显的渗漏油现象。

5.4.4 前后桥不得有变形和裂纹。

5.4.5 车轮横向和径向摆动量应符合 GB 7258 的规定。

5.4.6 充气轮胎气压和承受的负荷应不大于该轮胎的规定值。

5.4.7 充气轮胎的磨损，其胎冠花纹深度不应小于 3.2mm，胎面和胎壁不应有长度超过 25mm 深度足以暴露出轮胎帘布层的破裂和割伤。

5.4.8 轮辋应完整无损，螺母齐全、紧固。

5.4.9 履带各部位零件应完整，运转正常，无裂纹和变形现象。

5.4.10 履带每 10 节内的直线度误差不应大于 4mm，全长不应大于 8mm。

5.5 转向系

5.5.1 方向盘的最大自由转动量不应大于 30°。

5.5.2 转向应轻便灵活，行驶中不应有轻飘、摆振、抖动、阻滞及跑偏现象。

5.5.3 转向机构不得缺油、漏油，固定托架应牢固，转向垂臂、横直拉杆等转向零件不应有变形、裂纹；球形节、转向主销与衬套配合松紧适度，润滑良好。

5.5.4 车辆转向时作用在方向盘外缘的最大切向力不应大于 245N。

5.5.5 车辆的侧滑量要求应符合表 1 的规定。

5.6 制动系

5.6.1 车辆应设置足以使其减速、停车和驻车的制动系统或装置。

5.6.2 行车制动装置采用脚踏板式的，其自由行程应符合该车技术条件要求。

5.6.3 行车制动器在第一次采取制动措施时就应达到最大的制动效能。

5.6.4 液压式制动器在产生最大制动作用时（满载），踏板力不应超过 700N。手握力不应大于 250N。

5.6.5 液压式制动器，其制动系统不得漏油或进入空气，在踏下制动踏板停留 1min，踏板不得有下行现象。

5.6.6 气压式制动器，其制动系统不应漏气，设置的放气、限压装置应功能有效。在发动机起动四分钟后，气压应升至 600kPa 以上，停机 3min 气压下降量不应超过 10kPa。

5.6.7 以蓄电池为动力的游览观光车，如采用制动联锁装置，其装置应安全、可靠；制动时联锁开关应能切断行车电动机的电源。

5.6.8 车辆应在平坦、干燥、清洁、坚实的，且轮胎与地面间的附着系数不小于 0.7 的沥青或混凝土路面上进行制动性能试验。不同类型车辆在规定初速度下的制动距离和制动稳定性应符合表 1 中的规定。其中制动距离是指车辆在规定的初速度下急踩制动时，从脚接触制动踏板（或手触动制动手柄）时起至车辆停住时车辆所驶过的距离；制动稳定性是指制动过程中车辆的任何部位不应超出实验通道宽度的边缘线。

5.6.9 松开制动踏板后，制动系统应能完全释放。

5.6.10 履带式专用车在平坦而坚实的土质路面，坡度为 20% 的坡道上，应可正常起步且行驶；实施停车制动时，其制动距离应不大于履带接地长度。

5.6.11 停车制动装置应能使车辆即使在没有驾驶员的情况下，也能停在上、下坡道上。驾驶员应在座位上就能实现停车制动。

5.6.12 停车制动应通过纯机械装置锁止工作部件，且驾驶员施加于操纵装置上的力：手操纵时不应于 600N，脚操纵时不应大于 700N。

表 1　车辆的制动距离数据表

场（厂）内机动车辆类型		载重量	初速度/（km/h）	制动距离/m	实验通道宽度/m
轮式专用车	叉车、牵引车、推顶车、搬运车	应符合 GB/T 18849 的规定			
	其他轮式专用车总质量大于 5t	空载	20	≤7.0	车宽+0.4
	其他轮式专用车总质量不大于 5t	空载	20	≤6.0	车宽+0.4
履带式专用车		空载	最高行驶速度	小于履带接地长度	车宽+0.4
		满载			
汽车	自卸车	空载	30	≤15	车宽+0.4
	其他汽车总质量大于 3.5t	空载	30	≤9.0	3.0
		满载	30	≤10.0	3.0
	其他汽车总质量不大于 3.5t	空载	30	≤8.0	2.5
		满载	30	≤9.0	2.5
游览观光车		空载	20	≤4.5	2.5
		满载			

注：车辆初速度达不到表 1 中的规定值时应以其最高行驶速度计算。

5.7　灯光、仪表、电气

5.7.1　灯光

5.7.1.1　车辆灯光的配置应参照 GB 4785 的规定，装有灯具时其灯泡应有保护装置，安装应牢靠，不应因车辆震动而松脱、损坏、失去作用或改变光照方向，所有灯光开关应安装牢固，开启、关闭自如，不应因车辆震动而自行开启或关闭。

5.7.1.2　前照灯光束照射位置应保持稳定，并符合 GB 4599 的规定。

5.7.1.3　设置有工作灯的车辆，应使驾驶员能看清工作位置的情况。

5.7.2　仪表

车辆根据相关标准规定设置的气压、机油压力、水温、燃油量、电压等仪表应醒目、灵敏、有效。

5.7.3　电气

5.7.3.1　车辆设置的喇叭，其声级应在 90dB（A）～115dB（A）范围内。

5.7.3.2　所有电器导线均应布置合理、固定卡紧、接头牢固，导线绝缘套管应保持完好。

5.7.3.3　蓄电池各极柱及连接线的接头应牢固可靠，无锈蚀现象，并涂油脂防锈。

5.7.3.4　蓄电池的电解液面应高出极板上端 10mm～15mm，加液孔盖应齐全，且气孔畅通，壳体密封完整。

5.7.3.5　蓄电池金属盖板与蓄电池带电部分之间应有大于 30mm 的空间；如盖板和带电部分之间具有绝缘层时，其间隙不得小于 10mm，绝缘层应牢固，以免在正常使用时绝缘层脱落或移动。

5.7.3.6　电动机运转应平稳无异响，工作温度正常，防护罩应齐全。

5.7.3.7　电动机悬挂装置与车架、减速箱、支座的连接应牢固可靠。

5.7.3.8　蓄电池车的紧急断电装置应为机械式的，且设置在司机易于操作的位置。

5.7.3.9　蓄电池车的换向开关、制动联锁保护、零位保护盒过电流保护装置应完好有效。

6.4.3　机械加工设备安全

6.4.3.1　金属切削机床

本条评价项目的查评依据如下：

【依据】《机械制造企业安全生产标准化规范》（AQ/T 7009—2013）

4.2.1　金属切削机床

4.2.1.1　防护罩、盖、栏应完备可靠，其安全距离、刚度、强度及稳定性均应符合 GB/T 8196、GB 23821 的相关规定。

4.2.1.2　各种防止夹具、卡具和刀具松动或脱落的装置应完好、有效。

4.2.1.3　各类行程限位装置、过载保护装置、电气与机械联锁装置、紧急制动装置、声光报警装置、自动保护装置应完好、可靠；操作手柄、显示屏和指示仪表应灵敏、准确；附属装置应齐全。

4.2.1.4　PE线应连接可靠，线径截面及安装方式应符合本标准4.2.39的相关规定。

4.2.1.5　局部照明或移动照明必须采用安全电压，线路无老化，绝缘无破损。

4.2.1.6　电气设备的绝缘、屏护、防护间距应符合GB 5226.1的相关规定；电器箱、柜与线路应符合本标准4.2.38.4的规定，周边0.8m范围内无障碍物，柜门开启应灵活。

4.2.1.7　设备上未加防护罩的旋转部位的楔、销、键不应突出表面3mm，且无毛刺或棱角。

4.2.1.8　每台设备应配备清除切屑的专用工具。

4.2.1.9　除符合上述通用规定外，钻床、磨床、车床、插床、电火花加工机床、锯床、铣床、加工中心、数控机床等还应符合下列规定。

4.2.1.9.1　钻床：钻头部位应有可靠的防护罩，周边应设置操作者能触及的急停按钮。

4.2.1.9.2　磨床：砂轮选用、安装、防护、调试等应符合GB 4674的相关规定，旋转时无明显跳动。

4.2.1.9.3　车床：加工棒料、圆管，且长度超过机床尾部时应设置防护罩（栏），当超过部分的长度大于或等于300mm时，应设置有效的支撑架等防弯装置，并应加防护栏或挡板，且有明显的警示标志。

4.2.1.9.4　插床：限位开关应确保滑块在上、下极限位置准确停止，配重装置应合理牢固，且防护有效。

4.2.1.9.5　电火花加工机床：可燃性工作液的闪点应在70℃以上，且应采用浸入式加工方法，液位应与工作电流相匹配。

4.2.1.9.6　锯床：锯条外露部分应设置防护罩或采取安全距离进行隔离。

4.2.1.9.7　铣床：外露的旋转部位及运动滑枕的端部应设置可靠的防护罩；不准在机床运行状态下对刀、调整或测量零件；工作台上不准摆放未固定的物品。

4.2.1.9.8　加工中心：加工区域周边应设置固定或可调式防护装置，换刀区域、工件进出的联锁装置或紧固装置应牢固、可靠，任何安全装置动作，均切断所有动力回路。

4.2.1.9.9　数控机床：加工区域应设置可靠的防护罩，其活动门应与运动轴驱动电机联锁；调整刀具或零件时必须采用手动；访问程序数据或可编程功能必须由授权人执行，这些功能必须闭锁，可采用密码或钥匙开关。

6.4.3.2　冲、剪、压机械

本条评价项目的查评依据如下：

【依据】《机械制造企业安全生产标准化规范》（AQ/T 7009—2013）

4.2.2　冲、剪、压机械

4.2.2.1　离合器动作应灵敏、可靠，且无连冲；刚性离合器的转键、键柄和直键无裂纹或无松动；牵引电磁铁触头无粘连，中间继电器触点应接触可靠，无连车现象。

4.2.2.2　制动器性能可靠，且与离合器联锁，并能确保制动器和离合器动作协调、准确。

4.2.2.3　急停装置应符合GB 16754的相关规定，大型冲压机械一般应设置在人手可迅速触及且不会产生误动作的部位。

4.2.2.4　凡距操作者站立面2m以下的设备外露旋转部件均应设置齐全、可靠的防护罩，其安全距离应符合GB 23821的相关规定。

4.2.2.5　外露在工作台外部的脚踏开关、脚踏杆均应设置合理、可靠的防护罩。

4.2.2.6　电气设备的绝缘、屏护、防护间距应符合GB 5226.1的相关规定；PE线应连接可靠，线径截面及安装方式应符合本标准4.2.39的相关规定。

4.2.2.7 压力机、封闭式冲压线及折弯机均应配置一种以上的安全保护装置，且可靠、有效。多人操作的压力机应为每位操作者配备双手操作装置，其安装、使用的基本要求应符合 GB/T 19671 的相关规定。

4.2.2.8 压力机应配置模具调整或维修时使用的安全防护装置（如安全栓等），该装置应与主传动电机或滑块行程的控制系统联锁。

4.2.2.9 工业梯台应符合本标准 4.2.23 的规定，其开口处应与设备联锁。

4.2.2.10 剪板机等压料脚应平整，危险部位应设置可靠的防护装置。出料区应封闭，栅栏应牢固、可靠，栅栏门应与主机联锁。

6.4.3.3 木工机械

本条评价项目的查评依据如下：

【依据】《机械制造企业安全生产标准化规范》（AQ/T 7009—2013）

4.2.6 木工机械（含可发性聚苯乙烯加工）

4.2.6.1 危险性大、行程较长或行程有特定要求的设备应设置限位装置或联锁开关，并确保其完好、灵敏、可靠。

4.2.6.2 外露的旋转部位应安装防护罩或盖，并确保其完好、有效，其安全距离应符合 GB 23821 的相关规定。

4.2.6.3 紧固件、连接件和锁紧装置应完整、可靠。

4.2.6.4 锯条接头不应多于 3 个，且无裂纹；砂轮应符合本标准 4.2.11 的相关规定。

4.2.6.5 电气设备的绝缘、屏护、防护间距应符合 GB 5226.1 的相关规定；PE 线应连接可靠，线径截面及安装方式应符合本标准 4.2.39 的相关规定。控制电器应设置防止木尘进入的密闭措施。加工可发性聚苯乙烯泡沫材料时，设备应有防静电装置。

4.2.6.6 安全防护装置应配置齐全，且安全、可靠。

4.2.6.7 除符合上述通用规定外，平刨床、跑车及铣床等还应符合下列规定：

4.2.6.7.1 平刨床的工作台应符合如下要求：

——后工作台的垂直调整限制到刀轴切削圆直径以下 1.1mm；

——设置有前工作台垂直调整装置的设备，应在整个调整范围上保持与后工作台台面的平行，其深度不超过 8mm；

——无论工作台调整到任何高度，工作台唇板与切削圆之间的径向距离为 3mm±2mm；

——工作台或工作台唇板有开槽的，槽宽度不得超过 6mm，长度不得超过 15mm，齿的宽度至少为 6mm。在顶部齿的厚度最小值为 1.5mm，在槽的根部至少为 5mm。

4.2.6.7.2 跑车带锯机应设置有效的护栏。

4.2.6.7.3 立刨（铣床）应有防止手进入危险区的送料装置。

6.4.3.4 工业机器人（含机械手）

本条评价项目的查评依据如下：

【依据】《机械制造企业安全生产标准化规范》（AQ/T 7009—2013）

4.2.8 工业机器人（含机械手）

4.2.8.1 安全管理和资料应满足以下要求：

——设备本体、辅助设施及安全防护装置等资料齐全；

——应确保其编程、操作、维修人员均参加有效的安全培训，并具备相应的工作能力。

4.2.8.2 作业区域应设置警示标志和封闭的防护栏，必备的检修门和开口部位应设置安全销、安全锁和光电保护等安全防护装置。

4.2.8.3 各种行程限位、联锁装置、抗干扰屏蔽及急停装置应灵敏、可靠，任何安全装置动作均切断动力回路；急停装置应符合 GB 16754 的相关规定，并不得自动复位。

4.2.8.4 液压管路或气压管路应连接可靠，无老化或泄露；控制按钮配置齐全、动作准确。

4.2.8.5 执行机构应定位准确、抓取牢固；自动锁紧装置应灵敏、可靠。

4.2.8.6 PE 线应连接可靠，线径截面及安装方式应符合本标准 4.2.39 的相关规定。电气线路标识清晰；保护回路应齐全、可靠，且能防止意外或偶然的误操作。

4.2.8.7 当调整、检查、维修进入危险区域时，设备应具备防止意外启动的功能。

6.4.3.5 装配线（含部件分装线、焊装线）

本条评价项目的查评依据如下：

【依据】《机械制造企业安全生产标准化规范》（AQ/T 7009—2013）

4.2.9 装配线（含部件分装线、焊装线）

4.2.9.1 输送机械的防护罩（网）应完好，无变形和破损；人行通道上方应装设护网（板）。

4.2.9.2 大型部件翻转机构的锁紧、限位装置应牢固可靠；回转区域应有醒目的安全标识和报警装置，周围 1.5m 处应设置防护栏。

4.2.9.3 起重机械的联锁、限位，以及行程限制器、缓冲器等防护装置应齐全、有效；制动器应平稳、可靠；急停按钮应配置齐全、可靠。

4.2.9.4 吊索具应符合本标准 4.2.3.3 和 4.2.3.5 的相关规定。

4.2.9.5 控制台、操作工位以及装配线适当距离（不宜超过 20M）间应设置急停装置，且不得自动复位；开线、停线或急停时应有明显的声光报警信号。

4.2.9.6 风动工具应定置摆放，且符合本标准 4.2.10 的相关规定。

4.2.9.7 一、二类电动工具应配置剩余电流动作保护装置。其本体应符合本标准 4.2.42 的相关规定。

4.2.9.8 运转小车应定位准确、夹持牢固；料架（箱、斗）应结构合理、牢固，放置应平稳。

4.2.9.9 人员需要跨越输送线的地段应设置通行过桥，通行过桥的平台、踏板应防滑，其结构应符合本标准 4.2.23 的相关规定。

4.2.9.10 地沟入口处应设置盖板或防护栏，且完好、无变形；沟内应无障碍物，并应配置应急照明灯，且不允许积水、积油。

4.2.9.11 各种焊接机械防护罩、防火花飞溅设施应齐全、可靠；仪表及按钮应清晰、完好；电气线路应符合本标准 4.2.36 的相关规定；电焊设备应符合本标准 4.2.41 的相关规定，且定期检测。

4.2.9.12 焊装作业场所应设置有效、可靠的烟尘防治设施。

4.2.9.13 机械手作业区应为全封闭作业环境，周围设置防护栏，并配置可靠的联锁装置。

6.4.3.6 风动工具

本条评价项目的查评依据如下：

【依据】《机械制造企业安全生产标准化规范》（AQ/T 7009—2013）

4.2.10 风动工具

4.2.10.1 砂轮的装夹应牢靠，无松动；卡盘与砂轮的接触面应平整、均匀，压紧螺母或螺栓无滑扣，且有防松措施。

4.2.10.2 使用风动工具应配备完好无损的风罩和防护罩，并严禁拆卸。

4.2.10.3 开关和进气阀应灵活可靠，密封良好，并能准确控制正反转和停止，关闭后不允许漏气。

4.2.10.4 各种形式的防松脱装置应完好，可靠。

4.2.10.5 输气管道及软管不应泄漏、老化或腐蚀。

6.4.3.7 砂轮机

本条评价项目的查评依据如下：

【依据】《机械制造企业安全生产标准化规范》（AQ/T 7009—2013）

4.2.11 砂轮机

4.2.11.1 安装地点

4.2.11.1.1 单台设备可安装在人员较少的地方，且在靠近人员方向设置防护网；多台设备应安装在专用的砂轮机房内。

4.2.11.1.2 有腐蚀性气体，易燃易爆场所以及精密机床的上风侧不应安装砂轮机。

4.2.11.1.3 确保操作者在砂轮两侧有足够的作业空间。

4.2.11.2 砂轮机防护罩的强度、开口角度及与砂轮之间的间隙应符合 GB 4674 的相关规定。

4.2.11.3 挡屑板应有足够的强度且可调，与砂轮圆周表面的间隙应小于或等于 6mm。

4.2.11.4 砂轮应无裂纹、无破损；禁止使用受潮、受冻、超过使用期的砂轮。

4.2.11.5 托架应有足够的面积和强度，并安装牢固，托架应根据砂轮磨损及时调整，其与砂轮的间隙应小于或等于 3mm。

4.2.11.6 法兰盘的直径大小、强度以及砂轮与法兰盘之间的软垫应符合 GB 4674 的相关要求。

4.2.11.7 砂轮机运行应平稳可靠，砂轮磨损量不应超过 GB 4674 的相关规定。

4.2.11.8 PE 线应连接可靠，线径截面积及安装方法符合本标准 4.2.39 的相关规定；工作面照度应大于或等于 300（Lx）。

6.4.3.8 射线探伤设备
本条评价项目的查评依据如下：
【依据】《机械制造企业安全生产标准化规范》（AQ/T 7009—2013）

4.2.12 射线探伤设备

4.2.12.1 安全管理应符合以下规定：

——工作许可登记证、定期检测报告、个人辐射量监测检验报告、个人健康档案等资料、记录应齐全、有效；

——相关工作人员应持有《放射工作人员证》；

——从事放射工作的人员（操作人员、检修人员、试验人员）进入工业探伤辐射工作场所时，应佩戴报警式剂量计；

——建立完善有效的安全防护管理规章制度、事故应急措施和安全操作规程。

4.2.12.2 探伤室的门、窗、电缆沟、铅板等防辐射措施完好，X 射线探伤室屏蔽墙外 30cm 处空气比释动能率应小于 2.5μGy·h^{-1}。控制室应配置监视屏。

4.2.12.3 各种报警、信号、通信及警示标志应完好、灵敏、准确、及时；照射室的闭锁或门机联锁装置应可靠。

4.2.12.4 PE 线应连接可靠，线径截面积及安装方法符合本标准 4.2.39 的相关规定。

4.2.12.5 被检测物应放置牢固，且不影响探伤设备的运行、操作。

4.2.12.6 移动式或携带式 X 射线装置，控制器与 X 射线管头或高压发生器的连接电缆不得短于 20m；并应将作业时被检物体周围的空气比释动能率大于 15μGy·h^{-1} 的范围内划定为控制区，工作人员应在控制区边界外作业，所有人员严禁进入控制区内。

6.4.3.9 锻压机械
本条评价项目的查评依据如下：
【依据】《机械制造企业安全生产标准化规范》（AQ/T 7009—2013）

4.2.14 锻压机械

4.2.14.1 锤头部件

4.2.14.1.1 锤头安装应坚固，无松动，凡使用销、楔处不得设有垫片。

4.2.14.1.2 固定用的销、楔应无松动，且突出部分应小于 15mm。

4.2.14.1.3 锤缸的顶部应设有可靠的锤杆缓冲装置。

4.2.14.1.4 锤头应无裂纹、无破损。

4.2.14.1.5 螺旋传动机应设置可靠的缓冲装置。

4.2.14.2 砧座应位于基础的中心，上、下砧应对正，其平行度应小于 1/300；使用销、楔处不得设有垫片。

4.2.14.3　操纵机构

4.2.14.3.1　操纵手柄、踏杆、按钮、制动器手（脚）柄（杆）应灵活、完好；制动器应可靠。

4.2.14.3.2　应设有防止设备意外误动作的装置；踏杆上应设有防护罩；按钮应标识清晰、动作准确。

4.2.14.4　运动部件

4.2.14.4.1　电动机的连接部位不得松动。

4.2.14.4.2　摩擦盘、飞轮、导轨压条等部位的紧固件不得松动，且设有防止运动件脱落或误操作的装置。

4.2.14.4.3　运动部件应标明其运动方向，单向旋转的零部件应有转向的指示标识。

4.2.14.5　安全防护装置

4.2.14.5.1　限位器、紧急制动器、溢流阀、安全阀、保险杠等安全装置应齐全、有效；

4.2.14.5.2　凡距操作者站立面 2m 以下设备外露的旋转部件均应设置齐全、可靠的防护罩或防护网，其安全距离应符合 GB 23821 的相关规定；

4.2.14.5.3　检修平台应符合本标准 4.2.23 的相关规定；

4.2.14.5.4　在设备维修或模具进行调整时，应设置防止工作部件意外移动的保险装置或能量锁定装置，且必须与动力回路联锁。

4.2.14.6　附属的气瓶、储气罐等储能装置应符合本标准 4.2.26、4.2.27 的相关规定。

4.2.14.7　操作机、夹钳、剁刀等设备或工具，受力部位应无裂纹，受打击部位的硬度不应高于 HRC30。

4.2.14.8　设备基础应牢固、可靠，其结合面应紧密，且应采取减震措施；周边留足够的操作空间。

4.2.14.9　电气设备的绝缘、屏护、防护间距应符合 GB 5226.1 的相关规定；PE 线应连接可靠，线径截面积及安装方法符合本标准 4.2.39 的相关规定。

6.4.3.10　铸造机械

本条评价项目的查评依据如下：

【依据】《机械制造企业安全生产标准化规范》（AQ/T 7009—2013）

4.2.15　铸造机械

4.2.15.1　设备结构应有足够的强度、刚度及稳定性，基础应坚实；工业梯台应符合本标准 4.2.23 的相关规定。

4.2.15.2　管路

4.2.15.2.1　管路应有良好的密封性能，无漏油、漏气、漏水。

4.2.15.2.2　连接软管应耐油，无老化；并不得靠近热源，且能避免重物挤压。

4.2.15.2.3　气动系统中的废气排放不得将灰尘、沙粒等吹向操作者和工作台面。

4.2.15.3　安全防护装置

4.2.15.3.1　设备外露旋转、冲压部件的防护罩除应具备防护功能外，还应具有防止粉尘或有害气体扩散的功能。防护罩应牢固、可靠，安全间距应符合 GB 23821 的相关规定。

4.2.15.3.2　可拆卸的安全防护装置应与动力回路联锁，且应灵敏、可靠。

4.2.15.3.3　设备检修时，应设置明显的安全标识或能量锁定装置。

4.2.15.4　控制系统

4.2.15.4.1　控制系统的设置应便于操作和维修；仪表、指示灯、操作按钮均应标识准确、清晰，动作灵敏可靠。

4.2.15.4.2　控制和操作的转换开关应安装在闭锁的柜（箱）中。

4.2.15.4.3　生产线的控制台、操作岗位和适当间距位置（一般不宜超过 20m）应设置急停装置，且手动复位；停线或急停时应有明显的声光报警信号。

4.2.15.4.4　两个或两个以上操作者共同操作的设备，应对每个操作者配置双手控制装置，其安装、使用应符合 GB/T 19671 的相关规定。

4.2.15.4.5 夹紧装置的泄压联锁装置应灵敏、可靠。

4.2.15.5 凡产生尘毒危害的设备应配置防尘、防毒设施，并确保其完好、有效；防尘、防毒设施应与动力回路联锁。

4.2.15.6 电气设备的绝缘、屏护、防护间距应符合 GB 5226.1 的相关规定；PE 线应连接可靠，线径截面积及安装方法符合本标准 4.2.39 的相关规定。

4.2.15.7 压铸机、制芯机、混砂机、抛（喷）丸机除符合上述规定外，还应符合以下规定：

4.2.15.7.1 压铸机：

——模具区域应采用可移动保护装置，以避免运动引起的伤害；

——合型机构应配置移动式保护装置，该装置应通过两个机械限位开关与控制系统相耦合；

——防护装置应与控制系统联锁，在防护装置未进入正确位置时，压铸机不能启动合型动作；

——附属的气瓶、储气罐等储能装置应符合本标准 4.2.26、4.2.27 的相关规定。

4.2.15.7.2 制芯机：

——芯盒加热棒应长短适中，线头连接整洁，且安全可靠；

——夹紧或合模闭锁装置应设有能保证被夹工装完全关闭密合后才能执行下一操作程序的联锁装置或控制装置。

4.2.15.7.3 混砂机：

——防护罩应有足够的强度，检修门应与动力回路联锁，且灵敏、可靠；

——应设置专用取样门，其开口大小能确保手不得伸入混砂机内。

4.2.15.7.4 抛（喷）丸机：

——凡可能发生钢丸外喷的危险工作区应设置安全隔离区或保护屏，门应与动力回路联锁；

——高速旋转的零部件应进行静平衡或动平衡检验，并符合产品安全的规定；

——喷丸控制开关应牢固地安装在喷丸软管或喷枪上，其电压为安全电压。

6.4.3.11 铸造熔炼炉
本条评价项目的查评依据如下：
【依据】《机械制造企业安全生产标准化规范》（AQ/T 7009—2013）

4.2.16 铸造熔炼炉

4.2.16.1 炉体及其附属设施

4.2.16.1.1 电弧炉应符合：

——炉壳、炉盖、炉衬、出钢槽、炉门等应完好、牢固；

——炉体、热绝缘炉衬应完整，且无破损；

——炉盖提升、旋转机构和电极升降机构应灵活可靠，限位装置灵敏、可靠；

——倾炉限制器、炉顶限制器、炉体的桥架限位开关应灵敏可靠；

——水冷系统无泄漏、无堵塞。

4.2.16.1.2 冲天炉应符合：

——炉底及其支撑装置应牢固可靠；

——炉体、热绝缘炉衬应完整，且无破损；

——修炉时应配置防物料坠落的装置；

——加料平台要比加料炉口低 1.5m，平台结构应符合本标准 4.2.23 的相关规定，并能耐高温腐蚀，且防滑，平台不得存放杂物；

——送风系统应完整、有效。

4.2.16.1.3 感应炉应符合：

——炉盖、感应器、坩埚、炉架等部件应齐全完整；

——敞开的上料口低于操作面 700mm 以下时，周围应设置防护栏；

——传动装置应灵敏可靠；

——水冷系统应保持畅通，无堵塞、无泄漏。

4.2.16.2 升降及起吊装置

4.2.16.2.1 金属结构件应牢固，并能承受高温作业环境。

4.2.16.2.2 应设置可靠的限位装置，且与动力回路联锁。

4.2.16.2.3 钢丝绳应符合本标准4.2.3.3条的规定，并能承受高温作业环境。

4.2.16.3 浇包及浇注机

4.2.16.3.1 金属结构件应牢固可靠，无锈蚀，连结部位应转动灵活。

4.2.16.3.2 机械式浇包和浇注机的行走机构和升降器应确保浇包灵活移动或升降，并配有两套可靠的制动装置。轨道终端设置的限位装置应灵敏、可靠。

4.2.16.3.3 安全保险装置应齐全、可靠，并能满足强度和刚性的要求。

4.2.16.4 炉坑

4.2.16.4.1 炉底、炉坑及周边严禁积油、积水。

4.2.16.4.2 炉坑周边应设置护栏或防护盖板，护栏及防护盖板必须满足强度和刚性的要求，且防滑。

4.2.16.5 安全防护装置

4.2.16.5.1 安全防护罩或网、保险装置、信号装置、安全标识应齐全、完好。

4.2.16.5.2 凡距操作者站立面2m以下的设备外露旋转部件均应设置齐全、可靠的防护罩，安全距离应符合GB 23821的相关规定。

4.2.16.6 各种仪器仪表、指示信号、操作开关等应配置齐全，并清晰、灵敏、可靠。

4.2.16.7 凡产生尘毒危害的设备应配置防尘、防毒设施，并确保其完好、有效；防尘、防毒设备设施应与动力回路联锁；且无二次污染。

4.2.16.8 PE线应连接可靠，线径截面积及安装方法符合本标准4.2.39的相关规定。

6.4.3.12 工业炉窑

本条评价项目的查评依据如下：

【依据】《机械制造企业安全生产标准化规范》（AQ/T 7009—2013）

4.2.17 工业炉窑

4.2.17.1 炉门及其附属设施

4.2.17.1.1 炉门升降机构必须完好，外露传动部分应设置防护罩。

4.2.17.1.2 水冷却炉门的管道应保持畅通，不泄漏；并设有防冻措施；出水管路上严禁安装阀门。

4.2.17.1.3 炉门应设置上下限位装置，并确保进出炉时切断电源。

4.2.17.1.4 凡距操作者站立面2m以下设备外露的旋转部件均应设置齐全、可靠的防护罩或防护网，安全距离应符合GB 23821的相关规定。

4.2.17.1.5 炉门、移动的炉底、加热电源均应设置联锁装置，且运行可靠。

4.2.17.2 炉窑上使用的钢丝绳、滑轮应完好，并符合本标准4.2.3.3、4.2.3.4的规定。

4.2.17.3 炉体金属结构件应完整、牢固，无腐蚀或破损；耐火材料应能承受高温、腐蚀、摩擦和化学侵蚀，砌体的墙面、窑顶和底部应保持完整，无破损。

4.2.17.4 电气设备的绝缘、屏护、防护间距应符合GB 5226.1的相关规定；PE线应连接可靠，线径截面积及安装方法符合本标准4.2.39的相关规定。

4.2.17.5 燃气炉、燃油炉、盐浴炉、箱式电阻炉、气体渗碳炉除符合上述通用规定外，还应符合以下规定：

4.2.17.5.1 燃气炉气阀应完好，无松动、无泄漏，燃烧器运行正常。在火焰熄灭时能迅速切断燃料供给并报警，烟道应安装防爆门。

4.2.17.5.2 燃油炉油管、风管及加热器应无裂纹、无泄漏，并确保油压（量）以及风压（量）相匹配。

4.2.17.5.3 盐浴炉测温仪表、仪器应灵敏可靠、指示正确，并在检验周期内使用；高温盐浴炉应设置排风装置。

4.2.17.5.4　箱式电阻炉测温仪表、仪器应灵敏可靠、指示正确，并在检验周期内使用；电阻丝应完好、无断裂。

4.2.17.5.5　气体渗碳炉炉盖升降机构应灵敏，风扇转动平稳；冷却水管、输油管道应畅通、无渗漏；排气管、漏油器应畅通；氨气瓶严禁靠近热源、电源或在强日光下曝晒。现场应配置防止意外事故的氧气呼吸器。

6.4.3.13　助燃、可燃气体汇流排
本条评价项目的查评依据如下：
【依据】《机械制造企业安全生产标准化规范》（AQ/T 7009—2013）

4.2.31　助燃、可燃气体汇流排

4.2.31.1　企业应保存下列资料：汇流排设计资料、材质证明、导除静电接地装置图及检测记录等。

4.2.31.2　汇流排间

4.2.31.2.1　与有明火作业的间距应大于 30m。

4.2.31.2.2　耐火等级应不低于二级，门、窗向外开启；门、窗、孔洞不得与产生明火的区域连通。

4.2.31.2.3　照明、动力线路、电器设备应选用防爆型。

4.2.31.2.4　应有良好的通风措施，出风口不得朝向明火产生的区域；凡可燃气体汇流排间内应配置燃气浓度检测报警器。

4.2.31.2.5　管道导除静电措施应符合本标准 4.2.29.3.3 的规定。

4.2.31.3　气瓶

4.2.31.3.1　应设有防倾倒装置。

4.2.31.3.2　气瓶连接处应安装减压装置，压力表应定期校验。

4.2.31.3.3　气瓶本体应符合本标准 4.2.26 的相关规定。

4.2.31.4　汇流排出口应设有止逆阀；乙炔汇流排出口和用户岗位均应安装回火防止器，其管道和附件应使用含铜、银少于 70% 的合金制作，且无泄露。

4.2.31.5　汇流排室外应有严禁烟火的安全标志，灭火器的配置应符合 GB 50140 的相关规定；汇流排的末端和用气设备总阀门前、后处应安装放散管。

6.4.3.14　酸、碱、油槽及电镀槽
本条评价项目的查评依据如下：
【依据】《机械制造企业安全生产标准化规范》（AQ/T 7009—2013）

4.2.18　酸、碱、油槽及电镀槽

4.2.18.1　槽体

4.2.18.1.1　槽体应有足够的强度和刚度。

4.2.18.1.2　槽体应无裂纹、变形、渗漏。

4.2.18.1.3　电镀槽及其衬里的材料应耐腐蚀、耐高温。

4.2.18.1.4　带衬里的钢槽应设置检漏装置，防止衬里损坏后导致槽液腐蚀槽体。

4.2.18.2　导电杆应能满足电镀所需的电流和承受的重量，且便于清洗铜排；导电座与槽体之间、槽体与地面之间都应设有可靠的绝缘层。

4.2.18.3　槽体应高于操作者站立面 700mm 以上，当低于 700mm 时，应设置防护栏，防护栏应符合本标准 4.2.23 的相关规定。

4.2.18.4　产生有毒有害气体的槽体周边应设置通风装置，并确保吸风口处的风速为 7m/s～10m/s。

4.2.18.5　排水管道应根据排放液体的化学性质和温度选择合适的材质，且不得腐蚀、变形。

4.2.18.6　电气设备的绝缘、屏护、防护间距应符合 GB 5226.1 的相关规定；PE 线应连接可靠，线径截面积及安装方法符合本标准 4.2.39 的相关规定；用石英玻璃管加热时应有保护措施。

4.2.18.7　作业现场应配置可清洗面部的应急处理装置，该装置应定期维护、检修，确保灵敏、可靠。

6.4.3.15 输送机械

本条评价项目的查评依据如下：

【依据】《机械制造企业安全生产标准化规范》（AQ/T 7009—2013）

4.2.22 输送机械

4.2.22.1 凡距操作者站立面 2m 以下设备外露的旋转部件均应设置齐全、可靠的防护罩或防护网，其安全距离应符合 GB 23821 的相关规定。

4.2.22.2 急停装置

4.2.22.2.1 机械化运输线上每隔 20m 长度范围内应至少设置一个急停开关；皮带输送机的人行一侧，应设置全程的拉绳急停开关。

4.2.22.2.2 操作工位、升降段或转弯处应设置急停开关。

4.2.22.2.3 急停开关不应自动恢复，必须采取手动复位；并符合 GB 16754 的相关规定。

4.2.22.3 保险装置

4.2.22.3.1 皮带输送机在两边应设置防跑偏挡轮，并运转灵活，销轴无窜动。

4.2.22.3.2 驱动装置中应设置过载保护装置，且运行可靠。

4.2.22.3.3 链式输送机上坡、下坡处应设置止退器或捕捉器，并运行可靠。

4.2.22.3.4 垂直升降机应设置上升、下降限位装置及止挡器，并设有防护栏，其门应设置联锁装置。

4.2.22.4 通道、梯台和防护网（栏）

4.2.22.4.1 输送机械下方的通道净空高度应大于 2m。

4.2.22.4.2 输送机械上坡、下坡段或下面有人员通过的部位，应在输送机械的下面设置坚固的防护网（板）；输送机械穿越楼层而出现孔口时应设护栏，在人员能接近的重锤张紧装置下方应设立防护栅（栏）。

4.2.22.4.3 人员需经常跨越输送机械的部位应设置人行过道（桥）。

4.2.22.4.4 工业梯台应符合本标准 4.2.23 相关规定；防护护网（栏）的安全距离应符合 GB 23821 的相关规定。

4.2.22.5 启动和停止装置应设置明显的安全标志或警示信号。

4.2.22.6 电气设备的绝缘、屏护、防护间距应符合 GB 5226.1 的相关规定；PE 线应连接可靠，线径截面积及安装方法符合本标准 4.2.39 的相关规定。

6.4.3.16 注塑机

本条评价项目的查评依据如下：

【依据】《机械制造企业安全生产标准化规范》（AQ/T 7009—2013）

4.2.7 注塑机

4.2.7.1 防护罩、盖、栏的安装应牢固，无明显的锈蚀或变形，且与动力回路联锁。

4.2.7.2 操作平台结构合理，应无严重脱焊、变形、腐蚀和断开、裂纹等缺陷，并符合本标准 4.2.23 的有关规定。

4.2.7.3 电气设备的绝缘、屏护、防护间距应符合 GB 5226.1 的相关规定；电控箱、柜与线路应符合本标准 4.2.38.4 的相关规定；控制台各参数显示功能应完好；急停装置、联锁装置、操作按钮应标示清晰、灵敏可靠，并有故障报警装置，任何急停装置动作均应切断所有动力回路；PE 线应连接可靠，线径截面及安装方式应符合本标准 4.2.39 的相关规定。

4.2.7.4 液压及冷却管路应连接可靠，油（水）箱及管路无漏油、漏水，控制系统开关应齐全，动作可靠。

4.2.7.5 模具及其紧固螺栓应齐全，无松动、无裂纹、无变形，且编号清晰。

4.2.7.6 自动取料、落料装置应标识清楚、动作灵敏可靠，机械手活动区域应设置防护栏、屏护，并与动力回路联锁。

4.2.7.7 作业区应有良好的通风，防止有害物质聚集。

6.4.3.17 电焊设备

本条评价项目的查评依据如下：

【依据】《机械制造企业安全生产标准化规范》（AQ/T 7009—2013）

4.2.41 电焊设备

4.2.41.1 线路安装和屏护

4.2.41.1.1 每台焊机应设置独立的电源开关或控制柜，并采取可靠的保护措施。

4.2.41.1.2 固定使用的电源线应采取穿管敷设；一次侧、二次侧接线端子应设有安全罩或防护板屏护；线路接头应牢固，无烧损。电气线路绝缘完好，无破损、无老化。

4.2.41.1.3 焊机所使用的输气、输油、输水管道应安装规范、运行可靠，且无渗漏。

4.2.41.2 外壳防护

4.2.41.2.1 设备外壳防护等级一般不得低于 IP21；户外使用的设备不得低于 IP23，当不能满足场所安全要求时，还应采取其他防护措施。

4.2.41.2.2 PE 线应连接可靠，线径截面及安装方式应符合本标准 4.2.39 的相关规定。

4.2.41.2.3 当焊机有高频、高能束焊等辐射危害时，应采取特殊的屏蔽接地防护。

4.2.41.3 焊接变压器

4.2.41.3.1 焊接变压器的一次对二次绕组，绕组对地（外壳）的绝缘电阻值应大于 $1M\Omega$。

4.2.41.3.2 电阻焊机或控制器中电源输入回路与外壳之间，变压器输入、输出回路之间绝缘应大于 $2.5M\Omega$；控制器中不与外壳相连，且交流电压高于 42V 或直流电压高于 48V 的回路，外壳的绝缘电阻应大于 $1M\Omega$。

4.2.41.3.3 变压器、控制器线路的绝缘应每半年检测一次，并保存其记录；当焊机内有整流器、晶体管等电子控制元件或装置时，应完全断开其回路进行检测。

4.2.41.4 当采用焊接电缆供电时，一次线的接线长度应不超过 3m，电源线不应在地面拖拽使用，且不允许跨越通道。

4.2.41.5 二次回路

4.2.41.5.1 二次回路应保持其独立性和隔离要求。

4.2.41.5.2 二次回路宜直接与被焊工件直接连接或压接。二次回路接点应紧固，无电气裸露，接头宜采用电缆耦合器，且不超过 3 个。电阻焊机的焊接回路及其零部件（电极除外）的温升限值不应超过允许值。

4.2.41.5.3 当二次回路所采取的措施不能限制可能流经人体的电流小于电击电流时，应采取剩余电流动作保护装置或其他保护装置作为补充防护。

4.2.41.5.4 禁止搭载或利用厂房金属结构、管道、轨道、设备可移动部位，以及 PE 线等作为焊接二次回路。在有 PE 线装置的焊件上进行电焊操作时，应暂时拆除 PE 线。

4.2.41.5.5 当设备配置急停按钮时，应符合 GB 16754 的相关规定。

4.2.41.6 夹持装置和绝缘

4.2.41.6.1 夹持装置应确保夹紧焊条或工件，且有良好绝缘和隔热性能，绝缘电阻大于 $1M\Omega$。

4.2.41.6.2 电焊钳或操作部件应与导线连接紧固、绝缘可靠，且无外露带电体。

4.2.41.6.3 悬挂式电阻焊机吊点应准确，平衡保护装置应可靠。

4.2.41.7 工作场所

4.2.41.7.1 工作场所应采取防触电、防火、防爆、防中毒窒息、防机械伤害、防灼伤等技术措施；其周边应无可燃爆物品；电弧飞溅处应设置非燃物质制作的屏护装置。

4.2.41.7.2 工作场所应通风良好；狭窄场所、受限空间必须采用强制通风、提供供气呼吸设备或其他保护措施。

4.2.41.7.3 工作区域应相对独立，宜设置防护围栏，并设有警示标识。焊接设备屏护区域应按工作性质及类型选择联锁或光栅保护装置。

6.4.3.18 手持电动工具

本条评价项目的查评依据如下：

【依据】《机械制造企业安全生产标准化规范》（AQ/T 7009—2013）

4.2.42 手持电动工具

4.2.42.1 使用条件

4.2.42.1.1 手持式电动工具应具有国家强制认证标志、产品合格证和使用说明书，并在规定的条件下使用。

4.2.42.1.2 一般场所应使用Ⅱ类工具；狭窄场所或受限空间、潮湿环境应使用配置剩余电流动作保护装置的Ⅱ类工具或Ⅲ类工具；当使用Ⅰ类工具时，应配置剩余电流动作保护装置，PE线应连接规范。

4.2.42.1.3 剩余电流保护装置动作参数的选择及运行管理应符合 GB 13955 的相关规定。使用Ⅰ类工具时，PE 线连接正确、可靠，剩余电流保护装置动作电流不得大于 30mA，动作时间不得大于 0.1s；Ⅱ类工具在狭窄场所或受限空间、潮湿环境使用时，剩余电流动作保护装置动作电流不得大于 15mA，动作时间不得大于 0.1s；使用Ⅲ类工具时，其隔离电器装置必须置于操作危险空间外。

4.2.42.1.4 系统保护装置应与所选择的工具匹配。

4.2.42.2 日常检查和定期检测

4.2.42.2.1 管理部门发出或收回以及使用前应进行日常检查。检查内容应符合 GB 3787 的相关规定，并保存记录。

4.2.42.2.2 定期检测每年应至少二次，梅雨季节或工具有损坏时应及时检测，检测应由专业电工检测。绝缘电阻值应符合 GB 3787 的相关规定。

4.2.42.2.3 定期检测应建立准确、可靠的记录，并在检测合格工具的明显位置粘贴合格标识。

4.2.42.3 电源线

4.2.42.3.1 电源线应不低于普通橡胶护层软线或聚氯乙烯护层软线的安全要求，设备与电源线温升应符合安全要求，其最小截面积（铜线）应符合如下要求：

——当工具额定电流小于 6A，电源线最小截面应大于 0.75mm²；

——当工具额定电流小于 10A，电源线最小截面应大于 1.00mm²；

——当工具额定电流小于 16A，电源线最小截面应大于 1.50mm²；

——当工具额定电流小于 25A，电源线最小截面应大于 2.50mm²；

4.2.42.3.2 电源线长度应小于 6m，中间不允许有接头，且无破损、无老化，不穿越通道。

4.2.42.4 工具的防护罩、盖、手柄应连接牢靠，并有足够的强度，外观无损伤、裂缝和变形。

4.2.42.5 转动部分、开关及接插件

4.2.42.5.1 转动部分应灵活，无阻滞现象；开关应动作灵活，无缺损与破裂。

4.2.42.5.2 严禁将插头、插座内的 N 与 PE 相连接；PE 线、N 线、相线不应错接或松动、脱落。接插件额定参数与所用工具应相匹配，且无烧损、无破裂和严重损伤。

6.4.3.19 移动电气设备

本条评价项目的查评依据如下：

【依据】《机械制造企业安全生产标准化规范》（AQ/T 7009—2013）

4.2.43 移动电气设备

4.2.43.1 选用

4.2.43.1.1 火灾爆炸场所不应采用移动式电气设备，当不可避免时，必须符合防火、防爆要求。

4.2.43.1.2 粉尘、潮湿、飞溅物场所应采用防护式结构。

4.2.43.2 应有相应制度，开展定期检测工作，其中设备的绝缘电阻值一般不小于 1MΩ，使用前和在用期间每半年应定期检测绝缘电阻值，并保存记录。移动式电器控制调试柜箱应符合本标准 4.2.38 的相关规定。定检合格应有明显标识。

4.2.43.3 电源线敷设长度不得超过 6m，中间不允许有接头，且无破损；易受机械损伤的地方应穿管保护，并不得跨越通道。电源线与设备的温升应符合安全要求。

4.2.43.4 线路保护和 PE 线连接

4.2.43.4.1 线路应设置独立的开关或断路器，并符合其容量，接插件只能用作隔离或接通电源；接线应规范、紧固、无烧蚀。

4.2.43.4.2 属于 I 类移动式电气设备应安装剩余电流保护装置。

4.2.43.4.3 PE 线应连接可靠，线径截面及安装方法应符合本标准 4.2.39 的相关规定。

4.2.43.4.4 必要时应设置急停、联锁、警示信号等保护装置。

4.2.43.5 距操作者站立面 2m 以下设备外露的旋转部件均应设置齐全、可靠的防护罩，其安全距离应符合 GB 23821 的相关规定；裸露的带电部分应有可靠的屏护，并有警示标识。

6.4.3.20 高压电气试验室

本条评价项目的查评依据如下：

【依据 1】《机械制造企业安全生产标准化规范》（AQ/T 7009—2013）

4.2.44 电气试验站（台、室）

4.2.44.1 试验环境

4.2.44.1.1 试验环境应是独立封闭的禁区，试验人员及试验设备与被试产品之间应设置隔离或屏护，试验设备的隔离屏护装置宜固定式安装，其高度不应低于 1.7m。区域屏护栅栏高度应大于 1.2m，门应设有联锁装置或安全锁，并有明显的安全色标。

4.2.44.1.2 试验环境应设置警示标识与警示信号，并应设置警戒线。

4.2.44.1.3 试验区域内不应设置人员休息场所。

4.2.44.1.4 高压配电装置的安全净距应符合 GB 50060 的相关规定，高、低压变配电设备应符合本标准 4.2.35 的相关规定。

高压试验设备的安全净距工频高压、冲击高压均应不小于峰值电压正棒对负极放电间隙的 1.5 倍。高压试验设备（含通电试品的带电部分）距人体最小安全净距应符合表 4.2.6 的规定。

表 4.2.6 高压试验设备距人体最小安全间距

工频电压	电压等级（kV）	10	20	50	100	150	250	500	800	1000
	最小净距（m）	0.7	1.0	1.5	2.0	2.5	3.0	4.0	6.0	8.0
冲击电压	电压等级（kV）	1000		1500		2000		2500	3000		3600
	最小净距（m）	4.0		5.5		7.0		9.5	10.5		11.0

4.2.44.1.5 试验时应按工艺工号填写试验工作程序安全确认表。当有视觉障碍物的较大试验场所应配备齐全、可靠的通信联络、录音设备，设置远程自动监控摄像传输系统；

4.2.44.1.6 充有压力的被试产品或易破损瓷套管类试品应增设防护措施。

4.2.44.2 试验设备

4.2.44.2.1 试验设备及电缆应由具有资质的单位定期进行预防性试验与检测合格，并保存记录；设备现场应清洁，无渗漏、无损伤，不超载，温升符合要求。

4.2.44.2.2 各种断路器、保护开关、继电保护装置等保护电气应灵敏可靠，发电机组及变频设备运转参数和温升应符合要求，不超载运行。

4.2.44.2.3 各种检测仪表、显示装置信号指示装置应齐全、可靠，并在有效期内运行。

4.2.44.2.4 企业应提供高低压试验设备平面布置图、高低压供电系统图（包括 PE）、产品试验接线示意图或工艺流程图、试验站（台、室）区位图、雷击防护系统图、地下隐蔽工程图等六类相关图纸；并应提供主要产品试验（测试参数）报告和试验设备（含电力电容器和继电保护整定等）预防性试验报告单、按工号试验工作程序的安全确认表、安全用具明细及其定检合格报告单和相关管理制度、试验规程及安全技术操作规程。

4.2.44.3　控制系统及测试仪器

4.2.44.3.1　试验控制室、检测平台应整洁有序、操作方便，屏护和间距符合相关标准的规定。

4.2.44.3.2　各种接线应规范，接头紧固，无松动、无渗漏；线路的强电部分与弱电部分应保持安全间距；防雷、防过流或过电压、短路等保护装置应完好，并定期检测与试验。

4.2.44.3.3　临时接线应符合本标准 4.2.37 的相关要求。

4.2.44.3.4　测试仪器应经定检合格，并完好、准确，不超期使用。

4.2.44.4　接地系统及安全用具

4.2.44.4.1　接地系统应经过安全设计，并保持独立完整。小电流接地系统接地电阻值应小于 4Ω，大电流接地系统接地电阻值应小于 0.5Ω；当试验设备与试验站建筑物的接地共用接地网时，接地电阻应采用规定条件下的最小值。

4.2.44.4.2　严禁利用建筑物保护性接地网做大电流放电回路。也不允许电力系统的工作接地作为试验用接地。

4.2.44.4.3　独立高压电气试验站的雷电防护系统应符合本标准 4.2.40 的相关规定。

4.2.44.4.4　电气用具及防护用品应按周期定检合格，并保管有效。

4.2.44.4.5　金属屏网、栅栏及设备外露可导电部分 PE 线应连接可靠，线径截面及安装方法应符合本标准 4.2.39 的相关规定，必要时应作等电位连接。

【依据 2】《国家电网公司装备制造企业安全生产标准化管理规范（试行）》（安质三〔2013〕104 号）

5.9.4.4.20　高压电气试验室应满足以下要求：

a）安全制度和规程应符合下列要求：

1）高压试验室应有各项安全工作制度，制定安全规范、设备安全操作细则和试验作业指导书等制度，经本单位安全监察或技术主管部门审查，主管领导批准后执行；

2）试验室应设立专职或兼职安全员，负责监督检查本规范及有关安全规程、安全制度的贯彻执行。在发生人身或设备事故时参加事故调查处理；

3）对涉及主要试验设备的重要试验项目均要编制试验方案。主要内容一般包括试验任务、试验时间、试验接线、使用设备、人员名单及分工、操作步骤、安全措施、安全监护人等。试验方案由试验室技术负责人批准后执行。

b）岗位和人员应符合下列要求：

1）高压试验室应设置试验室技术负责人、试验负责人和试验人员；

2）技术负责人应由从事高压试验工作 5 年以上的人员担任，试验负责人应由从事高压试验工作 2 年以上的人员担任；

3）试验人员应经过专业培训，具有高压试验专业知识和紧急救护知识，熟悉试验设备和试品，熟悉本规范及高压试验室相关规程，并经考试合格；

4）高压试验工作由试验室技术负责人下达任务。进行高压试验时，试验人员不得少于 2 人，并指定其中之一为试验负责人；

5）试验负责人应对试验工作的安全全面负责。在试验过程中，由试验负责人统一发布操作指令。在试验过程中，试验负责人应始终留在现场，因故必须离开时，应指定胜任的人员临时代替，或暂停试验工作；

6）大型或危险性较大的试验任务，根据现场的安全条件，可由试验负责人指定专责监护人。专责监护人不得兼任试验操作人或从事其他工作。

c）试验环境应符合下列要求：

1）试验室应保持光线充足，门窗严密，通风设施完备。室（场）内地面平整，留有符合要求、标志清晰的通道。试区内布置整洁，不许随意堆放杂物。试验室周围应有消防通道，并保证畅通无阻；

2）在高压试验试区周围，应设置封闭隔离或屏蔽遮栏，并设置警示标识与警示信号，设置警戒线。标识必须朝向遮栏的外侧。遮栏应由金属制成，可靠接地，其高度不低于 2m。通往试区的门与试验电源应有联锁装置；

3）高压试验设备的安全净距工频高压、冲击高压均应不小于峰值电压正棒对负极放电间隙的 1.5 倍。高压试验设备（含通电试品的带电部分）距人体最小安全净距应符合下表的规定；

高压试验设备距人体最小安全间距

工频电压	电压等级（kV）	10	20	50	100	150	250	500	800	1000
	最小净距（m）	0.7	1.0	1.5	2.0	2.5	3.0	4.0	6.0	8.0
冲击电压	电压等级（kV）	1000		1500		2000	2500	3000		3600
	最小净距（m）	4.0		5.5		7.0	9.5	10.5		11.0

4）在同一试验室内同时进行不同的高压试验时，各试区间必须按各自的安全距离用遮栏隔开，同时设置明显的标示牌，留有安全通道；

5）当交流试验电压（有效值）、直流试验电压（最大值）高于 1000kV，冲击试验电压（峰值）高于 2000kV 时，由于放电的不规律性，有可能出现异常放电，所有人员应留在能防止异常放电危及人身安全的地带，如控制室、观察室或屏蔽遮栏外。不切断电源严禁进入试验区内；

6）控制室应铺橡胶绝缘垫，根据试验室的性质和需要，配备相应的安全工器具，防毒、防射线、防烫伤的防护用品以及防爆和消防安全设施，配备应急照明电源。

d）试验设备应符合下列要求：

1）试验设备及电缆应由具有资质的单位定期进行预防性试验与检测合格，发现缺陷及时处理，并应做好缺陷及处理记录。不准试验设备带缺陷强行投入试验；

2）试验室的高、低压配电装量应符合有关标准，定期维修，安全可靠；

3）高压试验室必须加强技术管理，建立完备的技术档案。对试验全过程每次都应有完整、详细的记录，对试验结果必须进行全面综合分析，作出结论，提出试验报告。大型试验设备的调试、运行、缺陷、维修等也应有完整的记录；

4）对易燃易爆或放电后可能产生毒性物质的设备应作好防火、防爆、防毒措施。

e）接地系统应符合下列要求：

1）高压试验室（场）必须有良好的接地系统，以保证高压试验测量准确度和人身安全。对小电流接地系统接地电阻不超过 4Ω，大电流接地系统电阻小于 0.5Ω。当试验设备与试验站建筑物的接地共用接地网时，接地电阻应采用规定条件下的最小值；

2）试验设备的接地点与被试设备的接地点之间应有可靠的金属性连接。试验室（场）内所有的金属架构，固定的金属安全屏蔽遮（栅）栏均必须与按地网有牢固的连接。接地线与接地体的连接应用螺栓连接在固定的接地点上。接地线应尽可能地短，接线状况应明显可见。接地线严禁接在水管、暖气片和低压电气回路的中性线上；

3）严禁利用建筑物保护性接地网做大电流放电回路。禁止使用电力系统工作接地作为试验用接地；

4）为防止高压试验时电磁场影响和地电位升高引起反击，试验室应有相应安全技术措施。对重要的仪器和弱电设备应装设防止放电反击和感应电压的保护装量或其他安全措施。

f）高压试验操作应符合下列要求：

1）试验开始前，试验负责人应对全体试验人员详细布置试验任务和交待安全注意事项；

2）试验装置的电源开关，应有明显可见的断开点；

3）在加压前，试验负责人必须检查试验设备和试品，检查试验接线、表计倍率、调压器零位及测量系统的开始状态，检查试验设备高压端接地线是否已拆除，检查安全措施的完成情况，均正常无误后方可加压；

4）对高压试验设备及试品在高压试验前、试验后的放电，必须先将接地操作棒的接地线可靠地连接在接地点上，再用接地操作棒放电。放电时间一般不短于 3min；对大容量试品的放电时间，应在 5min 以上；

5）试验间断时，应断开试验电源，电源回路应有试验人员能看见的明显断开点，并放置标示牌。恢复试验时，应重新检查试验接线和安全措施；

6）试验结束后，应拆除自装的临时短路接地线，清理现场。

g）其他安全措施：

1）试验室的安全工器具和起重机械设备应按规定作预防性试验，由经过培训考试合格的专人操作，并应制定维护管理制度，设备应定期检查维修；

2）对有剧毒、易燃、易爆的试验用药品和试剂应根据有关规定储放，并由专人负责保管。SF_6 气体绝缘高压试验设备及试品应密封良好，试验现场应按规定装设强力通风装置和防护设施。对接触有害物质的试验必须制定专门的防护措施；

3）高压试验室应设置灭火设施和灭火器。

6.4.3.21　自有专用机械设备

本条评价项目的查评依据如下：

【依据 1】《机械制造企业安全生产标准化规范》（AQ/T 7009—2013）

3.11　自有专用机械设备 Own special machinery equipment

企业（或机械制造中小类行业的企业）所特有的，本标准 4.2 中未涵盖的，且安全风险较大的专用机械设备设施。

4.2.13　自有专用机械设备

4.2.13.1　企业应建立专用机械设备台账，并保存以下内容的档案资料：

——完整的设计、审批的相关资料；

——出厂技术资料、安装使用说明书；

——验收资料和相应的检测、试验报告；

——其他技术资料。

4.2.13.2　企业应编制每种专用机械设备的安全技术操作规程或工艺安全技术作业指导书。

4.2.13.3　企业应对专用机械设备进行了风险分析和评价，并制定了安全标准化考评表，其考评项目应包括以下内容（无此内容除外）：

——各运动部位的限位装置应灵敏、可靠，并与动力机构联锁。信号警示装置应可靠；

——距操作者站立面 2m 以下设备外露的旋转部件均应设置齐全、可靠的防护罩或防护网；

——电气设备的绝缘、屏护、间距，以及 PE 线应符合的相关规定；

——压力容器、压力管道、起重机械应按照规定进行注册登记，并应定期检验，且符合相关规定；

——使用危险化学品、油类及产生有机粉尘、可燃蒸汽、气雾场所的电气设备及通风应符合防爆要求；

——使用天然气、人工煤气、液化气、煤粉作燃料时，其点火保护和熄火保护应灵敏、可靠；

——登高梯台应符合相关规定；

——其他安全防护装置和安全技术要点等。

4.2.13.4　企业制定的专用机械设备安全标准化考评内容应满足行业安全生产法规、标准的要求。

4.2.13.5　企业应按照专用机械设备安全标准化考评表进行了自评，并保存自评记录。

【依据2】《机械制造企业安全生产标准化规范》（AQ/T 7009—2013）

4.2.39.4　设备 PE 线

4.2.39.4.1　所有电气设备的外露可导电部分（PE 线）应与系统主干 PE 电气连接牢固，并设有防松措施，标识明显。电气设备保护线（PE 线）采用铜芯导线的最小截面：当有机械性保护时为 2.5mm²，无机械性的保护时为 4mm²。PE 线最小截面应符合表 4.2.5 的规定。从接地网直接引入配电箱、柜或用电设备时，应接至主 PE 端子排。

4.2.39.4.2　PE 线或设备外露可导电部分严禁用作 PEN 线或作为正常时载流导体。

4.2.39.4.3　用电设备接入处 PE 标识应明显。PE 线和 N 线不允许任何漏接、错接、混装、串接等现象。N 与 PE 分开后，不得再合并。

4.2.39.4.4　禁止使用易燃易爆管道、水管、暖气管、蛇皮管等作为 PE 线使用。

4.2.39.4.5　其他有特殊防护要求的接地应遵从安全设计或相关规范的规定。

6.4.4　消防设备设施安全

6.4.4.1　建筑物消防设施

本条评价项目的查评依据如下：

【依据】《建筑设计防火规范》（GB 50016—2014）

3.1　火灾危险性分类

3.1.1　生产的火灾危险性应根据生产中使用或产生的物质性质及其数量等因素划分，可分为甲、乙、丙、丁、戊类，并应符合表 3.1.1 的规定。

表 3.1.1　生产的火灾危险性分类

生产的火灾危险性类别	使用或产生下列物质生产的火灾危险性特征
甲	1. 闪点小于 28℃的液体； 2. 爆炸下限小于 10%的气体； 3. 常温下能自行分解或在空气中氧化能导致迅速自燃或爆炸的物质； 4. 常温下受到水或空气中水蒸气的作用，能产生可燃气体并引起燃烧或爆炸的物质； 5. 遇酸、受热、撞击、摩擦、催化以及遇有机物或硫磺等易燃的无机物，极易引起燃烧或爆炸的强氧化剂； 6. 受撞击、摩擦或与氧化剂、有机物接触时能引起燃烧或爆炸的物质； 7. 在密闭设备内操作温度不小于物质本身自燃点的生产
乙	1. 闪点不小于 28℃，但小于 60℃的液体； 2. 爆炸下限不小于 10%的气体； 3. 不属于甲类的氧化剂； 4. 不属于甲类的化学易燃固体； 5. 助燃气体； 6. 能与空气形成爆炸性混合物的浮游状态的粉尘、纤维、闪点不小于 60℃的液体雾滴
丙	1. 闪点不小于 60℃的液体； 2. 可燃固体
丁	1. 对不燃烧物质进行加工，并在高温或熔化状态下经常产生强辐射热、火花或火焰的生产； 2. 利用气体、液体、固体作为燃料或将气体、液体进行燃烧作其他用的各种生产； 3. 常温下使用或加工难燃烧物质的生产
戊	常温下使用或加工不燃烧物质的生产

3.1.2　同一座厂房或厂房的任一防火分区内有不同火灾危险性生产时，厂房或防火分区内的生产火灾危险性类别应按火灾危险性较大的部分确定；当生产过程中使用或产生易燃、可燃物的量较少，不足以构成爆炸或火灾危险时，可按实际情况确定；当符合下述条件之一时，可按火灾危险性较小的部分确定：

1　火灾危险性较大的生产部分占本层或本防火分区建筑面积的比例小于 5%或丁、戊类厂房内的油漆工段小于 10%，且发生火灾事故时不足以蔓延至其他部位或火灾危险性较大的生产部分采取了有效的防火措施；

2　丁、戊类厂房内的油漆工段，当采用封闭喷漆工艺，封闭喷漆空间内保持负压、油漆工段设置可燃气体探测报警系统或自动抑爆系统，且油漆工段占其所在防火分区建筑面积的比例不大于20%。

3.1.3　储存物品的火灾危险性应根据储存物品的性质和储存物品中的可燃物数量等因素划分，可分为甲、乙、丙、丁、戊类，并应符合表3.1.3的规定。

表3.1.3　储存物品的火灾危险性分类

储存物品的火灾危险性类别	储存物品的火灾危险性特征
甲	1. 闪点小于28℃的液体； 2. 爆炸下限小于10%的气体，以及受到水或空气中水蒸气的作用，能产生爆炸下限小于10%气体的固体物质； 3. 常温下能自行分解或在空气中氧化能导致迅速自燃或爆炸的物质； 4. 常温下受到水或空气中水蒸气的作用，能产生可燃气体并引起燃烧或爆炸的物质； 5. 遇酸、受热、撞击、摩擦以及遇有机物或硫磺等易燃的无机物，极易引起燃烧或爆炸的强氧化剂； 6. 受撞击、摩擦或与氧化剂、有机物接触时能引起燃烧或爆炸的物质
乙	1. 闪点不小于28℃，但小于60℃的液体； 2. 爆炸下限不小于10%的气体； 3. 不属于甲类的氧化剂； 4. 不属于甲类的化学易燃危险固体； 5. 助燃气体； 6. 常温下与空气接触能缓慢氧化，积热不散引起自燃的物品
丙	1. 闪点不小于60℃的液体； 2. 可燃固体
丁	难燃烧物品
戊	不燃烧物品

3.1.4　同一座仓库或仓库的任一防火分区内储存不同火灾危险性物品时，仓库或防火分区的火灾危险性应按其中火灾危险性最大的物品确定。

3.1.5　丁、戊类储存物品仓库的火灾危险性，当可燃包装重量大于物品本身重量1/4或可燃包装体积大于物品本身体积的1/2时，按丙类确定。

3.2　厂房和仓库的耐火等级

3.2.1　厂房和仓库的耐火等级可分为一、二、三、四级。其构件的燃烧性能和耐火极限除本规范另有规定者外，不应低于表3.2.1的规定。

表3.2.1　不同耐火等级厂房和仓库建筑构件的燃烧性能和耐火极限（h）

构件名称		耐火等级			
		一级	二级	三级	四级
墙	防火墙	不燃性 3.00	不燃性 3.00	不燃性 3.00	不燃性 3.00
	承重墙	不燃性 3.00	不燃性 2.50	不燃性 2.00	难燃性 0.50
	楼梯间和前室的墙 电梯井的墙	不燃性 2.00	不燃性 2.00	不燃性 1.50	难燃性 0.50
	疏散走道两侧的墙	不燃性 1.00	不燃性 1.00	不燃性 0.50	难燃性 0.25
	非承重外墙 房间隔墙	不燃性 0.75	不燃性 0.50	不燃性 0.50	难燃性 0.25
柱		不燃性 3.00	不燃性 2.50	不燃性 2.00	难燃性 0.50
梁		不燃性 2.00	不燃性 1.50	不燃性 1.00	难燃性 0.50
楼板		不燃性 1.50	不燃性 1.00	不燃性 0.75	难燃性 0.50
屋顶承重构件		不燃性 1.50	不燃性 1.00	不燃性 0.75	难燃性 0.50
疏散楼梯		不燃性 1.50	不燃性 1.00	不燃性 0.75	可燃性
吊顶（包括吊顶搁栅）		不燃性 0.25	不燃性 0.25	不燃性 0.15	可燃性
注：二级耐火等级建筑的采用不燃烧材料的吊顶，其耐火极限不限。					

3.2.2 高层厂房，甲、乙类厂房的耐火等级不应低于二级，建筑面积不大于 300m² 的独立甲、乙类单层厂房可采用三级耐火等级的建筑。

3.2.3 单、多层丙类厂房，多层丁、戊类厂房的耐火等级不应低于三级。

使用或产生丙类液体的厂房和有火花、赤热表面、明火的丁类厂房，其耐火等级均不应低于二级，当为建筑面积不大于 500m² 的单层丙类厂房或建筑面积不大于 1000m² 的单层丁类厂房时，可采用三级耐火等级的建筑。

3.2.4 使用或储存特殊贵重的机器、仪表、仪器等设备或物品的建筑，其耐火等级不应低于二级。

3.2.5 锅炉房的耐火等级不应低于二级，当为燃煤锅炉房且锅炉的总蒸发量不大于 4t/h 时，可采用三级耐火等级的建筑。

3.2.6 油浸变压器室、高压配电装置室的耐火等级不应低于二级，其他防火设计应符合现行国家标准《火力发电厂和变电站设计防火规范》（GB 50229）等标准的有关规定。

3.2.7 高架仓库、高层仓库、甲类库房、多层乙类仓库和储存可燃液体多层丙类仓库，其耐火等级不应低于二级。

单层乙类库房，单、多层丙类库房和多层丁、戊类库房的耐火等级不应低于三级。

3.2.8 粮食筒仓的耐火等级不应低于二级；二级耐火等级的粮食筒仓可采用钢板仓。粮食平房仓的耐火等级不应低于三级；二级耐火等级的散装粮食平房仓可采用无防火保护的金属承重构件。

3.2.9 甲、乙类厂房和甲、乙、丙类仓库的防火墙，其耐火极限不应低于 4.00h。

3.2.10 一、二级耐火等级的单层厂房（仓库）的柱，其耐火极限不应低于 2.50h 和 2.00h。

3.2.11 采用自动喷水灭火系统全保护的一级耐火等级单、多层厂房（仓库）的屋顶承重构件，其耐火极限不应低于 1.00h。

除一级耐火等级的建筑外，下列建筑构件可采用无防火保护的金属结构，其中能受到甲、乙、丙类液体或可燃气体火焰影响的部位应采取外包覆不燃材料或其他防火隔热保护措施：

1 设置自动灭火系统的单层丙类厂房的梁、柱、屋顶承重构件；

2 设置自动灭火系统的二级耐火等级多层丙类厂房的屋顶承重构件；

3 单层、多层丁、戊类厂房（仓库）的梁、柱和屋顶承重构件。

3.2.12 除甲、乙类仓库和高层仓库外，一、二级耐火等级建筑的非承重外墙，当采用不燃性墙体时，其耐火极限不应低于 0.25h；当采用难燃性墙体时，不应低于 0.25h。

4 层及 4 层以下的丁、戊类地上厂房（仓库）的非承重外墙，当采用不燃性墙体时，其耐火极限不限；当采用难燃性的轻质复合墙体时，其表面材料应为不燃材料、内填充材料的燃烧性能不应低于 B2 级。材料的燃烧性能分级应符合国家标准《建筑材料燃烧性能分级方法》GB 8624 的有关要求。

3.2.13 二级耐火等级厂房（仓库）中的房间隔墙，当采用难燃性时，其耐火极限应提高 0.25h。

3.2.14 二级耐火等级多层厂房和多层仓库内采用预应力钢筋混凝土的楼板，其耐火极限不应低于 0.75h。

3.2.15 一、二级耐火等级厂房（仓库）的上人平屋顶，其屋面板的耐火极限分别不应低于 1.50h 和 1.00h。

3.2.16 一、二级耐火等级厂房（仓库）的屋面板应采用不燃烧材料，但其屋面防水层和绝热层可采用可燃材料；当为 4 层及 4 层以下的丁、戊类厂房（仓库）时，其屋面可采用难燃性轻质复合板，但板材的表面材料应为不燃烧材料，内填充材料的燃烧性能不应低于 B2 级。

3.2.17 除本规范另有规定者外，以木柱承重且以不燃烧材料作为墙体的厂房（仓库），其耐火等级应按四级确定。

3.2.18 预制钢筋混凝土构件的节点外露部位，应采取防火保护措施，且该节点的耐火极限不应低于相应构件的耐火极限。

3.7 厂房的安全疏散

3.7.1 厂房的安全出口应分散布置。每个防火分区或一个防火分区的每个楼层，其相邻 2 个安全出口最近边缘之间的水平距离不应小于 5m。

3.7.2 厂房内每个防火分区、一个防火分区内的每个楼层，其安全出口的数量应经计算确定，且不应少于 2 个；当符合下列条件时，可设置 1 个安全出口：

1 甲类厂房，每层建筑面积不大于 100m²，且同一时间的生产人数不超过 5 人；

2 乙类厂房，每层建筑面积不大于 150m²，且同一时间的生产人数不超过 10 人；

3 丙类厂房，每层建筑面积不大于 250m²，且同一时间的生产人数不超过 20 人；

4 丁、戊类厂房，每层建筑面积不大于 400m²，且同一时间的生产人数不超过 30 人；

5 地下、半地下厂房或厂房的地下室、半地下室，其建筑面积不大于 50m²，经常停留人数不超过 15 人。

3.7.3 地下、半地下厂房或厂房的地下室、半地下室，当有多个防火分区相邻布置，并采用防火墙分隔时，每个防火分区可利用防火墙上通向相邻防火分区的甲级防火门作为第二安全出口，但每个防火分区必须至少有 1 个直通室外的独立安全出口。

3.7.4 厂房内任一点到最近安全出口的距离不应大于表 3.7.4 的规定。

表 3.7.4 厂房内任一点到最近安全出口的距离（m）

生产的火灾危险性类别	耐火等级	单层厂房	多层厂房	高层厂房	地下或半地下厂房（包括地下或半地下室）
甲	一、二级	30	25	—	—
乙	一、二级	75	50	30	—
丙	一、二级	80	60	40	30
	三级	60	40	—	—
丁	一、二级	不限	不限	50	45
	三级	60	50	—	—
	四级	50	—	—	—
戊	一、二级	不限	不限	75	60
	三级	100	75	—	—
	四级	60	—	—	—

3.7.5 厂房内疏散楼梯、走道、门的各自总净宽度，应根据疏散人数按每 100 人的最小疏散宽度不小于表 3.7.5 的规定计算确定。但疏散楼梯的最小净宽度不宜小于 1.10m，疏散走道的最小净宽度不宜小于 1.40m，门的最小净宽度不宜小于 0.90m。当每层人数不相等时，疏散楼梯的总净宽度应分层计算，下层楼梯总净宽度应按该层及以上疏散人数最多一层的疏散人数计算。

表 3.7.5 厂房疏散楼梯、走道和门的每 100 人最小疏散净宽度（m/百人）

厂房层数（层）	1～2	3	≥4
最小疏散净宽度（m/百人）	0.60	0.80	1.00

首层外门的总净宽度应按该层或该层以上人数最多的一层计算，且该门的最小净宽度不应小于 1.20m。

3.7.6 高层厂房和甲、乙、丙类多层厂房的疏散楼梯应采用封闭楼梯间或室外楼梯。建筑高度大于 32m 且任一层人数超过 10 人的厂房，应采用防烟楼梯间或室外楼梯。

6.4.4.2 固定消防设施

本条评价项目的查评依据如下：

【依据】《建筑设计防火规范》（GB 50016—2014）

7.1.3 工厂、仓库区内应设置消防车道。

高层厂房，占地面积大于 3000m² 的甲、乙、丙类厂房和占地面积大于 1500m² 的乙、丙类仓库，应设置环形消防车道，确有困难时，应沿建筑物的两个长边设置消防车道。

7.1.4 有封闭内院或天井的建筑物，当内院或天井的短边长度大于 24m 时，宜设置进入内院或天井的消防车道。当该建筑物沿街时，应设置连通街道和内院的人行通道（可利用楼梯间），其间距不宜大于 80m。

7.1.5 在穿过建筑物或进入建筑物内院的消防车道两侧，不应设置影响消防车通行或人员安全疏散的设施。

7.1.6 可燃材料露天堆场区，液化石油气储罐区，甲、乙、丙类液体储罐区和可燃气体储罐区，应设置消防车道。消防车道的设置应符合下列规定：

1 储量大于表 7.1.6 规定的堆场、储罐区，宜设置环形消防车道；

表 7.1.6 堆场或储罐区的储量

名称	棉、麻、毛、化纤（t）	秸秆、芦苇（t）	木材（m³）	甲、乙、丙类液体储罐（m³）	液化石油气储罐（m³）	可燃气体储罐（m³）
储量	1000	5000	5000	1500	500	30 000

2 占地面积大于 30 000m² 的可燃材料堆场，应设置与环形消防车道相通的中间消防车道，消防车道的间距不宜大于 150m。液化石油气储罐区，甲、乙、丙类液体储罐区和可燃气体储罐区内的环形消防车道之间宜设置连通的消防车道；

3 消防车道的边缘距离可燃材料堆垛不应小于 5m。

7.1.7 供消防车取水的天然水源和消防水池应设置消防车道。消防车道的边缘距离取水点不宜大于 2m。

7.1.8 消防车道应符合下列要求：

1 车道的净宽度和净空高度均不应小于 4.0m；

2 转弯半径应满足消防车转弯的要求；

3 消防车道与建筑之间不应设置妨碍消防车操作的树木、架空管线等障碍物；

4 消防车道靠建筑外墙一侧的边缘距离建筑外墙不宜小于 5m；

5 消防车道的坡度不宜大于 8%。

7.1.9 环形消防车道至少应有两处与其他车道连通。尽头式消防车道应设置回车道或回车场，回车场的面积不应小于 12m×12m；对于高层建筑，回车场不宜小于 15m×15m；供大型消防车使用时，不宜小于 18m×18m。

消防车道的路面、救援操作场地及消防车道和救援操作场地下面的管道和暗沟等，应能承受大型消防车的压力。

消防车道可利用城乡、厂区道路等，但该道路应满足消防车通行、转弯和停靠的要求。

7.1.10 消防车道不宜与铁路正线平交。确需平交时，应设置备用车道，且两车道的间距不应小于一列火车的长度。

8 消防设施的设置

8.1 一般规定

8.1.1 消防给水和消防设施的设置应根据建筑的用途及其重要性、火灾危险性、火灾特性和环境条件等因素综合确定。

8.1.2 城镇（包括居住区、商业区、开发区、工业区等）应沿可通行消防车的街道设置市政消火栓系统。

民用建筑、厂房、仓库、储罐（区）和堆场周围应设置室外消火栓系统。

用于消防救援和消防车停靠的屋面上，应设置室外消火栓系统。

注：耐火等级不低于二级且建筑体积不大于 3000m³ 的戊类厂房，居住区人数不超过 500 人且建筑层数不超过两层的居住区，可不设置室外消火栓系统。

8.1.3 自动喷水灭火系统、水喷雾灭火系统、泡沫灭火系统和固定消防炮灭火系统等系统以及以下建筑的室内消火栓给水系统应设置消防水泵接合器：

1 超过 5 层的公共建筑；

2 超过 4 层的厂房或仓库；

3 其他高层建筑；

4 超过 2 层或建筑面积大于 10 000m² 地下建筑（地下室）。

8.1.4 甲、乙、丙类液体储罐（区）内的储罐应设置移动水枪或固定水冷却设施。高度大于 15m 或单灌容量大于 2000m³ 的甲、乙、丙类液体地上储罐，宜采用固定水冷却设施。

8.1.5 总容积大于 50m³ 或单罐容积大于 20m³ 的液化石油气储罐（区）应设置固定水冷却设施，埋地的液化石油气储罐可不设置固定喷水冷却装置。总容积不大于 50m³ 单罐容积大于 20m³ 的液化石油气储罐（区），应设置移动式水枪。

8.1.6 消防水泵房的设置应符合下列规定：

1 单独建造的消防水泵房，其耐火等级不应低于二级；

2 附设在建筑内的消防水泵房，不应设置在地下三层及以下或室内地面与室外出入口地坪高差大于 10m 的地下楼层；

3 疏散应直通室外或安全出口。

8.1.7 设置火灾自动报警系统和需要联动控制的消防设备的建筑（群）应设置消防控制室。消防控制室的设置应符合下列规定：

1 单独建造的消防水泵房，其耐火等级不应低于二级；

2 附设在建筑内的消防控制室，宜设置在建筑内首层或地下一层，并宜布置在靠外墙部位；

3 不应设置在电磁场干扰较强及其他可能影响消防控制设备正常工作的房间附近；

4 疏散门应直通室外或安全出口；

5 消防控制室内设备构成及其对建筑消防设施的控制与显示功能以及向远程监控系统传输相关信息的功能，应符合现行国家标准《火灾自动报警系统设计规范》（GB 50116）和《消防控制室通用技术要求》（GB 25506）的规定。

8.1.8 消防水泵房和消防控制室应采取防水淹的技术措施。

8.1.9 高层住宅建筑的公共部位和公共建筑内应设置灭火器，其他住宅建筑的公共部位宜设置灭火器。

厂房、仓库、储罐（区）和堆场，应设置灭火器。

8.1.10 建筑外墙设置有玻璃容器或采用火灾时可能脱落的墙体装饰材料或构造时，供灭火救援用的水泵接合器、室外灭火栓等室外消防设施，应设置在距离建筑外墙相对安全的位置或采取安全防护措施。

8.1.11 设置在建筑室内外、供人员操作或使用的消防设施，均应设置区别于环境的明显标志。

8.2 室内消火栓系统

8.2.1 下列建筑或场所应设置室内消火栓系统：

1 建筑占地面积大于 300m² 的厂房和仓库；

2 高层建筑高度大于 21m 的住宅建筑；

注：建筑高度不大于 27m 的住宅建筑，设置室内消防栓系统确有困难时，可只设置干式消防竖管和不带消防栓箱的 DN65 的室内消火栓。

3　体积大于 5000m³ 的车站、码头、机场的候车（船、机）建筑、展览建筑、商店建筑、旅馆建筑、医疗建筑和图书馆建筑等单、多层建筑；

4　特等、甲等剧场，超过 800 个座位的其他等级的剧场和电影院等以及超过 1200 个座位的礼堂、体育馆等单、多层建筑；

5　建筑高度大于 15m 或体积大于 10 000m³ 的办公建筑、教学建筑和其他单、多层民用建筑；

8.2.2　本规范第 8.2.1 条未规定的建筑或场所和符合本规范第 8.2.1 条规定的下列建筑或场所，可不设置室内消火栓系统，但宜设置消防软管卷盘或轻便消防水龙：

1　耐火等级为一、二级且可燃物较少的单层或多层丁、戊类厂房（仓库）；

2　耐火等级为三、四级且建筑体积不大于 3000m³ 的丁类厂房；耐火等级为三、四级且建筑体积不大于 5000m³ 的戊类厂房（仓库）；

3　粮食仓库、金库、远离城镇并无人值班的独立建筑；

4　存有与水接触能引起燃烧爆炸的物品的建筑；

5　室内无生产、生活给水管道，室外消防用水取自储水池且建筑体积不大于 5000m³ 的其他建筑。

8.2.3　国家级文物保护单位的重点砖木或木结构的古建筑，宜设置室内消火栓。

8.2.4　人员密集的公共建筑，建筑高度大于 100m 的建筑和建筑面积大于 200m² 的商业服务网点内应设置消防软管卷盘或轻便消防水龙。高层住宅建筑的户内宜配置轻便消防水龙。

8.3　自动灭火系统

8.3.1　除本规范另有规定和不宜用水保护或灭火的场所外，下列厂房或生产部位应设置自动灭火系统，并宜采用自动喷水灭火系统：

1　不小于 50 000 纱锭的棉纺厂的开包、清花车间；不小于 5000 锭的麻纺厂的分级、梳麻车间，火柴厂的烤梗、筛选部位；

2　占地面积大于 1500m² 或总建筑面积大于 3000m² 的单层或多层制鞋、制衣、玩具及电子等类似用途的厂房；

3　占地面积大于 1500m² 的木器厂房；

4　泡沫塑料厂的预发、成型、切片、压花部位；

5　高层乙、丙、丁类厂房；

6　建筑面积大于 500m² 的地下或半地下丙类厂房。

8.3.2　除本规范另有规定和不宜用水保护或灭火的仓库外，下列仓库应设置自动灭火系统，并宜采用自动喷水灭火系统：

1　每座占地面积大于 1000m² 的棉、毛、丝、麻、化纤、毛皮及其制品的仓库；

2　每座占地面积大于 600m² 的火柴仓库；

3　邮政建筑中建筑面积大于 500m² 的空邮袋库；

4　可燃、难燃物品的高架仓库和高层仓库；

5　设计温度高于 0℃ 的高架冷库，设计温度高于 0℃ 且每个防火分区建筑面积大于 1500m² 的非高架冷库；

6　总建筑面积大于 500m² 的可燃物品地下仓库。

8.3.3　除本规范另有规定和不宜用水保护或灭火的仓库外，下列高层民用建筑或场所应设置自动灭火系统，并宜采用自动喷水灭火系统：

1　一类高层公共建筑（除游泳池、溜冰场外）及其地下、半地下室；

2　二类高层公共建筑及其地下、半地下的公共活动用房、走道、办公室和旅馆的客房、可燃物品库房、自动扶梯底部；

3 高层民用建筑内的歌舞娱乐放映游艺场所；

4 建筑高度大于100m的住宅建筑。

8.3.4 除本规范另有规定和不宜用水保护或灭火的场所外，下列单、多层民用建筑或场所应设置自动灭火系统，并宜采用自动喷水灭火系统：

1 特等、甲等剧场，超过1500个座位的其他等级的剧场；超过2000个座位的会堂或礼堂；超过3000个座位的体育馆；超过5000人的体育场的室内人员休息室与器材间等；

2 任一楼层建筑面积大于1500m²或总建筑面积大于3000m²的展览、商店、餐饮和旅馆建筑以及医院中同样建筑规模的病房楼、门诊楼和手术部；

3 设置送回风道（管）的集中空气调节系统且总建筑面积大于3000m²的办公建筑等；

4 藏书量超过50万册的图书馆；

5 大型、中型幼儿园；总建筑面积大于500m²的老年人建筑；

6 总建筑面积大于500m²的地下或半地下商店；

7 设置在地下或半地下或地上四层及以上楼层的歌舞娱乐放映游艺场所（游泳场所除外），设置在建筑的首层、二层和三层且任一层建筑面积大于300m²的地上歌舞娱乐放映游艺场所（游泳场所除外）。

8.3.5 根据本规范要求难以设置自动喷水灭火系统的展览厅、观众厅等人员密集的场所和丙类生产车间、库房等高大空间场所，应设置其他自动灭火系统，并宜采用固定消防炮等灭火系统。

8.3.6 下列部位宜设置水幕系统：

1 特等、甲等剧场、超过1500个座位的其他等级的剧场、超过2000个座位的会堂或礼堂和高层民用建筑中超过800个座位的剧场或礼堂的舞台口及上述场所中与舞台相连的侧台、后台的洞口；

2 应设防火墙等防火分隔物而无法设置的局部开口部位；

3 需要冷却保护的防火卷帘或防火幕的上部。

注：舞台口也可采用防火幕进行分隔，侧台、后台的较小洞口宜设置乙级防火门、窗。

8.3.7 下列建筑或部位应设置雨淋自动喷水灭火系统：

1 火柴厂的氯酸钾压碾厂房，建筑面积大于100m²生产或使用硝化棉、喷漆棉、火胶棉、赛璐珞胶片、硝化纤维的厂房；

2 乒乓球厂的轧坯、切片、磨球、分球检验部位；

3 建筑面积大于60m²或储存量大于2t的硝化棉、喷漆棉、火胶棉、赛璐珞胶片、硝化纤维的仓库；

4 日装瓶数量大于3000瓶的液化石油气储配站的灌瓶间、实瓶库；

5 特等、甲等剧场、超过1500个座位的其他等级剧场和超过2000个座位的会堂或礼堂的舞台葡萄架下部；

6 建筑面积不小于400m²的演播室，建筑面积不小于500m²的电影摄影棚。

8.3.8 下列场所应设置自动灭火系统，并宜采用水喷雾灭火系统：

1 单台容量在40MV·A及以上的厂矿企业油浸变压器，单台容量在90MV·A及以上的电厂油浸变压器，单台容量在125MV·A及以上的独立变电站油浸变压器；

2 飞机发动机试验台的试车部位；

3 充可燃油并设置在高层民用建筑内的高压电容器和多油开关室。

注：设置在室内的油浸变压器、充可燃油的高压电容器和多油开关室，可采用细水雾灭火系统。

8.3.9 下列场所应设置自动灭火系统，并宜采用气体灭火系统：

1 国家、省级或人口超过100万的城市广播电视发射塔内的微波机房、分米波机房、米波机房、变配电室和不间断电源（UPS）室；

2 国际电信局、大区中心、省中心和一万路以上的地区中心内的长途程控交换机房、控制室和信令转接点室；

3 两万线以上的市话汇接局和六万门以上的市话端局内的程控交换机房、控制室和信令转接点室；

4 中央及省级治安、防灾和网局级及以上的电力等调度指挥中心内的通信机房和控制室；

5 主机房建筑面积不小于140m²的电子信息系统机房内的主机房和基本工作间的已记录磁（纸）介质库；

6 中央和省级广播电视中心内建筑面积不小于120m²的音像制品库房；

7 国家、省级或藏书量超过100万册的图书馆内的特藏库；中央和省级档案馆内的珍藏库和非纸质档案库；大、中型博物馆内的珍品库房；一级纸绢质文物的陈列室；

8 其他特殊重要设备室。

注：1. 本条第1、4、5、8款规定的部位，可采用细水雾灭火系统。

2. 当有备用主机和备用已记录磁（纸）介质，且设置在不同建筑中或同一建筑中的不同防火分区内时，本条第5款规定的部位亦可采用预作用自动喷水灭火系统。

8.3.10 甲、乙、丙类液体储罐的灭火系统设置应符合下列规定：

1 单罐容积大于1000m³的固定顶罐应设置固定式泡沫灭火系统；

2 罐壁高度小于7m或容积不大于200m³的储罐可采用移动式泡沫灭火系统；

3 其他储罐宜采用半固定式泡沫灭火系统；

4 石油库、石油化工、石油天然气工程中的甲、乙、丙类液体储罐的灭火系统设置，应符合相关国家标准《石油库设计规范》（GB 50074）等标准的规定。

8.3.11 餐厅建筑面积大于1000m²的餐馆或食堂，其烹饪操作间的排油烟罩及烹饪部位应设置自动灭火装置，并应在燃气或燃油管道上设置与自动灭火装置联动的自动切断装置。

食品工业加工场所中有明火作业或高温食用油的食品加工部位宜设置自动灭火装置。

8.4 火灾自动报警系统

8.4.1 下列建筑或场所应设置火灾自动报警系统：

1 任一层建筑面积大于1500m²或总建筑面积大于3000m²的制鞋、制衣、玩具、电子等类似用途的厂房；

2 每座占地面积大于1000m²的棉、毛、丝、麻、化纤及其制品的库房，占地面积大于500m²或总建筑面积大于1000m²的卷烟库房；

3 任一层建筑面积大于1500m²或总建筑面积大于3000m²的商店、展览、财贸金融、客运和货运等类似用途的建筑；总建筑面积大于500m²的地下或半地下商店；

4 图书、文物珍藏库，每座藏书超过50万册的图书馆，重要的档案馆；

5 地市级及以上广播电视建筑、邮政建筑、电信建筑，城市或区域性电力、交通和防灾救灾等指挥调度建筑；

6 特等、甲等剧场，座位数超过1500个的其他等级的剧场或电影院，座位数超过2000个的会堂或礼堂，座位数超过3000个的体育馆；

7 大、中型幼儿园，老年人建筑，任一楼层建筑面积1500m²或总建筑面积大于3000m²的疗养院的病房楼、旅馆建筑和其他儿童活动场所，不少于200床位的医院门诊楼、病房楼和手术部等；

8 歌舞娱乐放映游艺场所；

9 净高大于2.6m且可燃物较多的技术夹层，净高大于0.8m且有可燃物的闷顶或吊顶内；

10 大中型电子计算机房及其控制室、记录介质库，特殊贵重或火灾危险性大的机器、仪表、仪器设备室，贵重物品库房，设置气体灭火系统的房间；

11 二类高层公共建筑中建筑面积大于50m²的可燃物品库房和建筑面积大于500m²的营业厅；

12 其他一类高层公共建筑；

13 设置机械排烟、防烟系统、雨淋或预作用自动喷水灭火系统、固定消防水炮灭火系统等需与火灾自动报警系统联锁动作的场所或部位。

8.4.2 建筑高度大于 100m 的住宅建筑，应设置火灾自动报警系统。

建筑高度大于 54m、但不大于 100m 的住宅建筑，其公共部位应设置火灾自动报警系统，套内宜设置火灾探测器。

建筑高度不大于 54m 的高层住宅建筑，其公共部门宜设置火灾自动报警系统。当设置需联动控制的消防设施时，公共部位应设置火灾自动报警系统。

高层建筑的公共部位应设置具有语音功能的火灾声警报装置或应急广播。

8.4.3 建筑内可能散发可燃气体、可燃蒸气的场所应设置可燃气体报警装置。

8.5 防烟和排烟设施

8.5.1 建筑的下列场所或部位应设置防烟设施：

1 防烟楼梯间及其前室；

2 消防电梯间前室或合用前室；

3 避难走道的前室、避难层（间）。

建筑高度不大于 50m 的公共建筑、厂房、仓库和建筑高度不大于 100m 的住宅建筑，当其防烟楼梯间的前室或合用前室符合下列条件之一时，楼梯间可不设置防烟系统：

1 前室或合用前室采用敞开的阳台、凹廊；

2 前室或合用前室具有不同朝向的可开启外窗，且可开启外窗的面积满足自然排烟口的面积要求。

8.5.2 厂房或仓库的下列场所或部位应设置排烟设施：

1 丙类厂房内建筑面积大于 300m² 且经常有人停留或可燃物较多的地上房间；人员或可燃物较多的丙类生产场所；

2 建筑面积大于 5000m² 的丁类生产车间；

3 占地面积大于 1000m² 的丙类仓库；

4 高度大于 32m 的高层厂（库）房中长度大于 20m 的内走道，其他厂房（仓库）内长度大于 40m 的疏散走道。

8.5.3 民用建筑的下列场所或部位应设置排烟设施：

1 设置在一、二、三层且房间建筑面积大于 100m² 的歌舞娱乐放映游艺场所，设置在四层及以上楼层、地下或半地下的歌舞娱乐放映游艺场所；

2 中庭；

3 公共建筑内建筑面积大于 100m² 且经常有人停留的地上房间；

4 公共建筑内建筑面积大于 300m² 且可燃物较多的地上房间；

5 建筑内长度大于 20m 的疏散通道。

8.5.4 地下或半地下建筑（室）、地上建筑的无窗房间，当总建筑面积大于 200m² 或一个房间建筑面积大于 50m²，且经常有人停留或可燃物较多时，应设置排烟设施。

10 电气

10.1 消防电源及其配电

10.1.1 下列建筑物、储罐（区）和堆场的消防用电应按一级负荷供电：

1 建筑高度大于 50m 的乙、丙类厂房和丙类仓库；

2 一类高层民用建筑。

10.1.2 下列建筑物、储罐（区）和堆场的消防用电应按二级负荷供电：

1 室外消防用水量大于 30L/s 的厂房、仓库；

2 室外消防用水量大于 35L/s 的可燃材料堆场、可燃气体储罐（区）和甲、乙类液体储罐（区）；

3 粮食仓库及粮食筒仓；

4 二类高层民用建筑；

5 座位数超过 1500 个的电影院、剧场，座位数超过 3000 个的体育馆、任一层建筑面积大于

$3000m^2$ 的商店、展览建筑，省（市）级及以上的广播电视、电信和财贸金融建筑，室外消防用水量大于 25L/s 的其他公共建筑。

10.1.3 除本规范第 10.1.1 和 10.1.2 条外的建筑物、储罐（区）和堆场等的消防用电，可按三级负荷供电。

10.1.4 消防用电按一、二级负荷供电的建筑，当采用自备发电设备作备用电源时，自备发电设备应设置自动和手动启动装置，当采用自动启动方式时，应能在 30s 内供电。

不同级别负荷的供电电源应符合现行国家标准《供配电系统设计规范》GB 50052 的有关规定。

10.1.5 建筑内消防应急照明和灯光疏散指示标志的备用电源的连续供电时间应符合下列规定：

1 建筑高度大于 100m 的民用建筑，不应小于 1.5h；
2 医疗建筑、老年人建筑、总建筑面积大于 100 000m² 的公共建筑，不应少于 1.0h；
3 其他建筑，不应少于 0.5h。

10.1.6 消防用电设备应采用专用的供电回路，当建筑内生产、生活用电被切断时，应仍能保证消防用电。

备用消防电源的供电时间和容量，应满足该建筑火灾延续时间内各消防用电设备的要求。

10.1.7 消防配电干线宜按防火分区划分，消防配电支线不宜穿越防火分区。

10.1.8 消防控制室、消防水泵房、防烟和排烟风机房的消防用电设备及消防电梯等的供电，应在其配电线路的最末一级配电箱处设置自动切换装置。

10.1.9 按一、二级负荷供电的消防设备，其配电箱应独立设置；按三级负荷供电的消防设备，其配电箱宜独立设置。

消防配电设备应有明显标志。

10.1.10 消防配电线路应满足火灾时连续供电的需要，其敷设应符合下列规定：

1 明敷时（包括敷设在吊顶内），应穿金属导管或封闭式金属槽盒保护，金属导管或封闭式金属槽盒保护应采取防火保护措施。当采用阻燃或耐火电缆并敷设在电缆井、沟内时，可直接明敷；

2 暗敷时，应穿管并应敷设在不燃烧体结构内且保护层厚度不应小于 30mm；

3 消防配电线路宜与其他配电线路分开敷设在不同的电缆井、沟内；确有困难需敷设在同一电缆井、沟内时，应分别布置在电缆井、沟的两侧，且消防配电线路应采用矿物绝缘类不燃性电缆。

10.2 电力线路及电器装置

10.2.1 架空电力线与甲、乙类厂房（仓库），可燃材料堆垛，甲、乙、丙类液体储罐，液化石油气储罐，可燃、助燃气体储罐的最近水平距离应符合表 10.2.1 的规定。

35kV 及以上的架空电力线与单罐容积大于 200m³ 或总容积大于 1000m³ 的液化石油气储罐（区）的最近水平距离不应小于 40m。

表 10.2.1 架空电力线与甲、乙类厂房（仓库）、可燃材料堆垛等的最近水平距离

名 称	架空电力线
架空电力线与甲、乙类厂房（仓库），可燃材料堆垛，甲、乙、丙类液体储罐，液化石油气储罐，可燃、助燃气体储罐	电杆（塔）高度的 1.5 倍
直埋地下的甲、乙、丙类液体储罐和可燃气体储罐	电杆（塔）高度的 0.75 倍
丙类液体储罐	电杆（塔）高度的 1.2 倍
直埋地下的丙类液体储罐	电杆（塔）高度的 0.6 倍

10.2.2 电力电缆不应和输送甲、乙、丙类液体管道、可燃气体管道、热力管道敷设在同一管沟内。

10.2.3 配电线路不得穿越通风管道内腔或敷设在通风管道外壁上，穿金属管保护的配电线路可紧贴通风管道外壁敷设。

配电线路敷设在有可燃物的闷顶、吊顶内时，应采取穿金属导管、采用封闭式金属线槽等防火保护措施。

10.2.4 开关、插座和照明灯具靠近可燃物时，应采取隔热、散热等防火保护措施。

卤钨灯和额定功率不小于100W的白炽灯泡的吸顶灯、槽灯、嵌入式灯，其引入线应采用瓷管、矿棉等不燃材料作隔热保护。

额定功率不小于60W的白炽灯、卤钨灯、高压钠灯、金属卤化物灯、荧光高压汞灯（包括电感镇流器）等，不应直接安装在可燃物体上或采取其他防火措施。

10.2.5 可燃材料仓库内宜使用低温照明灯具，并应对灯具的发热部件采取隔热等防火保护措施；不应使用卤钨灯等高温照明灯具。

配电箱及开关应设置在仓库外。

10.2.6 爆炸危险环境电力装置的设计应符合现行国家标准《爆炸危险环境电力装置设计规范》（GB 50058—2014）的规定。

10.2.7 下列建筑或场所的非消防用电负荷宜设置电气火灾监控系统：

1 建筑高度大于50m的乙、丙类厂房和丙类仓库，室外消防用水量大于30L/s的厂房（仓库）；

2 一类高层民用建筑；

3 座位数超过1500个的电影院、剧场，座位数超过3000个的体育馆，任一层建筑面积大于3000m²的商店和展览建筑，省（市）级及以上的广播电视、电信和财贸金融建筑，室外消防用水量大于25L/s的其他公共建筑；

4 国家级文物保护单位的重点砖木或木结构的古建筑。

10.3 消防应急照明和疏散指示标志

10.3.1 除建筑高度小于27m的住宅建筑外，民用建筑、厂房和丙类仓库的下列部位应设置疏散照明：

1 封闭楼梯间、防烟楼梯间、消防电梯间的前室或合用前室、避难走道、避难层（间）；

2 观众厅、展览厅、多功能厅和建筑面积大于200m²的营业厅、餐厅、演播室等人员密集的场所；

3 建筑面积大于100m²的地下或半地下公共活动场所；

4 公共建筑内的疏散走道；

5 人员密集的厂房内的生产场所及疏散走道。

10.3.2 建筑内疏散照明的地面最低水平照度应符合下列规定：

1 对于疏散走道，不应低于1.0lx；

2 对于人员密集场所、避难层（间），不应低于3.0lx；对于病房楼或手术部的避难间，不应低于10.0lx；

3 对于楼梯间、前室或合用前室、避难走道，不应低于5.0lx。

10.3.3 消防控制室、消防水泵房、自备发电机房、配电室、防排烟机房以及发生火灾时仍需正常工作的消防设备房应设置备用照明，其作业面的最低照度不应低于正常照明的照度。

10.3.4 疏散照明灯具应设置在出口的顶部、墙面的上部或顶棚上；备用照明灯具应设置在墙面的上部或顶棚上。

10.3.5 公共建筑、建筑高度大于54m的住宅建筑、高层厂（库）房和甲、乙、丙类单、多层厂房，应设置灯光疏散指示标志，并应符合下列规定：

1 应设置在安全出口和人员密集的场所的疏散门的正上方；

2 应设置在疏散走道及其转角处距地面高度1.0m以下的墙面或地面上。灯光疏散指示标志的间距不应大于20m；对于袋形走道，不应大于10m；在走道转角区，不应大于1.0m。

10.3.6 下列建筑或场所应在其疏散走道和主要疏散路径的地面上增设能保持视觉连续的灯光疏散指示标志或蓄光疏散指示标志：

1　总建筑面积大于8000m²的展览建筑；

2　总建筑面积大于5000m²的地上商店；

3　总建筑面积大于500m²的地下或半地下商店；

4　歌舞娱乐放映游艺场所；

5　座位数超过1500个的电影院、剧场，座位数超过3000个的体育馆、会堂或礼堂。

10.3.7　建筑内设置的消防疏散指示标志和消防应急照明灯具，除应符合本规范的规定外，还应符合现行国家标准《消防安全标志》（GB 13495）和《消防应急照明和疏散指示系统》（GB 17945）的规定。

6.4.4.3　建筑灭火器

本条评价项目的查评依据如下：

【依据】《建筑灭火器配置设计规范》（GB 50140—2005）

4　灭火器的选择

4.1　一般规定

4.1.1　灭火器的选择应考虑下列因素：

1　灭火器配置场所的火灾种类；

2　灭火器配置场所的危险等级；

3　灭火器的灭火效能和通用性；

4　灭火剂对保护物品的污损程度；

5　灭火器设置点的环境温度；

6　使用灭火器人员的体能。

4.1.2　在同一灭火器配置场所，宜选用相同类型和操作方法的灭火器。当同一灭火器配置场所存在不同火灾种类时，应选用通用型灭火器。

4.1.3　在同一灭火器配置场所，当选用两种或两种以上类型灭火器时，应采用灭火剂相容的灭火器。

4.1.4　不相容的灭火剂举例见本规范附录E的规定。

4.2　灭火器的类型选择

4.2.1　A类火灾场所应选择水型灭火器、磷酸铵盐干粉灭火器、泡沫灭火器或卤代烷灭火器。

4.2.2　B类火灾场所应选择泡沫灭火器、碳酸氢钠干粉灭火器、磷酸铵盐干粉灭火器、二氧化碳灭火器、灭B类火灾的水型灭火器或卤代烷灭火器。极性溶剂的B类火灾场所应选择灭B类火灾的抗溶性灭火器。

4.2.3　C类火灾场所应选择磷酸铵盐干粉灭火器、碳酸氢钠干粉灭火器、二氧化碳灭火器或卤代烷灭火器。

4.2.4　D类火灾场所应选择扑灭金属火灾的专用灭火器。

4.2.5　E类火灾场所应选择磷酸铵盐干粉灭火器、碳酸氢钠干粉灭火器、卤代烷灭火器或二氧化碳灭火器，但不得选用装有金属喇叭喷筒的二氧化碳灭火器。

4.2.6　非必要场所不应配置卤代烷灭火器。非必要场所的举例见本规范附录F。必要场所可配置卤代烷灭火器。

5　灭火器的设置

5.1　一般规定

5.1.1　灭火器应设置在位置明显和便于取用的地点，且不得影响安全疏散。

5.1.2　对有视线障碍的灭火器设置点，应设置指示其位置的发光标志。

5.1.3　灭火器的摆放应稳固，其铭牌应朝外。手提式灭火器宜设置在灭火器箱内或挂钩、托架上，其顶部离地面高度不应大于1.50m；底部离地面高度不宜小于0.08m。灭火器箱不得上锁。

5.1.4　灭火器不宜设置在潮湿或强腐蚀性的地点。当必须设置时，应有相应的保护措施。

火器设置在室外时，应有相应的保护措施。

5.1.5 灭火器不得设置在超出其使用温度范围的地点。

5.2 灭火器的最大保护距离

5.2.1 设置在 A 类火灾场所的灭火器，其最大保护距离应符合表 5.2.1 的规定。

表 5.2.1 A 类火灾场所的灭火器最大保护距离（m）

危险等级 \ 灭火器型式	手提式灭火器	推车式灭火器
严重危险级	15	30
中危险级	20	40
轻危险级	25	50

5.2.2 设置在 B、C 类火灾场所的灭火器，其最大保护距离应符合表 5.2.2 的规定。

表 5.2.2 B、C 类火灾场所的灭火器最大保护距离（m）

危险等级 \ 灭火器型式	手提式灭火器	推车式灭火器
严重危险级	9	18
中危险级	12	24
轻危险级	15	30

5.2.3 D 类火灾场所的灭火器，其最大保护距离应根据具体情况研究确定。

5.2.4 E 类火灾场所的灭火器，其最大保护距离不应低于该场所内 A 类或 B 类火灾的规定。

6 灭火器的配置

6.1 一般规定

6.1.1 一个计算单元内配置的灭火器数量不得少于 2 具。

6.1.2 每个设置点的灭火器数量不宜多于 5 具。

6.1.3 当住宅楼每层的公共部位建筑面积超过 100m² 时，应配置 1 具 1A 的手提式灭火器；每增加 100m² 时，增配 1 具 1A 的手提式灭火器。

6.2 灭火器的最低配置基准

6.2.1 A 类火灾场所灭火器的最低配置基准应符合表 6.2.1 的规定。

表 6.2.1 A 类火灾场所灭火器的最低配置基准

危险等级	严重危险级	中危险级	轻危险级
单具灭火器最小配置灭火级别	3A	2A	1A
单位灭火级别最大保护面积（m²/A）	50	75	100

6.2.2 B、C 类火灾场所灭火器的最低配置基准应符合表 6.2.2 的规定。

表 6.2.2 B、C 类火灾场所灭火器的最低配置基准

危险等级	严重危险级	中危险级	轻危险级
单具灭火器最小配置灭火级别	89B	55B	21B
单位灭火级别最大保护面积（m²/B）	0.5	1.0	1.5

6.2.3　D 类火灾场所的灭火器最低配置基准应根据金属的种类、物态及其特性等研究确定。

6.2.4　E 类火灾场所的灭火器最低配置基准不应低于该场所内 A 类（或 B 类）火灾的规定。

6.4.4.4　火灾自动报警系统

本条评价项目的查评依据如下：

【依据】《火灾自动报警系统施工及验收规范》（GB 50116—2013 ）

6.1　火灾报警控制器和消防联动控制器的设置

6.1.1　火灾报警控制器和消防联动控制器，应设置在前防控制室内或有人值班的房间和场所。

6.1.2　火灾报警控制器和消防联动控制器等在消防控制室内的布置，应符合本规范第 3.4.8 条的规定。

6.1.3　火灾报警控制器和消防联动控制器安装在墙上时，其主显示屏高度宜为 1.5m～1.8m，其靠近门轴的侧面距墙不小于 0.5m，正面操作距离不应小于 1.2m。

6.1.4　集中报警系统和控制中心报警系统中的区域火灾报警控制器在满足下列条件时，可设置在无人值班的场所：

1　本区域内无需要手动控制的消防联动设备。

2　本火灾报警控制器的所有信息在集中火灾报警控制器上均有显示，且能接收起集中控制功能的火灾报警控制器的联动控制信号，并自动启动相应的消防设备。

3　设置的场所只有值班人员可以进入。

6.2　火灾探测器的设置

6.2.1　探测器的具体设置部位应按本规范附录 D 采用。

6.2.2　点型火灾探测器的设置应符合下列规定：

1　探测区域的每个房间成至少设置一只火灾探测器。

2　感烟火灾探测器和 A1、A2、B 型感温火灾探测器的保护面积和保护半径，应按表 6.2.2 确定 C、D、E、F、G 型感温火灾探测器的保护面积和保护半径，应根据生产企业设计说明书确定，但不应超过去 6.2.2 的规定。

3　感烟火灾探测器、感温火灾探测器的安装间距，应根据探测器的保护面积 A 和保护半径 R 确定，并不应超过本规范附录 E 探测器安装间距的极限曲线 D1～D11（含 D′9）规定的范围。

4　一只探测区域内所需设置的探测器数量，不应小于公式（6.2.2）的计算值：

$$N = \frac{S}{K \cdot A} \qquad (6.2.2)$$

式中：

N——探测器数量（只），N 应取整数；

S——该探测区域面积（m^2）；

K——修正系数，容纳人数超过 10 000 人的公共场所宜取 0.7～0.8；容纳入数为 2000 人～10 000 人的公共场所宜取 0.8～0.9，容纳入数为 500 人～2000 人的公共场所宜取 0.9～1.0，其他场所可取 1.0；

A——探测器的保护面积（m^2）。

6.2.3　在有梁的顶棚上设置点型感烟火灾探测器、感温火灾探测器时，应符合下列规定：

1　当梁突出顶棚的高度小于 200mm 时，可不计梁对探测器保护面积的影响。

2　当梁突出顶棚的高度为 200mm～600mm 时，应按本规范附录 F、附录 G 确定梁对探测器保护面积的影响和一只探测器能够保护的梁间区域的数量。

3　当梁突出顶棚的高度超过 600mm 时，被梁隔断的每个梁间区域应至少设置一只探测器。

4　当被梁隔断的区域面积超过一只探测器的保护面积时，被隔断的区域应按本规范第 6.2.2 条第 4 款规定计算探测器的设置数量。

5　当梁间净距小于 1m 时，可不计梁对探测器保护面积的影响。

6.2.4 在宽度小于3m的内走道顶棚上设置点型探测器时，宜居中布置。感温火灾探测器的安装间距不应超过10m；感烟火灾探测器的安装间距不应超过15m；探测器至端墙的距离，不应大于探测器安装间距的1/2。

6.2.5 点型探测器至墙壁、梁边的水平距离，不应小于0.5m。

6.2.6 点型探测器周围0.5m内，不应有遮挡物。

6.2.7 房间被书架、设备或隔断等分隔，其顶部至顶棚或梁的距离小于房间净高的5%时，每个被隔开的部分应至少安装一只点型探测器。

6.2.8 点型探测器至空调送风口边的水平距离不应小于1.5m，并宜接近回风口安装。探测器至多孔送风顶棚孔口的水平距离不应小于0.5m。

6.2.9 当屋顶有热屏障时，点型感烟火灾探测器下表面至顶棚或屋顶的距离，应符合表6.2.9的规定。

6.2.10 锯齿形屋顶和坡度大于15°的人字形屋顶，应在每个屋脊处设置一排点型探测器，探测器下表面至屋顶最高处的距离，应符合本规范第6.2.9条的规定。

6.2.11 点型探测器宜水平安装。当倾斜安装时，倾斜角不应大于45°。

6.2.12 在电梯井、升降机井设置点型探测器时，其位置宜在井道上方的机房顶棚上。

6.2.13 一氧化碳火灾探测器可设置在气体能够扩散到的任何部位。

6.2.14 火焰探测器和图像型火灾探测器的设置，应符合下列规定：

1 应计及探测器的探测视角及最大探测距离，可通过选择探测距离长、火灾报警响应时间短的火焰探测器，提高保护平乎只要求和报警时间要求。

2 探测器的探测视角内不成存在遮挡物。

3 应避免光源直接照射在探测器的探测窗口。

4 单波段的火焰探测器不应设置在平时有阳光、自炽灯等光源直接或间接照射的场所。

6.2.15 线型光束感烟火灾探测器的设置应符合下列规定：

1 探测器的光束轴线至顶棚的垂直距离宜为0.3m～1.0m，距地高度不宜超过20m。

2 相邻两组主探测器的水平距离不应大于14m，探测器至侧墙水平距离不应大于7m，且不应小于0.5m，探测器的发射器和接收器之间的距离不宜超过100m。

水平距离不应大于7m，且不应小于0.5m。探测器的发射器和接收器之间的距离不宜超过100m。

3 探测器应设置在固定结构上。

4 探测器的设置应保证其接收端避开目光和人工光源直接照射。

5 选择反射式探测器时，应保证在反射板与探测器间任何部位进行模拟试验时，探测器均能正确响应。

6.2.16 线型感温火灾探测器的设置应符合下列规定：

1 探测器在保护电缆、堆垛等类似保护对象时，应采用接触式布置：在各种皮带输送装置上设置时，宜设置在装置的过热点附近。

2 设置在顶棚下方的线型感温火灾探测器，至顶棚的距离宜为0.1m。探测器的保护半径，应符合点型感温火灾探测器的保护半径要求；探测器至墙壁的距离官为1m～1.5m。

3 光栅光纤感温火灾探测器每个光栅的保护面积和保护半径，应符合点型感温火灾探测器的保护面积和保护半径要求。

4 设置线型感温火灾探测器的场所有联动要求时，宜采用两只不同火灾探测器的提警信号组合。

5 线型感温火灾探测器连接的模块不宜设置在长期潮湿或温度变化较大的场所。

6.2.17 管路采样式吸气感烟火灾探测器的设置符合下列规定：

1 非高灵敏型探测器的采样管网安装高度不超过16m；高灵敏型探测器的采样管网安装高度可超过16m时；采样管网安装高度超过16m时，灵敏度可调的探测器应设置为高灵敏度，且应减小采样管长度和采样孔数量。

2 探测器的每个采样孔的保护面积、保护半径等应符合点型感烟火灾探测器的保护面积、保护半径的要求。

3 一个探测单元的采样管总长不宜超过200m，单管长度不宜超过100m，同一根采样管不应穿越防火分区。采样孔总数不宜超过100个，单管上的采样孔数量不宜超过25个。

4 当采样管道采用毛细管布置方式时，毛细管长度不宜超过4m。

5 吸气管路和采样孔应有明显的火灾探测器标识。

6 有过梁、空间支架的建筑中，采样管路应固定在过梁、空间支架上。

7 当采样管道布置形式为垂直采样时，每2C°温差间隔或3m间隔（取最小者）应设置一个采样孔，采样孔不应背对气流方向。

8 采样管网应按经过确认的设计软件或方法进行设计。

9 探测器的火灾报警信号、故障信号等信息应传给火灾报警控制器，涉及消防联动控制时，探测器的火灾报警信号还应传给消防联动控制器。

6.2.18 感烟火灾探测器在格栅吊顶场所的设置，应符合下列规定：

1 镂空面积与总面积的比例不大于15%时，探测器应设置在吊顶下方。

2 镂空面积与总面积的比例大于30%时，探测器应设置在吊顶上方。

3 镂空面积与总面积的比例为15%~30%时，探测器的设置部位应根据实际试验结果确定。

4 探测器设置在吊顶上方且火警确认灯无法观察时，应在吊顶下方设置火警确认灯。

5 地铁站台等有活塞风影响的场所，镂空面积与总面积的比例为30%~70%时，探测器宜同时设置在吊顶上方和下方。

6.2.19 本规范未涉及的其他火灾探测器的设置应按企业提供的设计手册或使用说明书进行设置，必要时可通过模拟保护对象火灾场景等方式对探测器的设置情况进行验证。

6.4.4.5 自动灭火系统

本条评价项目的查评依据如下：

【依据】《自动喷水灭火系统施工及验收规范》（GB 50261—2005）

9 维护管理

9.0.1 自动喷水灭火系统应具有管理、检测、维护规程，并应保证系统处于准工作状态。维护管理工作，应按本规范附录G的要求进行。

9.0.2 维护管理人员应经过消防专业培训，应熟悉自动喷水灭火系统的原理、性能和操作维护规程。

9.0.3 每年应对水源的供水能力进行一次测定。

9.0.4 消防水泵或内燃机驱动的消防水泵应每月启动运转一次。当消防水泵为自动控制启动时，应每月模拟自动控制的条件启动运转一次。

9.0.5 电磁阀应每月检查并应作启动试验，动作失常时应及时更换。

9.0.6 每个季度应对系统所有的末端试水阀和报警阀旁的放水试验阀进行一次放水试验，检查系统启动、报警功能以及出水情况是否正常。

9.0.7 系统上所有的控制阀门均应采用铅封或锁链固定在开启或规定的状态。每月应对铅封、锁链进行一次检查，当有破坏或损坏时应及时修理更换。

9.0.8 室外阀门井中，进水管上的控制阀门应每个季度检查一次，核实其处于全开启状态。

9.0.9 自动喷水灭火系统发生故障，需停水进行修理前，应向主管值班人员报告，取得维护负责人的同意，并临场监督，加强防范措施后方能动工。

9.0.10 维护管理人员每天应对水源控制阀、报警阀组进行外观检查，并应保证系统处于无故障状态。

9.0.11 消防水池、消防水箱及消防气压给水设备应每月检查一次，并应检查其消防储备水位及消防气压给水设备的气体压力。同时，应采取措施保证消防用水不作他用，并应每月对该措施进行检查，发现故障应及时进行处理。

9.0.12 消防水池、消防水箱、消防气压给水设备内的水，应根据当地环境、气候条件不定期更换。

9.0.13 寒冷季节，消防储水设备的任何部位均不得结冰。每天应检查设置储水设备的房间，保持室温不低于5℃。

9.0.14 每年应对消防储水设备进行检查，修补缺损和重新油漆。

9.0.15 钢板消防水箱和消防气压给水设备的玻璃水位计，两端的角阀在不进行水位观察时应关闭。

9.0.16 消防水泵接合器的接口及附件应每月检查一次，并应保证接口完好、无渗漏、闷盖齐全。

9.0.17 每月应利用末端试水装置对水流指示器进行试验。

9.0.18 每月应对喷头进行一次外观及备用数量检查，发现有不正常的喷头应及时更换；当喷头上有异物时应及时清除。更换或安装喷头均应使用专用扳手。

9.0.19 建筑物、构筑物的使用性质或贮存物安放位置、堆存高度的改变，影响到系统功能而需要进行修改时，应重新进行设计。

6.4.4.6 消防控制室

本条评价项目的查评依据如下：

【依据1】《机械制造企业安全生产标准化规范》（AQ/T 7009—2013）

11.4.4 消防控制室的设置应符合下列规定：

1 单独建造的消防控制室，其耐火等级不应低于二级；

2 附设在建筑物内的消防控制室，宜设置在建筑物内首层的靠外墙部位，亦可设置在建的地下一层，但应按本规范第7.2.5条的规定与其他部位隔开，并应设置直通室外的安全出口。

3 严禁与消防控制室无关的电气线路和管路穿过。

【依据2】《建筑设计防火规范》（GB 50016—2014）

6.2.7 附设在建筑内的消防控制室、灭火设备室、消防水泵房和通风空气调节机房、变配电室等，应采用耐火极限不低于2.00h的防火隔墙和不低于1.50h的楼板与其他部位分隔。

设置在丁、戊类厂房中的通风机房应采用耐火极限不低于1.00h的隔墙和不低于0.50h的楼板与其他部位分隔。

通风空气调节机房和变配电室在建筑内的门应采用甲级防火门，消防控制室和其他设备房开向建筑内的门应采用乙级防火门。

8.1.7 设置火灾自动报警系统和需要联动控制的消防设备的建筑（群）应设置消防控制室。消防控制室的设置应符合下列规定：

1 单独建造的消防水泵房，其耐火等级不应低于二级。

2 附设在建筑内的消防控制室，宜设置在建筑内首层或地下一层，并宜布置在靠外墙部位。

3 不应设置在电磁场干扰较强及其他可能影响消防控制设备正常工作的房间附近。

4 疏散门应直通室外或安全出口。

5 消防控制室内设备构成及其对建筑消防设施的控制与显示功能以及向远程监控系统传输相关信息的功能，应符合现行国家标准《火灾自动报警系统设计规范》（GB 50116）和《消防控制室通用技术要求》（GB 25506）的规定。

8.1.8 消防水泵房和消防控制室应采取防水淹的技术措施。

7 作业现场和环境

7.1 作业安全管理

7.1.1 作业许可管理

本条评价项目的查评依据如下：

【依据】《国家电网公司装备制造企业安全生产标准化管理规范（试行）》（安质三〔2013〕104号）

5.10 作业安全

5.10.1 作业安全管理

5.10.1.1 作业许可管理

企业应对动火作业、有限空间作业、破土作业、临时用电作业、高处作业、吊装作业等危险性作业活动实施作业许可管理，严格履行审批手续，各种作业许可证中应有危险、有害因素识别和安全措施内容。

5.10.1.2 危险作业管理

5.10.1.2.1 建立各类危险作业审批制度，对高处作业、起重作业、有限空间作业、动火作业等危险作业的审批范围、职责和流程作出规定。

5.10.1.2.2 审批表中应规定作业地点、作业人员、作业时限、安全交底人员和监护人员；交底人员应是专兼职安全生产监督管理人员，监护人应是现场作业人员或专兼职安全生产管理人员；相关方危险作业的交底人应是进场时经过企业交底的相关方项目负责人或相关方安全生产管理人员，必要时，企业应派出交底人员；相关方危险作业的监护人由相关方指定；审批表应经作业部门领导签字。

5.10.1.2.3 每次审批的时限在人员和作业条件不变的前提下，宜不超过3天；更换人员或条件变动时，应重新审批。

5.10.1.2.4 凡需审批的危险作业，作业前应由交底人负责对作业人员进行现场作业安全知识告知交底，内容应包括作业的危险，作业前、作业中和作业后的安全措施，发生紧急情况时的应急措施等；交底应保存记录或在审批单上由交底人签字确认。

5.10.1.2.5 凡需审批的危险作业，作业前应由监护人对现场作业条件、作业前安全准备事项等进行验证；验证应保存记录或在审批单中由监护人签字确认。

5.10.1.2.6 审批应有安全生产监督管理部门或所在部门专兼职安全生产监督管理人员参加。

5.10.1.2.7 企业应加强特种作业人员管理，建立特种作业人员台账（参考附录J.1），确保特种作业人员持证上岗。

7.1.2 现场管理和过程控制

本条评价项目的查评依据如下：

【依据1】《企业安全生产标准化基本规范》（AQ/T 9006—2010）

5.7.1 生产现场管理和生产过程控制

企业应加强生产现场安全管理和生产过程的控制。对生产过程及物料、设备设施、器材、通道、作业环境等存在的隐患，应进行分析和控制。对动火作业、受限空间内作业、临时用电作业、高处作业等危险性较高的作业活动实施作业许可管理，严格履行审批手续。作业许可证应包含危害因素分析和安全措施等内容。

企业进行爆破、吊装等危险作业时，应当安排专人进行现场安全管理，确保安全规程的遵守和安全措施的落实。

【依据2】《工业企业厂内铁路、道路运输安全规程》（GB 4387—2008）

6 道路运输

7 道口安全

7.2 作业行为管理

7.2.1 基本要求

本条评价项目的查评依据如下：

【依据】《国家电网公司电工制造安全工作规程》（Q/GDW 11370—2015）

6.1 基本要求

6.1.1 对从事电工、金属焊接与切割等特种作业（种类见附录I）的人员，以及起重机械、场（厂）内专用机动车辆、压力容器（含气瓶）等特种设备作业人员，应进行安全生产知识和操作技能培训，经有关部门考核合格并取得操作证后，方可上岗。

6.1.2 专用设备应在其规定的加工范围内使用，不得超范围使用。

6.1.3 各类设备设施在投入使用前，应编写完整、有效的作业指导书（或操作规程），并经审核后方可执行。

6.1.4 特种设备须经检验检测（检验检测项目及周期见附录J）合格，且注册登记，取得使用许可证后，方可使用。

6.1.5 各类设备、工器具应有产品合格证，应按规定进行定期检验（起重工具检验项目及周期见附录K），并在合适、醒目的位置粘贴检验合格证。

6.1.6 作业前，应开展设备点检，重点检查各类机械、设备与器具的结构、连接件、附件、仪表、安全防护与制动装置等齐全完好，并根据额定数据选用，根据需要做好接地、支撑等措施，开启照明、监测、通风、除尘等装置。

7.2.2 高处作业

本条评价项目的查评依据如下：

【依据1】《国家电网公司电工制造安全工作规程》（Q/GDW 11370—2015）

6.3 高处作业与交叉作业

6.3.1 高处作业

6.3.1.1 从事高处作业的人员应每年进行一次体检，保证身体健康。患有精神病、癫痫病或经医师鉴定不宜从事高处作业病症的人员，不准参加高处作业。凡发现工作人员有饮酒、精神不振时，禁止登高作业。

6.3.1.2 高处作业人员应衣着灵便，穿软底防滑鞋，正确佩戴安全带等个人防护用具。工作前应认真检查安全设施的完好情况。

6.3.1.3 高处作业时，地面无关人员不得在坠落半径内停留或穿行。距基准面不同高度的可能坠落范围半径见表1。

表1 不同高处作业等级的可能坠落范围半径

高处作业等级 （h 为作业高度）	Ⅰ级 （2m≤h≤5m）	Ⅱ级 （5m<h≤15m）	Ⅲ级 （5m<h≤15m）	Ⅳ级 （h>15m）
可能坠落范围半径 m	3	4	5	6
注：可能坠落范围半径为确定可能坠落范围而规定的相对于作业位置的一段水平距离。				

6.3.1.4 高处作业所使用的梯子、平台、走道、斜道等应牢固，必要时设置防护栏杆。

6.3.1.5 在轻型或简易结构的屋面上工作时，应有防止人员坠落或屋面失稳的可靠措施。

6.3.1.6 高处作业地点、各层平台、走道上的工作人员与堆放物件总质量不得超过允许载荷。

6.3.1.7 企业自制的高处作业平台，应经计算、验证合格。

6.3.1.8 高处作业所用的工具和材料应放在工具袋内或用绳索拴在牢固的构件上，上下传递物件应使用绳索，不得抛掷。

6.3.1.9 高处作业人员上下时，应沿登高梯或使用合格的其他攀登工具，禁止使用绳索或拉线上下。

6.3.1.10　高处作业人员不得坐在平台、孔洞边缘，不得骑坐在栏杆上，不得站在栏杆外工作或凭借栏杆起吊物件。

6.3.1.11　高处作业时，各种工件等应放置在牢靠的地方，并采取防止坠落的措施。

6.3.1.12　高处作业过程中，应随时检查安全带和后备防护设施绑扎的牢固情况。禁止将安全带低挂高用。

6.3.1.13　高处作业人员在攀登或转移作业位置过程中不得失去保护。

【依据 2】《国家电网公司装备制造企业安全生产标准化管理规范（试行）》（安质三〔2013〕104 号）

5.10.1.2.8　高处作业应符合下列要求：

a）高处作业人员必须正确佩戴个人防护用品，严格按操作规程作业，高处作业人员必须持证上岗。

b）在制定的设备设施安全管理制度中应包含高处作业安全管理（含脚手架验收和使用管理规定）相关要求。

c）高处作业使用的脚手架应由取得相应资质的专业人员进行搭设，特殊情况或者使用场所有规定的脚手架应专门设计。

d）正确使用合格的安全带等安全防护用品，立体交叉作业和使用脚手架等高处作业有动火防护措施和防止落物伤人、落物损坏设备等安全防护措施。

e）应将作业许可证置于现场。

f）作业前应对作业人员进行高处作业安全交底，同时由监护人对作业许可证进行验证，并检查登高梯台，保存交底和验证记录。

g）无固定站立部位或站立部位无防护的高处作业应使用安全带，安全带应悬挂在建筑物设施或固定装置上，禁止悬挂在移动物体上；登高时无固定站立部位或站立部位无防护的部位，宜设置悬挂安全带的固定装置。

h）不应使用叉车、电瓶车等厂内机动车的属具载人登高。

i）作业人员应佩戴安全帽。

7.2.3　起重作业

本条评价项目的查评依据如下：

【依据 1】《国家电网公司电工制造安全工作规程》（Q/GDW 11370—2015）

6.5　起重作业

6.5.1　一般规定

6.5.1.1　起重设备、吊索具和其他起重工具的工作负荷不得超过铭牌规定的额定值。起重工器具达到附录 L 规定的条件时应予以报废，严禁使用已达报废标准的起重工器具。

6.5.1.2　起重吊钩应挂在物件的重心线上。起吊大件或不规则组件时，应在吊件上拴以牢固的控制绳。

6.5.1.3　起吊前应检查起重设备及其安全装置，重物吊离地面约 100mm 时应暂停起吊，并进行全面检查，确认无误后方可继续起吊。

6.5.1.4　桥式起重机作业前，应检查机械结构外观是否正常、各连接件有无松动、绳卡设置是否规范、各安全限位装置是否齐全完好，以及钢丝绳外表等情况，并作好记录。

6.5.1.5　起重工作区域内无关人员不得停留或通过。起吊过程中起重臂及吊物的下方，任何人员不得通过或停留。

6.5.1.6　流动式起重机工作前应支撑可靠并满足起重承载要求。

6.5.1.7　两人以上进行吊装作业时，应指定专人进行指挥，指挥人员应严格按照 GB 5082 标准与起重机司机联络，做到准确无误。

6.5.1.8　指挥人员应熟知 GB 6067 和 LD48 要求。

6.5.1.9　作业时不得斜拉歪吊。落钩时，若吊物未固定稳妥，禁止松钩。

6.5.1.10　起吊过程中，吊物上不得站人。不得利用吊钩升降人员。

6.5.1.11　起重机吊运重物时严禁从人员或设备设施上方通过。

6.5.1.12　吊起的重物不得在空中长时间停留。在空中短时间停留时，操作人员和指挥人员均不得离开工作岗位。

6.5.1.13　吊运大型物件前，应制订安全吊装方案，经单位负责人批准后实施。

6.5.1.14　多台起重机械同时作业，应制定联合作业方案，按比例估算每台起重机的载荷，并确保起升钢丝绳保持垂直状态。多台起重机所受的合力不得超过各台起重机单独起升操作时的额定载荷。如达不到上述要求，应降低额定起重能力至 80%。吊运时，起重指挥人员应站在能同时看到起重机司机和负载的安全位置。

6.5.1.15　在地面用遥控器操作桥式起重机吊运时，应配置专人对吊物进行挂钩、取钩、稳钩、安全放置吊物等，并严格按照指令操作。操作完毕后，应将遥控器妥善保管或交专人管理。

6.5.1.16　有主、副钩两套起升机构的起重机，主、副钩不得同时开动。

6.5.1.17　起重机在工作中如遇机械发生故障或有异常现象时，应放下吊物、停止运转后进行排除，不得在运转中进行调整或检修。若起重机发生故障无法放下吊物时，应采取适当的安全措施，除排险人员外，禁止其他任何人进入危险区域。

6.5.1.18　不明重量、埋在地下或冻结在地面上的物件，不得起吊。

6.5.1.19　在轨道上露天作业的起重机，当工作结束时，应将起重机锚定住；当风力大于 6 级时，应停止工作，并将起重机锚定住。对于门座起重机等在沿海工作的起重机，当风力大于 6 级时，应采取有效的措施方可工作；当风力大于 7 级时，应停止工作，并将起重机锚定住。

6.5.2　流动式起重机

6.5.2.1　起重机停放或行驶时，其车轮、支腿或履带的前端或外侧与沟、坑边缘的距离不得小于沟、坑深度的 1.2 倍，否则应采取防倾、防坍塌措施。

6.5.2.2　起重机行驶时，应将臂杆放在支架上，吊钩挂在保险杠的挂钩上，并将钢丝绳拉紧。

6.5.2.3　工作时，起重机应先放下支腿，并置于平坦、坚实的地面上。不得在暗沟、地下管线等上面作业，确不能避免时，应采取安全防护措施，不准超过暗沟、地下管线允许的承载力。

6.5.2.4　起吊工作完毕后，应先将臂杆放在支架上，然后再起腿。

6.5.3　塔式起重机

6.5.3.1　非操作、检修人员不得攀爬起重机；操作或检修人员上下时，不得手拿工具或器材。

6.5.3.2　起重机作业完毕后，小车变幅的起重机应将起重小车置于起重臂根部，摘除吊钩上的吊索。

6.5.4　桥式起重机

6.5.4.1　作业前应进行空载运转，确认各机构运转正常、制动可靠、各限位开关灵敏有效后，方可作业。

6.5.4.2　开动前，应先发出警示信号示意，重物提升和下降操作应平稳匀速。提升大件时，不得用急速，应使用牢固的控制绳防止摆动。

6.5.4.3　空车行走时，吊钩应收紧并离地面 2m 以上。

6.5.4.4　吊起重物后应慢速行驶，行驶中不得突然变速或倒退。

6.5.4.5　任何人不得在桥式起重机的轨道上行走或站立。特殊情况需在轨道上进行作业时，应与桥式起重机的操作人员取得联系，桥式起重机应停止运行。

6.5.4.6　厂房内的桥式起重机作业完毕后，应停放在指定地点。

6.5.5　电动葫芦

6.5.5.1　起吊物件应捆扎牢固。电动葫芦吊重物行走时，重物下端离地不宜超过 0.5m。工作间歇期间不得将重物悬挂在空中。

6.5.5.2 作业完毕后，应将电动葫芦停放在指定位置，吊钩升起，并切断电源，锁好开关箱。

6.5.6 起重工器具

6.5.6.1 钢丝绳：

a）钢丝绳应按出厂技术数据使用，并满足使用场所安全系数要求；

b）应根据物体的重量及起吊钢丝绳与吊钩垂直线间的夹角大小来选用起吊钢丝绳；

c）钢丝绳不得与物体的棱角直接接触，应在棱角处垫以半圆管、木板或其他柔软物；

d）起升机构和非平衡变幅机构不得使用接长的钢丝绳；

e）钢丝绳在机械运动中，不得与其他物体发生滑动摩擦；

f）钢丝绳不得与任何带电体、炽热物体或火焰接触；

g）钢丝绳不得直接相互套挂连接；

h）钢丝绳的端部固定应选用与其直径相应的锥形套、编结套、楔形套、绳卡、压制接头、压板等方法进行固定；

i）钢丝绳绳头采用编结连接时，编结长度应大于钢丝绳直径的 15 倍，最小不得小于 300mm。连接强度不得小于钢丝绳破断拉力的 75%。通过滑轮钢丝绳不应采用编结连接。

6.5.6.2 卸扣：

a）禁止使用铸造卸扣，卸扣表面应光滑平整，不得存在裂缝、过烧等严重缺陷，严禁对裂缝等缺陷进行焊接修补；

b）卸扣的销子不得扣在活动性较大的索具内；

c）卸扣不得横向受力，不得使卸扣处于吊件的转角处；

d）卸扣的扣体或者轴销发生永久性变形或者损坏达到报废标准时应立即更换。

6.5.6.3 合成纤维吊装带：

a）选择吊装带时，应根据 JB/T 8521.1、JB/T 8521.2 中所列的方式系数和提升物品的性质选择所需的极限工作载荷；使用中应避免与尖锐棱角接触，如无法避免应装设合适的护套；

b）吊装带使用期间，应经常检查是否存在表面擦伤、割口、承载芯裸露、化学侵蚀、热损伤或摩擦损伤、端配件损伤或变形等缺陷。如果有任何影响使用的状况，应立即停止使用。

6.5.6.4 麻绳（剑麻白棕绳）、纤维绳：

a）麻绳、纤维绳用作吊绳时，其允许应力不得大于 0.98kN/cm²；用作绑扎绳时，允许应力应降低 50%；

b）麻绳、纤维绳出现霉烂、腐蚀、损伤等现象时，或出现松股、散股、严重磨损、断股者，均应予以报废；

c）纤维绳在潮湿状态下的允许荷重应降低 50%；

d）切断绳索时，应先将预定切断的两边用软钢丝扎紧；连接绳索时，应采用编结法，不得采用打结法。

6.5.6.5 吊钩：

a）吊钩表面应光滑，不得存在裂纹、锐角、毛刺、剥裂、过烧等影响安全使用性能的缺陷；吊钩缺陷不得焊补；不得在吊钩上钻孔或焊接；

b）自制吊钩的技术条件应符合 GB/T 10051.1、GB/T 10051.2 的规定；

c）板钩钩片的纵轴应位于钢板的轧制方向，且钩片不得拼接；

d）板钩钩片应用沉头铆钉连接，但板钩与起吊物吊点接触的高应力弯曲部位不得用铆钉连接；

e）板钩叠片间不得全封闭焊接，只允许有间断焊接。

6.5.6.6 滑轮：

a）使用前，应检查滑轮的轮槽、轮轴、颊板、吊钩等部分有无裂缝或损伤，滑轮转动是否灵活，润滑是否良好，同时滑轮槽宽应比钢丝绳直径大 1～2.5mm；

b）使用时，应按其标定的允许荷载度使用，严禁超载使用；

c）滑轮的吊钩或吊环应与被吊物的重心在同一垂直线上，使被吊物能平稳起升；

d）在受力方向变化较大的场合和高处作业中，应采用吊环式滑车；如采用吊钩式滑车，应对吊钩采取封口保险措施；

e）根据起吊吨位的大小，滑轮组的定、动滑轮之间应保持 0.7m～1.2m 的最小距离。滑车起重量与滑轮中心距对照见表 2。

表 2　滑车起重量与滑轮中心距对照表

滑车起重量（t）	1	5	10～20	32～50
滑轮中心最小允许距离（mm）	700	900	1000	1200

【依据 2】《国家电网公司装备制造企业安全生产标准化管理规范（试行）》（安质三〔2013〕104 号）

5.10.1.2.9　起重作业应符合下列要求：

a）起重作业人员必须持证上岗，正确佩戴个人防护用品，严格按操作规程作业。

b）重大物件起吊应制定安全方案，落实安全措施，并有具有相关资质的专业人员指挥。

c）起吊过程中，操作人员不应擅自离开岗位，起吊时起重臂下不应有人停留或行走，禁止在物件上站人或进行加工。

d）起重臂、物件应与架空电线保持安全距离。

e）起吊重物时不准把起重装置同脚手架结构相连，不准上下抛掷物品，货物码放符合安全要求，堆放的材料不得超过计算载重。

f）起吊过程中应落实各项安全防护措施。主要包括：

1）所吊的物件若有棱角或光滑的部分，在棱角或滑面与绳子相接触处应加以包垫，防止吊索受伤或打滑；

2）吊钩应挂在物品的重心上，吊索应保持垂直，钢丝绳或铁链不能有打结和扭劲的情况，禁止使吊钩斜着拖吊重物；

3）两机或多台吊时，应有统一指挥，动作配合协调，吊重应分配合理，不应超过单机允许起重量的 80%；操作中要听从指挥人员的信号，信号不明或可能引起事故时，应暂停操作；

4）起重机在起吊大的或不规则的构件时，应在构件上系以牢固的拉绳，使其不摇摆不旋转；

5）在吊钩已挂上而被吊物尚未提起时，禁止起重机移动或作旋转动作；在运转中变换方向时，应经过停止稳定后再开始逆向运转，禁止直接变更运转方向；

6）起吊重物不准让其长期悬在空中，起吊结束后吊钩应放置到地面；

7）起重机上的平衡荷重物，严禁搬动或任意增减；各式电动起重机，在工作中一旦停电，应将起动器恢复至原来静止的位置，再将电源开关切断；设有制动装置的应将其闸紧；工作完毕或休息时，应将电动机的开关拉开；离开驾驶室时应断开电源，锁好驾驶室门；

8）正在运行中的各类起重机械，严禁进行调整或修理工作，发生故障时，必须先断开电源，然后才可进行修理；

9）起吊过程应服从指挥，严格按规定的指挥手势和信号进行，速度应均匀平稳，严禁驾驶人员离开驾驶室或做其他工作；

10）没有得到司机的同意，任何人不准擅自登上起重机；禁止工作人员利用吊钩载人，与工作无关人员禁止在起重工作区域内行走或停留；工作现场必须配备对讲机；

11）起吊时应有导向绳导向，保证起吊方向，避免触及其他物体；

12）起重机停止时，应将起吊物件放下，刹住制动器，操纵杆放在空档，并关门上锁；地面操作的电动葫芦停止作业时，应将操作盒靠边放置，并确保高度大于 1.8m；

13）遇有大雾、6 级以上的大风室外吊装，照明不足、指挥人员看不清各工作地点或起重驾驶人员看不见指挥人员时，不准进行起重作业。

14）起吊重物严禁自由下落，重物下落用手刹或脚刹控制缓慢下降；严禁斜吊和吊拔埋在地下或凝结在地面，设备上的物件；

g）高空起重作业时，安全通道应保持畅通，现场作业人员应佩戴安全帽等防护用品。

7.2.4 焊接作业

本条评价项目的查评依据如下：

【依据1】《焊接与切割安全》（GB 9448—1999）

3 总则

3.1 设备及操作

3.1.1 设备条件

所有运行使用中的焊接、切割设备必须处于正常的工作状态，存在安全隐患（如安全性或可靠性不足）时，必须停止使用并由维修人员修理。

3.1.2 操作

所有的焊接与切割设备必须按制造厂提供的操作说明书或规程使用，并且还必须符合本标准要求。

3.2 责任

管理者、监督者和操作者对焊接及切割的安全实施负有各自的责任。

3.2.1 管理者

管理者必须对实施焊接及切割操作的人员及监督人员进行必要的安全培训。培训内容包括：设备的安全操作、工艺的安全执行及应急措施等。

管理者有责任将焊接、切割可能引起的危害及后果以适当的方式（如：安全培训教育、口头或书面说明、警告标识等）通告给实施操作的人员。

管理者必须标明允许进行焊接、切割的区域，并建立必要的安全措施。管理者必须明确在每个区域内单独的焊接及切割操作规则。并确保每个有关人员对所涉及的危害有清醒的认识并且了解相应的预防措施。管理者必须保证只使用经过认可并检查合格的设备（诸如焊割机具、调节器、调压阀、焊机、焊钳及人员防护装置）。

3.2.2 现场管理及安全监督人员

焊接或切割现场应设置现场管理和安全监督人员。这些监督人员必须对设备的安全管理及工艺的安全执行负责。在实施监督职责的同时，他们还可担负其他职责，如现场管理、技术指导、操作协作等。

监督者必须保证：

——各类防护用品得到合理使用；

——在现场适当地配置防火及灭火设备；

——指派火灾警戒人员；

——所要求的热作业规程得到遵循。

在不需要火灾警戒人员的场合，监督者必须要在热工作业完成后做最终检查并组织消灭可能存在的火灾隐患。

3.2.3 操作者

操作者必须具备对特种作业人员所要求的基本条件，并懂得将要实施操作时可能产生的危害以及适用于控制危害条件的程序。操作者必须安全地使用设备，使之不会对生命及财产构成危害。

操作者只有在规定的安全条件得到满足；并得到现场管理及监督者准许的前提下，才可实施焊接或切割操作。在获得准许的条件没有变化时，操作者可以连续地实施焊接或切割。

4 人员及工作区域的防护

4.1 工作区域的防护

4.1.1 设备

焊接设备、焊机、切割机具、钢瓶、电缆及其他器具必须放置稳妥并保持良好的秩序，使之不会对附近的作业或过往人员构成妨碍。

4.1.2 警告标志

焊接和切割区域必须予以明确标明，并且应有必要的警告标志。

4.1.3 防护屏板

为了防止作业人员或邻近区域的其他人员受到焊接及切割电弧的辐射及飞溅伤害，应用不可燃或耐火屏板（或屏罩）加以隔离保护。

4.1.4 焊接隔间

在准许操作的地方、焊接场所，必要时可用不可燃屏板或屏罩隔开形成焊接隔间。

4.2 人身防护

在依据 GB/T 11651 选择防护用品的同时，还应做如下考虑：

4.2.1 眼睛及面部防护

作业人员在观察电弧时，必须使用带有滤光镜的头罩或手持面罩，或佩戴安全镜、护目镜或其他合适的眼镜。辅助人员亦应配戴类似的眼保护装置。面罩及护目镜必须符合 GB/T 3609.1 的要求。对于大面积观察（诸如培训、展示、演示及一些自动焊操作），可以使用一个大面积的滤光窗、幕而不必使用单个的面罩、手提罩或护目镜。窗或幕材料必须对观察者提供安全的保护效果、使其免受弧光、碎渣飞溅的伤害。

【依据 2】《国家电网公司电工制造安全工作规程》（Q/GDW 11370—2015）

6.7 焊接与切割作业

6.7.1 一般规定

6.7.1.1 焊工作业时，工作服上衣不得扎在裤子里。口袋应有遮盖，脚面应有鞋罩。

6.7.1.2 不得在带有压力（液体压力或气体压力）的设备上或带电的设备上进行焊接。

6.7.1.3 禁止在装有易燃物品的容器或油漆未干的物体上进行焊接。

6.7.1.4 禁止在储有易燃易爆物品的房间内进行焊接。在易燃易爆材料附近进行焊接时，其最小水平距离不得小于 5m，并根据现场情况，采取用围屏或阻燃材料遮盖等安全措施。

6.7.1.5 对于存有残余油脂、可燃液体或易燃易爆物品的容器，焊接前应对容器内部进行清理，先用水蒸气吹洗，或用热碱水冲洗干净，并将其盖口打开，方可焊接。

6.7.1.6 风力超过 5 级时，禁止露天进行焊接或气割。风力在 5 级以下、3 级以上进行露天焊接或气割时，应搭挡风屏，并配备必要的消防器材。

6.7.1.7 焊接作业时，应设有防止金属熔渣飞溅、掉落引起火灾的措施，以及防止烫伤、触电、爆炸等措施。焊接人员离开现场前，应检查并确认现场无火种留下。

6.7.1.8 高空焊接作业时，应设置接焊渣的装置，清理作业点下方所有易燃物品，作业现场应有专人进行监护。

6.7.1.9 在金属容器内进行焊接作业时，应有下列防止触电的措施：

a）作业人员应避免与金属件接触，应站立在橡胶绝缘垫上，并穿干燥的工作服；

b）容器外面应设有可看见和听见作业人员的监护人，并设置切断电源的应急开关；

c）在密闭容器内，不得同时进行电焊及气焊工作，并按有限空间作业安全要求执行。

6.7.1.10 氧气瓶，乙炔（丙烷）气瓶在使用中应注意：

a）应与火源保持 10m 以上的安全距离，并避免暴晒、热辐射及电击；

b）应装有专用的气体减压器、回火防止器，使用减压器时，应缓慢旋紧减压器螺杆，以免开启过快产生静电火花；

c）应有防冻措施，当气瓶瓶口或减压器结冻时应用温水解冻，严禁用火烤；

d）不得用有油污的手套开启氧气瓶；

e）瓶中的气体均不得用尽，瓶内残余压力不得小于 0.05MPa。

6.7.2 电焊

6.7.2.1 电焊机的外壳以及工作台，应有良好的接地，接地电阻不得大于 4Ω。

6.7.2.2 电焊工所坐的椅子，应用木材或其他绝缘材料制成。

6.7.2.3 工作前，应先检查电焊设备，如电动机外壳的接地线是否良好，电焊机的引出线是否有绝缘损伤、短路或接触不良等现象。

6.7.2.4 禁止在吊起的物体上施焊。

6.7.2.5 不得将带电的电线、电缆搭在身上或踏在脚下。

6.7.2.6 离开工作场所时，应对现场进行清扫，确认无起火危险等隐患，并切断电源后方可离开。

6.7.3 气焊（气割）

6.7.3.1 作业前，应检查氧气、乙炔（丙烷）瓶的阀、表齐全有效，紧固牢靠，不得有松动、破损、漏气等现象。氧气瓶及其附件、胶管和开闭阀门的工具不得有油污。

6.7.3.2 氧气瓶应有防震胶圈和安全帽，应与其他易燃气瓶、油脂和其他易燃物品分开保存。

6.7.3.3 乙炔（丙烷）胶管和氧气胶管不得混用。氧气胶管的外观应为蓝色，乙炔（丙烷）胶管的外观应为红色。变质、脆裂、泄漏或沾有油脂的胶管不得使用。

6.7.3.4 使用气焊、气割动火作业时，氧气瓶与乙炔（丙烷）气瓶间距不应小于 5m，二者与动火作业地点不应小于 10m。

6.7.3.5 氧气瓶使用时可立放也可平放，乙炔（丙烷）瓶应立放使用。立放的气瓶应有防倾倒固定措施。

6.7.3.6 不得将胶管放在高温管道和电线上，不得将重物或高温物件压在胶管上，不得将胶管与电线敷设在一起，胶管经过交通通道时，应采取防止碾压措施。胶管存放温度为–15～40℃，离热源应不小于 1m。

6.7.3.7 氧气软管着火时，不得折弯软管断气，应迅速关闭氧气阀门，停止供氧；乙炔（丙烷）软管着火时，应先关熄炬火，再采取折弯靠近气瓶瓶口一侧软管的办法来将火熄灭。

6.7.3.8 工作完毕后应关闭氧气瓶、乙炔（丙烷）瓶，拆下氧气表、乙炔（丙烷）表，拧上气瓶安全帽。

6.7.3.9 作业结束后，应将胶管盘起、捆扎牢固，挂在室内干燥的地方，减压器和气压表应放在工具箱内，应认真检查作业场所及周边，确认无起火危险等安全隐患后，方可离开。

6.7.4 氩弧焊

6.7.4.1 作业前，应检查并确认气管、水管不受外压和无泄漏，焊枪是否正常，高频引弧系统、焊接系统是否正常；对自动丝极氩弧焊，还要检查调整机构、送丝机构是否完好。

6.7.4.2 安装氩气减压器、管接头不得沾有油脂。安装后，应进行试验并确认无障碍和漏气现象。

6.7.4.3 循环水冷却式焊机使用的冷却水应保持清洁，水压、流量正常，不得断水施焊。

6.7.4.4 作业人员身体裸露部位不得暴露在电弧光的照射下。

6.7.4.5 更换钨极时，应切断电源。磨削钨极端头时，应佩戴手套和口罩。铈、钍、钨极应放在铅制盒内，不得随身携带。

6.7.4.6 氩气瓶应与焊接地点保持 3m 以上安全距离，并应直立固定放置，采取防倾倒措施。

6.7.4.7 作业结束后，应切断电源，关闭气源，将焊接设备放置在指定位置。

6.7.5 CO_2 气体保护焊

6.7.5.1 安装气体调节器前应开送 1～2 次气，吹干净 CO_2 喷嘴。

6.7.5.2 应使用 CO_2 气体或混合气体专用流量计，且应垂直安装。

6.7.5.3 焊接作业时，焊枪电缆应保持顺直状态，不得弯曲使用。

6.7.5.4 导电嘴应用扳手拧紧，防止松动。导电嘴磨损时应及时更换。

6.7.5.5 作业时，应安装完好的气筛。喷嘴内附着飞溅物时应及时清除，禁止敲打喷嘴。

6.7.5.6 严禁牵拉焊枪电缆移动送丝机。

6.7.5.7 作业结束，应关闭电源和气源，收回电缆线。

【依据3】《国家电网公司装备制造企业安全生产标准化管理规范（试行）》（安质三〔2013〕104号）

5.10.1.2.11 动火作业应满足以下要求：

a）动火作业人员应正确佩戴个人防护用品，严格按操作规程作业。

b）动火作业应实行分级管理，凡屋顶、各类仓库库内、消防安全重点部位及其他易燃易爆场所动火，应定为高风险动火（A类）；室内动火应定为中度风险动火（B类）；其他动火作业可定为一般风险动火（C类）。

c）A、B类动火应由企业消防管理部门负责人审批；A类动火应编制动火方案，审批时应对方案进行审核，方案可行、可靠方可批准；其中相关方从事的A类动火应由相关方编制动火方案，企业审批时审核。

d）A、B动火应通知动火所在部门，清理现场易燃物并做好监护等工作。

e）动火作业现场应配置足够的灭火器材。

f）焊接作业应满足以下要求：

1）焊接作业人员须持证上岗，正确佩戴个人防护用品，严格按操作规程作业。

2）焊接作业现场应设有防止金属熔渣飞溅、掉落引起火灾的措施，以及防止烫伤、触电、爆炸等措施。

3）产生弧光的作业时，应使用防护眼镜或面罩。

4）焊接有色金属件时，应加强通风排毒，必要时使用过滤式防毒面具。

5）在特殊环境条件下（如：室外的雨雪中；温度、湿度、气压超出正常范围或具有腐蚀、爆炸危险的环境）应对设备采取特殊的防护措施以保证其正常的工作性能。

6）单点或多点电阻焊机操作过程中，应有效地采用机械保护式挡板、挡块，双手控制方法，弹键，限位传感装置，防止压头动作的类似装置或机构等措施进行保护。

7）移动电焊机位置，应先停机断电；焊接中突然停电，应立即关闭电焊机。

8）换焊条时应戴好手套，身体不要靠在铁板或其他导电物件上，在敲焊渣时应戴防护眼镜。

9）严禁在带有压力（液体压力或气体压力）的设备上或带电的设备上进行焊接。在特殊情况下需在带压和带电的设备上进行焊接时，应采取安全措施，并经本单位分管生产的领导（总工程师）批准。对承重构架进行焊接，应经过有关技术部门的许可。

10）禁止在油漆未干的结构或其他物体上进行焊接。

11）在风力超过5级及下雨雪时，不可露天进行焊接作业。如必须进行时，应采取防风、防雨雪的措施。

7.2.5 有限空间作业

本条评价项目的查评依据如下：

【依据1】《工贸企业有限空间作业安全管理与监督暂行规定》（国家安全生产监督管理总局令第59号）

第二章 有限空间作业的安全保障

第五条 存在有限空间作业的工贸企业应当建立下列安全生产制度和规程：

（一）有限空间作业安全责任制度；

（二）有限空间作业审批制度；

（三）有限空间作业现场安全管理制度；

（四）有限空间作业现场负责人、监护人员、作业人员、应急救援人员安全培训教育制度；

（五）有限空间作业应急管理制度；

（六）有限空间作业安全操作规程。

第六条　工贸企业应当对从事有限空间作业的现场负责人、监护人员、作业人员、应急救援人员进行专项安全培训。专项安全培训应当包括下列内容：

（一）有限空间作业的危险有害因素和安全防范措施；

（二）有限空间作业的安全操作规程；

（三）检测仪器、劳动防护用品的正确使用；

（四）紧急情况下的应急处置措施。

安全培训应当有专门记录，并由参加培训的人员签字确认。

第七条　工贸企业应当对本企业的有限空间进行辨识，确定有限空间的数量、位置以及危险有害因素等基本情况，建立有限空间管理台账，并及时更新。

第八条　工贸企业实施有限空间作业前，应当对作业环境进行评估，分析存在的危险有害因素，提出消除、控制危害的措施，制定有限空间作业方案，并经本企业负责人批准。

第九条　工贸企业应当按照有限空间作业方案，明确作业现场负责人、监护人员、作业人员及其安全职责。

第十条　工贸企业实施有限空间作业前，应当将有限空间作业方案和作业现场可能存在的危险有害因素、防控措施告知作业人员。现场负责人应当监督作业人员按照方案进行作业准备。

第十一条　工贸企业应当采取可靠的隔断（隔离）措施，将可能危及作业安全的设施设备、存在有毒有害物质的空间与作业地点隔开。

第十二条　有限空间作业应当严格遵守"先通风、再检测、后作业"的原则。检测指标包括氧浓度、易燃易爆物质（可燃性气体、爆炸性粉尘）浓度、有毒有害气体浓度。检测应当符合相关国家标准或者行业标准的规定。

未经通风和检测合格，任何人员不得进入有限空间作业。检测的时间不得早于作业开始前 30 分钟。

第十三条　检测人员进行检测时，应当记录检测的时间、地点、气体种类、浓度等信息。检测记录经检测人员签字后存档。

检测人员应当采取相应的安全防护措施，防止中毒窒息等事故发生。

第十四条　有限空间内盛装或者残留的物料对作业存在危害时，作业人员应当在作业前对物料进行清洗、清空或者置换。经检测，有限空间的危险有害因素符合《工作场所有害因素职业接触限值第一部分化学有害因素》（GBZ 2.1）的要求后，方可进入有限空间作业。

第十五条　在有限空间作业过程中，工贸企业应当采取通风措施，保持空气流通，禁止采用纯氧通风换气。

发现通风设备停止运转、有限空间内氧含量浓度低于或者有毒有害气体浓度高于国家标准或者行业标准规定的限值时，工贸企业必须立即停止有限空间作业，清点作业人员，撤离作业现场。

第十六条　在有限空间作业过程中，工贸企业应当对作业场所中的危险有害因素进行定时检测或者连续监测。

作业中断超过 30 分钟，作业人员再次进入有限空间作业前，应当重新通风、检测合格后方可进入。

第十七条　有限空间作业场所的照明灯具电压应当符合《特低电压限值》（GB/T 3805）等国家标准或者行业标准的规定；作业场所存在可燃性气体、粉尘的，其电气设施设备及照明灯具的防爆安全要求应当符合《爆炸性环境第一部分：设备通用要求》（GB 3836.1）等国家标准或者行业标准的规定。

第十八条　工贸企业应当根据有限空间存在危险有害因素的种类和危害程度，为作业人员提供符合国家标准或者行业标准规定的劳动防护用品，并教育监督作业人员正确佩戴与使用。

第十九条　工贸企业有限空间作业还应当符合下列要求：

（一）保持有限空间出入口畅通；

（二）设置明显的安全警示标志和警示说明；

（三）作业前清点作业人员和工器具；

（四）作业人员与外部有可靠的通信联络；

（五）监护人员不得离开作业现场，并与作业人员保持联系；

（六）存在交叉作业时，采取避免互相伤害的措施。

第二十条　有限空间作业结束后，作业现场负责人、监护人员应当对作业现场进行清理，撤离作业人员。

第二十一条　工贸企业应当根据本企业有限空间作业的特点，制定应急预案，并配备相关的呼吸器、防毒面罩、通信设备、安全绳索等应急装备和器材。有限空间作业的现场负责人、监护人员、作业人员和应急救援人员应当掌握相关应急预案内容，定期进行演练，提高应急处置能力。

第二十二条　工贸企业将有限空间作业发包给其他单位实施的，应当发包给具备国家规定资质或者安全生产条件的承包方，并与承包方签订专门的安全生产管理协议或者在承包合同中明确各自的安全生产职责。存在多个承包方时，工贸企业应当对承包方的安全生产工作进行统一协调、管理。

工贸企业对其发包的有限空间作业安全承担主体责任。承包方对其承包的有限空间作业安全承担直接责任。

第二十三条　有限空间作业中发生事故后，现场有关人员应当立即报警，禁止盲目施救。应急救援人员实施救援时，应当做好自身防护，佩戴必要的呼吸器具、救援器材。

第三章　有限空间作业的安全监督管理

第二十四条　安全生产监督管理部门应当加强对工贸企业有限空间作业的监督检查，将检查纳入年度执法工作计划。对发现的事故隐患和违法行为，依法作出处理。

第二十五条　安全生产监督管理部门对工贸企业有限空间作业实施监督检查时，应当重点抽查有限空间作业安全管理制度、有限空间管理台账、检测记录、劳动防护用品配备、应急救援演练、专项安全培训等情况。

第二十六条　安全生产监督管理部门应当加强对行政执法人员的有限空间作业安全知识培训，并为检查有限空间作业安全的行政执法人员配备必需的劳动防护用品、检测仪器。

第二十七条　安全生产监督管理部门及其行政执法人员发现有限空间作业存在重大事故隐患的，应当责令立即或者限期整改；重大事故隐患排除前或者排除过程中无法保证安全的，应当责令暂时停止作业，撤出作业人员；重大事故隐患排除后，经审查同意，方可恢复作业。

【依据2】《国家电网公司装备制造企业安全生产标准化管理规范（试行）》（安质三〔2013〕104号）

5.10.1.2.10　有限空间作业应满足以下要求：

a）有限空间作业人员必须持证上岗，正确佩戴个人防护用品，严格按操作规程作业。

b）有限空间作业应制定作业方案，其中应包括应急措施或单独编制现场处置方案；审批时应对作业人员资质、方案内的作业程序、作业位置、检测仪器、现场专用防护用具和电气照明、现场通风、现场警戒、应急等相关内容进行审核。

c）有限空间作业要有专人监护，并落实防火、防窒息及逃生等措施。

d）进入有限空间危险场所作业要先测定氧气、有害气体、可燃性气体、粉尘等气体浓度，符合安全要求方可进入。

e）在有限空间内作业时要进行通风换气，并保证气体浓度测定次数或连续检测，严禁向内部输送氧气；进行涂漆、刷环氧玻璃钢工作应强力通风，符合安全要求和消防规定方可工作。

f）在金属容器内工作应使用符合安全电压要求的照明及电气工具，装设符合要求的漏电保护器，漏电保护器、电源连接器和控制箱等应放在容器外面。

g）建立作业记录，作业前应清点现场所有人员及所带物品，作业后应清点人数，查明无遗留物、无火种后方可撤离现场，并保存记录。

【依据3】《国家电网公司电工制造安全工作规程》（Q/GDW 11370—2015）

6.4 有限空间作业

6.4.1 实施有限空间作业前，应分析存在的危险有害因素，制定有限空间作业方案，经审批后方可实施。作业前应进行安全交底。

6.4.2 有限空间出入口应保持畅通并设置明显的安全警示标志和警示说明。

6.4.3 作业入口处应设置专职监护人员，作业时不得离开作业现场，并与作业人员保持联系，及时掌握作业人员的安全状况。

6.4.4 作业前，应按有关规定对作业场所中的危险有害因素进行定时检测或者连续监测，检测内容包括：氧浓度、易燃易爆物质（可燃性气体、爆炸性粉尘）浓度、有毒有害气体浓度。未经检测合格，任何人员不得进入有限空间作业。检测的时间不得早于作业开始前30min。

6.4.5 在有限空间内作业时，应采取通风措施，保持空气流通，禁止采用纯氧通风换气。作业中断超过30min，应当重新通风、检测合格后方可进入。

6.4.6 检测人员进行检测时，应当采取相应的安全防护措施，防止中毒窒息等事故发生。

6.4.7 有限空间内盛装或者残留的物料对作业存在危害时，作业前应对物料进行清洗、清空或者置换，危险有害因素符合相关要求后，方可进入有限空间作业。

6.4.8 发现通风设备停止运转、有限空间内氧含量浓度低于或者有毒有害气体浓度高于国家标准或者行业标准规定的限值时，应立即停止有限空间作业，清点作业人员，并撤离作业现场。

6.4.9 作业所用电气设备应符合有关用电安全技术操作规程。照明应使用36V以下的安全电压，潮湿环境下应使用6V的安全电压。使用超过安全电压的手持电动工具，应配备漏电保护器。

6.4.10 有限空间作业结束后，工作负责人、监护人员应对作业现场的作业人员和工器具进行清点，撤离全部作业人员。

6.4.11 有限空间作业过程中发生事故时，现场有关人员应立即报警（报告），禁止盲目施救。应急救援人员实施救援时，应当做好自身防护，配备必要的呼吸器具、救援器材。

7.2.6 电气安全

本条评价项目的查评依据如下：

【依据1】《机械制造企业安全生产标准化规范》（AQ/T 7009—2013）

4.2.42 手持电动工具

4.2.42.1 使用条件

4.2.42.1.1 手持式电动工具应具有国家强制认证标志、产品合格证和使用说明书，并在规定的条件下使用。

4.2.42.1.2 一般场所应使用Ⅱ类工具；狭窄场所或受限空间、潮湿环境应使用配置剩余电流动作保护装置的Ⅱ类工具或Ⅲ类工具；当使用Ⅰ类工具时，应配置剩余电流动作保护装置，PE线应连接规范。

4.2.42.1.3 剩余电流保护装置动作参数的选择及运行管理应符合GB 13955的相关规定。使用Ⅰ类工具时，PE线连接正确、可靠，剩余电流保护装置动作电流不得大于30mA，动作时间不得大于0.1s；Ⅱ类工具在狭窄场所或受限空间、潮湿环境使用时，剩余电流动作保护装置动作电流不得大于15mA，动作时间不得大于0.1s；使用Ⅲ类工具时，其隔离电器装置应置于操作危险空间外。

4.2.42.1.4 系统保护装置应与所选择的工具匹配。

4.2.42.2 日常检查和定期检测

4.2.42.2.1 管理部门发出或收回、以及使用前应进行日常检查。检查内容应符合GB 3787的相关规定，并保存记录。

4.2.42.2.2 定期检测每年应至少二次，梅雨季节或工具有损坏时应及时检测，检测应由专业电工检测。绝缘电阻值应符合 GB 3787 的相关规定。

4.2.42.2.3　定期检测应建立准确、可靠的记录，并在检测合格工具的明显位置粘贴合格标识。

4.2.42.3　电源线

4.2.42.3.1　电源线应不低于普通橡胶护层软线或聚氯乙烯护层软线的安全要求，设备与电源线温升应符合安全要求，其最小截面积（铜线）应符合如下要求：

——当工具额定电流小于 6A，电源线最小截面应大于 0.75mm²；

——当工具额定电流小于 10A，电源线最小截面应大于 1.00mm²；

——当工具额定电流小于 16A，电源线最小截面应大于 1.50mm²；

——当工具额定电流小于 25A，电源线最小截面应大于 2.50mm²。

4.2.42.3.2　电源线长度应小于 6m，中间不允许有接头，且无破损、无老化，不穿越通道。

4.2.42.4　工具的防护罩、盖、手柄应连接牢靠，并有足够的强度，外观无损伤、裂缝和变形。

4.2.42.5　转动部分、开关及接插件

4.2.42.5.1　转动部分应灵活，无阻滞现象；开关应动作灵活，无缺损与破裂。

4.2.42.5.2　严禁将插头、插座内的 N 与 PE 相连接；PE 线、N 线、相线不应错接或松动、脱落。接插件额定参数与所用工具应相匹配，且无烧损、无破裂和严重损伤。

4.2.43　移动电气设备

4.2.43.1　选用

4.2.43.1.1　火灾爆炸场所不应采用移动式电气设备，当不可避免时，应符合防火、防爆要求。

4.2.43.1.2　粉尘、潮湿、飞溅物场所应采用防护式结构。

4.2.43.2　应有相应制度，开展定期检测工作，其中设备的绝缘电阻值一般不小于 1MΩ，使用前和在用期间每半年应定期检测绝缘电阻值，并保存记录。移动式电器控制调试柜箱应符合本标准 4.2.38 的相关规定。定检合格应有明显标识。

4.2.43.3　电源线敷设长度不得超过 6m，中间不允许有接头，且无破损；易受机械损伤的地方应穿管保护，并不得跨越通道。电源线与设备的温升应符合安全要求。

4.2.43.4　线路保护和 PE 线连接

4.2.43.4.1　线路应设置独立的开关或断路器，并符合其容量，接插件只能用作隔离或接通电源；接线应规范、紧固、无烧蚀。

4.2.43.4.2　属于 I 类移动式电气设备应安装剩余电流保护装置。

4.2.43.4.3　PE 线应连接可靠，线径截面及安装方法应符合本标准 4.2.39 的相关规定。

4.2.43.4.4　必要时应设置急停、联锁、警示信号等保护装置。

4.2.43.5　距操作者站立面 2m 以下设备外露的旋转部件均应设置齐全、可靠的防护罩，其安全距离应符合 GB 23821 的相关规定；裸露的带电部分应有可靠的屏护，并有警示标识。

4.2.44　电气试验站（台、室）

4.2.44.1　试验环境

4.2.44.1.1　试验环境应是独立封闭的禁区，试验人员及试验设备与被试产品之间应设置隔离或屏护，试验设备的隔离屏护装置宜固定式安装，其高度不应低于 1.7m。区域屏护栅栏高度应大于 1.2m，门应设有联锁装置或安全锁，并有明显的安全色标。

4.2.44.1.2　试验环境应设置警示标识与警示信号，并应设置警戒线。

4.2.44.1.3　试验区域内不应设置人员休息场所。

4.2.44.1.4　高压配电装置的安全净距应符合 GB 50060 的相关规定，高、低压变配电设备应符合本标准 4.2.35 的相关规定。

高压试验设备的安全净距工频高压、冲击高压均应不小于峰值电压正棒对负极放电间隙的 1.5 倍。高压试验设备（含通电试品的带电部分）距人体最小安全净距应符合表 4.2.6 的规定。

表 4.2.6 高压试验设备距人体最小安全间距

工频电压	电压等级（kV）	10	20	50	100	150	250	500	800	1000
	最小净距（m）	0.7	1.0	1.5	2.0	2.5	3.0	4.0	6.0	8.0
冲击电压	电压等级（kV）	1000		1500		2000		2500	3000	3600
	最小净距（m）	4.0		5.5		7.0		9.5	10.5	11.0

4.2.44.1.5　试验时应按工艺工号填写试验工作程序安全确认表。当有视觉障碍物的较大试验场所应配备齐全、可靠的通讯联络、录音设备，设置远程自动监控摄像传输系统。

4.2.44.1.6　充有压力的被试产品或易破损瓷套管类试品应增设防护措施。

4.2.44.2　试验设备

4.2.44.2.1　试验设备及电缆应由具有资质的单位定期进行预防性试验与检测合格，并保存记录；设备现场应清洁，无渗漏、无损伤，不超载，温升符合要求。

4.2.44.2.2　各种断路器、保护开关、继电保护装置等保护电气应灵敏可靠，发电机组及变频设备运转参数和温升应符合要求，不超载运行。

4.2.44.2.3　各种检测仪表、显示装置信号指示装置应齐全、可靠，并在有效期内运行。

4.2.44.2.4　企业应提供高低压试验设备平面布置图、高低压供电系统图（包括 PE）、产品试验接线示意图或工艺流程图、试验站（台、室）区位图、雷击防护系统图、地下隐蔽工程图等六类相关图纸；并应提供主要产品试验（测试参数）报告和试验设备（含电力电容器和继电保护整定等）预防性试验报告单、按工号试验工作程序的安全确认表、安全用具明细及其定检合格报告单和相关管理制度、试验规程及安全技术操作规程。

4.2.44.3　控制系统及测试仪器

4.2.44.3.1　试验控制室、检测平台应整洁有序、操作方便，屏护和间距符合相关标准的规定。

4.2.44.3.2　各种接线应规范，接头紧固，无松动、无渗漏；线路的强电部分与弱电部分应保持安全间距；防雷、防过流或过电压、短路等保护装置应完好，并定期检测与试验。

4.2.44.3.3　临时接线应符合本标准 4.2.37 的相关要求。

4.2.44.3.4　测试仪器应经定检合格，并完好、准确，不超期使用。

4.2.44.4　接地系统及安全用具

4.2.44.4.1　接地系统应经过安全设计，并保持独立完整。小电流接地系统接地电阻值应小于 4Ω，大电流接地系统接地电阻值应小于 0.5Ω；当试验设备与试验站建筑物的接地共用接地网时，接地电阻应采用规定条件下的最小值。

4.2.44.4.2　严禁利用建筑物保护性接地网做大电流放电回路。也不允许电力系统的工作接地作为试验用接地。

4.2.44.4.3　独立高压电气试验站的雷电防护系统应符合本标准 4.2.40 的相关规定。

4.2.44.4.4　电气用具及防护用品应按周期定检合格，并保管有效。

4.2.44.4.5　金属屏网、栅栏及设备外露可导电部分 PE 线应连接可靠，线径截面及安装方法应符合本标准 4.2.39 的相关规定，必要时应作等电位连接。

【依据 2】《国家电网公司电工制造安全工作规程》（Q/GDW 11370—2015）

6.2　厂内用电作业

6.2.1　厂内用电作业应执行《国家电网公司电力安全工作规程（配电部分）（试行）》相关规定。

6.2.2　在潮湿、有限空间等特殊场所用电作业，应执行 GB/T 3805 相关规定。

6.2.3　低压临时用电作业前应填写低压临时用电申请单，履行审批手续，并符合如下规定：

a）低压临时用电作业申请单是低压临时用电作业的依据，不得涂改、不得代签，应认真登记，妥善保管；

b）低压临时用电每次申请使用期限不得超过 15 天，若需延长应办理延期手续。同一低压临时用电作业最长时间不得超过三个月；

c）使用现场应设有安全警示标志，配置符合安全规范的移动式电源箱，或按规范要求从固定的低压配电箱（柜、板）上供电；

d）在防爆场所使用的临时电源，电器元件和线路应达到相应的防爆技术要求，并采取相应的防爆安全措施；

e）现场临时用电供电设施的停送及现场临时用电的安装和拆除，应由电气专业人员负责操作，严格执行有关的电气安装规范和电气专业安全规程；

f）临时供电设施或现场用电设施，应安装漏电保护器，移动电器、手持式电动工具应加装独立的电源开关和保护，满足一机一闸一保护的要求，严禁一个开关控制两台及以上用电设备；

g）临时线架空时，其高度在室内应大于 2.5m，室外应大于 4.5m，跨越道路时应大于 6m；与其他设备、门、窗、水管等的距离应大于 0.3m；未做好绝缘措施不允许用金属物作电线支撑物；沿地面敷设时应有防止线路意外损坏的保护措施；

h）未经批准，不得变更作业地点和内容，禁止任意增加用电负荷。

【依据3】《国家电网公司装备制造企业安全生产标准化管理规范（试行）》（安质三〔2013〕104 号）

5.9.4.4.18　手持电动工具应满足以下要求：

a）使用条件应符合下列要求：

1）手持式电动工具应具有国家强制认证标识、产品合格证和使用说明书，并在规定的条件下使用。

2）一般场所应使用Ⅱ类工具；狭窄场所或受限空间、潮湿环境应使用配置剩余电流动作保护装置的Ⅱ类工具或Ⅲ类工具；当使用Ⅰ类工具时，应配置剩余电流动作保护装置，PE 线应连接规范。

3）剩余电流保护装置动作参数的选择及运行管理应符合 GB 13955 的相关规定。使用Ⅰ类工具时，PE 线连接正确、可靠，剩余电流保护装置动作电流不得大于 30mA，动作时间不得大于 0.1s；Ⅱ类工具在狭窄场所或受限空间、潮湿环境使用时，剩余电流动作保护装置动作电流不得大于 15mA，动作时间不得大于 0.1s；使用Ⅲ类工具时，其隔离电器装置应置于操作危险空间外。

4）系统保护装置应与所选择的工具匹配。

b）日常检查和定期检测应符合下列要求：

1）管理部门发出或收回以及使用前应进行日常检查。检查内容应符合 GB 3787 的相关规定，并保存记录。

2）定期检测每年应至少二次，梅雨季节或工具有损坏时应及时检测，检测应由专业电工检测。绝缘电阻值应符合 GB 3787 的相关规定。

3）定期检测应建立准确、可靠的记录，并在检测合格工具的明显位置粘贴合格标识。

c）电源线应不低于普通橡胶护层软线或聚氯乙烯护层软线的安全要求，设备与电源线温升应符合安全要求，其最小截面积（铜线）应符合下列要求：

1）当工具额定电流小于 6A，电源线最小截面应大于 $0.75mm^2$。

2）当工具额定电流小于 10A，电源线最小截面应大于 $1.00mm^2$。

3）当工具额定电流小于 16A，电源线最小截面应大于 $1.50mm^2$。

4）当工具额定电流小于 25A，电源线最小截面应大于 $2.50mm^2$。

d）电源线长度应小于 6m，中间不允许有接头，且无破损、无老化，不穿越通道。

e）工具的防护罩、盖、手柄应连接牢靠，并有足够的强度，外观无损伤、裂缝和变形。

f）转动部分、开关及接插件应符合下列要求：

1）转动部分应灵活，无阻滞现象；开关应动作灵活，无缺损与破裂。

2）严禁将插头、插座内的 N 与 PE 相连接；PE 线、N 线、相线不应错接或松动、脱落。接插件额定参数与所用工具应相匹配，且无烧损、无破裂和严重损伤。

5.9.4.4.19 移动电气设备应满足以下要求：

a）移动电气设备选用应符合下列要求：

1）容易发生火灾爆炸场所不应采用移动式电气设备，当不可避免时，应符合防火、防爆要求。

2）粉尘、潮湿、飞溅物场所应采用防护式结构。

b）应有相应制度，开展定期检测工作，其中设备的绝缘电阻值一般不小于 1MΩ，使用前和在用期间每半年应定期检测绝缘电阻值，并保存记录。移动式电器控制调试柜箱定检合格应有明显标识。

c）电源线敷设长度不得超过 6m，中间不允许有接头，且无破损；易受机械损伤的地方应穿管保护，并不得跨越通道。电源线与设备的温升应符合安全要求。

d）线路保护和 PE 线连接应符合下列要求：

1）线路应设置独立的开关或断路器，并符合其容量，接插件只能用作隔离或接通电源；接线应规范、紧固、无烧蚀。

2）属于 I 类移动式电气设备应安装剩余电流保护装置。

3）PE 线应连接可靠。

4）必要时应设置急停、联锁、警示信号等保护装置。

e）距操作者站立面 2m 以下设备外露的旋转部件均应设置齐全、可靠的防护罩，其安全距离应符合 GB 23821 的相关规定；裸露的带电部分应有可靠的屏护，并有警示标识。

5.9.4.4.20 高压电气试验室应满足以下要求：

a）安全制度和规程应符合下列要求：

1）高压试验室应有各项安全工作制度，制定安全规范、设备安全操作细则和试验作业指导书等制度，经本单位安全监察或技术主管部门审查，主管领导批准后执行。

2）试验室应设立专职或兼职安全员，负责监督检查本规范及有关安全规则、安全制度的贯彻执行。在发生人身或设备事故时参加事故调查处理。

3）对涉及主要试验设备的重要试验项目均要编制试验方案。主要内容一般包括试验任务、试验时间、试验接线、使用设备、人员名单及分工、操作步骤、安全措施、安全监护人等。试验方案由试验室技术负责人批准后执行。

b）岗位和人员应符合下列要求：

1）高压试验室应设置试验室技术负责人、试验负责人和试验人员。

2）技术负责人应由从事高压试验工作 5 年以上的人员担任，试验负责人应由从事高压试验工作 2 年以上的人员担任。

3）试验人员应经过专业培训，具有高压试验专业知识和紧急救护知识，熟悉试验设备和试品，熟悉本规范及高压试验室相关规程，并经考试合格。

4）高压试验工作由试验室技术负责人下达任务。进行高压试验时，试验人员不得少于 2 人，并指定其中之一为试验负责人。

5）试验负责人应对试验工作的安全全面负责。在试验过程中，由试验负责人统一发布操作指令。在试验过程中，试验负责人应始终留在现场，因故必须离开时，应指定胜任的人员临时代替，或暂停试验工作。

6）大型或危险性较大的试验任务，根据现场的安全条件，可由试验负责人指定专责监护人。专责监护人不得兼任试验操作人或从事其他工作。

c）试验环境应符合下列要求：

1）试验室应保持光线充足，门窗严密，通风设施完备。室（场）内地面平整，留有符合要求、标志清晰的通道。试区内布置整洁，不许随意堆放杂物。试验室周围应有消防通道，并保证畅通无阻。

2）在高压试验试区周围，应设置封闭隔离或屏蔽遮栏，并设置警示标识与警示信号，设置警戒线。标识必须朝向遮栏的外侧。遮栏应由金属制成，可靠接地，其高度不低于2m。通往试区的门与试验电源应有联锁装置。

3）高压试验设备的安全净距工频高压、冲击高压均应不小于峰值电压正棒对负极放电间隙的1.5倍。高压试验设备（含通电试品的带电部分）距人体最小安全净距应符合下表的规定。

高压试验设备距人体最小安全间距

工频电压	电压等级（kV）	10	20	50	100	150	250	500	800	1000
	最小净距（m）	0.7	1.0	1.5	2.0	2.5	3.0	4.0	6.0	8.0
冲击电压	电压等级（kV）	1000		1500		2000		2500	3000	3600
	最小净距（m）	4.0		5.5		7.0		9.5	10.5	11.0

4）在同一试验室内同时进行不同的高压试验时，各试区间必须按各自的安全距离用遮栏隔开，同时设置明显的标示牌，留有安全通道。

5）当交流试验电压（有效值）、直流试验电压（最大值）高于1000kV，冲击试验电压（峰值）高于2000kV时，由于放电的不规律性，有可能出现异常放电，所有人员应留在能防止异常放电危及人身安全的地带，如控制室、观察室或屏蔽遮栏外。不切断电源严禁进入试验区内。

6）控制室应铺橡胶绝缘垫，根据试验室的性质和需要，配备相应的安全工器具，防毒、防射线、防烫伤的防护用品以及防爆和消防安全设施，配备应急照明电源。

d）试验设备应符合下列要求：

1）试验设备及电缆应由具有资质的单位定期进行预防性试验与检测合格，发现缺陷及时处理，并应做好缺陷及处理记录。不准试验设备带缺陷强行投入试验。

2）试验室的高、低压配电装量应符合有关标准，定期维修，安全可靠。

3）高压试验室必须加强技术管理，建立完备的技术档案。对试验全过程每次都应有完整、详细的记录，对试验结果必须进行全面综合分析，作出结论，提出试验报告。大型试验设备的调试、运行、缺陷、维修等也应有完整的记录。

4）对易燃易爆或放电后可能产生毒性物质的设备应作好防火、防爆、防毒措施。

e）接地系统应符合下列要求：

1）高压试验室（场）必须有良好的接地系统，以保证高压试验测量准确度和人身安全。对小电流接地系统接地电阻不超过4Ω，大电流接地系统电阻小于0.5Ω。当试验设备与试验站建筑物的接地共用接地网时，接地电阻应采用规定条件下的最小值。

2）试验设备的接地点与被试设备的接地点之间应有可靠的金属性连接。试验室（场）内所有的金属架构，固定的金属安全屏蔽遮（栅）栏均必须与按地网有牢固的连接。接地线与接地体的连接应用螺栓连接在固定的接地点上。接地线应尽可能地短，接线状况应明显可见。接地线严禁接在水管、暖气片和低压电气回路的中性线上。

3）严禁利用建筑物保护性接地网做大电流放电回路。禁止使用电力系统工作接地作为试验用接地。

4）为防止高压试验时电磁场影响和地电位升高引起反击，试验室应有相应安全技术措施。对重要的仪器和弱电设备应装设防止放电反击和感应电压的保护装量或其他安全措施。

f）高压试验操作应符合下列要求：

1）试验开始前，试验负责人应对全体试验人员详细布置试验任务和交待安全注意事项。

2）试验装置的电源开关，应有明显可见的断开点。

3）在加压前，试验负责人必须检查试验设备和试品，检查试验接线、表计倍率、调压器零位及测量系统的开始状态，检查试验设备高压端接地线是否已拆除，检查安全措施的完成情况，均正常无误后方可加压。

4）对高压试验设备及试品在高压试验前、试验后的放电，必须先将接地操作棒的接地线可靠地连接在接地点上，再用接地操作棒放电。放电时间一般不短于 3min；对大容量试品的放电时间，应在 5min 以上。

5）试验间断时，应断开试验电源，电源回路应有试验人员能看见的明显断开点，并放置标示牌。恢复试验时，应重新检查试验接线和安全措施。

6）试验结束后，应拆除自装的临时短路接地线，清理现场。

g）其他安全措施：

1）试验室的安全工器具和起重机械设备应按规定作预防性试验，由经过培训考试合格的专人操作，并应制定维护管理制度，设备应定期检查维修。

2）对有剧毒、易燃、易爆的试验用药品和试剂应根据有关规定储放，并由专人负责保管。SF$_6$ 气体绝缘高压试验设备及试品应密封良好，试验现场应按规定装设强力通风装置和防护设施。对接触有害物质的试验必须制定专门的防护措施。

3）高压试验室应设置灭火设施和灭火器。

5.9.4.4.21　自有专用机械设备应满足以下要求：

a）企业应建立专用机械设备台账，档案资料应符合下列要求：

1）完整的设计、审批的相关资料。

2）出厂技术资料、安装使用说明书。

3）验收资料和相应的检测、试验报告。

4）其他技术资料。

b）企业应编制每种专用机械设备的安全技术操作规程或工艺安全技术作业指导书。

c）企业应对专用机械设备进行了风险分析和评价，并应制定安全标准化考评表，其考评项目应符合下列要求（无此内容除外）：

1）各运动部位的限位装置应灵敏、可靠，并与动力机构联锁。信号警示装置应可靠。

2）距操作者站立面 2m 以下设备外露的旋转部件均应设置齐全、可靠的防护罩或防护网。

3）电气设备的绝缘、屏护、间距，以及 PE 线应符合的相关规定。

4）使用危险化学品、油类及产生有机粉尘、可燃蒸汽、气雾场所的电气设备及通风应符合防爆要求。

5）使用天然气、人工煤气、液化气、煤粉作燃料时，其点火保护和熄火保护应灵敏、可靠。

6）登高梯台应符合相关规定。

7）其他安全防护装置和安全技术要点等。

d）企业制定的专用机械设备安全标准化考评内容应满足行业安全生产法规、标准的要求。

e）企业应按照专用机械设备安全标准化考评表进行自评，并保存自评记录。

7.2.7　防爆安全

本条评价项目的查评依据如下：

【依据1】《爆炸危险环境电力装置设计规范》（GB 50058—2014）

3.1.1　在生产、加工、处理、转运或贮存过程中出现或可能出现下列爆炸性气体混合物环境之一时，应进行爆炸性气体环境的电力设计：

1　在大气条件下，可燃气体与空气混合形成爆炸性气体混合物；

2　闪点低于或等于环境温度的可燃液体的蒸气或薄雾与空气混合形成爆炸性气体混合物；

3　在物料操作温度高于可燃液体闪点的情况下，当可燃液体有可能泄漏时，可燃液体的蒸气或薄雾与空气混合形成爆炸性气体混合物。

3.1.2　在爆炸性气体环境中产生爆炸应符合下列条件：

1 存在可燃气体、可燃液体的蒸气或薄雾，其浓度在爆炸极限以内；

2 存在足以点燃爆炸性气体混合物的火花、电弧或高温。

3.1.3 在爆炸性气体环境中应采取下列防止爆炸的措施：

1 产生爆炸的条件同时出现的可能性应减到最小程度。

2 工艺设计中应采取下列消除或减少可燃物质的产生及积聚的措施：

1）工艺流程中宜采取较低的压力和温度，将可燃物质限制在密闭容器内；

2）工艺布置应限制和缩小爆炸危险区域的范围，并宜将不同等级的爆炸危险区或爆炸危险区与非爆炸危险区分隔在各自的厂房或界区内；

3）在设备内可采用以氮气或其他惰性气体覆盖的措施；

4）宜采取安全联锁或发生事故时加入聚合反应阻聚剂等化学药品的措施。

3 防止爆炸性气体混合物的形成或缩短爆炸性气体混合物滞留时间可采取下列措施：

1）工艺装置宜采取露天或开敞式布置；

2）设置机械通风装置；

3）在爆炸危险环境内设置正压室；

4）对区域内易形成和积聚爆炸性气体混合物的地点设置自动测量仪器装置，当气体或蒸气浓度接近爆炸下限值的 50% 时，应能可靠地发出信号或切断电源。

4 在区域内应采取消除或控制设备线路产生火花、电弧或高温的措施。

【依据 2】《危险场所电气防爆安全规范》（AQ 3009—2007）

6.1.1.1 一般规定

6.1.1.1.1 电气线路应敷设在爆炸危险性较小的区域或距离释放源较远的位置，避开易受机械损伤、振动、腐蚀、粉尘积聚以及有危险温度的场所。当不能避开时，应采取预防措施。

6.1.1.1.2 选用的低压电缆或绝缘导线，其额定电压必须高于线路工作电压，且不得低于 500V，绝缘导线必须敷设于导管内。

6.1.1.1.3 10kV 及以下架空线路严禁跨越爆炸性气体环境；架空线与爆炸性气体环境水平距离，不应小于杆塔高度的 1.5 倍。

6.1.1.1.4 电缆及其附件在安装时，根据实际情况其位置应能防止受外来机械损伤、腐蚀或化学影响（例如溶剂的影响），以及高温作用（对本安全电路亦见 6.1.2.4.4）。如果上述情况不能避免，安装时应采取保护措施，例如使用导管或对电缆进行选型（为了使其损害降低到最小，可使用铠装电缆，屏蔽线、无缝铝护套线，矿物绝缘金属护套或半刚性护套电缆等）。

注：在 -5℃ 安装时，PVC 电缆应采取措施防止电缆护套或绝缘材料受损害。

6.1.1.1.5 无护套单芯电线，除非它们安装在配电盘、外壳或导管系统内，不应用作导电配线。

6.1.1.1.6 设置电缆的通道、导管、管道或电缆沟，应采取预防措施防止可燃性气体、蒸气或液体从这一区域传播到另一个区域，并且阻止电缆沟中可燃性气体、蒸气或液体的聚集。这些措施包括通道、导管或管道的密封。对于电缆沟，可使用充足的通风或充砂。

导管和在特殊情况下的电缆（如存在压力差）应密封，防止液体或气体在导管或电缆护套内通过。

6.1.1.1.7 通过危险场所的电路从非危险场所穿过危险场所到另一场所时，危险场所中的管线系统应适合于该区域。

6.1.1.1.8 除加热带外，应避免电缆金属铠装/护套与有可燃性气体、蒸气或液体管道系统之间的偶然接触，利用电缆上非金属外护套进行隔离通常可避免这种偶然接触。

6.1.1.1.9 危险和非危险场所之间墙壁上穿过电缆和导管的开孔应充分密封，例如用砂密封或用砂浆密封。

6.1.1.1.10 在危险场所中使用的电缆不能有中间接头。当不能避免时，除适合于机械的、电的和环境情况外，连接应该：

——在适应于场所防爆型式的外壳内进行；

——配置的连接不能承受机械应力，应按制造厂说明，用环氧树脂、复合剂或用热缩管材进行密封。

注：除本质安全系统用电缆外，后一种方法不能在 1 区使用。

除连接隔爆设备导管中或本安电路中导线连接外，导线连接应通过压紧连接、牢固的螺钉连接、熔焊或钎焊方式进行。如果被连接导线用适当的机械方法连在一起，然后软焊是允许的。

6.1.1.1.11　如果使用多股绞线尤其是细的绞合导线，应保护绞线终端，防止绞线分散，可用电缆套管或芯线端套，或用定型端子的方法。但不能单独使用焊接方法。

符合设备防爆型式的爬电距离和电气间隙不应因导线与端子连接而减小。

6.1.1.1.12　为处理紧急情况，在危险场所外合适的地点或位置应有一种或多种措施对危险场所电气设备断电。为防止附加危险，必须连续运行的电气设备不应包括在紧急断电路中，而应安装在单独的电路上。

6.1.1.1.13　为保证作业安全，应对每一电路或电路组采取适当方法进行隔离（例如隔离开关，熔断器和保险丝），包括所有电路导体，也包括中性线。应立即采取与隔离措施一致的标签对被控制电路和电路组标识。

注：裸露非保护导体对爆炸性环境产生危险仍持续时，应有有效措施或程序来阻止对电气设备恢复供电。

7.2.8　消防安全

本条评价项目的查评依据如下：

【依据 1】《中华人民共和国消防法》（中华人民共和国主席令〔2018〕第 6 号）

第十六条　机关、团体、企业、事业等单位应当履行下列消防安全职责：

（一）落实消防安全责任制，制定本单位的消防安全制度、消防安全操作规程，制定灭火和应急疏散预案；

（二）按照国家标准、行业标准配置消防设施、器材，设置消防安全标志，并定期组织检验、维修，确保完好有效；

（三）对建筑消防设施每年至少进行一次全面检测，确保完好有效，检测记录应当完整准确，存档备查；

（四）保障疏散通道、安全出口、消防车通道畅通，保证防火防烟分区、防火间距符合消防技术标准；

（五）组织防火检查，及时消除火灾隐患；

（六）组织进行有针对性的消防演练；

（七）法律、法规规定的其他消防安全职责。

单位的主要负责人是本单位的消防安全责任人。

第十七条　县级以上地方人民政府公安机关消防机构应当将发生火灾可能性较大以及发生火灾可能造成重大的人身伤亡或者财产损失的单位，确定为本行政区域内的消防安全重点单位，并由公安机关报本级人民政府备案。

消防安全重点单位除应当履行本法第十六条规定的职责外，还应当履行下列消防安全职责：

（一）确定消防安全管理人，组织实施本单位的消防安全管理工作；

（二）建立消防档案，确定消防安全重点部位，设置防火标志，实行严格管理；

（三）实行每日防火巡查，并建立巡查记录；

（四）对职工进行岗前消防安全培训，定期组织消防安全培训和消防演练。

第十八条　同一建筑物由两个以上单位管理或者使用的，应当明确各方的消防安全责任，并确定责任人对共用的疏散通道、安全出口、建筑消防设施和消防车通道进行统一管理。

住宅区的物业服务企业应当对管理区域内的共用消防设施进行维护管理，提供消防安全防范服务。

第十九条　生产、储存、经营易燃易爆危险品的场所不得与居住场所设置在同一建筑物内，并应当与居住场所保持安全距离。

生产、储存、经营其他物品的场所与居住场所设置在同一建筑物内的，应当符合国家工程建设消防技术标准。

第二十一条　禁止在具有火灾、爆炸危险的场所吸烟、使用明火。因施工等特殊情况需要使用明火作业的，应当按照规定事先办理审批手续，采取相应的消防安全措施；作业人员应当遵守消防安全规定。

进行电焊、气焊等具有火灾危险作业的人员和自动消防系统的操作人员，必须持证上岗，并遵守消防安全操作规程。

第二十二条　生产、储存、装卸易燃易爆危险品的工厂、仓库和专用车站、码头的设置，应当符合消防技术标准。易燃易爆气体和液体的充装站、供应站、调压站，应当设置在符合消防安全要求的位置，并符合防火防爆要求。

已经设置的生产、储存、装卸易燃易爆危险品的工厂、仓库和专用车站、码头，易燃易爆气体和液体的充装站、供应站、调压站，不再符合前款规定的，地方人民政府应当组织、协调有关部门、单位限期解决，消除安全隐患。

第二十三条　生产、储存、运输、销售、使用、销毁易燃易爆危险品，必须执行消防技术标准和管理规定。

进入生产、储存易燃易爆危险品的场所，必须执行消防安全规定。禁止非法携带易燃易爆危险品进入公共场所或者乘坐公共交通工具。

储存可燃物资仓库的管理，必须执行消防技术标准和管理规定。

第二十六条　建筑构件、建筑材料和室内装修、装饰材料的防火性能必须符合国家标准；没有国家标准的，必须符合行业标准。

人员密集场所室内装修、装饰，应当按照消防技术标准的要求，使用不燃、难燃材料。

第二十七条　电器产品、燃气用具的产品标准，应当符合消防安全的要求。

电器产品、燃气用具的安装、使用及其线路、管路的设计、敷设、维护保养、检测，必须符合消防技术标准和管理规定。

第三十九条　下列单位应当建立单位专职消防队，承担本单位的火灾扑救工作：

（一）大型核设施单位、大型发电厂、民用机场、主要港口；

（二）生产、储存易燃易爆危险品的大型企业；

（三）储备可燃的重要物资的大型仓库、基地；

（四）第一项、第二项、第三项规定以外的火灾危险性较大、距离公安消防队较远的其他大型企业；

（五）距离公安消防队较远、被列为全国重点文物保护单位的古建筑群的管理单位。

第四十条　专职消防队的建立，应当符合国家有关规定，并报当地公安机关消防机构验收。

专职消防队的队员依法享受社会保险和福利待遇。

第四十一条　机关、团体、企业、事业等单位以及村民委员会、居民委员会根据需要，建立志愿消防队等多种形式的消防组织，开展群众性自防自救工作。

【依据2】《建筑设计防火规范》（GB 50016—2014）

10　电气

10.1　消防电源及其配电

10.1.1　下列建筑物、储罐（区）和堆场的消防用电应按一级负荷供电：

1　建筑高度大于50m的乙、丙类厂房和丙类仓库；

2　一类高层民用建筑。

10.1.2　下列建筑物、储罐（区）和堆场的消防用电应按二级负荷供电：

1　室外消防用水量大于 30L/s 的厂房、仓库；

2　室外消防用水量大于 35L/s 的可燃材料堆场、可燃气体储罐（区）和甲、乙类液体储罐（区）；

3　粮食仓库及粮食筒仓；

4　二类高层民用建筑；

5　座位数超过 1500 个的电影院、剧场，座位数超过 3000 个的体育馆、任一层建筑面积大于 3000m² 的商店、展览建筑，省（市）级及以上的广播电视、电信和财贸金融建筑，室外消防用水量大于 25L/s 的其他公共建筑。

10.1.3　除本规范第 10.1.1 和 10.1.2 条外的建筑物、储罐（区）和堆场等的消防用电，可按三级负荷供电。

10.1.4　消防用电按一、二级负荷供电的建筑，当采用自备发电设备作备用电源时，自备发电设备应设置自动和手动启动装置，当采用自动启动方式时，应能在 30s 内供电。

不同级别负荷的供电电源应符合现行国家标准《供配电系统设计规范》GB 50052 的有关规定。

10.1.5　建筑内消防应急照明和灯光疏散指示标志的备用电源的连续供电时间应符合下列规定：

1　建筑高度大于 100m 的民用建筑，不应小于 1.5h；

2　医疗建筑、老年人建筑、总建筑面积大于 100 000m² 的公共建筑，不应少于 1.0h；

3　其他建筑，不应少于 0.5h。

10.1.6　消防用电设备应采用专用的供电回路，当建筑内生产、生活用电被切断时，应仍能保证消防用电。

备用消防电源的供电时间和容量，应满足该建筑火灾延续时间内各消防用电设备的要求。

10.1.7　消防配电干线宜按防火分区划分，消防配电支线不宜穿越防火分区。

10.1.8　消防控制室、消防水泵房、防烟和排烟风机房的消防用电设备及消防电梯等的供电，应在其配电线路的最末一级配电箱处设置自动切换装置。

10.1.9　按一、二级负荷供电的消防设备，其配电箱应独立设置；按三级负荷供电的消防设备，其配电箱宜独立设置。

消防配电设备应有明显标志。

10.1.10　消防配电线路应满足火灾时连续供电的需要，其敷设应符合下列规定：

1　明敷时（包括敷设在吊顶内），应穿金属导管或封闭式金属槽盒保护，金属导管或封闭式金属槽盒保护应采取防火保护措施。当采用阻燃或耐火电缆并敷设在电缆井、沟内时，可直接明敷；

2　暗敷时，应穿管并应敷设在不燃烧体结构内且保护层厚度不应小于 30mm；

3　消防配电线路宜与其他配电线路分开敷设在不同的电缆井、沟内；确有困难需敷设在同一电缆井、沟内时，应分别布置在电缆井、沟的两侧，且消防配电线路应采用矿物绝缘类不燃性电缆。

10.2　电力线路及电器装置

10.2.1　架空电力线与甲、乙类厂房（仓库），可燃材料堆垛，甲、乙、丙类液体储罐，液化石油气储罐，可燃、助燃气体储罐的最近水平距离应符合表 10.2.1 的规定。

35kV 及以上的架空电力线与单罐容积大于 200m³ 或总容积大于 1000m³ 的液化石油气储罐（区）的最近水平距离不应小于 40m。

表 10.2.1　架空电力线与甲、乙类厂房（仓库）、可燃材料堆垛等的最近水平距离

名　称	架空电力线
架空电力线与甲、乙类厂房（仓库），可燃材料堆垛，甲、乙、丙类液体储罐，液化石油气储罐，可燃、助燃气体储罐	电杆（塔）高度的 1.5 倍
直埋地下的甲、乙、丙类液体储罐和可燃气体储罐	电杆（塔）高度的 0.75 倍

表 10.2.1（续）

名　称	架空电力线
丙类液体储罐	电杆（塔）高度的 1.2 倍
直埋地下的丙类液体储罐	电杆（塔）高度的 0.6 倍

10.2.2 　电力电缆不应和输送甲、乙、丙类液体管道、可燃气体管道、热力管道敷设在同一管沟内。

10.2.3 　配电线路不得穿越通风管道内腔或敷设在通风管道外壁上，穿金属管保护的配电线路可紧贴通风管道外壁敷设。

配电线路敷设在有可燃物的闷顶、吊顶内时，应采取穿金属导管、采用封闭式金属线槽等防火保护措施。

10.2.4 　开关、插座和照明灯具靠近可燃物时，应采取隔热、散热等防火保护措施。

卤钨灯和额定功率不小于 100W 的白炽灯泡的吸顶灯、槽灯、嵌入式灯，其引入线应采用瓷管、矿棉等不燃材料作隔热保护。

额定功率不少于 60W 的白炽灯、卤钨灯、高压钠灯、金属卤化物灯、荧光高压汞灯（包括电感镇流器）等，不应直接安装在可燃物体上或采取其他防火措施。

10.2.5 　可燃材料仓库内宜使用低温照明灯具，并应对灯具的发热部件采取隔热等防火保护措施；不应使用卤钨灯等高温照明灯具。

配电箱及开关应设置在仓库外。

10.2.6 　爆炸危险环境电力装置的设计应符合现行国家标准《爆炸危险环境电力装置设计规范》GB 50058—2014 的规定。

10.2.7 　下列建筑或场所的非消防用电负荷宜设置电气火灾监控系统：

1 　建筑高度大于 50m 的乙、丙类厂房和丙类仓库，室外消防用水量大于 30L/s 的厂房（仓库）；

2 　一类高层民用建筑；

3 　座位数超过 1500 个的电影院、剧场，座位数超过 3000 个的体育馆，任一层建筑面积大于 3000m² 的商店和展览建筑，省（市）级及以上的广播电视、电信和财贸金融建筑，室外消防用水量大于 25L/s 的其他公共建筑；

4 　国家级文物保护单位的重点砖木或木结构的古建筑。

10.3 　消防应急照明和疏散指示标志

10.3.1 　除建筑高度小于 27m 的住宅建筑外，民用建筑、厂房和丙类仓库的下列部位应设置疏散照明：

1 　封闭楼梯间、防烟楼梯间、消防电梯间的前室或合用前室、避难走道、避难层（间）；

2 　观众厅、展览厅、多功能厅和建筑面积大于 200m² 的营业厅、餐厅、演播室等人员密集的场所；

3 　建筑面积大于 100m² 的地下或半地下公共活动场所；

4 　公共建筑内的疏散走道；

5 　人员密集的厂房内的生产场所及疏散走道。

10.3.2 　建筑内疏散照明的地面最低水平照度应符合下列规定：

1 　对于疏散走道，不应低于 1.0lx；

2 　对于人员密集场所、避难层（间），不应低于 3.0lx；对于病房楼或手术部的避难间，不应低于 10.0lx；

3 　对于楼梯间、前室或合用前室、避难走道，不应低于 5.0lx。

10.3.3 　消防控制室、消防水泵房、自备发电机房、配电室、防排烟机房以及发生火灾时仍需正常工作的消防设备房应设置备用照明，其作业面的最低照度不应低于正常照明的照度。

10.3.4　疏散照明灯具应设置在出口的顶部、墙面的上部或顶棚上；备用照明灯具应设置在墙面的上部或顶棚上。

10.3.5　公共建筑、建筑高度大于 54m 的住宅建筑、高层厂（库）房和甲、乙、丙类单、多层厂房，应设置灯光疏散指示标志，并应符合下列规定：

1　应设置在安全出口和人员密集的场所的疏散门的正上方；

2　应设置在疏散走道及其转角处距地面高度 1.0m 以下的墙面或地面上。灯光疏散指示标志的间距不应大于 20m；对于袋形走道，不应大于 10m；在走道转角区，不应大于 1.0m。

10.3.6　下列建筑或场所应在其疏散走道和主要疏散路径的地面上增设能保持视觉连续的灯光疏散指示标志或蓄光疏散指示标志：

1　总建筑面积大于 8000m^2 的展览建筑；

2　总建筑面积大于 5000m^2 的地上商店；

3　总建筑面积大于 500m^2 的地下或半地下商店；

4　歌舞娱乐放映游艺场所；

5　座位数超过 1500 个的电影院、剧场，座位数超过 3000 个的体育馆、会堂或礼堂。

10.3.7　建筑内设置的消防疏散指示标志和消防应急照明灯具，除应符合本规范的规定外，还应符合现行国家标准《消防安全标志》（GB 13495）和《消防应急照明和疏散指示系统》（GB 17945）的规定。

【依据3】《电力工程电缆设计规范》（GB 50217—2007）

7　电缆防火与阻止延燃

7.0.1　对电缆可能着火蔓延导致严重事故的回路、易受外部影响波及火灾的电缆密集场所，应设置适当的阻火分隔，并应按工程重要性、火灾几率及其特点和经济合理等因素，采取下列安全措施：

1　实施阻燃防护或阻止延燃。

2　选用具有阻燃性的电缆。

3　实施耐火防护或选用具有耐火性的电缆。

4　实施防火构造。

5　增设自动报警与专用消防装置。

7.0.2　阻火分隔方式的选择，应符合下列规定：

1　电缆构筑物中电缆引至电气柜、盘或控制屏、台的开孔部位，电缆贯穿隔墙、楼板的孔洞处，工作井中电缆管孔等均应实施阻火封堵。

2　在隧道或重要回路的电缆沟中的下列部位，宜设置阻火墙（防火墙）。

1）公用主沟道的分支处。

2）多段配电装置对应的沟道适当分段处。

3）长距离沟道中相隔约 200m 或通风区段处。

4）至控制室或配电装置的沟道入口、厂区围墙处。

3　在竖井中，宜每隔 7m 设置阻火隔层。

7.0.3　实施阻火分隔的技术特性，应符合下列规定：

1　阻火封堵、阻火隔层的设置，应按电缆贯穿孔洞状况和条件，采用相适合的防火封堵材料或防火封堵组件。用于电力电缆时，宜使对载流量影响较小；用在楼板竖井孔处时，应能承受巡视人员的荷载。阻火封堵材料的使用，对电缆不得有腐蚀和损害。

2　阻火墙的构成，应采用适合电缆线路条件的阻火模块、防火封堵板材、阻火包等软质材料，且应在可能经受积水浸泡或鼠害作用下具有稳固性。

3　除通向主控室、厂区围墙或长距离隧道中按通风区段分隔的阻火墙部位应设置防火门外，其他情况下，有防止窜燃措施时可不设防火门。防窜燃方式，可在阻火墙紧靠两侧不少于 1m 区段所有电缆上施加防火涂料、包带或设置挡火板等。

4 阻火墙、阻火隔层和阻火封堵的构成方式，应按等效工程条件特征的标准试验，满足耐火极限不低于 1h 的耐火完整性、隔热性要求确定。当阻火分隔的构成方式不为该材料标准试验的试件装配特征涵盖时，应进行专门的测试论证或采取补加措施；阻火分隔厚度不足时，可沿封堵侧紧靠的约 1m 区段电缆上施加防火涂料或包带。

7.0.4 非阻燃性电缆用于明敷时，应符合下列规定：

1 在易受外因波及而着火的场所，宜对该范围内的电缆实施阻燃防护；对重要电缆回路，可在适当部位设置阻火段以实施阻止延燃。阻燃防护或阻火段，可采取在电缆上施加防火涂料、包带；当电缆数量较多时，也可采用阻燃、耐火槽盒或阻火包等。

2 在接头两侧电缆各约 3m 区段和该范围内邻近并行敷设的其他电缆上，宜采用防火包带实施阻止延燃。

7.0.5 在火灾几率较高、灾害影响较大的场所，明敷方式下电缆的选择，应符合下列规定：

1 火力发电厂主厂房、输煤系统、燃油系统及其他易燃易爆场所，宜选用阻燃电缆。

2 地下的客运或商业设施等人流密集环境中需增强防火安全的回路，宜选用具有低烟、低毒的阻燃电缆。

3 其他重要的工业与公共设施供配电回路，当需要增强防火安全时，也可选用具有阻燃性或低烟、低毒的阻燃电缆。

7.0.6 阻燃电缆的选用，应符合下列规定：

1 电缆多根密集配置时的阻燃性，应符合现行国家标准《电缆在火焰条件下的燃烧试验第 3 部分：成束电线或电缆的燃烧试验方法》（GB/T 18380.3）的有关规定，并应根据电缆配置情况、所需防止灾难性事故和经济合理的原则，选择适合的阻燃性等级和类别。

2 当确定该等级类阻燃电缆能满足工作条件下有效阻止延燃性时，可减少本规范第 7.0.4 条的要求。

3 在同一通道中，不宜把非阻燃电缆与阻燃电缆并列配置。

7.0.7 在外部火势作用一定时间内需维持通电的下列场所或回路，明敷的电缆应实施耐火防护或选用具有耐火性的电缆。

1 消防、报警、应急照明、断路器操作直流电源和发电机组紧急停机的保安电源等重要回路。

2 计算机监控、双重化继电保护、保安电源或应急电源等双回路合用同一通道未相互隔离时的其中一个回路。

3 油罐区、钢铁厂中可能有熔化金属溅落等易燃场所。

4 火力发电厂水泵房、化学水处理、输煤系统、油泵房等重要电源的双回路供电回路合用同一电缆通道而未相互隔离时的其中一个回路。

5 其他重要公共建筑设施等需有耐火要求的回路。

7.0.8 明敷电缆实施耐火防护方式，应符合下列规定：

1 电缆数量较少时，可采用防火涂料、包带加于电缆上或把电缆穿于耐火管中。

2 同一通道中电缆较多时，宜敷设于耐火槽盒内，且对电力电缆宜采用透气型式，在无易燃粉尘的环境可采用半封闭式，敷设在桥架上的电缆防护区段不长时，也可采用阻火包。

7.0.9 耐火电缆用于发电厂等明敷有多根电缆配置中，或位于油管、有熔化金属溅落等可能波及场所时，其耐火性应符合现行国家标准《电线电缆燃烧试验方法 第 1 部分：总则》（GB/T 12666.1）中的 A 类耐火电缆。除上述情况外且为少量电缆配置时，可采用符合现行国家标准《电线电缆燃烧试验方法 第 1 部分：总则》（GB/T 12666.1）中的 B 类耐火电缆。

7.0.10 在油罐区、重要木结构公共建筑、高温场所等其他耐火要求高且敷设安装和经济合理时，可采用矿物绝缘电缆。

7.0.11　自容式充油电缆明敷在公用廊道、客运隧洞、桥梁等要求实施防火处理时，可采取埋砂敷设。

7.0.12　靠近高压电流、电压互感器等含油设备的电缆沟，该区段沟盖板宜密封。

7.0.13　在安全性要求较高的电缆密集场所或封闭通道中，宜配备适于环境的可靠动作的火灾自动探测报警装置。明敷充油电缆的供油系统，宜设置反映喷油状态的火灾自动报警和闭锁装置。

7.0.14　在地下公共设施的电缆密集部位、多回充油电缆的终端设置处等安全性要求较高的场所，可装设水喷雾灭火等专用消防设施。

7.0.15　电缆用防火阻燃材料产品的选用，应符合下列规定：

1　阻燃性材料应符合现行国家标准《防火封堵材料的性能要求和试验方法》（GA 161）的有关规定。

2　防火涂料、阻燃包带应分别符合现行国家标准《电缆防火涂料通用技术条件》（GA 181）和《电缆用阻燃包带》（GA 478）的有关规定。

3　用于阻止延燃的材料产品，除上述第 2 款外，尚应按等效工程使用条件的燃烧试验满足有效的自熄性。

4　用于耐火防护的材料产品，应按等效工程使用条件的燃烧试验满足耐火极限不低于 1h 的要求，且耐火 24 温度不宜低于 1000℃。

5　用于电力电缆的阻燃、耐火槽盒，应确定电缆载流能力或有关参数。

6　采用的材料产品应适于工程环境，并应具有耐久可靠性。

【依据 4】《国家电网公司电工制造安全工作规程》（Q/GDW 11370—2015）

6.8　动火作业

6.8.1　动火作业前，应清除动火现场及周围的易燃物品，或采取其他有效的安适用的消防器材。

6.8.2　盛有或盛过危险化学品的容器、设备、管道等生产、储存装置，应在经分析合格后，方可动火作业。

6.8.3　高空动火作业时，应清理下方可燃物或采取防滴落和阻燃措施；其下水封等，应检查分析影响范围和后果，并采取相应的安全措施。

6.8.4　地面动火作业时，动火点周围有可燃物，或附近有窨井、沟道、水封等并根据现场的具体情况采取相应的安全防火措施。

6.8.5　拆除管线的动火作业，应先查明其内部介质及其走向，并制定相应的安全措施。

6.8.6　室内动火作业时，现场的通排风应保持良好。

6.8.7　动火作业完毕，应清理现场，确认无残留火种后，方可离开。

7.2.9　机械安全

本条评价项目的查评依据如下：

【依据 1】《机械安全　防护装置　固定式和活动式防护装置设计与制造一般要求》（GB/T 8196—2003）

5　防护装置的设计制造一般要求

5.1　机器方面

5.1.1　通则

在设计和应用防护装置时，应适当考虑在机器整个预期寿命期间的运行和可预见的机器环境方面的因素。对这些方面的考虑不当可能导致不安全或机器不能运行，以致人为的使防护装置失效，从而使人员暴露在更大的风险中。

5.1.2　危险区的进入

为尽可能减少进入危险区，防护装置和机器的设计应使其能不用打开或拆卸防护装置就可进行例行的调整、润滑和维护。在要求进入的防护区域，应尽可能方便及无障碍地进入。

5.1.3 射出零部件的容纳

当存在可预见的由机器射出零部件（如破裂的刀具、工件）的风险时，防护装置的设计应尽可能选择适当的材料制造以容纳这些射出零部件。

5.1.4 危险物质的容纳

当存在可预见的由机器拔出的危害性物质（如冷却剂、蒸汽、气体、切屑、火花、热的或熔融材料、粉尘）的风险时，防护装置应设计成能尽可能容纳这些物质且需要适当的抽取设备（见 ISO 14123-1）。

如果防护装置构成抽取系统的一部分，应在防护装置的设计、材料选择、制造和安装时考虑这种功能。

5.1.5 噪声

在要求减少机器的噪声时，防护装置的设计和制造应使其不仅能防护机器存在的其他危险（见"参考文献"中 CEN/TC211 的参考文件），而且还应给出要求的降噪量。作为隔声罩的防护装置应正确密封连接，以减少发出的噪声。

5.1.6 辐射

当存在可预见的危害性辐射的风险时，应正确设计防护装置和选择材料，使其保护人员不受这类危险的伤害。例如使用暗色玻璃以防护电焊弧光或消除激光器周围防护装置中的缝隙。

5.1.7 爆炸

当存在可预见的爆炸风险时，防护装置的设计应使其能以安全的方式和方向（如，通过使用"爆炸释放"屏）容纳或耗散所释放的能量（见 EN1127-1）。

5.3 防护装置的设计方面

5.3.1 通则

所有防护装置的可预见操作的各方面都应在设计阶段给予适当的考虑，以保证防护装置的设计和制造本身不产生进一步的危险。

5.3.2 挤压区

防护装置的设计应使其不能与机器或其他防护装置的零、部件构成危险的挤压区（见 GB 12265.3）。

5.3.3 耐久性

防护装置的设计应保证在机器的整个可预见的使用寿命期内能良好地执行其功能或能够更换性能下降的零、部件。

5.3.4 卫生

防护装置的设计应尽可能使其通过装存物质或材料（如食品颗粒、污液）的方式以不产生卫生方面的危险（见 EN1672-2）。

5.3.5 清洗

在某些应用场合，尤其是在食品和药品加工中使用的防护装置的设计，应使其不仅使用安全而且便于清洗。

5.3.6 排污

在某些工艺要求的场合，诸如食品、药品、电子及相关工业中，防护装置的设计应使其能排出加工过程中的污物。

5.4 防护装置的制造方面

在确定防护装置的制造方法时应考虑以下方面的问题。

5.4.2 连接牢固性

焊接、粘结或机械式紧固连接应有足够的强度，以承受正常的可预见的载荷。在使用粘结剂的场合，应使其与所采用的工艺和使用的材料相匹配。在使用机械紧固件的场合，其强度、数量和位置应足以保证防护装置的稳定性和刚度。

5.4.3　只能用工具拆卸

防护装置的可拆卸部件应只能借助工具才可以拆卸（见 3.9 和 3.10）。

5.4.4　可拆卸防护装置的可靠定位

在可能的情况下，未安装定位件时可拆卸防护装置不应保持在应有位置。

5.4.5　活动式防护装置的可靠关闭

活动式防护装置的关闭位置应可靠确定。防护装置应借助于重力、弹簧、卡扣、防护锁定或其他的方法保持在限定的位置。

5.4.6　自关闭防护装置

自关闭防护装置的开口应限制不大于工件的通道要求的尺寸。它不应使防护装置被锁定在打开位置。这些防护装置可与固定式距离防护装置联合使用。

5.4.7　可调式防护装置

可调的部件应使其开口在与物料通道相匹配的前提下，被限制得最小，且不使用工具也能方便地调整。

5.4.8　活动式防护装置

活动式防护装置的打开应要求确定的操作，而且在可能的情况下，活动式防护装置应借助铰链或滑道与机器或相邻的固定零件相连接，以使其即使在打开时也能被保持在某一位置，上述连接只有借助工具才可拆卸。（见 3.9 和 3.10）。

5.4.9　可控防护装置

可控防护装置（见 3.3.3 和 GB/T 15706.2—1995 的 4.2.2.5）只有在满足下列全部条件时才可以使用：

——在防护装置关闭时，操作者或其身体的某一部位不可能处于危险区或危险区与防护装置之间；

——机器的尺寸和形状允许操作者或任何人员到达机器上以环视整个机器和（或）加工过程；

——进入危险区的唯一方式是打开可控防护装置或联锁防护装置；

——与可控防护装置相连的联锁装置具有能达到的最高的可靠性［其失效可导致非预期和（或）非预见的起动］；

——在由可控防护装置启动机器是机器的可能控制模式之一的场合，模式的选择应确保符合 EN292-2：1991/A1：1995，附录 A，1.2.5 的要求。

注：上面考虑的危险区是由可控防护装置的关闭就会启动危险元件运行的任何区域。

5.5　材料的选择

5.5.1　通则

在选择制造防护装置合适的材料时应考虑以下几个方面的特性。在防护装置的整个预期的寿命期内，材料应始终保持这些特性。

5.5.2　抗冲击性

防护装置的设计应使其能正常地承受可预见的来自机器部件、工件，破碎的刀具、喷射的固体或流体物质的冲击，以及由操作者引起的冲击等。在防护装置装有观察板的场合，应对这些观察板的材料选择及其装配方法予以特别地关注。这些材料的选择应使其具有适合承受喷射的物体或材料的质量和速度的特性。

5.5.3　刚性

支柱、防护装置的框架和填充材料的选择和装配应具有刚性和稳定的结构，以抵抗变形。这一点在材料的变形会危及保持安全距离时尤为重要。

5.5.4　可靠的固定

防护装置或其部件应借助具备适当强度、间隔及数量的安装点固定，以使其在可预见的载荷下保持可靠的定位。安装固定可借助于机械紧固件或夹紧件，焊接件、粘结件或其他适用的方法。

5.5.5 活动部件的可靠性

活动部件如铰链、滑轨、手柄、卡扣的选择应确保其在可预见的使用和工作环境下可靠地工作。

5.6 密封性

正常可预见的有害的物质，如：流体、切屑、粉尘、烟气应能借助合适的不渗透的材料密封在防护装置内。

5.7 抗腐蚀

选择的材料应能抗可预见的来自产品、工艺或环境因素的氧化和腐蚀，如来自机器运行中的切削液或在食品加工机械中的清洗剂和消毒剂。这种性能可借助采用适当的保护层来实现。

5.8 抗微生物

在存在可预见的来自细菌和霉菌生长影响健康的风险的场合，如食品、药品及相关的工业中，选择用于制造防护装置的材料应能抑制细菌和霉菌生长，同时当杀菌时，要易于清洗。

5.9 无毒

使用的材料和涂层在所有可预见的使用状态下应有无毒的，且应与所涉及的工业，尤其是食品、药品和相关的工业中所涉及的工艺相匹配。

5.10 机器的观察

在要求通过防护装置观察机器运行的场合，选择的材料应具备适当的特性，如，若采用穿孔材料或金属网，其宜有大小合适的开口和适当的颜色以便于观察，若穿孔材料的颜色比要观察区域暗，则会增强观察的效果。

5.11 透明性

为便于观察机器运行状况，应尽可能选择那些随着使用和老化仍能保持其透明性的材料。防护装置的设计应使其能更换失效材料。

在有些应用场合，可能要求选择某些特殊材料或复合材料，这些材料应能耐磨、抗化学腐蚀，抗紫外线辐射引起的老化、抗静电荷吸收粉尘或抗由于液体引起的表面潮湿，这些因素均可破坏透明性。

5.12 频闪影响

在存在可预见的来自频闪影响的危险的场合，选择的材料应能使这种影响减到最小。

5.13 静电特性

在有些应用场合，可能要求选择的材料要具有不保持静电荷的特性，以避免由于突然放电引起的火灾或爆炸产生的风险以及粉尘和微粒积聚。

防护装置要能接地，以避免静电荷积累达到危险水平（见 GB/T 5226.1）。

5.14 热稳定性

应选择性能不易老化的材料，如，当其暴露在可预见的温度变化范围中或温度突然改变时不易脆裂、过度变形或释放有毒气体或可燃气体。

选择的材料在可预见的气候和工作场所的条件下，应能保持其性能不变。

5.15 可燃性

在存在可预见的火灾风险的场合，选择的材料应具有抗火花和阻燃特性，而且不应吸收或释放可燃液体、气体等。

5.16 降低噪声与振动

在有要求的场合，应选择能降低噪声和振动的材料。这可通过隔声（在噪声的传播途径上设置声屏障）和（或）吸声（用适当的吸声材料作为防护装置的内衬）或上述两者联合使用。防护装置的壁板也要具备适当阻尼特性以使共振效应减到最小，这种共振可传递或放大噪声（见"参考文献"中 CEN/TC211 和 CEN/TC231 的参考文件）。

5.17 防辐射

在某些应用场合，如焊接或应用激光时，选择的材料应保护人员不受辐射的伤害。

在焊接的场合，可借助适当的有色透明屏板作为防护装置的材料，这样既可以观察又能消除有害的辐射（见"参考文献"中 CEN/TC123、CEN/TC169 的参考文件和 IEC 关于激光防护的标准）。

【依据 2】《机械制造企业安全生产标准化规范》（AQ/T 7009—2013）

4.2.9.1　输送机械的防护罩（网）应完好，无变形和破损；人行通道上方应装设护网（板）。

4.2.9.2　大型部件翻转机构的锁紧、限位装置应牢固可靠；回转区域应有醒目的安全标识和报警装置，周围 1.5m 处应设置防护栏。

4.2.9.3　起重机械的联锁、限位，以及行程限制器、缓冲器等防护装置应齐全、有效；制动器应平稳、可靠；急停按钮应配置齐全、可靠。

4.2.9.4　吊索具应符合本标准 4.2.3.3 和 4.2.3.5 的相关规定。

4.2.9.5　控制台、操作工位以及装配线适当距离（不宜超过 20M）间应设置急停装置，且不得自动复位；开线、停线或急停时应有明显的声光报警信号。

4.2.9.6　风动工具应定置摆放，且符合本标准 4.2.10 的相关规定。

4.2.9.7　一、二类电动工具应配置剩余电流动作保护装置。其本体应符合本标准 4.2.42 的相关规定。

4.2.9.8　运转小车应定位准确、夹持牢固；料架（箱、斗）应结构合理、牢固，放置应平稳。

4.2.9.9　人员需要跨越输送线的地段应设置通行过桥，通行过桥的平台、踏板应防滑，其结构应符合本标准 4.2.23 的相关规定。

4.2.9.10　地沟入口处应设置盖板或防护栏，且完好、无变形；沟内应无障碍物，并应配置应急照明灯，且不允许积水、积油。

4.2.9.11　各种焊接机械防护罩、防火花飞溅设施应齐全、可靠；仪表及按钮应清晰、完好；电气线路应符合本标准 4.2.36 的相关规定；电焊设备应符合本标准 4.2.41 的相关规定，且定期检测。

4.2.9.12　焊装作业场所应设置有效、可靠的烟尘防治设施。

4.2.9.13　机械手作业区应为全封闭作业环境，周围设置防护栏，并配置可靠的联锁装置。

【依据 3】《国家电网公司电工制造安全工作规程》（Q/GDW 11370—2015）

6.1　基本要求

6.1.1　对从事电工、金属焊接与切割等特种作业（种类见附录 I）的人员，以及起重机械、场（厂）内专用机动车辆、压力容器（含气瓶）等特种设备作业人员，应进行安全生产知识和操作技能培训，经有关部门考核合格并取得操作证后，方可上岗。

6.1.2　专用设备应在其规定的加工范围内使用，不得超范围使用。

6.1.3　各类设备设施在投入使用前，应编写完整、有效的作业指导书（或操作规程），并经审核后方可执行。

6.1.4　特种设备须经检验检测（检验检测项目及周期见附录 J）合格，且注册登记，取得使用许可证后，方可使用。

6.1.5　各类设备、工器具应有产品合格证，应按规定进行定期检验（起重工具检验项目及周期见附录 K），并在合适、醒目的位置粘贴检验合格证。

6.1.6　作业前，应开展设备点检，重点检查各类机械、设备与器具的结构、连接件、附件、仪表、安全防护与制动装置等齐全完好，并根据额定数据选用，根据需要做好接地、支撑等措施，开启照明、监测、通风、除尘等装置。

8　加工机械作业

8.1　基本要求

8.1.1　作业人员不得戴手套操作旋转机床，过颈长发应戴工作帽，且长发应放入帽子内。

8.1.2　使用前，应检查防护装置是否完好和闭合，保险、联锁、信号装置是否灵敏、可靠。

8.1.3 暴露在外的传动部件，应安装防护罩。禁止在无防护罩的情形下开车或试车。

8.1.4 开车前，应检查设备及模具的主要紧固螺栓有无松动，模具有无裂纹，操纵机构、急停机构或自动停止装置、离合器、制动器是否正常。

8.1.5 工件、夹具、工具、刀具应装卡牢固。

8.1.6 开机前，应观察周围动态，如有妨碍运转、传动的物件应先清除，作业点附近不得有无关人员站立。

8.1.7 机床停止前，严禁接触运动的工件、刀具和机件。

8.1.8 严禁隔着机床的运转、传动部分传递或拿取工具等物品。

8.1.9 调整机床行程和限位，装夹拆卸工件和刀具、装卸工装夹具、测量工件、擦拭机床时应停车进行。

8.2 金属切削机械作业

8.2.1 一般规定

8.2.1.1 机床导轨面上、工作台上禁止放工具或其他物品。

8.2.1.2 不得用手直接清除切屑，应使用专门工具清扫。

8.2.1.3 两人或两人以上操作同一台大型机床，应统一指挥。

8.2.1.4 机床开动后，作业人员应站在安全位置，避开机床转动部位和切屑飞溅方向。

8.2.1.5 工作中经常检查工装、夹具、刀具及工件，查看有无松动现象。

8.2.1.6 不得在机床运行时离开工作岗位，发现异常状况应立即停车检查。

8.2.1.7 高速切削时，应装设防护挡板。

8.2.2 普通车床

8.2.2.1 装卸卡盘及大的工装、夹具时，床面应垫木板，不得开车装卸卡盘。装卸工件后应立即取下扳手。

8.2.2.2 床头箱、小刀架、床面不得放置工具、量具或零件。

8.2.2.3 加工长度超过机床尾部 100mm 时的棒料、圆管时，应设置防护罩（栏）。当超过部分的长度大于或等于 300mm 时，应设置有效的支撑架等防弯装置，并应加防护栏或挡板，且有明显的警示标志。

8.2.2.4 禁止用砂布裹在工件上打磨、抛光。

8.2.2.5 切断工件时，应使用专用工具接住，不得用手接。切断大料时，不得直接切断，应留有足够的余量，卸下后掰断或敲断。

8.2.3 立式车床

8.2.3.1 装卸大型工件、卡具时，作业人员应与吊车司机密切配合。

8.2.3.2 作业所用的千斤顶、斜面垫板、垫块等应固定好，并经常检查有无松动现象。

8.2.3.3 校正工件时，人体与旋转体应保持一定的安全距离。严禁站在旋转工作台上调整机床和操作按钮。

8.2.3.4 工件外形不得超出卡盘加工直径，并设置有效、牢固的挡屑板。

8.2.3.5 发现工件松动、机床运转异常时，应立即停车调整。

8.2.4 镗床

8.2.4.1 机床开动前，应检查支撑压板，支撑压板的垫铁不宜过高或数量过多。

8.2.4.2 镗孔、扩孔时，不得将头贴近加工孔观察吃刀情况，不得隔着转动的主轴（镗杆）取物品。

8.2.4.3 镗杆缩回后方可启动工作台自动回转，工作台上严禁站人。

8.2.5 钻床

8.2.5.1 钻削工件时，应使用工具夹持，严禁用手拿持工件进行加工。

8.2.5.2 不得在旋转的刀具下方翻转、卡压或测量工件。

8.2.5.3 钻床横臂回转范围内不得有其他人员停留。

8.2.6 磨床

8.2.6.1 砂轮装好后，应经过 2～5min 的试运转。

8.2.6.2 砂轮正面不得站人，操作者应站在砂轮的侧面。

8.2.6.3 干磨工件不得中途加冷却液。

8.2.6.4 平面磨床磨削前，磁盘上的工件应垫放平稳。通电后，待加工工件应被吸牢后方可进行磨。

一次磨多个工件时，工件应靠紧垫好，并置于磨削范围之内。

8.2.6.5 磨削用的夹具、顶尖应良好有效。固定夹具、顶尖的螺钉应紧固牢靠。

8.2.6.6 严禁用无端磨机构的外圆磨床作端面磨削。

8.2.7 铣床

8.2.7.1 拆装立铣刀时，台面应垫木板，禁止用手托刀盘。

8.2.7.2 对刀时，应慢速进刀；铣刀接近工件时，应采用手摇方式进刀。

8.2.8 刨床

8.2.8.1 使用牛头刨时，刀具不得伸出过长，刨刀应装卡牢固。刨削过程中，作业人员不得在刨头前进行检查，溜板前后不得站人。

8.2.8.2 使用龙门刨时，作业人员不得将头、手伸入龙门及刨刀前面。刨削过程中，工作台面上和溜板前后均不得站人。多人操作时应由一人指挥。

8.2.9 数控机床、加工中心

8.2.9.1 确认卡盘夹紧并关好机床防护门方可开动机床。

8.2.9.2 机床应有安全联锁装置，且灵敏可靠。加工过程中，不得打开机床防护门。机床因报警而停机时，应将主轴移出加工位置，确定排除故障后，方可恢复加工。

8.2.9.3 停机时，应依次关掉机床操作面板上的电源和总电源。

8.3 冲、剪、压、锻作业

8.3.1 冲床（含塔式冲床）

8.3.1.1 工作前，应空转 2～3min，检查脚闸（脚踏开关）等控制装置的灵活性，确认正常后方可使用。

8.3.1.2 模具安装时，冲床滑块的闭合高度应与模具的闭合高度保持一致，并紧固牢靠。

8.3.1.3 送料、接料时，严禁将手或身体其他部位伸进危险区内。加工小件应选用专用镊子、钩子、吸盘、送接料机构等辅助工具。模具卡住坯料时，应先停车断电，再用工具去解脱和取出。

8.3.1.4 操作者站立位置应恰当，手和头部应与冲床保持一定距离，并时刻注意冲头动作。

8.3.1.5 每冲完一个工件，手或脚应离开按钮或踏板，以防误操作。严禁用压住按钮或踏板的方法进行连车操作。

8.3.1.6 两人或以上共同操作时，负责操作者应注意送料人的动作，严禁一面取件一面扳（踏）闸。

8.3.2 剪床

8.3.2.1 禁止超长度、超宽度和超厚度使用剪床。

8.3.2.2 发生连车、崩刀等异常状况时，应立即停止工作，检修完好后方可重新操作。

8.3.2.3 剪短料时，应使用工具推进。严禁用手穿过压料装置去拨刀口对面搁置的余料。

8.3.2.4 剪床出料部位不得站人、接料。

8.3.2.5 严禁同时剪切不同材质和不同规格的材料。

8.3.3 摩擦压力机

8.3.3.1 安装模具时，应采取防止上模下滑的安全措施。

8.3.3.2 飞轮转动时，不得调整或安装模具。

8.3.4 油压机

8.3.4.1 作业时不得超过额定压力。

8.3.4.2 调整模具、测量工件、检查和清理设备时，均应停车进行。调整时应采用点动操作方式。

8.3.4.3 禁止将工具放入挤压范围之内。

8.3.5 折边机

8.3.5.1 使用前，应进行空车运转检查。

8.3.5.2 上、下模的前后距离应根据折边板厚度调整适当，保持适当行程量，避免上、下模卡死。

8.3.5.3 折边机起动并待转速正常后，操作者方可开始作业，并应注意周围人员的安全。

8.3.5.4 严禁将工具及手伸进上、下模之间。

8.3.5.5 加工材料的规格及所使用的压力，不得超过机床允许的范围。

8.3.5.6 板料折弯时，应压实扶稳，操作人员应站在安全位置，避免折弯时板料翘起伤人。

8.3.5.7 两人配合作业时，应相互确认。

8.3.5.8 折弯作业中，上下模压住时应将手脱离工件。

8.3.5.9 折弯细长零件或小零件时应使用夹子、钳子等专用工具，禁止直接用手送料。

8.3.6 切边机

8.3.6.1 工作中不得用手送接工件；模具卡料时，应停车并用工具排除。

8.3.6.2 剪切工件的一端时（特别是较厚的工件），应注意另一端不得翘起或下滑。

8.3.7 卷板机

8.3.7.1 工件上禁止站人。

8.3.7.2 板料进入辊筒时，应防止手或衣物被绞入辊子内。

8.3.7.3 板料落位后及机床开动过程中，进出料方向严禁站人。

8.3.7.4 不得卷制有凸台或凸出板面焊缝的板材。

8.3.7.5 调整辊筒、板料时应停车。

8.4 木工机械作业

8.4.1 一般规定

8.4.1.1 作业前，应启动通风除尘装置，并清除木料中的金属异物。

8.4.1.2 机床启动后，应待主轴运转正常后，方可工作。

8.4.1.3 锯、刨床等加工长料时，对面应有人接料。

8.4.1.4 禁止在作业场所吸烟、动火。

8.4.2 木工锯床

8.4.2.1 作业前应检查锯片松紧状况，垂直度和固定销，禁止使用有裂纹、不平、不光滑、锯齿不锋利的锯片。

8.4.2.2 圆盘锯应装有楔片和防护罩。锯片应紧固并垂直于转轴的中心线，启动时不得有震动。开动前应检查各部是否完好有效，空转 2min 后再工作。

8.4.2.3 跑车带锯机应设置有效的护栏，锯条接头不应多于 3 个，且无裂纹。

8.4.2.4 机床开动后，作业人员应避开锯盘旋转方向，手或人体其他任何部位不得接近锯齿。不得用腹部顶着木料推进。

8.4.2.5 已经锯开的工件、木料，不得反方向拉回。

8.4.2.6 锯片未停止转动，禁止进行调整，禁止用木棒和其他物件制动。

8.4.2.7 前工作台与后工作台台面应保持平行。

8.4.3 木工刨床

8.4.3.1 刃具应安装牢固。

8.4.3.2 加工厚 20mm 以下、长 400mm 以下的木料时，应使用压料板和推料棍。

8.4.3.3 手工推木料刨大面时，手指不得从刨刀上方通过，应从另一面接料；刨小面时，手指与刀刃的安全距离应大于 50mm。接木料时应站在侧面，手距刀刃应在 300mm 以外。推料时，应防止木节和其他硬附着物跳动。

8.4.3.4 调整靠栅、清理刨花、排除卡堵时，均应停车并切断电源后进行。

8.5 绕线机作业

8.5.1 绕线机启动前，应点动绕线机脚踏开关进行试运转，查看是否正常，检查各紧固件是否良好，防护设施是否安全可靠。

8.5.2 排线打平时，作业人员的脚应离开脚踏开关。

8.5.3 对可调绕线模上下端螺丝紧固后，方可启动绕线机。

8.5.4 绕线时若发生导线零乱，应停止绕线机进行整理。

8.5.5 使用平直下料机时，导线进入滚轮并压紧后方可开车。若导线未入滚轮，应使用专门工具调整导线。

8.5.6 立绕机的升降、盖板的开合应使用专用控制装置，不得使用限位装置进行操作。

8.5.7 操作时，严禁同时进行两个操作动作。

8.5.8 所绕线圈重量与模具工装重量之和不得超过绕线机核定载重的 90%。

8.5.9 线圈脱模或换模时，可调模没有缩小或紧固可调模的螺栓未松之前，不得使用行车起吊。

8.6 砂轮机作业

8.6.1 砂轮机开动前，应检查砂轮机与防护罩之间有无杂物，确认无问题后方可启动。

8.6.2 作业人员应戴上防护眼镜、开动除尘装置后，方可进行工作。

8.6.3 砂轮机开动后应空转 2～3min，砂轮机运转正常后方可进行作业。磨削作业时，应侧位操作，禁止面对砂轮圆周面进行磨削。

8.6.4 磨工件或刀具时，不得用力过猛，不得撞击砂轮。两人不得在同一个砂轮上磨削，不得使用砂轮的侧面磨削。

8.6.5 磨小工件时应用工具夹牢，以防挤入砂轮机内或挤在砂轮与托板之间。

8.6.6 挡屑板与砂轮圆周表面的间隙应不大于 6mm。

8.6.7 托架应有足够的面积和强度，并安装牢固，托架应根据砂轮磨损情况及时调整，其与砂轮的间隙应不大于 3mm。

7.2.10 交通安全

本条评价项目的查评依据如下：

【依据1】《中华人民共和国道路交通安全法》（中华人民共和国主席令〔2011〕第 47 号）

第十九条 驾驶机动车，应当依法取得机动车驾驶证。

申请机动车驾驶证，应当符合国务院公安部门规定的驾驶许可条件；经考试合格后，由公安机关交通管理部门发给相应类别的机动车驾驶证。

持有境外机动车驾驶证的人，符合国务院公安部门规定的驾驶许可条件，经公安机关交通管理部门考核合格的，可以发给中国的机动车驾驶证。

驾驶人应当按照驾驶证载明的准驾车型驾驶机动车；驾驶机动车时，应当随身携带机动车驾驶证。

公安机关交通管理部门以外的任何单位或者个人，不得收缴、扣留机动车驾驶证。

补充依据3《中华人民共和国道路交通安全法实施条例》（中华人民共和国国务院令第 405 号）

第二十六条 机动车驾驶人在机动车驾驶证的 6 年有效期内，每个记分周期均未达到 12 分的，换发 10 年有效期的机动车驾驶证；在机动车驾驶证的 10 年有效期内，每个记分周期均未达到 12 分的，换发长期有效的机动车驾驶证。

换发机动车驾驶证时，公安机关交通管理部门应当对机动车驾驶证进行审验。

【依据2】《场（厂）内机动车辆安全检验技术要求》（GB/T 16178—2011）

4 车辆的基本检验

4.1 车辆的认定

4.1.1 车辆应具有出厂合格证及有关技术资料。

4.1.2 车辆易见部位上应有产品的商标或厂标。

4.1.3 车辆应在产品标牌上标明产品名称、型号、制造日期或产品编号、制造商名称及制造国。

4.1.4 车辆的发动机、底盘易见部位应具有永久清晰字样的编号。

【依据3】《国家电网公司装备制造企业安全生产标准化管理规范（试行）》（安质三〔2013〕104号）

5.10.5.5 运输车辆安全

5.10.5.5.1 车身外观应符合下列要求：

a）整洁无损，紧固件无松动、滑牙，焊接部件无裂纹；底盘各部无漏油、漏水、漏气现象。

b）车厢栏板搭扣、销子无损坏脱落。

c）车外后视镜和前下视镜完好，位置正确。

d）驾驶室内各控制仪表及操纵机构齐全有效。

5.10.5.5.2 车辆系统应符合 GB 7258 的要求，其中：

a）发动机起动迅速，工作无杂声，离合器、变速器、差速器、转动轴完好有效，工作正常。

b）制动系统各部件灵活有效，无渗漏现象，车辆制动距离符合下表的要求。

c）灯光系统、喇叭符合要求，雨刷器工作正常。

d）润滑系统油质清洁、油位正常，油管清洁无裂纹，无渗漏油现象。

车 辆 制 动 距 离

机动车类型	制动初速度 km/h	满载制动距离 m	空载制动距离 m	试验通道宽度 m
总质量不大于3500kg的低速货车	30	小于等于9.0	小于等于8.0	2.5
其他总质量不大于3500kg的汽车	50	小于等于22.0	小于等于21.0	2.5

5.10.5.5.3 车辆轮胎应符合下列要求：

a）轮胎气压正常。

b）胎面或胎壁上不应有长度超过 25mm 或深度足以暴露出轮胎帘布层的破裂或割伤。

c）同一轴上的轮胎规格和花纹应相同。

d）转向轮不应使用翻新轮胎。

5.10.5.5.4 车辆牌照及附件应符合下列要求：

a）牌照清晰，挂贴部位统一。

b）安全带、备用胎、车身反光标识、停车三角警告牌等齐全、完好。

c）车辆应配备灭火器及逃生锤，灭火器应在有效期内，压力等指标合格。

5.10.5.5.5 车辆运行应符合下列要求：

a）执行派车制度，不应将车辆交他人驾驶；驾驶人员随时携带国家公安交通管理机关核发的《中华人民共和国机动车驾驶证》。

b）严禁酒后驾驶。

c）货车载物应当符合核定的载物量，严禁超载；载物的长、宽、高不应违反装载要求，不应遗洒、飘散载运物。

d）机动车行驶时，驾驶人、乘坐人员应按规定使用安全带。

e）进入厂（场）区主干道最高行驶速度为 30km/h，其他道路最高行驶速度为 20km/h；道口、交叉口、装卸作业、人行稠密地段、下坡道和设有警告标识处，最高行驶速度为15km/h；进出厂房、仓库大门、停车场、危险地段和生产现场，最高行驶速度为5km/h。

f）在道路上发生故障，需要停车排除故障时，驾驶人应当立即开启危险报警闪光灯，将机动车移至不妨碍交通的地方停放；难以移动的，应当持续开启危险报警闪光灯，并在来车方向设置警告标志等措施扩大示警距离。

5.10.5.5.6　车辆检查、检验和保养要求应符合下列要求：

a）车辆管理部门每月对车辆进行一次完好性检查，并保存检查记录；发现故障及时修理，车辆不得带病行驶。

b）车辆驾驶人员每日出车前对车辆进行点检，全部无故障方可驾驶。

c）回车后，应全面检查车辆各部位；发现故障，应及时排除或办理报修手续，并保存记录。

d）应按规定对运输车辆进行维护和保养，并保存记录。

7.2.11　食堂安全

本条评价项目的查评依据如下：

【依据1】《中华人民共和国食品安全法》（中华人民共和国主席令〔2015〕第21号）

第三条　食品生产经营者应当依照法律、法规和食品安全标准从事生产经营活动，对社会和公众负责，保证食品安全，接受社会监督，承担社会责任。

第二十七条　食品生产经营应当符合食品安全标准，并符合下列要求：

（一）具有与生产经营的食品品种、数量相适应的食品原料处理和食品加工、包装、贮存等场所，保持该场所环境整洁，并与有毒、有害场所以及其他污染源保持规定的距离；

（二）具有与生产经营的食品品种、数量相适应的生产经营设备或者设施，有相应的消毒、更衣、盥洗、采光、照明、通风、防腐、防尘、防蝇、防鼠、防虫、洗涤以及处理废水、存放垃圾和废弃物的设备或者设施；

（三）有食品安全专业技术人员、管理人员和保证食品安全的规章制度；

（四）具有合理的设备布局和工艺流程，防止待加工食品与直接入口食品、原料与成品交叉污染，避免食品接触有毒物、不洁物；

（五）餐具、饮具和盛放直接入口食品的容器，使用前应当洗净、消毒，炊具、用具用后应当洗净，保持清洁；

（六）贮存、运输和装卸食品的容器、工具和设备应当安全、无害，保持清洁，防止食品污染，并符合保证食品安全所需的温度等特殊要求，不得将食品与有毒、有害物品一同运输；

（七）直接入口的食品应当有小包装或者使用无毒、清洁的包装材料、餐具；

（八）食品生产经营人员应当保持个人卫生，生产经营食品时，应当将手洗净，穿戴清洁的工作衣、帽；销售无包装的直接入口食品时，应当使用无毒、清洁的售货工具；

（九）用水应当符合国家规定的生活饮用水卫生标准；

（十）使用的洗涤剂、消毒剂应当对人体安全、无害；

（十一）法律、法规规定的其他要求。

第二十九条　国家对食品生产经营实行许可制度。从事食品生产、食品流通、餐饮服务，应当依法取得食品生产许可、食品流通许可、餐饮服务许可。

第三十二条　食品生产经营企业应当建立健全本单位的食品安全管理制度，加强对职工食品安全知识的培训，配备专职或者兼职食品安全管理人员，做好对所生产经营食品的检验工作，依法从事食品生产经营活动。

第三十四条　食品生产经营者应当建立并执行从业人员健康管理制度。患有痢疾、伤寒、病毒性肝炎等消化道传染病的人员，以及患有活动性肺结核、化脓性或者渗出性皮肤病等有碍食品安全的疾病的人员，不得从事接触直接入口食品的工作。

食品生产经营人员每年应当进行健康检查，取得健康证明后方可参加工作。

第三十六条　食品生产者采购食品原料、食品添加剂、食品相关产品，应当查验供货者的许可证和产品合格证明文件；对无法提供合格证明文件的食品原料，应当依照食品安全标准进行检验；不得采购或者使用不符合食品安全标准的食品原料、食品添加剂、食品相关产品。

食品生产企业应当建立食品原料、食品添加剂、食品相关产品进货查验记录制度，如实记录食品原料、食品添加剂、食品相关产品的名称、规格、数量、供货者名称及联系方式、进货日期等内容。

食品原料、食品添加剂、食品相关产品进货查验记录应当真实，保存期限不得少于二年。

第三十七条　食品生产企业应当建立食品出厂检验记录制度，查验出厂食品的检验合格证和安全状况，并如实记录食品的名称、规格、数量、生产日期、生产批号、检验合格证号、购货者名称及联系方式、销售日期等内容。

食品出厂检验记录应当真实，保存期限不得少于二年。

第三十九条　食品经营者采购食品，应当查验供货者的许可证和食品合格的证明文件。

食品经营企业应当建立食品进货查验记录制度，如实记录食品的名称、规格、数量、生产批号、保质期、供货者名称及联系方式、进货日期等内容。

食品进货查验记录应当真实，保存期限不得少于二年。

实行统一配送经营方式的食品经营企业，可以由企业总部统一查验供货者的许可证和食品合格的证明文件，进行食品进货查验记录。

第四十条　食品经营者应当按照保证食品安全的要求贮存食品，定期检查库存食品，及时清理变质或者超过保质期的食品。

第四十一条　食品经营者贮存散装食品，应当在贮存位置标明食品的名称、生产日期、保质期、生产者名称及联系方式等内容。

食品经营者销售散装食品，应当在散装食品的容器、外包装上标明食品的名称、生产日期、保质期、生产经营者名称及联系方式等内容。

第四十六条　食品生产者应当依照食品安全标准关于食品添加剂的品种、使用范围、用量的规定使用食品添加剂。

第四十九条　食品经营者应当按照食品标签标示的警示标志、警示说明或者注意事项的要求，销售预包装食品。

第五十三条　国家建立食品召回制度。通知相关生产经营者和消费者，并记录召回和通知情况。

食品经营者发现其经营的食品不符合食品安全标准，应当立即停止经营，通知相关生产经营者和消费者，并记录停止经营和通知情况。食品生产者认为应当召回的，应当立即召回。

食品生产者应当对召回的食品采取补救、无害化处理、销毁等措施，并将食品召回和处理情况向县级以上质量监督部门报告。

食品生产经营者未依照本条规定召回或者停止经营不符合食品安全标准的食品的，县级以上质量监督、工商行政管理、食品药品监督管理部门可以责令其召回或者停止经营。

第七十条　国务院组织制定国家食品安全事故应急预案。

县级以上地方人民政府应当根据有关法律、法规的规定和上级人民政府的食品安全事故应急预案以及本地区的实际情况，制定本行政区域的食品安全事故应急预案，并报上一级人民政府备案。

食品生产经营企业应当制定食品安全事故处置方案，定期检查本企业各项食品安全防范措施的落实情况，及时消除食品安全事故隐患。

第七十一条　发生食品安全事故的单位应当立即予以处置，防止事故扩大。事故发生单位和接收病人进行治疗的单位应当及时向事故发生地县级卫生行政部门报告。

农业行政、质量监督、工商行政管理、食品药品监督管理部门在日常监督管理中发现食品安全事故，或者接到有关食品安全事故的举报，应当立即向卫生行政部门通报。

发生重大食品安全事故的，接到报告的县级卫生行政部门应当按照规定向本级人民政府和上级人民政府卫生行政部门报告。县级人民政府和上级人民政府卫生行政部门应当按照规定上报。

任何单位或者个人不得对食品安全事故隐瞒、谎报、缓报，不得毁灭有关证据。

【依据2】《国家电网公司装备制造企业安全生产标准化管理规范（试行）》（安质三〔2013〕104号）

5.10.6 食堂安全

5.10.6.1 食堂环境卫生和安全应符合下列要求：

a）就餐间与后厨间，干湿操作区域应分开设置；食堂内应配置自然通风或强制通风设施；食堂内地面应符合防滑要求，地面无积水、无油污；地面有水或者下雨天气，及时摆放"小心滑倒"等字样的提示牌。

b）使用蒸汽的设备、设施及场所，应张贴防止烫伤的警示标识。

c）液化气瓶和灶台相距应1.5m以上或靠墙相隔；食堂内应配置灭火毯并完好有效。

5.10.6.2 燃气专用房应符合下列要求：

a）设置煤气、天然气调压箱、液化气气瓶等燃气专用房，房内不应放置其他杂物。

b）专用房内保持通风，电气符合防爆要求；应设自动报警装置。

c）配置灭火器。

d）房外设置危险警示标示，人员不应随意进入，门房应加锁。

5.10.6.3 炊事机械和设施应符合下列要求：

a）炊事机械金属壳体、电动机壳体的PE连接均应可靠；炊事机械电源线路应敷设在无泡浸、无高温和无压砸的沿墙壁面；厨房间照明灯应符合防潮要求；炊事机械电源控制开关单机单设，不许几台设备共用一个开关或用距离较远的闸刀控制。

b）搅拌操作的容器应加盖密封且盖机联锁；行程限位开关的联锁装置应固定在容器本体上，启盖（以手能抻进去为准）即应断电。

c）绞肉机、压面机等机械，凡可能对操作者有造成伤害的危险部位，应采取安全防护，且应可靠、实用；绞肉机加料口应确保操作人员手指不能触及刀口或螺旋部位。

d）绞肉机应备有送料的辅助工具，压面机应备有专用刮面板，严禁用手推料、刮面粉。

e）压面机（含其他面食加工机械）轧辊应便于装拆，调整灵活、定位可靠；压面机（含其他面食加工机械）加料处应有防护装置，防止手指抻入。

f）冷库应有安全警铃或可以从内部打开的保护装置；定期检查保养，确保完好。

5.10.6.4 食品卫生管理应符合下列要求：

a）食堂经营者应取得当地政府卫生部门颁发的《卫生许可证》，方可从事食堂经营。

b）从事餐饮人员每年进行健康体检，取得《合格健康证》，持证上岗；从事餐饮人员不应在工作区域内佩戴金银首饰等饰品、挂物并保持个人卫生。

c）建立食品留样登记制度；每餐的食品应留样，留样时间和数量应符合当地政府卫生部门的要求；保存食品留样记录。

d）对每天采购的食品品种及其原料进行登记，并保存肉类的检疫证明。

e）生熟食品应分别使用各自的冰箱放置保存；生熟食品分别使用各自的案板操作。

f）对所有的食品用具、炊事机械应每天清洗或消毒。

g）食堂操作场所、存放食品仓库应当采取消除苍蝇、老鼠、蟑螂和其他有害昆虫及其孳生条件的措施，防止食品污染；存放食品仓库还应干燥、通风。

h）食堂应设置炊事人员专用更衣室，正确佩戴餐饮操作服，非熟食间操作人员不得进入熟食间，不应随意在不同功能区域随意走动，避免交叉感染。

5.10.6.5 安全操作应符合下列要求：

a）制定安全操作规程。

b）使用加热锅时应缓慢开启蒸汽阀门，加热后手不应触摸锅体以防烫伤。

c）油锅加热时，不应离开岗位，观察油温，防止起火。

d）燃气点火时应使用点火棒，注意气体动态，不能直接点火；全天不使用应关闭总阀。

e）燃气使用情况每月检查保养一次，燃气输送软管应定期更换，保持完好；发现问题及时解决，无法解决的，应及时报告燃气供应单位。

f）冷库由专人管理，放假期间应安排巡检；进入冷库应有人监护。

5.10.6.6　保养和维修应符合下列要求：

a）定期对排风机、排油烟系统和管道等进行清洗、保养，并保持记录。

b）各种炊事机械的机盖联锁、防护装置等应定期检查，确保完好有效，并保持记录。

7.3　安全设施规范

7.3.1　安全标识

本条评价项目的查评依据如下：

【依据 1】《国家电网公司安全设施标准　第 6 部分：装备制造业》（Q/GDW 1434.6—2013）

5　安全标志

5.1　一般规定

5.1.1　装备制造企业设置的安全标志包括禁止标志、警告标志、指令标志、提示标志四种基本类型和交通标志、消防标志、应急安全标志、文字说明标志等特定类型。

5.1.2　安全标志一般使用通用图形标志和文字辅助标志的组合标志。

5.1.3　安全标志一般采用标志牌的形式，要求符合 GB 2894 的规定。安全标志牌应有衬边，以使安全标志与周围环境之间形成较为强烈的色差对比。

5.1.4　安全标志所用的颜色、图形符号、几何形状、文字，标志牌的材质、表面质量、衬边及型号选用、设置高度、使用要求应符合 GB 2894 的规定。

5.1.5　安全标志牌应与现场安全生产状况相匹配，并设在与安全有关场所的醒目位置，便于接近厂区或进入制造区域的人们看到，并有足够的时间来注意它所表达的内容及含义。环境信息标志宜设在有关场所的入口处和醒目处；局部环境信息标志应设在所涉及的相应危险地点或设备（部件）的醒目处。

5.1.6　多个安全标志在一起配置使用时，应按照警告、禁止、指令、提示类型的顺序，先左后右、先上后下地排列，并应避免出现相互矛盾、重复的现象。也可以根据实际，使用多重标志。

5.1.7　安全标志牌的固定方式可采用附着式、悬挂式和柱式。附着式和悬挂式的固定应稳固、不倾斜，柱式的标志牌和支架应连接牢固。临时标志牌应采取防止脱落、移位措施。室外悬挂的临时标志牌应防止被风吹翻，宜做成双面的标志牌。

5.1.8　安全标志牌设置的高度尽量与人眼的视线高度相一致，悬挂式和柱式的环境信息标志牌的下缘距地面的高度不宜小于 2m，局部信息标志的设置高度应视具体情况确定。安全标志牌的平面与视线夹角（图 1 中 α 角）应接近 90°，观察者位于最大观察距离时，最小夹角不小于 75°，如图 1。

5.1.9　安全标志牌的尺寸与观察距离的关系应符合 GB/T 2893.1 的规定，当安全标志牌的观察距离不能覆盖整个场所面积时，应设置多个安全标志牌。

5.1.10　安全标志牌应定期检查，如发现破损、变形、褪色等不符合要求时，应及时修整或更换。修整或更换时，应有临时的标志替换。

5.1.11　超出本标准样本范围的安全标志参照相关国家标准选材、制作、张贴。

5.1.12　生产作业场所入口醒目位置，应根据内部设备、介质的安全要求，按设置规范设置相应的安全标志牌。如"未经许可　不得入内""禁止烟火""必须戴安全帽""注意安全"等。

5.1.13　各电子加工区域，应根据防静电具体情况，在醒目位置按设置规范设置相应的安全标志牌。如应设置"禁止烟火""禁止开启无线移动通信设备""触摸释放静电"等。

5.1.14　各试验区域入口，应根据内部设备、电压等级等具体情况，在醒目位置按设置规范设置相应的安全标志牌。如应设置："高压危险""未经许可　不得入内""禁止烟火""必须配戴绝缘防护用品"等。

5.1.15　产生粉尘作业场所的醒目位置，应设置"注意防尘""必须戴防尘口罩"安全标志牌，宜设置"粉尘作业岗位职业病危害告知牌"。

5.1.16　在酸洗、镀锌等易产生职业性灼伤和腐蚀作业场所的醒目位置，应设置"必须加强通风""当心跌落""当心烫伤""当心腐蚀"警告标志牌和"禁止烟火"禁止标志牌以及"必须戴防毒面具""必须穿防护鞋""必须穿防护服"指令标志牌。

5.1.17　产生噪声作业场所的醒目位置，应设置"当心噪声""必须戴护耳器"安全标志牌，宜设置"噪声作业岗位职业病危害告知牌"。

5.1.18　高温作业场所的醒目位置，应设置"当心高温表面""当心烫伤"警告标志牌。

5.1.19　存在放射性同位素和使用放射性装置作业场所的醒目位置，应设置"当心电离辐射"警告标志牌。

5.1.20　使用有毒物品作业场所的醒目位置，应设置"当心中毒"警告标志牌，宜设置"有毒物品作业岗位职业病危害告知牌"。重大危险源醒目位置宜设置"重大危险源"标志牌。

5.1.21　焊接、切割及磨削场所，应设置"必须戴防护眼镜""必须配戴防护面罩""必须加强通风"和"必须用防护屏"指令标志牌。存在工业气瓶的场所，应设置"必须采取固定措施"指令标志牌。

5.1.22　高处作业的地点，应设置"当心坠落"警告标志牌、"禁止抛物"禁止标志牌和"必须系安全带"指令标志牌，下方应装设"当心落物"警告标志牌。

5.1.23　消防设施放置地点和消防通道处，应设置"禁止堆放"禁止标志牌和"通道必须保持通畅"指令标志牌，应标设"禁止阻塞线"。

5.1.24　高压供电设备、落地式安装的转动机械和发电机组周围应标设"安全警戒线"；行走台阶上下口或交叉口处应标设"防止踏空线"；限速区域入口处应标设"减速提示线"；人员通过或工作时低于1.8m的通道口上边缘应标设"防止碰头线"。

5.1.25　生产现场存在典型危险点的部位应设置危险点警示牌。

【依据2】《国家电网公司装备制造企业安全生产标准化管理规范（试行）》（安质三〔2013〕104号）

5.10.12.1　安全标识

5.10.12.1.1　安全标识的管理制度应满足以下要求：

a）应结合企业实际，制定企业安全标识管理制度，明确安全标识的主管部门。

b）各级安全检查应包括对安全标识的使用规范性，以及维护状态的检查，并保存记录。

5.10.12.1.2　安全标识的日常管理应满足以下要求：

a）安全标识所在部门应对标识进行日常管理和维护，确保安全标识完好、放置位置正确。

b）发现标识有破损、变形、褪色等不符合要求时应及时修整或更换。

c）应督促相关方在作业现场设置安全标识，并应符合企业安全标识管理和应用的相关要求；如相关方自带安全标识，其放置位置、内容等应经过企业主管部门或现场所在部门确认。

5.10.12.1.3　安全标识包括禁止标识、警告标识、指令标识、提示标识四种基本类型。安全标识的应用主要包括但不限于以下几个方面：

a）消防安全标识。

b）厂内道路交通安全标识。

c）危险化学品安全标识。

d）职业危害因素作业安全标识。

e）工业管道的基本识别色、识别符号和安全标识。

f）车间高温、高压、旋转、起重等设备和作业场所的安全标识。

g）应急疏散场地的指示标识。

h）设备设施检维修作业现场的警示标志。

i）其他安全标识。

5.10.12.1.4 安全标识应用应符合下列要求：

a）实施新、改、扩建项目时，应统一规划，设置配套的安全标识，作为"三同时"的重要内容；项目完成后，根据需求需增加的安全标识，应从需求、可行、安全等方面进行统一论证和规范；避免随意性，防止标识使用混乱或造成其他问题。

b）安全标识不应取代安全防护设施。

c）安全标识应使用中文；进口设备的外文安全标识，应有中文翻译内容。

d）厂内道路交通安全标识应符合 GB 5768.2、GB 5768.3 的要求；其他安全标识牌应根据 GB 2894—2008 的要求确定。

e）安全标识设置应清晰醒目、安装牢固、便于维护，适应使用环境要求，做到规范统一、安全可靠。

f）凡容易发生事故或危险性较大的场所，应设置安全标识。标识设置后，不应构成对人身伤害的潜在风险或妨碍正常工作。

g）安全标识具体设置要求包括：

1）安全标识一般使用相应的通用图形标识和文字辅助标识的组合标识，采用标识牌的形式，宜使用衬边，以使安全标识与周围环境之间形成较为强烈的对比；

2）安全标识所用的颜色、图形符号、几何形状、文字，标志牌的材质、表面质量、衬边及型号选用、设置高度、使用要求应符合 GB 2894—2008《安全标志及其使用导则》的规定；

3）安全标识牌应设在与安全有关的醒目场所；

4）安全标识牌不宜设在可移动的物体上，以免标志牌随母体物体相应移动，影响认读。标志牌前不得放置妨碍认读的障碍物；

5）多个标识在一起设置时，应按照警告、禁止、指令、提示类型的顺序，先左后右、先上后下地排列，且应避免出现相互矛盾、重复的现象。也可以根据实际，使用多重标志；

6）安全标识牌设置的高度尽量与人眼的视线高度相一致，安全标识牌的平面与视线夹角应接近 90°，观察者位于最大观察距离时，最小夹角不低于 75°。

7.3.2 安全色

本条评价项目（见《评价》）的查评依据如下：

【依据 1】《安全色》（GB 2893—2008）

4 颜色表征

4.1 安全色

4.1.1 红色

传递禁止、停止、危险或提示消防设备、设施的信息。

4.1.2 蓝色

传递必须遵守规定的指令性信息

4.1.3 黄色

传递注意、警告的信息。

4.1.4 绿色

传递安全的提示性信息。

4.2 对比色

安全色与对比色同时使用时，应按表 1 规定搭配使用。

表 1 安 全 色 的 对 比 色

安全色	对比色
红色	白色
蓝色	白色
黄色	黑色
绿色	白色

4.2.1 黑色

黑色用于安全标志的文字、图形符号和警告标志的几何边框。

4.2.2 白色

白色用于安全标志中红、蓝、绿的背景色，也可用于安全标志的文字和图形符号。

4.3 安全色与对比色的相间条纹

相间条纹为等宽条纹，倾斜约 45°。

4.3.1 红色与白色相间条纹

表示禁止或提示消防设备、设施位置的安全标记。

4.3.2 黄色与黑色相间条纹

表示危险位置的安全标记。

4.3.3 蓝色与白色相间条纹

表示指令的安全标记，传递必须遵守规定的信息。

4.3.4 绿色与白色相间条纹

表示安全环境的安全标记。

【依据 2】《国家电网公司装备制造企业安全生产标准化管理规范（试行）》（安质三〔2013〕104 号）

5.10.12.2 安全色

5.10.12.2.1 使用安全色时应考虑周围的亮度及同其他颜色的关系，应使安全色能正确辨认。

5.10.12.2.2 在明亮的环境中照明光源应接近自然白昼光，在黑暗的环境中应减少亮度避免眩光或干扰。

5.10.12.2.3 凡涂有安全色的部位，每半年应检查一次，应保持整洁、明亮。

5.10.12.2.4 如有变色、褪色等不符合安全色范围、逆反射系数低于 70% 或安全色的使用环境改变时，应及时重涂或更换，确保安全色正确、醒目。

【依据 3】《国家电网公司安全设施标准 第 6 部分：装备制造业》（Q/GDW 1434.6—2013）

3.2 安全色 safety colour

传递安全信息含义的颜色，包括红、蓝、黄、绿四种颜色。

红色传递禁止、停止、危险或提示消防设备、设施的信息；蓝色传递必须遵守规定的指令性信息；黄色传递注意、警告的信息；绿色传递表示安全的提示性信息。

3.3 对比色 contrast colour

使安全色更加醒目的反衬色，包括黑、白两种颜色。

黑色用于安全标志的文字、图形符号和警告标志的几何边框；白色作为安全标志红、蓝、绿的背景色，也可用于安全标志的文字和图形符号。

安全色与对比色同时使用时，应按照表 1 搭配使用。

安全色与对比色的相间条纹为等宽条纹，倾斜约 45°。红色与白色相间条纹表示禁止或提示消防设备、设施的安全标记；黄色与黑色相间条纹表示危险位置的安全标记；蓝色与白色相间条纹表示指令的安全标记，传递必须遵守规定的信息；绿色与白色相间条纹表示安全环境的安全标记。

表 1　安全色的对比色

安　全　色		对　比　色	
红色	C0，M100，Y100，K0	白色	C0，M0，Y0，K0
蓝色	C100，M0，Y0，K0	白色	C0，M0，Y0，K0
黄色	C0，M0，Y100，K0	黑色	C0，M0，Y0，K100
绿色	C100，M0，Y100，K0	白色	C0，M0，Y0，K0

7.3.3　安全警示线

本条评价项目（见《评价》）的查评依据如下：

【依据 1】《国家电网公司安全设施标准　第 6 部分：装备制造业》（Q/GDW 1434.6—2013）

7　安全警示线

7.1　一般规定

7.1.1　安全警示线用于界定和分割危险区域和设备运行区域，向人们传递某种警告或引起注意的信息，以避免人身伤害、设备损坏、影响设备（设施）正常运行或使用。安全警示线包括禁止阻塞线、减速提示线、安全警戒线、防撞警示线、防止绊跤线、防止踏空线、防止碰头线和生产通道边缘警戒线等。

7.1.2　安全警示线一般采用黄色或与对比色（黑色）同时使用，按照需要，警示线可喷涂地面或制成色带设置。

7.2　禁止阻塞线

7.2.1　禁止阻塞线的作用是禁止在相应的设备前（上）停放物体。

7.2.2　禁止阻塞线采用由左下向右上侧呈 45°黄色与黑色相间的等宽条纹，条纹宽度为 50mm～150mm，黄黑条纹形成的矩形框长度不小于禁止阻塞物的 1.1 倍，宽度不小于禁止阻塞物的 1.5 倍。

7.3　减速提示线

7.3.1　减速提示线的作用是提醒驾驶人员减速行驶。

7.3.2　减速提示线一般采用由左下向右上侧呈黄色与黑色相间的等宽条纹，宽度为 100mm～200mm。

可采取减速带代替减速提示线。

7.4　安全警戒线

7.4.1　安全警戒线的作用是为了提醒人员，避免误碰、误触运行中的控制屏（台）、保护屏、配电屏、高压开关柜、调速器、转动的机械设备、压力容器等。

7.4.2　安全警戒线采用黄色，宽度为 50mm～150mm，涂刷界线以设备基础为准向外扩展 300mm～800mm。

7.5　防撞警示线

7.5.1　防撞警示线的作用是提醒人员注意通道空间内的障碍物，警示通道空间或边缘有设备、设施。

7.5.2　防撞警示线采用 45°黄色与黑色相间的等宽条纹，宽度宜为 50mm～150mm（圆柱体采用无斜角环形条纹）。

7.6　防止碰头线

7.6.1　防止碰头线的作用是提醒人们注意在人行通道上方的障碍物，防止意外发生。

7.6.2　防止碰头线采用 45°黄色与黑色相间的等宽条纹，宽度宜为 50mm～150mm。

7.7　防止绊跤线

7.7.1　防止绊跤线的作用是提醒工作人员注意地面上的障碍物。

7.7.2　防止绊跤线采用呈 45°黄色与黑色相间的等宽条纹，宽度为 50mm～150mm。

7.8　防止踏空线

7.8.1　防止踏空线的作用是提醒工作人员注意通道上的高度落差，防止发生意外。

7.8.2　防止踏空线采用黄色线，宽度为 100mm～150mm，其标准色为黄色：Y100 M30。

7.8.3　在建筑物楼梯的第一级台阶上或人行通道落差 300mm 以上的边缘处应标注防止踏空线。

7.9　生产通道边缘警戒线

7.9.1　在生产道路边缘运用的安全警戒线的作用是提醒非工作人员避免误入设备装配和试验区。

7.9.2　生产通道边缘警戒线采用黄色线（或白色线），宽度宜为 100mm～150mm。

【依据 2】《国家电网公司装备制造企业安全生产标准化管理规范（试行）》（安质三〔2013〕104 号）

5.10.12.3　安全警示线

5.10.12.3.1　安全警示线包括禁止阻塞线、减速提示线、安全警戒线、防止踏空线、防止碰头线、防止绊跤线和生产通道边缘警戒线等，一般采用黄色或与对比色（黑色）同时使用。

5.10.12.3.2　安全警示线所用的颜色要求应符合 GB 2893 的规定。

5.10.12.3.3　对于钢制盖板、管道、构架上标注警示线可采用油漆或荧光漆；对于固定设备机械及消防器材等周围标注警示线可采用油漆或采用镶嵌式耐磨大理石、金属材料。

8 产品质量安全

8.1 质量管理体系

本条评价项目的查评依据如下：

【依据1】《中华人民共和国产品质量法》（中华人民共和国主席令〔2000〕第71号）

第二条 在中华人民共和国境内从事产品生产、销售活动，必须遵守本法。本法所称产品是指经过加工、制作，用于销售的产品。建设工程不适用本法规定；但是，建设工程使用的建筑材料、建筑构配件和设备，属于前款规定的产品范围的，适用本法规定。

第三条 生产者、销售者应当建立健全内部产品质量管理制度，严格实施岗位质量规范、质量责任以及相应的考核办法。

第四条 生产者、销售者依照本法规定承担产品质量责任。

第十四条 国家根据国际通用的质量管理标准，推行企业质量体系认证制度。企业根据自愿原则可以向国务院产品质量监督部门认可的或者国务院产品质量监督部门授权的部门认可的认证机构申请企业质量体系认证。经认证合格的，由认证机构颁发企业质量体系认证证书。国家参照国际先进的产品标准和技术要求，推行产品质量认证制度。企业根据自愿原则可以向国务院产品质量监督部门认可的或者国务院产品质量监督部门授权的部门认可的认证机构申请产品质量认证。经认证合格的，由认证机构颁发产品质量认证证书，准许企业在产品或者其包装上使用产品质量认证标志。

【依据2】《质量管理体系要求》（GB/T 19001—2008/ISO 9001：2008）

4.1 总要求

组织应按本标准的要求建立质量管理体系，将其形成文件，加以实施和保持，并持续改进其有效性。组织应：

a）确定质量管理体系所需的过程及其在整个组织中的应用（见1.2）；

b）确定这些过程的顺序和相互作用；

c）确定所需的准则和方法，以确保这些过程的运行和控制有效；

d）确保可以获得必要的资源和信息，以支持这些过程的运行和监视；

e）监视、测量（适用时）和分析这些过程；

f）实施必要的措施，以实现所策划的结果和对这些过程的持续改进。

组织应按本标准的要求管理这些过程。

组织如果选择将影响产品符合要求的任何过程外包，应确保对这些过程的控制。对此类外包过程控制的类型和程度应在质量管理体系中加以规定。

4.2 文件要求

4.2.1 总则

质量管理体系文件应包括：

a）形成文件的质量方针和质量目标；

b）质量手册；

c）本标准所要求的形成文件的程序和记录；

d）组织确定的为确保其过程有效策划、运行和控制所需的文件，包括记录。

注1：本标准出现"形成文件的程序"之处，即要求建立该程序，形成文件，并加以实施和保持。一个文件可包括对一个或多个程序的要求。一个形成文件的程序的要求可以被包含在多个文件中。

注2：不同组织的质量管理体系文件的多少与详略程度可以不同，取决于：

a）组织的规模和活动的类型；

b）过程及其相互作用的复杂程度；

c）人员的能力。

注3：文件可采用任何形式或类型的媒介。

4.2.2　质量手册

组织应编制和保持质量手册，质量手册包括：

a）质量管理体系的范围，包括任何删减的细节和正当的理由（见1.2）；

b）为质量管理体系编制的形成文件的程序或对其引用；

c）质量管理体系过程之间的相互作用的表述。

4.2.3　文件控制

质量管理体系所要求的文件应予以控制。记录是一种特殊类型的文件，应依据4.2.4的要求进行控制。

应编制形成文件的程序，以规定以下方面所需的控制：

a）为使文件是充分与适宜的，文件发布前得到批准；

b）必要时对文件进行评审与更新，并再次批准；

c）确保文件的更改和现行修订状态得到识别；

d）确保在使用处可获得适用文件的有关版本；

e）确保文件保持清晰、易于识别；

f）确保组织所确定的策划和运行质量管理体系所需的外来文件得到识别，并控制其分发；

g）防止作废文件的非预期使用，如果出于某种目的而保留作废文件，对这些文件进行适当的标识。

4.2.4　记录控制

为提供符合要求及质量管理体系有效运行的证据而建立的记录，应得到控制。

组织应编制形成文件的程序，以规定记录的标识、贮存、保护、检索、保留和处置所需的控制。

记录应保持清晰、易于识别和检索。

5.4.1　质量目标

最高管理者应确保在组织的相关职能和层次上建立质量目标，质量目标包括满足产品要求所需的内容（见7.1a）。质量目标应是可测量的，并与质量方针保持一致。

【依据3】《国务院关于印发质量发展纲要的通知》（国发〔2012〕9号）

三、强化企业质量主体作用

（二）提高企业质量管理水平。企业要建立健全质量管理体系，加强全员、全过程、全方位的质量管理，严格按标准组织生产经营，严格质量控制，严格质量检验和计量检测。大力推广先进技术手段和现代质量管理理念方法，广泛开展质量改进、质量攻关、质量比对、质量风险分析、质量成本控制、质量管理小组等活动。积极应用减量化、资源化、再循环、再利用、再制造等绿色环保技术，大力发展低碳、清洁、高效的生产经营模式。

8.2　质量安全责任制

本条评价项目的查评依据如下：

【依据1】《质量管理体系要求》（GB/T 19001—2008/ISO 9001：2008）

5　管理职责

5.1　管理承诺

最高管理者应通过以下活动，对其建立、实施质量管理体系并持续改进其有效性的承诺提供证据：

a）向组织传达满足顾客和法律法规要求的重要性；

b）制定质量方针；

c）确保质量目标的制定；

d）进行管理评审；

e）确保资源的获得。

5.2 以顾客为关注焦点

最高管理者应以增强顾客满意为目的，确保顾客的要求得到确定并予以满足（见 7.2.1 和 8.2.1）。

5.3 质量方针

最高管理者应确保质量方针：

a）与组织的宗旨相适应；

b）包括对满足要求和持续改进质量管理体系有效性的承诺；

c）提供制定和评审质量目标的框架；

d）在组织内得到沟通和理解；

e）在持续适宜性方面得到评审。

5.4 策划

5.4.1 质量目标

最高管理者应确保在组织的相关职能和层次上建立质量目标，质量目标包括满足产品要求所需的内容（见 7.1a）。质量目标应是可测量的，并与质量方针保持一致。

5.4.2 质量管理体系策划

最高管理者应确保：

a）对质量管理体系进行策划，以满足质量目标以及 4.1 的要求。

b）在对质量管理体系的变更进行策划和实施时，保持质量管理体系的完整性。

5.5 职责、权限与沟通

5.5.1 职责和权限

最高管理者应确保组织内的职责、权限得到规定和沟通。

5.5.2 管理者代表

最高管理者应在本组织管理层中指定一名成员，无论该成员在其他方面的职责如何，应使其具有以下方面的职责和权限：

a）确保质量管理体系所需的过程得到建立、实施和保持；

b）向最高管理者报告质量管理体系的绩效和任何改进的需求；

c）确保在整个组织内提高满足顾客要求的意识。

注：管理者代表的职责可包括就质量管理体系有关事宜与外部方进行联络。

5.5.3 内部沟通

最高管理者应确保在组织内建立适当的沟通过程，并确保对质量管理体系的有效性进行沟通。

5.6 管理评审

5.6.1 总则

最高管理者应按策划的时间间隔评审质量管理体系，以确保其持续的适宜性、充分性和有效性。评审应包括评价改进的机会和质量管理体系变更的需求，包括质量方针和质量目标变更的需求。

应保持管理评审的记录（见 4.2.4）。

5.6.2 评审输入

管理评审的输入应包括以下方面的信息：

a）审核结果；

b）顾客反馈；

c）过程的绩效和产品的符合性；

d）预防措施和纠正措施的状况；

e）以往管理评审的跟踪措施；

f）可能影响质量管理体系的变更；

g）改进的建议。

5.6.3 评审输出

管理评审的输出应包括与以下方面有关的任何决定和措施：

a）质量管理体系有效性及其过程有效性的改进；

b）与顾客要求有关的产品的改进；

c）资源需求。

【依据2】《国务院关于印发质量发展纲要的通知》（国发〔2012〕9号）

（一）严格企业质量主体责任。建立企业质量安全控制关键岗位责任制，明确企业法定代表人或主要负责人对质量安全负首要责任、企业质量主管人员对质量安全负直接责任。严格实施企业岗位质量规范与质量考核制度，实行质量安全"一票否决"。企业要严格执行重大质量事故报告及应急处理制度，健全产品质量追溯体系，切实履行质量担保责任及缺陷产品召回等法定义务，依法承担质量损害赔偿责任。

8.3 产品质量控制

本条评价项目的查评依据如下：

【依据1】《中华人民共和国产品质量法》（中华人民共和国主席令〔2000〕第71号）

第二章 产品质量的监督

第十二条 产品质量应当检验合格，不得以不合格产品冒充合格产品。

第十三条 可能危及人体健康和人身、财产安全的工业产品，必须符合保障人体健康和人身、财产安全的国家标准、行业标准；未制定国家标准、行业标准的，必须符合保障人体健康和人身、财产安全的要求。

禁止生产、销售不符合保障人体健康和人身、财产安全的标准和要求的工业产品。具体管理办法由国务院规定。

【依据2】《质量管理体系要求》（GB/T 19001—2008/ISO 9001：2008）

7 产品实现

7.1 产品实现的策划

组织应策划和开发产品实现所需的过程。产品实现的策划应与质量管理体系其他过程的要求相一致（见4.1）。

在对产品实现进行策划时，组织应确定以下方面的适当内容：

a）产品的质量目标和要求；

b）针对产品确定过程、文件和资源的需求；

c）产品所要求的验证、确认、监视、测量、检验和试验活动，以及产品接收准则；

d）为实现过程及其产品满足要求提供证据所需的记录（见4.2.4）。

策划的输出形式应适合于组织的运作方式。

注1：对应用于特定产品、项目或合同的质量管理体系的过程（包括产品实现过程）和资源作出规定的文件可称之为质量计划。

注2：组织也可将7.3的要求应用于产品实现过程的开发。

7.2 与顾客有关的过程

7.2.1 与产品有关的要求的确定

组织应确定：

a）顾客规定的要求，包括对交付及交付后活动的要求；

b）顾客虽然没有明示，但规定用途或已知的预期用途所必需的要求；

c）适用于产品的法律法规要求；

d）组织认为必要的任何附加要求。

注：交付后活动包括诸如保证条款规定的措施、合同义务（例如，维护服务）、附加服务（例如，回收或最终处置）等。

7.2.2 与产品有关的要求的评审

组织应评审与产品有关的要求。评审应在组织向顾客作出提供产品的承诺（如：提交标书、接受合同或订单及接受合同或订单的更改）之前进行，并应确保：

a）产品要求已得到规定；

b）与以前表述不一致的合同或订单的要求已得到解决；

c）组织有能力满足规定的要求。

评审结果及评审所引起的措施的记录应予保持（见4.2.4）。

若顾客没有提供形成文件的要求，组织在接受顾客要求前应对顾客要求进行确认。

若产品要求发生变更，组织应确保相关文件得到修改，并确保相关人员知道已变更的要求。

注：在某些情况中，如网上销售，对每一个订单进行正式的评审可能是不实际的，作为替代方法，可对有关的产品信息，如产品目录、产品广告内容等进行评审。

7.2.3 顾客沟通

组织应对以下有关方面确定并实施与顾客沟通的有效安排：

a）产品信息；

b）问询、合同或订单的处理，包括对其修改；

c）顾客反馈，包括顾客抱怨。

7.3 设计和开发

7.3.1 设计和开发策划

组织应对产品的设计和开发进行策划和控制。

在进行设计和开发策划时，组织应确定：

a）设计和开发的阶段；

b）适合于每个设计和开发阶段的评审、验证和确认活动；

c）设计和开发的职责和权限。

组织应对参与设计和开发的不同小组之间的接口实施管理，以确保有效的沟通，并明确职责分工。

随着设计和开发的进展，在适当时，策划的输出应予以更新。

注：设计和开发评审、验证和确认具有不同的目的，根据产品和组织的具体情况，可单独或以任意组合的方式进行并记录。

7.3.2 设计和开发输入

应确定与产品要求有关的输入，并保持记录（见4.2.4）。这些输入应包括：

a）功能要求和性能要求；

b）适用的法律法规要求；

c）适用时，来源于以前类似设计的信息；

d）设计和开发所必需的其他要求。

应对这些输入的充分性和适宜性进行评审。要求应完整、清楚，并且不能自相矛盾。

7.3.3 设计和开发输出

设计和开发输出的方式应适合于对照设计和开发的输入进行验证，并应在放行前得到批准。

设计和开发输出应：

a）满足设计和开发输入的要求；

b）给出采购、生产和服务提供的适当信息；

c）包含或引用产品接收准则；

d）规定对产品的安全和正常使用所必需的产品特性。

注：生产和服务提供的信息可能包括产品防护的细节。

7.3.4　设计和开发评审

应依据所策划的安排（见7.3.1），在适宜的阶段对设计和开发进行系统的评审，以便：

a）评价设计和开发的结果满足要求的能力；

b）识别任何问题并提出必要的措施。

评审的参加者应包括与所评审的设计和开发阶段有关的职能的代表。评审结果及任何必要措施的记录应予保持（见4.2.4）。

7.3.5　设计和开发验证

为确保设计和开发输出满足输入的要求，应依据所策划的安排（见7.3.1）对设计和开发进行验证。验证结果及任何必要措施的记录应予保持（见4.2.4）。

7.3.6　设计和开发确认

为确保产品能够满足规定的使用要求或已知的预期用途的要求，应依据所策划的安排（见7.3.1）对设计和开发进行确认。只要可行，确认应在产品交付或实施之前完成。确认结果及任何必要措施的记录应予保持（见4.2.4）。

7.3.7　设计和开发更改的控制

应识别设计和开发的更改，并保持记录。应对设计和开发的更改进行适当评审、验证和确认，并在实施前得到批准。设计和开发更改的评审应包括评价更改对产品组成部分和已交付产品的影响。更改的评审结果及任何必要措施的记录应予保持（见4.2.4）。

7.4　采购

7.4.1　采购过程

组织应确保采购的产品符合规定的采购要求。对供方及所采购产品的控制类型和程度应取决于所采购产品对随后的产品实现或最终产品的影响。

组织应根据供方按组织的要求提供产品的能力评价和选择供方。应制定选择、评价和重新评价的准则。评价结果及评价所引起的任何必要措施的记录应予保持（见4.2.4）。

7.4.2　采购信息

采购信息应表述拟采购的产品，适当时包括：

a）产品、程序、过程和设备的批准要求；

b）人员资格的要求；

c）质量管理体系的要求。

在与供方沟通前，组织应确保规定的采购要求是充分与适宜的。

7.4.3　采购产品的验证

组织应确定并实施检验或其他必要的活动，以确保采购的产品满足规定的采购要求。

当组织或其顾客拟在供方的现场实施验证时，组织应在采购信息中对拟采用的验证安排和产品放行的方法作出规定。

7.5　生产和服务提供

7.5.1　生产和服务提供的控制

组织应策划并在受控条件下进行生产和服务提供。适用时，受控条件应包括：

a）获得表述产品特性的信息；

b）必要时，获得作业指导书；

c）使用适宜的设备；

d）获得和使用监视和测量设备；

e）实施监视和测量；

f）实施产品放行、交付和交付后活动。

7.5.2 生产和服务提供过程的确认

当生产和服务提供过程的输出不能由后续的监视或测量加以验证，使问题在产品使用后或服务交付后才显现时，组织应对任何这样的过程实施确认。

确认应证实这些过程实现所策划的结果的能力。

组织应对这些过程作出安排，适用时包括：

a）为过程的评审和批准所规定的准则；

b）设备的认可和人员资格的鉴定；

c）特定的方法和程序的使用；

d）记录的要求（见 4.2.4）；

e）再确认。

7.5.3 标识和可追溯性

适当时，组织应在产品实现的全过程中使用适宜的方法识别产品。

组织应在产品实现的全过程中，针对监视和测量要求识别产品的状态。

在有可追溯性要求的场合，组织应控制产品的唯一性标识，并保持记录（见 4.2.4）。

注：在某些行业，技术状态管理是保持标识和可追溯性的一种方法。

7.5.4 顾客财产

组织应爱护在组织控制下或组织使用的顾客财产。组织应识别、验证、保护和维护供其使用或构成产品一部分的顾客财产。如果顾客财产发生丢失、损坏或发现不适用的情况，组织应向顾客报告，并保持记录（见 4.2.4）。

注：顾客财产可包括知识产权和个人信息。

7.5.5 产品防护

组织应在产品内部处理和交付到预定的地点期间对其提供防护，以保持符合要求。适用时，这种防护应包括标识、搬运、包装、贮存和保护。防护也应适用于产品的组成部分。

7.6 监视和测量设备的控制

组织应确定需实施的监视和测量以及所需的监视和测量设备，为产品符合确定的要求提供证据。

组织应建立过程，以确保监视和测量活动可行并以与监视和测量的要求相一致的方式实施。

为确保结果有效，必要时，测量设备应：

a）对照能溯源到国际或国家标准的测量标准，按照规定的时间间隔或在使用前进行校准和（或）检定（验证）。当不存在上述标准时，应记录校准或检定（验证）的依据（见 4.2.4）；

b）必要时进行调整或再调整；

c）具有标识，以确定其校准状态；

d）防止可能使测量结果失效的调整；

e）在搬运、维护和贮存期间防止损坏或失效。

此外，当发现设备不符合要求时，组织应对以往测量结果的有效性进行评价和记录。组织应对该设备和任何受影响的产品采取适当的措施。

校准和检定（验证）结果的记录应予保持（见 4.2.4）。

当计算机软件用于规定要求的监视和测量时，应确认其满足预期用途的能力。确认应在初次使用前进行，并在必要时予以重新确认。

注：确认计算机软件满足预期用途能力的典型方法包括验证和保持其适用性的配置管理。

8.4 产品质量排查

本条评价项目的查评依据如下：

【依据 1】《中华人民共和国产品质量法》（中华人民共和国主席令〔2000〕第 71 号）

第十五条 国家对产品质量实行以抽查为主要方式的监督检查制度，对可能危及人体健康和人身、财产安全的产品，影响国计民生的重要工业产品以及消费者、有关组织反映有质量问题的产品进行抽查。抽查的样品应当在市场上或者企业成品仓库内的待销产品中随机抽取。监督抽查工作由国务院产品质量监督部门规划和组织。县级以上地方产品质量监督部门在本行政区域内也可以组织监督抽查。法律对产品质量的监督检查另有规定的，依照有关法律的规定执行。国家监督抽查的产品，地方不得另行重复抽查；上级监督抽查的产品，下级不得另行重复抽查。根据监督抽查的需要，可以对产品进行检验。检验抽取样品的数量不得超过检验的合理需要，并不得向被检查人收取检验费用。监督抽查所需检验费用按照国务院规定列支。生产者、销售者对抽查检验的结果有异议的，可以自收到检验结果之日起十五日内向实施监督抽查的产品质量监督部门或者其上级产品质量监督部门申请复检，由受理复检的产品质量监督部门作出复检结论。

【依据2】《质量管理体系要求》（GB/T 19001—2008/ISO 9001：2008）

8.3　不合格品控制

组织应确保不符合产品要求的产品得到识别和控制，以防止其非预期的使用或交付。应编制形成文件的程序，以规定不合格品控制以及不合格品处置的有关职责和权限。适用时，组织应通过下列一种或几种途径处置不合格品：

a）采取措施，消除发现的不合格；

b）经有关授权人员批准，适用时经顾客批准，让步使用、放行或接收不合格品；

c）采取措施，防止其原预期的使用或应用；

d）当在交付或开始使用后发现产品不合格时，组织应采取与不合格的影响或潜在影响的程度相适应的措施。在不合格品得到纠正之后应对其再次进行验证，以证实符合要求。

应保持不合格的性质的记录以及随后所采取的任何措施的记录，包括所批准的让步的记录（见4.2.4）。

8.4　数据分析

组织应确定、收集和分析适当的数据，以证实质量管理体系的适宜性和有效性，并评价在何处持续改进质量管理体系的有效性。这应包括来自监视和测量的结果以及其他有关来源的数据。数据分析应提供有关以下方面的信息：

a）顾客满意（见8.2.1）；

b）与产品要求的符合性（见8.2.4）；

c）过程和产品的特性及趋势，包括采取预防措施的机会（见8.2.3和8.2.4）；

d）供方（见7.4）。

8.5　改进

8.5.1　持续改进

组织应利用质量方针、质量目标、审核结果、数据分析、纠正措施和预防措施以及管理评审，改进质量管理体系的有效性。

8.5.2　纠正措施

组织应采取措施，以消除不合格的原因，防止不合格的再发生。纠正措施应与所遇到不合格的程度相适应。

应编制形成文件的程序，以规定以下方面的要求：

a）评审不合格（包括顾客抱怨）；

b）确定不合格的原因；

c）评价确保不合格不再发生的措施的需求；

d）确定和实施所需的措施；

e）记录所采取措施的结果（见4.2.4）；

f）评审所采取的纠正措施的有效性。

8.5 产品质量分析、活动

本条评价项目的查评依据如下:

【依据】《中华人民共和国产品质量法》(中华人民共和国主席令〔2000〕第71号)

第六条　国家鼓励推行科学的质量管理方法,采用先进的科学技术,鼓励企业产品质量达到并且超过行业标准、国家标准和国际标准。

第二十一条　产品质量检验机构、认证机构必须依法按照有关标准,客观、公正地出具检验结果或者认证证明。产品质量认证机构应当依照国家规定对准许使用认证标志的产品进行认证后的跟踪检查;对不符合认证标准而使用认证标志的,要求其改正;情节严重的,取消其使用认证标志的资格。

第二十二条　消费者有权就产品质量问题,向产品的生产者、销售者查询;向产品质量监督部门、工商行政管理部门及有关部门申诉,接受申诉的部门应当负责处理。

第二十六条　生产者应当对其生产的产品质量负责。产品质量应当符合下列要求:(一)不存在危及人身、财产安全的不合理的危险,有保障人体健康和人身、财产安全的国家标准、行业标准的,应当符合该标准;(二)具备产品应当具备的使用性能,但是,对产品存在使用性能的瑕疵作出说明的除外;(三)符合在产品或者其包装上注明采用的产品标准,符合以产品说明、实物样品等方式表明的质量状况。

8.6 产品质量安全要求

本条评价项目的查评依据如下:

【依据1】《中华人民共和国产品质量法》(中华人民共和国主席令〔2000〕第71号)

第三章　生产者、销售者的产品质量责任和义务

第二十六条　生产者应当对其生产的产品质量负责。

产品质量应当符合下列要求:

(一)不存在危及人身、财产安全的不合理的危险,有保障人体健康和人身、财产安全的国家标准、行业标准的,应当符合该标准;

(二)具备产品应当具备的使用性能,但是,对产品存在使用性能的瑕疵作出说明的除外;

(三)符合在产品或者其包装上注明采用的产品标准,符合以产品说明、实物样品等方式表明的质量状况。

第二十七条　产品或者其包装上的标识必须真实,并符合下列要求:

(一)有产品质量检验合格证明;

(二)有中文标明的产品名称、生产厂厂名和厂址;

(三)根据产品的特点和使用要求,需要标明产品规格、等级、所含主要成份的名称和含量的,用中文相应予以标明;需要事先让消费者知晓的,应当在外包装上标明,或者预先向消费者提供有关资料;

(四)限期使用的产品,应当在显著位置清晰地标明生产日期和安全使用期或者失效日期;

(五)使用不当,容易造成产品本身损坏或者可能危及人身、财产安全的产品,应当有警示标志或者中文警示说明。

裸装的食品和其他根据产品的特点难以附加标识的裸装产品,可以不附加产品标识。

第二十八条　易碎、易燃、易爆、有毒、有腐蚀性、有放射性等危险物品以及储运中不能倒置和其他有特殊要求的产品,其包装质量必须符合相应要求,依照国家有关规定作出警示标志或者中文警示说明,标明储运注意事项。

第二十九条　生产者不得生产国家明令淘汰的产品。

第三十条　生产者不得伪造产地,不得伪造或者冒用他人的厂名、厂址。

第三十一条　生产者不得伪造或者冒用认证标志等质量标志。

第三十二条　生产者生产产品,不得掺杂、掺假,不得以假充真、以次充好,不得以不合格产品冒充合格产品。

【依据2】《国家电网公司装备制造企业安全生产标准化管理规范（试行）》（安质三〔2013〕104号）

5.15.1　一般要求

5.15.1.1　应加强产品质量控制，建立文件化的质量管理管理体系，并通过第三方认证；开展全员、全过程、全方位、多方法的质量管理活动；制定质量管理方针、目标，通过质量策划、质量控制、质量保证监督和质量改进；持续改进质量管理体系，有效开展各项质量管理工作。

5.15.1.2　建立企业产品技术标准体系，建立相关国际标准、国标、行标、企标等技术标准台账，加强企业技术文件规范化与标准化管理，及时查新与更新。

5.15.1.3　加强质量技术创新，积极采用新技术、新工艺、新材料，提升产品档次和服务水平，研究开发具有核心竞争力、高附加值和自主知识产权的创新性产品，为客户提供满意的高品质产品和优良服务。

5.15.1.4　建立以企业法定代表人或主要负责人对质量安全负首要责任、企业质量主管人员对质量安全负直接责任的制度；按照不同层级、不同对象制定企业各部门和各级各类人员的产品质量安全责任制并进行考核。

5.15.1.5　鼓励采用先进设备，持续优化生产工艺流程，改善生产环境，加强产品质量控制，杜绝因产品质量问题造成人员伤害、设备事故和电网事故以及其他领域的安全事故。

5.15.1.6　开展产品质量常态检查和抽查工作，对所有发生问题和隐患的产品及时实施改进。对肆意制售假冒伪劣产品、放行不合格产品人员要进行严肃处理。

5.15.1.7　严格执行重大质量事故报告及应急处置制度，健全产品质量追溯体系，切实履行质量担保责任及缺陷产品召回等法定义务，依法承担质量损害赔偿责任。

5.15.1.8　进行产品质量数据统计和分析，开展质量改进、质量攻关、质量比对、质量风险分析、质量成本控制、质量管理小组等活动，为持续提升产品质量水平提供保障能力。

5.15.1.9　产品质量安全应至少应满足以下几个要求：

a）满足基本功能需要和用户指定的需要，在外观造型、工艺结构、功能架构、技术含量有一定的先进水平。

b）满足性能要求需要，主要技术指标如精度、速度、效率、能力等方面达到或超过规定指标。

c）满足环境使用要求，在温度、湿度、电源波动、振动、静电、噪音、辐射、耗能等方面在额定范围内正常工作，并保持对外部的最小影响。

d）满足安全防护要求，有防人身伤害的说明、标识和防护，具有防误操作、防误动作的硬件和软件闭锁，防攻击、漏洞，在极端条件下的抗过载冗余和可靠的抗电磁干扰能力。

e）满足可靠性要求，无故障时间达到设计要求，产品性能稳定，不出现死机、误动、拒动、漏报、复位、接触不良等问题。

f）满足耐用性要求，在产品全寿命过程中不出现器件老化、锈蚀、氧化、绝缘下降等现象。

g）满足使用方便要求，产品应界面友好、易于操作，具备自检告警功能，模块化设计，便于产品维修和升级换代，为用户提供快捷、高效、优质的现场调试安装和维修等售后服务。

5.15.1.10　出口产品和国家强制认证产品应实施产品认证，其余产品应根据要求进行相关认证，内容包括但不限于以下方面：

a）应用特殊环境的产品应符合国家相关认证要求，出口产品应符合国际权威检测机构认证要求。

b）国家强制认证产品包括：照明电器、电线电缆、电路开关及保护或连接用电器装置、低压成套设备、信息技术设备、电信终端设备等。

c）电能计量类产品，如：电能表、互感器等应通过 CMC 认证，制造企业应具备制造计量器具许可证。

d）企业宜进行产品自愿性 CQC 认证，包括：CQC 标识认证、资源节约产品认证、环保产品认证等。

e）电力设备投入运行需要有相应的第三方检测机构出具的在有效期内合格检测报告及电力设备入网许可证。

f）软件产品宜通过 CMMI 认证等方式，提升软件专业建设水平，为软件产品生产提供持续、稳定、可靠的有效保障。

5.15.1.11　建立健全产品质量安全管理规章制度和相关程序，至少应含产品质量安全管理责任制（含产品分级管理）、产品入市与退市管理、产品研发控制管理、产品小批量试制和定型生产管理、合同管理、相关方管理（包括外协）、生产和服务过程控制管理、产品防护管理、库房管理、产品可追溯性管理、产品实现过程的质量控制、售后服务管理、数据分析、检验管理、产品调试指导书、产品最终检验指导书、产品不合格品控制与事故处理、产品应急相关管理、产品质量安全管理档案相关管理等制度。

5.15.1.12　质量控制应涉及产品质量形成的全过程，通过对影响质量的人、机、料、环、法等因素进行控制，在规划、创新、设计、采购、制造、检测、计量、运输、储存、售后服务等环节加强质量管理，保证质量安全；软件产品应按照立项、计划、开发、验证、发布、应用等阶段开展软件产品研发活动，按要求完成各阶段的技术评审和决策评审工作，加强需求分析、系统设计、开发、测试等重点活动的管理，切实保障软件产品的质量安全。

8.7　产品质量安全管理制度和相关程序

本条评价项目的查评依据如下：

【依据】《国家电网公司装备制造企业安全生产标准化管理规范（试行）》（安质三〔2013〕104 号）

5.15.1.11　建立健全产品质量安全管理规章制度和相关程序，至少应含产品质量安全管理责任制（含产品分级管理）、产品入市与退市管理、产品研发控制管理、产品小批量试制和定型生产管理、合同管理、相关方管理（包括外协）、生产和服务过程控制管理、产品防护管理、库房管理、产品可追溯性管理、产品实现过程的质量控制、售后服务管理、数据分析、检验管理、产品调试指导书、产品最终检验指导书、产品不合格品控制与事故处理、产品应急相关管理、产品质量安全管理档案相关管理等制度。

8.8　产品质量事故报告应急处置

本条评价项目的查评依据如下：

【依据 1】《国务院关于印发质量发展纲要的通知》（国发〔2012〕9 号）

三、强化企业质量主体作用

（一）严格企业质量主体责任。建立企业质量安全控制关键岗位责任制，明确企业法定代表人或主要负责人对质量安全负首要责任、企业质量主管人员对质量安全负直接责任。严格实施企业岗位质量规范与质量考核制度，实行质量安全"一票否决"。企业要严格执行重大质量事故报告及应急处理制度，健全产品质量追溯体系，切实履行质量担保责任及缺陷产品召回等法定义务，依法承担质量损害赔偿责任。

四、加强质量监督管理

（三）实施质量安全风险管理。建立企业重大质量事故报告制度和产品伤害监测制度，加强对重点产品、重点行业和重点地区的质量安全风险监测和分析评估，对区域性、行业性、系统性质量风险及时预警，对重大质量安全隐患及时提出处置措施。建立和完善动植物外来有害生物防御体系、进出口农产品和食品质量安全保障体系、进出口工业品质量安全监控体系和国境卫生检疫风险监控体系，有效降低动植物疫情疫病传入传出风险，保障进出口农产品、食品和工业品质量安全，防止传染病跨境传播。完善质量安全风险管理工作机制，制定质量安全风险应急预案，加强风险信息资源共享，提升风险防范和应急处置能力，切实做到对质量安全风险的早发现、早研判、早预警、早处置。

【依据 2】《国家电网公司装备制造企业安全生产标准化管理规范（试行）》（安质三〔2013〕104 号）

5.15.1.7　严格执行重大质量事故报告及应急处置制度，健全产品质量追溯体系，切实履行质量担保责任及缺陷产品召回等法定义务，依法承担质量损害赔偿责任。

9　安全性评价用表（略）